赵明　杨明山　编著

实用塑料
配方设计·改性·实例

SHIYONG SULIAO
PEIFANG SHEJI GAIXING SHILI

U0387600

化学工业出版社
·北京·

随着塑料应用领域的不断扩大，塑料配方与改性技术在目前塑料加工工业中的应用也越来越广泛和重要。本书立足于生产实际需要，侧重对配方进行具体分析，以较为详细的具体实例，介绍改性塑料的配方组成、加工工艺和材料性能，突出先进性和可操作性。本书内容共分为11章，包括抗静电、导电、导热、抗菌、阻燃、木塑、生物降解塑料、电线电缆材料、建筑用塑料、车用塑料、家用电器用塑料等方面内容，基本上涵盖了塑料改性的实际应用范围。全书内容力求深浅适度，覆盖面广，数据准确，便于读者全面掌握塑料配方和改性技术。

本书适合塑料行业及塑料应用厂家、制品设计、制造加工及从事塑料产品开发、生产、销售的人员阅读和参考，也可以作为企业的培训教材。

图书在版编目（CIP）数据

实用塑料配方设计·改性·实例/赵明，杨明山编著. —北京：化学工业出版社，2018.9（2023.7重印）
ISBN 978-7-122-32529-7

Ⅰ.①实… Ⅱ.①赵…②杨… Ⅲ.①塑料制品-配方-设计 Ⅳ.①TQ320.4

中国版本图书馆 CIP 数据核字（2018）第 145292 号

责任编辑：朱 彤	文字编辑：李 玥
责任校对：杜杏然	装帧设计：王晓宇

出版发行：化学工业出版社（北京市东城区青年湖南街13号　邮政编码100011）
印　　装：北京科印技术咨询服务有限公司数码印刷分部
787mm×1092mm　1/16　印张16¾　字数443千字　2023年7月北京第1版第9次印刷

购书咨询：010-64518888　　　　　　售后服务：010-64518899
网　　址：http://www.cip.com.cn

定　　价：78.00元

前言

塑料作为高分子三大合成材料之一，广泛应用于国民经济建设、国防建设和日常生活领域，发挥了重要作用。随着中国经济的高速发展，我国塑料工业的技术水平和生产工艺得到很大程度提高。近年来，对高性能、多功能塑料品种需求不断提升，特别是在塑料改性和配方设计中的应用，加快了塑料制品的更新换代步伐。塑料制品的制造主要体现在塑料改性技术和配方设计技术上，配方是产品生产的基础，对新型塑料配方的研制是塑料加工企业创新的核心任务和保证企业竞争力的关键因素。

为了使广大从事塑料改性方面的读者更好地了解并掌握塑料配方和改性方法，以及相关新技术和新工艺，我们在广泛收集近几年国内外资料的基础上，结合自己的大量工作经验和实践体会，编写了这本《实用塑料配方设计·改性·实例》一书。本书共分为11章，主要内容包括抗静电、导电、导热、抗菌、阻燃、木塑、生物降解塑料、电线电缆材料、建筑用塑料、车用塑料、家用电器用塑料等方面内容，基本上涵盖了塑料改性的实际应用范围。

目前关于塑料配方的图书有很多，内容着重点也不一样。本书从实用技术出发，按照材料的功能进行分类编写，突出先进性和可操作性。本书的主要特点是没有简单罗列大量配方，而是立足于生产实际需要，侧重对配方进行具体分析，以较为详细的具体实例，介绍改性塑料的配方组成、加工工艺和材料性能。此外，本书在结合大量实验数据和图表基础上，对配方和改性技术进行了全面分析和详细解答。作者希望通过本书能帮助读者加深对配方的理解，根据相关内容加以借鉴，为今后从事配方的开发工作提供必要的帮助。本书适合塑料行业及塑料应用厂家、制品设计、制造加工及从事塑料产品开发、生产、销售的人员阅读和参考，也可以作为企业的培训教材。

本书由赵明、杨明山编著。具体分工如下：第1章至第4章、第8章、第11章由赵明编写；其余章节由杨明山编写。全书由杨明山教授审阅。本书的配方及性能仅供参考，参考文献不能一一列出，希望原作者见谅，在此深表感谢！

由于编著者水平有限，不足之处在所难免，敬请读者批评、指正。

编著者
2018 年 5 月

目录

第1章

抗静电、导电塑料的配方与应用

1.1 概述

1.1.1 抗静电、导电高分子材料的功能

聚合物材料因具有优良的电绝缘性能而广泛应用于国民经济和日常生活的各个领域。通常情况下绝大多数的高分子材料体积电阻率一般在 $10^{12}\sim10^{17}\,\Omega\cdot cm$。然而，聚合物材料的高电阻率往往使其在加工和使用过程中容易产生静电积累，从而造成静电吸尘乃至静电放电等不良现象。塑料电绝缘性在应用中可能产生静电积累，进而发生静电泄漏（ESD）、电磁波干扰（EMI）和射频干扰（RFI）。塑料制品静电积累在日常生活中造成灰尘及其他污物吸附；接触纤维毯和塑料手柄时，产生电击不适感，引起易燃品发生静电火灾或爆炸；电视及计算机、通信等信号干扰。由于静电产生的电磁波和射频干扰甚至会影响航空领域的导航系统、医疗监控仪器信号失真等，因此，对于具有抗静电功能的聚合物材料的研究已引起人们的高度重视。聚合物基导电复合材料的种类及用途见表 1-1。

表 1-1 聚合物基导电复合材料的种类及用途

种类	体积电阻率/Ω·cm	用途
半导体性复合材料	$10^7\sim10^{10}$	传真电极板、静电记录纸、感光纸、低电阻带
防静电复合材料	$10^4\sim10^7$	放静电外壳、导电轮胎、电波吸收件
导电复合材料	$10^0\sim10^4$	导电薄膜、CV 电缆
高导电复合材料	$10^{-3}\sim10^0$	印刷电路、导电涂料、导电黏合剂

按聚合物本身能否提供载流子，导电高分子材料可分为两大类。一类是高分子本身具有导电性，或经掺杂后具有导电功能的材料，称为结构型导电高分子材料，例如聚乙炔、聚苯胺、聚吡咯、聚噻吩。一些结构型导电高分子掺杂后的导电性能可以接近于导电金属。导电聚合物可制成发光二极管、场效应管等电子器件、电磁屏蔽材料、电池及导电材料、高灵敏度化学传感器、超大型电视屏幕、隐身涂料、防腐性材料、抗静电的摄影胶片等。然而，导电高分子本身刚性大、难熔、成型困难、稳定性差、重复性差、成本较高，且掺杂剂多数是毒性大、腐蚀性强的物质，因此其使用价值还很有限。

另一类是以高分子材料为基体，在加工成型阶段添加抗静电剂、炭黑、金属粉、金属氧化物等导电填料，形成具有导电性的多相复合体系，称为复合型导电高分子材料。填料的用量、填料的几何特征（形状、长径比、尺寸分布等）以及填料的本征电导率都对复合材料的

电学性能有至关重要的作用。复合型导电高分子材料可在较大范围内调节电学性能和力学性能，成本较低，易于成型和大规模生产，已经广泛应用于防静电、微波吸收、电磁屏蔽及电化学等领域。

根据 GB 12158—2006《防止静电事故通用导则》和 GJB 3007—1997《防静电工作区技术要求》，抗静电材料是指表面电阻率在 $10^9 \sim 10^{12}\Omega$ 的材料。目前抗静电聚合物制备技术主要有 3 种：①表面涂覆，在聚合物表面喷涂抗静电剂制备抗静电聚合物；②采用抗静电剂、无机导电填料与聚合物共混制备抗静电聚合物；③通过共聚合的方式，对聚合物的大分子结构进行修饰，在分子结构中引入抗静电基团制备抗静电聚合物。

高性能导电复合材料的主要目标是在提高导电性能的前提下，尽量降低导电填料用量，提高力学性能、成型加工性能和其他性能，实现复合材料的多功能化。在新品种开发方面，一方面是开发新型导电填料，其中低维导电填料如针状单晶、晶须等是今后发展的重点方向之一；另一方面是开发复合材料新品种，多组分聚合物共混体系、新型导电填料复合体系是今后重点发展的方向。应用探索包括成型工艺、新的成型方法和材料的器件化。成型工艺主要研究填料的表面处理、混合分散和成型工艺条件，探索新的成型方法。

1.1.2　抗静电、导电填料的分类

(1) 普通型抗静电材料　普通型抗静电材料是添加抗静电剂到高分子材料当中，形成抗静电效果。这些抗静电剂大多是表面活性剂类，具有表面活性剂特征结构的有机物质，或（亲水性好）水溶性高分子物质。抗静电剂按分子中的亲水基能否电离可分为非离子型、阳离子型、阴离子型和两性型。其中阳离子型抗静电剂的抗静电性能优异，但耐热性能较差，而且对皮肤有害，因此一般作为外部涂敷；阴离子型抗静电剂的耐热性和抗静电效果都比较好，但与树脂的相容性较差，并且对产品的透明性有影响；非离子型抗静电剂的相容性和耐热性能良好，对制品的物理性能无不良影响，但用量较大；两性型的最大特点是既能与阳离子型抗静电剂又能与阴离子型抗静电剂配合使用，抗静电效果类似于阳离子型抗静电剂，但耐热性能不如非离子型抗静电剂。普通表面活性剂类抗静电剂种类见表 1-2。

表 1-2　普通表面活性剂类抗静电剂

种类	结构	主要成分	用途
阳离子型	季铵盐、季鏻盐 季碳盐	(亲油基)单烷基、二烷基 (阴离子)卤素、过氯酸、有机酸	PVC、PS
非离子型	多元醇及多元醇酯 聚氧化乙烯加成物	(亲油基)单烷基、二烷基 (多元醇)丙三醇、山梨糖醇环氧乙烷、多元醇 (亲油基)烷基胺、烷基酰胺、脂肪醇、烷基酚 (亲水基)聚氧化乙烯和聚氧化丙烯	ABS、PO、PVC
两性型	内铵盐、丙胺酸盐	(阳离子基)氨基、烷基咪唑啉 (阳离子基)碳酸、磺酸	PS、PO、PVC
阴离子型	磷酸盐	(亲油基)脂肪醇、聚氧化乙烯加成物 (亲油基)烷基、烷基苯	PS、PO、PVC

(2) 永久性抗静电材料　永久性抗静电材料是添加或涂覆永久抗静电剂的材料，永久抗静电剂为含—COONa、—SO₃Na、—OCH₂CH₃、—PO[N(OH₃)₂]₂、—CONH₂、—SO₃H、—COOH、—N(OH₃)₂ 等官能团的乙烯基聚合物。用各种亲水性聚合物与高分子基体共混，使其具有永久抗静电性能。其主要特征是不影响包装材料本身的耐热性和力学性能，适用面广，且在高分子材料中具有较好的分散效果。目前常用的永久性抗静电剂大多为聚氧化乙烯（PEO）的共聚物、聚乙二醇体系聚酰胺或聚醚酰胺、环氧乙烷环氧丙烷共

聚物以及含有季铵盐基团的甲基丙烯酸酯类共聚物等，主要品种见表1-3。

表 1-3　永久性抗静电剂的分类

种类	通称	适用树脂
聚醚类	聚环氧乙烷(PEO)	PS
	聚醚酯酰胺	PP、ABS
	聚醚酰胺酰亚胺(PEEA)	PS、HIPS、ABS、MBS、AS
	氯丙醇(PEOECH)	PVC、ABS、AS
	聚乙二醇-甲基丙烯酸甲酯共聚物	PMMA
季铵盐	含季铵盐基丙烯酯共聚物	PS、AS、ABS、PVC
	含季铵盐基马来酰亚胺共聚物	ABS
	含季铵盐基甲基丙烯酰亚胺共聚物	PMMA
其他	聚苯乙烯磺酸钠	ABS
	季铵羧酸内盐共聚物	PP、PE
	电荷传递型高分子耦合物	PE、PP、PVC

法国阿科玛公司生产的 Pebax MH2030 和 Pebax MV2080 是两种用途广泛的高分子型抗静电剂，可使制品的电阻降低至 $10^7\Omega$。它们均是由一种具有特殊结构的聚醚链段基于聚酰胺基础上合成的永久性抗静电剂，在制品里不会迁移，低湿度环境仍可保持抗静电效果，可立即发挥作用、热稳定性好、耐化学性好，可用于 PA、ABS、PVC、PE、PP、聚碳酸酯（PC）、高抗冲击性聚苯乙烯（HIPS）、聚对苯二甲酸丁二醇酯（PBT）、聚甲醛（POM）和聚对苯二甲酸乙二醇酯（PET）等制品中。

德国拜尔（Bayer）公司研制开发出的聚噻吩衍生物——聚二氧乙基噻吩即 PEDOT 是新一代导电高分子的代表产品，体积电导率 $>10^2$ S/cm。该产品用于塑料材料后，可获得高效持久的抗静电性能，且涂层不受外界条件的影响，耐水洗和有机溶剂。

德国巴斯夫公司生产的 Irgastat P18 和 P22 是以聚酰胺和聚醚受阻胺为基础合成的可熔性永久抗静电剂，适用于加工温度低于220℃的塑料制品。这两种产品均可用于食品包装，并且都获得了美国食品药品管理局（FDA）认证，可应用于 PP、PVC、PS、PE、ABS、PS/ABS 和热塑性聚氨酯弹性体橡胶（TPU）等多种树脂品，添加量（以质量分数计）5%～15%。

日本 COLCOAT 株式会社的 COLCOAT N-103X 系列产品为硅氧烷系列防带电剂，该抗静电剂表面抗伤性、耐磨耗性、耐气候性、黏合性都较好，水洗仍能保持抗静电效果，涂布在亚克力树脂、聚苯乙烯树脂、多元碳酸酯树脂等制品表面时可增加 2%～3% 的光线透过率，环保，不含任何有害物质。

芬兰 Panipol 公司生产研制的聚苯胺高分子导电液可用于 PET、PVC 等塑料基材表面的涂覆，表面电阻率可低至 $10^6\sim10^9\Omega$，该高分子导电液也可用于导电油墨、漆料及黏结剂等。

（3）无机填充抗静电材料　无机填充抗静电材料种类繁多，主要有碳系、金属系、金属氧化物系等。不同的导电填料可以和塑料等绝缘体混合后获得不同的导电性能，各类导电填料的性能特点见表1-4。炭黑填充制成的复合型导电高分子是目前用途最广、用量最大的导电材料，尤其是作为抗静电材料及电磁波屏蔽材料。影响炭黑导电性能的因素较多，主要有炭黑的粒径、结构、表面状态等因素。炭黑类包括工业炉黑、槽黑、热裂黑及石墨化炭黑、乙炔黑等特殊导电性炭黑，其中用得最多的是工业炭黑，分别是乙炔炭黑和高温石墨化炭黑等。碳纤维（CF）是一种高强度、高模量的高分子材料，不仅具有导电性，而且综合性能良好，与其他导电填料相比，具有密度小（1.5～2.0g/cm³）、力学性能好、材料导电性能持久等优点。现在在 CF 表面电镀金属已获成功，金属主要指纯钢和纯镍，其特点是镀层均匀而牢固,与树脂粘接好。镀金属的 CF 比一般碳纤维导电性能可提高 50～100 倍,可大大减少 CF 的添加量。虽然 CF 价格昂贵,限制了其优异性能的推广,但仍有广泛用途。日本小西六公司生产的 CE220 是 20% 导电 CF 填充的共聚甲醛,其导电性能良好,机械强度高,耐磨性能好,在对抗静电、导电性及强度要求高的场合得到了应用,如静电复印机的低强导辊、音响器材、盒式磁带导辊等方面。

另外,目前碳纳米管、石墨烯以其优异的力学、电学和光学性能,巨大的潜在应用价值得到全球科学家的广泛关注。

表 1-4　无机填充抗静电材料

体系	分类	名称	性能特点
碳系	炭黑	乙炔炭黑	纯度高、分散性好、导电性好
		炉法炭黑	导电性好
		热裂解炭黑	导电性差、成本低
		槽法炭黑	导电性差、粒子小、着色性好
		导电炭黑	分散性好、导电性好
	碳纤维	PAN 系碳纤维	导电性好、成本高、难加工
		沥青系碳纤维	导电性差、成本低
	石墨	天然石墨	因产地不同,性能差异较大
		人工石墨	导电性因生产方法而异
金属系	金属粉及金属碎屑	铜、银、镍、镍合金等	易氧化,Ag 导电性好但价格昂贵
	金属氧化物	氧化锌、二氧化硅、TiO$_2$ 系列、氧化铝、氧化锡	导电性差,可作为色彩性填料
	金属片	铝	导电性好,不易混合加工
	金属纤维	铝、镍、不锈钢	导电性好,价格贵,不易混合加工
其他	镀金属玻璃纤维及微珠		加工时存在变质问题
	镀金属云母		
	镀金属碳		

1.2　抗静电、导电塑料的配方

1.2.1　(PP/POE)-g-MAH 改性抗静电聚丙烯

聚丙烯(PP)制品应用非常广泛。在一些特殊场合 PP 可以代替某些工程塑料,被广泛应用于汽车工业、家用电器、工业配套材料、医疗用具及日用领域。但是,PP 具有很强的电绝缘性,体积电阻率均在 10^{16}～10^{20} Ω·cm。正因为其优异的电绝缘性,PP 制品在生产和使用中会积累静电荷,会引起一些危害或事故。所以,消除 PP 的静电、降低电阻率是十分必要的。

双螺杆挤出机熔融接枝方法制备了 (PP/POE)-g-MAH-g-PAM,将其作为抗静电剂;同时加入石棉短纤维,采用熔融挤出的方式,得到抗静电体系。该抗静电剂属于高分子型抗静电剂,该接枝物主链上含有酰胺基团,作为抗静电剂可使 PP 的电阻率下降 2～3 个数量级,表面电阻率可达到 10^{11} Ω,同时石棉短纤维能在体系中搭建增强“网络”,对 PP 的电性能也有一定帮助,同时提高体系的力学性能。

(1) 配方(质量份)

聚丙烯	100	抗氧剂 1010	0.25
(PP/POE)-g-MAH	20	抗氧剂 168	0.25
石棉短纤维	7	硬脂酸	1

注:聚丙烯(PP),粉末,涂覆料 D,荆门市弘利塑料有限公司。

（2）加工工艺

① (PP/POE)-*g*-MAH-*g*-PAM 的制备　称取一定量的聚丙烯酰胺（PAM），按 PAM：(PP/POE)-*g*-MAH＝1∶100（质量比）的比例加入一定量的 (PP/POE)-*g*-MAH 于 PAM 中，采用高混机混合，待混合均匀，放入双螺杆挤出机中挤出造粒，烘干备用。双螺杆挤出机温度参数按区分别设定为：170℃、180℃、190℃、190℃、210℃、210℃、190℃、180℃，机头温度 175℃，螺杆转速 240r/min。

② (PP/POE)-*g*-MAH-*g*-PAM 抗静电体系的工艺路线　将石棉短纤维置于烘箱中烘烤 100℃/24h，除去石棉短纤维中的水分、易挥发组分及易分解组分。石棉短纤维和聚丙烯粉料加入高混机中，混合 2min 后，加入 (PP/POE)-*g*-MAH-*g*-PAM，混合 2min，然后移入双螺杆挤出机中挤出造粒，并于烘箱中烘烤 100℃/12h，采用注塑机制样、备用。具体工艺路线如图 1-1 所示。

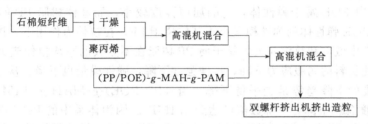

图 1-1　(PP/POE)-*g*-MAH-*g*-PAM 抗静电体系的工艺路线

（3）参考性能　根据配方制备的材料表面电阻率（调湿处理前）为 $2.20 \times 10^{12}\Omega$；表面电阻率（调湿处理后）为 $6.11 \times 10^{11}\Omega$；体积电阻率（调湿处理前）为 $8.02 \times 10^{14}\Omega \cdot cm$；体积电阻率（调湿处理后）为 $2.23 \times 10^{14}\Omega \cdot cm$。

图 1-2、图 1-3 为表面电阻率、体积电阻率与 (PP/POE)-*g*-MAH-*g*-PAM 添加量的变化关系与变化趋势图。从图 1-2 可看出，当 (PP/POE)-*g*-MAH-*g*-PAM 添加量达到 24 份后，表面电阻率可下降到 $1.39 \times 10^{12}\Omega$；而经过调湿处理后，表面电阻率达到 $2.61 \times 10^{11}\Omega$。同时，从图 1-2 看出，经过调湿处理过的圆板试样的表面电阻率皆能下降一个数量级，与纯 PP 相比，则下降了 5～6 个数量级。从图 1-3 可看出，体积电阻率也呈现出下降的变化趋势，下降可达到 2 个数量级，同时通过调湿处理过的圆板试样的体积电阻率也都下降了 1 个数量级。

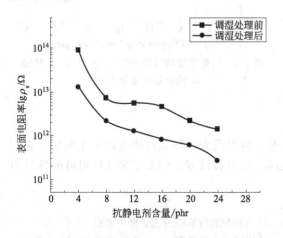

图 1-2　表面电阻率随 (PP/POE)-*g*-MAH-*g*-PAM 添加量的变化

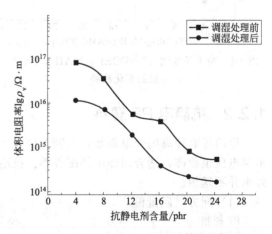

图 1-3　体积电阻率随 (PP/POE)-*g*-MAH-*g*-PAM 添加量的变化

(PP/POE)-*g*-MAH-*g*-PAM 中的 PAM 主要在试样表层呈微细的层状或筋状分布，构成导电性的表层，而在中心部分几乎呈球状分布，形成"芯壳结构"，并以此为通路泄漏静电荷。同时（PP/POE）-*g*-MAH-*g*-PAM 在体系中起到了偶联剂的作用，使得石棉短纤维与 PP 有很好的相容性，不会出现明显的相分离，PAM 占（PP/POE）-*g*-MAH-*g*-PAM 含量的 0.98%，最多能占到复合体系的 0.24%，同时能使表面电阻率与体积电阻率下降 2 个数量级，效果非常明显。

图 1-4 与图 1-5 分别是（PP/POE）-*g*-MAH-*g*-PAM 添加量引起冲击强度、拉伸强度的变化趋势图。从图 1-4、图 1-5 可以明显看出，随着（PP/POE）-*g*-MAH-*g*-PAM 添加量的增加，冲击强度呈现增大趋势，而拉伸强度却呈现了减小趋势。从图 1-4 可以看出，（PP/POE）-*g*- MAH-*g*-PAM 添加量由 4 份增加到 24 份，冲击强度从 19.95kJ/m² 增加到 23.55kJ/m²。从图 1-5 可以明显看出，拉伸强度呈下降趋势，这是因为（PP/POE）-*g*-MAH-*g*-PAM 中 POE 属于弹性体，它的屈服强度较小，而基体树脂 PP 的屈服强度却较大；也就是说 POE 弹性体的弹性模量小于基体树脂 PP，在拉伸力作用下，该体系中的分散相会产生应力集中效应和热缩应力，易于使 PP 树脂在不太大的平均拉伸应力下引发大量银纹或剪切带，使材料的屈服应力下降，拉伸强度下降，弹性模量也下降。从图 1-5 中还可以看出，拉伸强度的下降趋势是先平稳下降，当（PP/POE）-*g*-MAH-*g*-PAM 的添加量多于 16 份，拉伸强度急剧下降，下降数值可达到 4.1MPa。因为体系中的 POE 弹性体在基体树脂 PP 中的分散并不均匀，同时弹性体颗粒大小也不均匀，这样使得体系中分散相的应力集中点的应力大小也不同，从而导致拉伸强度的下降趋势不均匀。

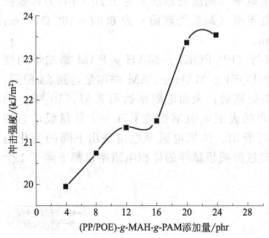

图 1-4 冲击强度随（PP/POE）-*g*-MAH-*g*-PAM 添加量的变化趋势

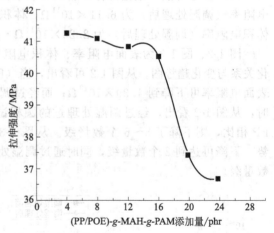

图 1-5 拉伸强度随（PP/POE）-*g*-MAH-*g*-PAM 添加量的变化趋势

1.2.2 抗静电 PP 塑料

聚丙烯有较高的介电系数，且随温度的上升，可以用来制作受热的电器绝缘制品。它的击穿电压也很高，适合用作电器配件等。抗电压、耐电弧性好。但是通常 PP 塑料的抗静电效果并不理想。

(1) 配方（质量份）

PP 树脂	80	(3-月桂酰胺丙基)三甲基硫酸甲酯铵	0.5～1.5
三元乙丙橡胶	5～15	月桂酸二乙醇酰胺	0.2～0.6
碳酸钙	5～15	*N*,*N*-二(2-羟己基)-十四酰胺	0.2～0.6
KH550	0.1～0.3		

注：聚丙烯（PP）为上海石化公司牌号 M500R 的聚丙烯。三元乙丙橡胶选用日本三井公司牌号为 4095 的 EPDM 树脂。碳酸钙，纳米级，300 目。

具体配方实施示例见表 1-5。

表 1-5　抗静电 PP 塑料配方　　　　　　　　　　　单位：份

原料	配方 1	配方 2	配方 3	配方 4
PP 树脂	80	80	80	80
三元乙丙橡胶	10	10	10	10
碳酸钙	10	10	10	10
3-氨丙基三乙氧基硅烷	0.2	0.2	0.2	0.2
(3-月桂酰胺丙基)三甲基硫酸甲酯铵	1	1	1	1
月桂酸二乙醇酰胺	—	0.6	—	0.3

（2）加工工艺　在高速混合机中，室温下控制高速混合机转速在 350r/min，将各配方中原料加入后混合 5min，取出后转入双螺杆挤出机中，在 210℃温度下挤出造粒，螺杆机转速控制在 400r/min，即获得抗静电 PP 塑料。

（3）参考性能　抗静电 PP 塑料防静电性能进行测试，按照大众抗静电测试标准 PV3977 进行，时间 120s，温度 23℃。各测试 20 次，剔除异常值，再取平均值。表 1-6 为不同配方的抗静电 PP 塑料防静电性能测试表。

表 1-6　不同配方的抗静电 PP 塑料防静电性能测试

编号	90℃/500h 老化后	编号	90℃/500h 老化后
配方 1	0.45kV	配方 3	0.26kV
配方 2	0.28kV	配方 4	0.16kV

标准：120s 后小于等于 0.3kV。

从表 1-6 的测试结果可以看出，将抗静电剂（3-月桂酰胺丙基）三甲基硫酸甲酯铵、月桂酸二乙醇酰胺和 N,N-二(2-羟乙基)-十四酰胺三者复配，抗静电效果明显，具有协同抗静电效果。

对配方 1～4 的抗静电 PP 塑料表面电阻率进行测试，按照 GB/T 1410—2006 进行。表 1-7 为抗静电 PP 塑料抗静电性能测试表。

表 1-7　抗静电 PP 塑料抗静电性能测试

编号	表面电阻率/Ω	编号	表面电阻率/Ω
配方 1	$2.2×10^6$	配方 3	$1.3×10^6$
配方 2	$1.4×10^6$	配方 4	$0.8×10^6$

选择抗静电效果最好的配方 4 进行材料的力学性能测试。结果见表 1-8。

表 1-8　配方 4 抗静电 PP 塑料材料性能测试

拉伸强度/MPa	冲击强度/(kJ/m²)	弯曲强度/MPa	弯曲模量/MPa
16.5	1.9	21.4	995

1.2.3　聚丙烯抗静电防水塑料

随着电子电器产品的市场扩大，对抗静电导热塑料的需求越来越高，比如电路板材料、电子隔离板、移动通信设备的外壳。一些在室外使用的电子产品，例如空调室外机、室外电箱、手机等，如果溅到或淋到雨水，还是容易引起漏电，造成危害，所以要具有良好的防水性。

（1）配方（质量份）

PP	112	己二酸丙二醇酯	11
DLTP	23	氯磺化聚乙烯胶	12
UV-P	7	苯胺	21
炭黑	12	二氧化钛	9
过氧化二异丙苯	13		

（2）加工工艺　将混合物放入搅拌机，搅拌均匀后经过常规的密炼，开炼；然后将开炼后的混合物经造粒机造粒，得到颗粒，将颗粒放入水槽冷却，然后在常温下干燥。

（3）参考性能　材料的主要性能如下：拉伸强度（GB/T 1040—2006）35MPa，断裂伸长率（GB/T 1040—2006）15％；冲击强度（GB/T 1043—2008）4kJ/m^2；弯曲强度（GB/T 9341—2008）45MPa；体积电阻率为 $4.7 \times 10^7 \Omega \cdot cm$。

1.2.4　阻燃抗静电聚丙烯

（1）配方（质量份）

PP	100	抗静电剂	2.5
十溴联苯醚	9	硬脂酸	0.5
Sb_2O_3	4	硬脂酸钙	0.2

本配方选择二甲基乙醇基酰胺丙基铵硝酸盐作抗静电剂，其结构特点是分子的一端带有强亲水基—OH，另一端带有疏水基团。在加工过程中，疏水基团朝向高聚物内部，而亲水基团具有渗出至塑料表面的特性，吸附空气中水分形成肉眼不能察觉的导电膜，使静电迅速地被导走，避免蓄电，达到消除静电的目的。

（2）加工工艺　表1-9为制备阻燃抗静电PP双螺杆温度。

表1-9　制备阻燃抗静电 PP 双螺杆温度

料筒区域	一	二	三	四	五	六	机头
温度/℃	150	170	200	210	220	220	210

（3）参考性能　纯PP表面电阻率为 $2.1 \times 10^{16} \Omega$，加入抗静电剂后PP的表面电阻率下降约4个数量级，可有效提高PP的电导并降低其起静电能力。在国家军用标准 GJB 3007—1997 中，将表面电阻率等于或大于 $1 \times 10^5 \Omega$，但小于 $2.1 \times 10^{12} \Omega$ 的材料定义为静电耗散材料，采用此种材料制作的各种制品可对中级及较低敏感程度的电子产品提供有效的静电防护。

1.2.5　LDPE 抗静电发泡塑料

聚乙烯发泡塑料经常被用作包装材料，在电子领域，为了减小静电对电子器械的危害，需要包装材料具有抗静电性。

（1）配方（质量份）

LDPE	100	硬脂酸锌	1～5
碳酸钙	50	交联剂	0.1～1.5
偶氮二甲酰胺（AC）	10	促进剂	5
EVA	35～45	导电炭黑	2～8
阻燃剂	30	不锈钢纤维	8～13

注：阻燃剂为氢氧化铝与三聚氰胺的等质量混合物；交联剂为三聚磷酸钠（TPP）与过氧化二异丙苯（DCP）等质量混合物。

（2）加工工艺　制备方法为一步法发泡获得。

（3）参考性能 制得的抗静电聚乙烯发泡塑料的性能为：体积电阻率为 $10^5\Omega\cdot cm$，拉伸强度 27.9MPa，断裂伸长率 251%。

1.2.6 HDPE 抗静电片材

配方分别给出了普通型抗静电材料、永久性抗静电材料、金属纤维、导电金属氧化物及导电炭黑五种抗静电填料填充的方式和效果。

（1）配方（质量份）

① 普通型抗静电材料填充

高密度聚乙烯（HDPE）　　　　　　　98.5　　　抗静电剂 HDC-103　　　　　　　　1.5

注：挤出吹塑级 Hostalen GF 4760，MFR=0.4g/10min，德国 Basell 公司。填料抗静电剂 HDC-103，类型：非离子型表面活性剂，杭州临安德昌化学有限公司。

② 永久性抗静电材料填充

高密度聚乙烯 HDPE　　　　　　　　　95　　　IRGASTAT® P18　　　　　　　　　5

IRGASTAT® P18 为永久性抗静电剂，汽巴精化公司。

③ 金属纤维填充

高密度聚乙烯 HDPE　　　　　　　　　95　　　金属纤维　　　　　　　　　　　　5

金属纤维：国产不锈钢纤维（裁剪至长 1cm 左右的纤维簇），然后不锈钢纤维束经过包覆处理，再切断为长约 0.5cm 的小段样品制备。

④ 导电金属氧化物填充

高密度聚乙烯 HDPE　　　　　　　　　80　　　白色导电二氧化钛　　　　　　　 20

注：白色导电二氧化钛 TIPAQUE ET-521(W)，日本公司 Ishihara Sangyo Kaisha 公司。

⑤ 导电炭黑填充

高密度聚乙烯 HDPE　　　　　　　　　80　　　导电炭黑　　　　　　　　　　　 10

导电炭黑 VULCAN XC-72，美国 CABOT 公司。

（2）加工工艺 各种原料经干燥处理后，按比例进行混配并用双螺杆挤出机挤出造粒。制片法将制得的抗静电粒料采用单螺杆挤出片材，再经三辊压光机压光。

采取双螺杆挤出机、侧喂料的方式进行炭黑的填充，该方法为典型的熔融混合。在没有侧喂料挤出机时，炭黑含量就得不到好的控制。如果直接将炭黑进行预混后进入双螺杆挤出机一步挤出造粒将更加方便。

（3）参考性能

① 普通型抗静电材料填充 表 1-10 为普通型抗静电剂填充抗静电片材表面电阻率。

表 1-10　普通型抗静电剂填充抗静电片材表面电阻率

产品放置时间	片材表面状况	表面电阻率 ρ_s/Ω
1h	表面光洁，有少量油状物析出	1.0×10^{10}
24h	表面光洁，有较多油状物析出	1.0×10^{8}
1 个月	表面光洁，有较多油状物析出	1.0×10^{8}
6 个月	表面光洁，有少量油状物析出	1.0×10^{10}
1a	表面光洁，无油状物析出	$>1.0\times10^{13}$
未添加抗静电剂	表面光洁，无油状物析出	$>1.0\times10^{13}$

通过表 1-10 可以看出，该非离子型表面活性剂型抗静电剂，添加后对 HDPE 表面电阻率具有明显的改善作用。但是该抗静电效果随时间的推移而发生改变，刚加工出来后，由于小分子未充分扩散至表面，表面电阻率偏高。停放 24h 后达到最佳效果，但随着时间推移，及使用中水洗、摩擦等因素，抗静电效果发生衰减。

抗静电剂 HDC-103 的优点是其用量少，加工简单，效果明显，价格低廉。缺点是存在小分子析出污染，在过于干燥的条件下，抗静电效果会下降，且抗静电效果具有时效性。可以应用于不怕小分子析出污染、对抗静电效果要求时限不长的包装材料领域。

② 永久性抗静电材料填充 永久性抗静电剂填充抗静电片材表面电阻率见表1-11。通过对产品表面电阻率与时效性测试，发现该抗静电剂填充后不随时间的推移而发生改变，且对产品的颜色、性能等均无大的影响。

表1-11 永久性抗静电剂填充抗静电片材表面电阻率

产品放置时间	片材表面状况	表面电阻率 ρ_s/Ω
1h	—	1.0×10^{10}
24h	—	1.0×10^{10}
1个月	与不加抗静电剂相同	1.0×10^{10}
6个月	—	1.0×10^{10}
1a	—	1.0×10^{10}
未添加抗静电剂		$>1.0\times10^{13}$

IRGASTAT®P18为永久性、无迁移的抗静电剂。热稳定好和在低湿度下的效用好，效果的即时性好，表面电阻率能达到$10^{10}\Omega$。导电剂无色，允许颜料的使用，加入后聚合物透明，适用于薄膜及透明家庭用品。抗静电性能好，不发火花不需接地，无粉尘及微粒污染，适用于干净的家庭用品。永久性有效性长，不依赖湿度能确保在苛刻条件下使用有效性不迁移、不污染包装物、无印刷问题、形成导电网络效果迅速，不影响材料性能。缺点是对产品电阻率的降低效果并不明显，不适用于一些对电阻率要求较高的应用场合。制得的抗静电片材可以用于电子行业、工业包装，以及干净室内环境的家用及部分商用的设备所需抗静电塑料。此产品可用于热塑性聚合物、透明薄膜、纤维或者注塑产品。

③ 金属纤维填充 通过对不同金属纤维添加量的片材进行对比，发现在金属纤维添加量足够时，所得片材导电效果明显，近似于导体。但是添加量过低，金属纤维被树脂包覆后，就达不到导电效果，金属纤维含量对片材表面的影响见表1-12。

表1-12 金属纤维含量对片材表面的影响

金属纤维含量	表面状况	表面电阻率 ρ_s/Ω
1%	表面光洁,表面几乎看不到金属纤维出现,均被包覆	$>1.0\times10^{13}$
5%	表面粗糙,有肉眼明显可见的金属纤维搭接现象	测试结果近乎为导体

金属纤维的优点是添加少量的情况下即可达到明显的导电效果；缺点是分散性不好，表观质量差，产品质量不稳定，添加量大、易发生热氧化和对基体老化有催化作用等，且价格昂贵，对生产设备有损伤。

其应用范围包括一些对导电要求比较高，环境不是很恶劣的地方。更多的是与纤维混纺后进行编织，很少用于片材包装材料中。

④ 导电金属氧化物填充 对片材表观及导电性进行对比，结果如表1-13所示。通过表1-13中几项数据的对比可以发现，进口导电二氧化钛 TIPAQUE ET-521(W) 质量无论是白度、分散性还是导电性均优于国产导电钛白粉 ECP-T1。

表1-13 不同导电氧化物填充后的性能

项目	ECP-T1 (20%含量)	ET-521(W) (20%含量)	ET-521(W) (40%含量)	ECP-CST (20%含量)
片材表观及色泽	深灰色	灰白色	浅灰色	浅灰色
分散性情况	较好	好	好	好
表面电阻率 ρ_s/Ω	1.0×10^{10}	1.0×10^{8}	1.0×10^{6}	1.0×10^{10}
制品韧性	差	好	差	差

　　导电二氧化钛 TIPAQUE ET-521(W) 是在二氧化钛表面包膜 SnO_2/Sb 导电层的白色导电材料，在提高树脂分散性改性后可用于控制静电问题的球状导电性材料。利用导电涂层，在高填充量下形成导电网络以达到永久性降低电阻率的效果。其优点是易于调色，对湿气和化学物理的稳定性优良。缺点是填充量大，对基体树脂材料的性能破坏大。其应用范围包括：对材料的力学性能要求不高，且需要进行染色的领域，如防静电设备无灰尘的建筑导静电材料涂料、油墨、塑料、橡胶、织物静电记录纸等。

　　⑤ 导电炭黑填充　导电炭黑 VULCAN XC-72 是美国最大的炭黑企业卡博特生产的工业用标准导电炭黑，该产品广泛应用于需要导电性和抗静电性的各个工业领域。该产品具有高导电性、易分散、耐紫外线等特点。此种产品为高纯度、超细和低杂质的炭黑，被众多国际大型工业生产商采用。

表 1-14　导电炭黑 VULCAN XC-72 性能参数

测试项目	测试方法	指标	单位
比表面积	ASTM D4820	254	m^2/g
着色力	ASTM D3256	87	%
粒子直径	ASTM D3849	30	nm
硫含量	Cabot 15.71	≤1	%
灰量	ASTM D1500	≤0.2	%
325 目筛余物	ASTM D1514	≤10	mg/kg
吸油值	ASTM D2414	174	mL/100g

　　采用和兴化学导电乙炔炭黑和导电炭黑 VULCAN XC-72 进行性能对比（表 1-14）。表 1-15 为和兴化学导电乙炔炭黑性能参数。乙炔炭黑与其他炭黑相比具有以下特性：质量轻、密度小、比表面积大、吸附性强、化学性质稳定、表面活性好、导电性高、纯净度高、灰分和挥发分低。对比粉状乙炔黑，粒状炭黑具有体积小、便于运输、粉尘污染小、利于改善使用环境流动性及分散性好等优点。

表 1-15　和兴化学导电乙炔炭黑性能参数

测试项目	测试方法	粉状	粒状炭黑
视比容/(mL/g)	GB/T 3782—2016	30～50	3～5
吸碘值/(g/kg)	GB/T 3782—2016	95	95
盐酸吸液量/(mL/g)	GB/T 3782—2016	4.6	2.4
电阻率/Ω·m	GB/T 3782—2016	1.6	5.0
pH 值	GB/T 3782—2016	6～8	6～8
加热减量/%	GB/T 3782—2016	0.1	0.1
灰分/%	GB/T 3782—2016	0.1	0.1
粒子直径/nm	GB/T 3782—2016	35	35
粒组分/%	GB/T 3782—2016	0.01	0.0
杂质	GB/T 3782—2016	无	无
吸收强度/(mL/5g)	企业标准	24.5	18.8
吸油值/(mL/100g)	企业标准	260	198

　　分别选取 5%、8%、10%、12%、15% 五个不同的炭黑填充率进行电学性能比较。由图 1-6 可知，三种炭黑在赋予复合材料导电性能方面有一定区别。在相同条件下，三种炭黑填充所得的 HDPE 复合材料渗滤阈值分别是 VXC-72 和 AC 粒状为 10% 附近，而 AC 粉状为 15% 附近。这主要是因为三种炭黑的结构和表面性质不同。经过造粒后的炭黑比粉状炭黑更容易分散在 HDPE 中。粒状炭黑存在较大的空隙体积，结构性很高，而且空壳结构导致其表观密度较小，因而在基体中的分布比其他炭黑密集，粒子间距离小，容易接触。所以在相同填充量下，形成导电通路的概率增加，能赋予材料更高的导电性。

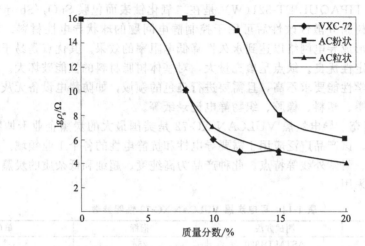

图 1-6　不同炭黑的 HDPE/炭黑复合材料表面电阻率 ρ_s 与炭黑含量的关系

对比和兴化学造粒后的乙炔炭黑与 CABOT 公司的导电炭黑 VXC-72，从各自给出的相关技术参数中粒径、密度、吸油值等参数，以及填充 HDPE 后所表现出的制品表观状况和表面电学性能来看，二者性能相近。

1.2.7　低炭黑含量 PP/PA/GF/CB 抗静电材料

电子产品易受到静电的损害。每年全球的电子元件和产品在生产、装配、贮存和运输过程中由于静电造成的损失达数百亿美元。抗静电材料可以减慢电荷的移动防止静电损害，研究表明，抗静电材料最佳的表面电阻系数为 $10^6 \sim 10^9 \Omega$。四元 PP/PA/GF/CB 体系在熔融混合阶段自发形成 PA 包覆玻璃纤维，炭黑沉积于 PP/PA 界面和 PA 相中的三重逾渗导电网络结构。该结构的形成大大降低了材料发生"逾渗转变"所需的临界炭黑含量，这是新型 PP/PA/GF/CB 材料在极低的炭黑含量下具有良好的抗静电效果的原因。PA 与 GF 间的界面亲和力是该结构形成的关键因素。

本例制备极低炭黑含量的聚烯烃抗静电复合材料，PP/PA/GF/CB 材料在炭黑（EC 600）含量小于 2% 时就能够很好地满足抗静电（$10^6 \sim 10^9 \Omega$）的要求。这种极低的炭黑含量更有利于材料的成型加工，把力学性能上的损失降到最低，解决了目前存在的炭黑含量与材料性能间的矛盾。

（1）配方（质量份）

PP	62	GF	15
PA	15	CB	8

（2）加工工艺　将经真空干燥的 PA（90℃，10h）和炭黑按一定比例充分混合，置于同向双螺杆挤出机熔融共混并挤出造粒。双螺杆挤出机及口模的温度控制在 150～250℃，螺杆转速为 50～200r/min，混合物在双螺杆挤出机中的停留时间控制在 60～240s，然后挤出造粒，制得母料。

将母料、抗氧剂、添加剂按一定比例加入 PP 中，用高速混合机混合均匀后，与玻璃纤维一起置于同向双螺杆挤出机中熔融共混并挤出造粒，玻璃纤维由螺杆中段的玻璃纤维加料口加入。双螺杆挤出机及口模的温度控制在 180～220℃，螺杆转速为 50～200r/min，混合物在双螺杆挤出机中的停留时间控制在 60～240s，然后挤出造粒，随后将挤出物按相应标准注塑成型，制得 PP/PA/GF/CB 抗静电复合材料。注塑时熔融温度 200～290℃、模具温度 40～60℃、注射速率低速或中速。

（3）参考性能

① PP/PA/GF/CB 材料的电性能　图 1-7 为 PP/CB、PP/PA/CB、PP/PA/GF/CB 材料体积电阻率与炭黑含量的关系。由图 1-7 可以看出，在所有体系中，随着炭黑含量的增加，材料的体积电阻率下降，发生典型的逾渗现象。三种体系发生逾渗转变的炭黑临界阈值各不相同。PP/CB 体系的逾渗阈值约为 10%，相比于单一聚合物体系，PP/PA/CB 体系的逾渗阈值要低一些（8%），而 PP/PA/GF/CB 体系在炭黑含量为 4% 时即发生逾渗现象，逾渗阈值最低。同时，如图 1-7 所示，炭黑含量为 8% 时 PP/PA/GF/CB 材料的体积电阻率约

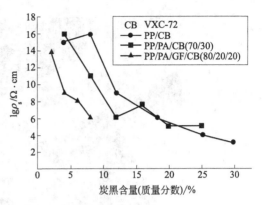

图 1-7　PP/CB、PP/PA/CB、PP/PA/GF/CB
材料体积电阻率与炭黑含量的关系

为 $10^6\Omega\cdot cm$，能很好地满足抗静电的要求。而在相同炭黑含量下，PP/CB 和 PP/PA/CB 材料的体积电阻率分别为 $10^{11}\Omega\cdot cm$ 和 $10^{16}\Omega\cdot cm$，完全为绝缘材料。因此，与 PP/CB、PP/PA/CB 材料相比，PP/PA/GF/CB 材料的逾渗阈值最低；相同炭黑含量下，其电性能也最好。

② PA 含量对 PP/PA/GF/CB 材料电性能的影响　图 1-8 为 PP/PA/GF/CB 材料表面电阻率与 PA 含量的关系曲线。如图 1-8 所示，随着 PA 含量的增加，PP/PA/GF/CB 材料的表面电阻率先降低后升高，PA 含量为 15% 时材料的电性能最佳。

PA 含量 5%、15% 时，PP/PA/GF/CB 体系中的玻璃纤维表面都包覆着一层 PA，二者相比较，后者的玻璃纤维表面包覆的 PA 层更厚一些。不同 PA 含量的 PP/PA/GF/CB 材料淬断断面的 SEM 照片见图 1-9。PA 含量小于 5% 时，由于体系中的 PA 含量过低，包覆着玻璃纤维的 PA 还不能形成

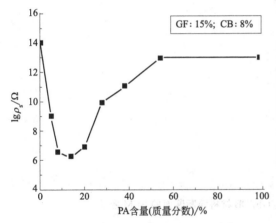

图 1-8　PP/PA/GF/CB 材料表面
电阻率与 PA 含量的关系

连续相，炭黑也就无法通过 PA 相形成完整的导电通路，此时材料的表面电阻率相对较高（$>10^9\Omega$）；PA 含量为 15% 时，包覆着玻璃纤维的 PA 已形成连续相，炭黑也就随之形成了完整的导电通路，材料的表面电阻率降低至约 $10^6\Omega$。而 PA 含量大于 50% 时，体系中包覆结构消失，分散相 PP 与玻璃纤维相各自独立分布，玻璃纤维表面变得十分光洁。此时体系中的玻璃纤维已不能起到导电"桥梁"的作用，炭黑粒子无规分散在 PA 基体相中，此炭黑含量下根本无法形成导电网络，此时材料的表面电阻率最高（约 $10^{13}\Omega$）。此结构上的变化与 D. Benderly 等对 PP/PA6/GB 体系的研究结论一致。因此，PP/PA/GF/CB 材料中的 PA 含量在 5%～20% 范围内为宜。

③ GF 对 PP/PA/GF/CB 材料电性能的影响　图 1-10 为 PP/PA/GF/CB 材料表面电阻率与 GF 含量的关系曲线。如图所示，随 GF 含量的增加，PP/PA/GF/CB 材料的表面电阻率先降低后略有升高，玻璃纤维含量 20% 时材料的电性能最好。

④ 相容剂对 PP/PA/GF/CB 材料电性能的影响　将马来酸酐（MAH）接枝到 PP 上，使 PP 带有极性基团，然后将 PP-g-MAH 作为相容剂加入到 PP/PA/GF/CB 体系中。其中相

(a) PA: 5%

(b) PA: 15%

(c) PA: 50%

图 1-9　不同 PA 含量的 PP/PA/GF/CB 材料淬断断面的 SEM 照片

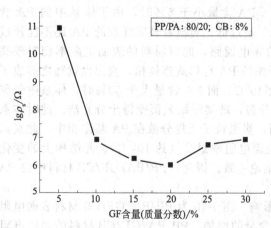

图 1-10　PP/PA/GF/CB 材料表面
电阻率与 GF 含量的关系

容剂的添加量为 PP 量的 5%，并取代相同质量的 PP。经测试 PP/PP-g-MAH/PA/GF/CB（57/5/15/15/8）表面电阻率为 $10^{11}\Omega$，PP/PA/GF/CB（62/15/15/8）的为 $10^{6}\Omega$，表明在 PP/PA/GF/CB（62/15/15/8）复合体系中加入相容剂 PP-g-MAH 后体系的表面电阻率显著升高。加入相容剂 PP-g-MAH 后，体系中的 PA 与 GF 各自独立分布，GF 表面比较光滑。炭黑无法通过 PA 相形成导电通路，导致 PP/PA/GF/CB 材料的电阻率显著升高，因此本配方不使用相容剂。

⑤ PP/PA/GF/CB 抗静电材料的力学性能　作为功能高分子材料，PP/PA/GF/CB 抗静电材料的力学性能，诸如拉伸强度、弯曲模量、冲击强度等，并不是最重要的性能指标，但它可以决定该材料的应用范围。因此，

具有优异的电性能，又具有良好的力学性能的复合材料才是配方所追求的目标。表 1-16 为 PP/PA/GF/CB 材料与 PP/PA/CB、PP/CB 材料的性能对比。由表可知，在表面电阻率相同的前提下，新型 PP/PA/GF/CB 材料的力学性能全面优于传统的 PP/PA/CB、PP/CB 材料，具有更好的空间稳定性。我们知道，炭黑粒子的加入通常会降低热塑性树脂的力学性能，因此低炭含量的材料在力学性能上往往占有优势。此外，高炭黑含量的 PP/CB 材料中炭黑粒子的脱落会造成环境污染，限制此类材料的应用范围，而新型低含量 PP/PA/GF/CB 材料中的炭黑粒子不易脱落，可以应用于一些环保要求较高的领域。

表 1-16　PP/PA/GF/CB 材料与 PP/PA/CB、PP/CB 材料的性能对比

项目	PP/PA/GF/CB (62/15/15/8)	PP/PA/CB (30/26/14)	PP/CB (80/20)
拉伸性能/MPa	47	33	27
弯曲模量/MPa	2828	2196	1450
冲击性能/(J/m)	266	162	97
表面电阻率/Ω	10^6	10^6	10^6

1.2.8　导电炭黑改性 PE-RT 抗静电复合材料

耐热聚乙烯（PE-RT）由乙烯和辛烯共聚得到，管道易于弯曲，方便施工。但电阻极高，在使用过程中容易积累静电而带来安全隐患，对塑料管材进行抗静电改性的研究受到了广泛关注。导电炭黑(CB)具有成本低和抗静电持久等优点，被广泛应用于塑料的抗静电改性，然而 PE-RT 管材料相较于普通塑料具有黏度高及熔体强度大等特点，导电炭黑在其中分散困难。目前降低聚合物基导电炭黑复合体系逾渗阈值的有效途径是在复合体系中引入与基体相容性较差的第 3 相，且该相能够在基体中形成连续结构，CB 能够选择性富集在该相中或者两相界面处，从而在复合体系中形成导电通道，即产生双逾渗作用，可以有效降低 CB 的填充量。然而第 3 相的引入使得复合体系的力学性能损失严重。本例采用乙烯-乙酸乙烯共聚物(EVA)载体导电炭黑母粒（CBE）作为导电介质，配以一定比例的聚乙烯-辛烯共聚弹性体（POE），结合双逾渗理论，制备出了具有导电网络形貌的抗静电管材料。

（1）配方（质量分数/%）

PE-RT	68.46	EBS	2.90
CBE	24.11	抗氧剂 1010	0.19
CB	12.05	抗氧剂 168	0.19
POE	3.86	硬脂酸锌	0.29

（2）加工工艺　将 PE-RT、CBE、CB、POE 及相关助剂按照一定质量分数比例称量好并保证原料干燥。为保证粉末助剂能够在颗粒料中更好地分散，先将 PE-RT、CBE、POE 放入高速搅拌机中，加入甲基硅油混合均匀；之后加入相关助剂，再次搅拌混合；最后经同向双螺杆挤出机熔融塑化造粒，干燥备用。

（3）参考性能　在 CBE/POE/PE-RT 复合体系中，CB 的质量分数为 12.05%，随着 POE 质量分数增加，复合体系的体积电阻率呈现先下降后上升的趋势，并在 POE 质量分数为 3.86% 时，体系的体积电阻率出现了最小值，达到 $6.31 \times 10^6 \Omega \cdot cm$。

1.2.9　PET 抗静电卷材

随着电子产品的广泛流行，高分子薄膜的使用率越来越高，而部分高聚物摩擦的静电压

值大，存在安全隐患。现有的工艺都是在普通 PET 表面外涂 ATO（锑掺杂的二氧化锡）、聚噻吩、炭黑等抗静电涂层。但该类材料也存有不足之处：抗静电性能仍不够出色，一旦 ATO 涂层被破坏或在涂布时涂布不均，则会导致其最终产品的抗静电能力大打折扣；聚噻吩类型的涂层长期使用后存在易氧化失效的问题。此外，相较于共混法的生产工艺，外涂法工艺步骤多，这无疑既增加了企业的成本投入，也对其生产过程有更高、更严苛的要求，以此来降低产品的废品率。

聚乙炔属于结构性高分子导电材料，此类共轭型聚合物可通过掺杂后形成高电导率的高分子材料。该高分子主要是使聚合物中的电子不定域（结构中有共轭双键，π 键电子作为载流子），通过电荷交换而形成导电性。聚乙炔分子刚性小，易溶，易熔，不易氧化，因此适合作为内混型抗静电材料，与其他高分子基材共混，制成复合型抗静电材料。碳纤维的引入可提高 PET 卷材的导电能力和机械加工性能。氧化锡属于金属氧化系填充型抗静电添加剂，其抗静电性能接近金属填充型材料，但价格低廉，性价比高。氧化锡的色相较淡，粒径很小，相容性好，可满足有透明要求的防静电材料。

本例将导电高分子材料与无机抗静电材料有机结合，得到与抗静电剂融为一体的复合型 PET 抗静电卷材。

(1) 配方（质量分数/%）

PET	96.6	碳纤维	0.5
乙炔	2	氧化锡	0.3
石墨	0.5	分散剂	0.1

注：分散剂的组分为：80%～90%（质量分数）的聚乙烯吡咯烷酮和 10%～20%（质量分数）的聚二甲基硅油。

(2) 加工工艺　按配方将各组分加入高速搅拌机共混后，双螺杆挤出造粒。

(3) 参考性能　PET 抗静电卷材表面电阻$>10^7\Omega/cm^2$，卷材透明度>80。

1.2.10　聚对苯二甲酸丁二醇酯（PBT）导电塑料

(1) 配方（质量份）

聚对苯二甲酸丁二醇酯	100	辛酸铅	10
碳纤维	15	聚丙烯	15

(2) 加工工艺　聚对苯二甲酸丁二醇酯 100 份，碳纤维 15 份，辛酸铅 10 份和聚丙烯 15 份。将碳纤维 120℃干燥 3h 以上，然后以聚对苯二甲酸丁二醇酯为基材，依次加入碳纤维、辛酸铅和聚丙烯进行复合得产品。

(3) 参考性能　PBT 导电塑料添加有碳纤维和辛酸铅，耐磨性好，热导率高，适用于防静电材料，体积电阻率达 $10^8\Omega\cdot m$ 以下。

1.2.11　ABS 抗静电材料

聚丙烯腈-丁二烯-苯乙烯（ABS）是具有优异性能的工程塑料。但是，其绝缘性能太好，使得材料表面易积聚静电荷，当这些静电荷积累至一定程度，就会发生静电放电现象。本例合成一种高分子型抗静电剂，通过成型加工工艺将其与基体共混制成具有抗静电能力的 ABS 母粒。

(1) 配方（质量分数/%）

ABS(ABS 5000，中国台湾台达)	72.2	DOP	2
抗氧剂 B215	0.8	P(MABB-St)	25

(2) 加工工艺

① 甲基丙烯酸二甲基氨基乙酯（DMAEMA）的合成　甲基丙烯酸二甲基氨基乙酯（DMAEMA）的合成流程如图 1-11 所示。在控制回流比为 3～4 时，可以使 DMAEMA 转化率最大。将压力设为 -0.1MPa，此时，无色、透明并有氨气味的 DMAEMA 就会被减压抽出。体系的催化剂二月桂酸二丁基锡最佳用量为 1%（质量分数），反应温度为 105℃。

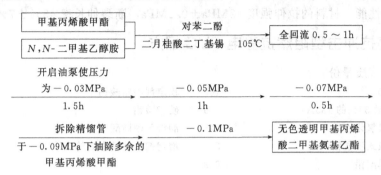

图 1-11　甲基丙烯酸二甲基氨基乙酯（DMAEMA）的合成流程

② 甲基丙烯酸二甲基丁基溴化铵（MABB）　图 1-12 是甲基丙烯酸二甲基丁基溴化铵（MABB）的合成工艺。为了确保能尽可能多地参与反应，将 MABB 与 1-溴代丁烷按摩尔比 1:1.2 投料。在反应过程中，阻聚剂采用 4-甲氧基酚，并按单体总质量的 0.8% 加入。丙酮为溶剂。反应温度 40℃，反应时间 30h。

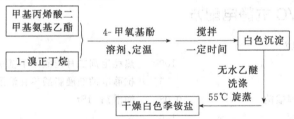

图 1-12　甲基丙烯酸二甲基丁基溴化铵（MABB）的合成工艺

③ 阳离子两亲聚合物抗静电剂的合成　图 1-13 是两亲聚合物聚（甲基丙烯酸二甲基丁基溴化铵-苯乙烯）的合成步骤。物料投料比 MABB:St=6:4，无水乙醇为反应溶剂，反应时间 8h，反应温度 60℃。反应开始前用氮气吹扫，去除体系中可能存在的氧气。最终产物的产率达 88.5% 左右。

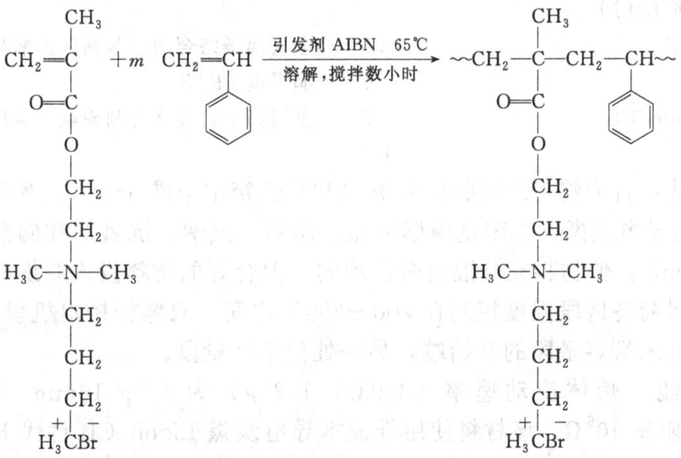

图 1-13　两亲聚合物聚（甲基丙烯酸二甲基丁基溴化铵-苯乙烯）的合成步骤

④ 抗静电聚丙烯腈-丁二烯-苯乙烯材料的制备　在进行成型加工前，基体与抗静电剂先在 90℃下烘 2h，以除去基体特别是抗静电剂中所含有的水分。然后将基体 ABS、抗静电剂、占混合物总质量 0.8%的抗氧剂和增塑剂邻苯二甲酸二辛酯（DOP）用双螺杆挤出机造粒。

（3）参考性能　材料的拉伸强度 42MPa±0.2MPa，断裂伸长率 45%±7%。

1.2.12　高抗冲击型阻燃抗静电 PVC 配方

（1）配方（质量份）

PVC(SG-5)	100	稳定剂硬脂酸钙	0.3
CPE(含氯量 35%的 135A)	9	硬脂酸铅	1.8
抗静电剂聚氧化乙烯	15	润滑剂硬脂酸	0.4
稳定剂三碱式硫酸铅	2.0	增韧剂活性纳米高岭土	16
二碱式亚磷酸铅	0.2		

（2）加工工艺　按配方比例称量各原料，将所有原料一起投入高速混合机中混合搅拌至 110℃，然后冷混至温度低于 60℃后，加入挤出机中，通过熔融共混后经温度为 160℃的机头挤出并热切造粒，风冷至室温后即得高抗冲击型阻燃、抗静电 PVC 材料。

（3）参考性能　表面电阻率小于 $3×10^8\Omega$，冲击强度大于 $35kJ/m^2$。该材料以聚氧化乙烯为抗静电剂，采用传统的物理共混方法，制备工艺简单，控制容易。

1.2.13　透明 PVC 抗静电配方

（1）配方（质量份）

PVC	100	热稳定剂二月桂酸二丁基锡	2.0
MBS	15	抗静电助剂硬脂酸单甘油酯	1.5
抗静电剂十二烷基磺酸钠	0.08	润滑剂 HSt	0.5
聚氧乙烯月桂酸基醚	1.0		

（2）加工工艺　按配方比例称量各原料，加入高速混合机中，在 80～90℃下高速混合 10～15min，然后送入挤出机中熔融共混挤出造粒。挤出温度 155～175℃。

（3）参考性能　体积电阻率为 $2.4×10^{12}\Omega\cdot cm$。

1.2.14　低成本抗静电 PC 树脂

（1）配方（质量份）

PC(PCL-1225L)	91.5	金属离子络合剂二苯基砜磺酸盐	1.0
抗氧剂 1010	0.1	润滑剂 PETS	0.4
导电炭黑(LioniteCB)	7	金属离子协效络合剂磷酸二氢钠	0.5
抗氧剂 168	0.1		

（2）加工工艺　首先将 PC 树脂在 100～120℃烘箱中干燥 5～6h，然后按配方比例将干燥后的 PC 树脂与导电炭黑、二苯基砜磺酸盐、磷酸二氢钠、抗氧剂和润滑剂加入高速混合机中混合搅拌 20min，使物料充分混合分散均匀，混合好的物料投入双螺杆挤出机中熔融挤出造粒。挤出机料筒各区段温度控制在 200～280℃之间。双螺杆挤出机设有两个抽真空处，一处位于加料段的末端熔融段的开始端，另一处位于计量段。

（3）参考性能　熔体流动速率（300℃，1.2kg）为 1.7g/10min，缺口冲击强度为 190J/m，表面电阻率 $10^6\Omega$，该材料使用低成本导电炭黑 LioniteCB 替代 EC600JD，在不降低材料性能的情况下，极大降低了材料成本。

1.2.15　抗静电无卤低烟 PC/ABS 合金

（1）配方（质量份）

PC	70	分散剂亚乙基双脂肪酸酰胺（TAF）	0.5
阻燃协效剂：双酚 A 双（二苯基磷酸酯）	1	三氧化钼	8
ABS	30	抗氧剂 1010	0.2
抗静电剂乙氧化烷胺	1	碳酸镁	5
相容剂 LLDPE-g-MAH	3	抗氧剂 168	0.3
钛酸酯偶联剂 TC-109	5	阻燃协效剂红磷	4
阻燃剂氢氧化镁	20		

（2）加工工艺　先将 PC 和 ABS 树脂进行干燥处理，然后按配方比例将干燥后的 PC 树脂和 ABS 树脂与阻燃剂、阻燃协效剂、相容剂、抗静电剂、偶联剂、分散剂和抗氧剂加入高速混合机中混合搅拌均匀，混合好的物料投入双螺杆挤出机中，经熔融挤出、冷却，再经切粒机切粒得到圆柱形颗粒料。采用共混分散型螺杆组合，使合金与阻燃剂均达到最佳分散效果。挤出机料筒各区段温度分别为一区 210～230℃、二区 220～240℃、三区 230～250℃；螺杆长径比为（35～40）:1；螺杆转速 350～500r/min。

（3）参考性能　拉伸强度 61.9MPa，完全强度 100.7MPa，弯曲弹性模量 2.31GPa，简支梁无缺口冲击强度为 110.1kJ/m^2，简支梁缺口冲击强度为 41kJ/m^2，阻燃性 UL94V-0 级，烟密度36，表面电阻率（1 周）$10^{12}\Omega$，表面电阻率（90d）$10^{11}\Omega$。

该材料所用的无机阻燃剂具有无卤、低烟、无毒无腐蚀、阻燃性好、热稳定性高、对材料力学性能几乎无影响等优点，所用抗静电剂具有高效、无毒、环保等特点，且长期抗静电性能良好。

1.2.16　抗静电耐磨 PS 塑料

（1）配方（质量份）

PS	160～165	氮化硼	10～12
硫酸钙	10～13	紫外线吸收剂 UV-P	10～15
氯丁橡胶	30～35	氧化铍	10～14
炭黑	6～10	三乙烯四胺	10～15
光稳定剂 GW-770	10～14		

（2）加工工艺　按配方比例称量各原料，在高速混合机中高速混合搅拌 5～10min，充分混合均匀后经过常规的密炼、开炼，然后将开炼后的混合物料经造粒机造粒，将粒料放入水槽冷却，然后在常温下干燥，即得 PS 抗静电耐磨塑料。

（3）参考性能　拉伸强度为 34～36MPa，断裂伸长率为 12%～14%，冲击强度为 3.8～4.2kJ/m^2，弯曲强度为 45～46MPa，体积电阻率（4.5～4.8）×$10^7\Omega\cdot$cm。该材料具有良好的抗静电和耐磨性能，并且不影响塑料的力学强度。

第 **2** 章

导热塑料的配方与应用

2.1 概述

导热塑料主要是指基材为通用塑料或工程塑料，氧化物、氮化物或碳为填料的复合材料。根据填料种类的不同，可以将导热塑料分为绝缘与非绝缘导热塑料两种。通常，塑料的热导率为 0.2W/(m·K) 左右，而导热塑料的热导率为 1~20W/(m·K)。材料的传热速度与热导率有关，而材料的散热速度与散热器的形状、面积、对流及热辐射能力有关。导热塑料的热导率相比金属较低，但其热辐射能力较强。因此，导热塑料与金属材料的散热能力基本相同。表 2-1 是几种不同材料的热辐射系数。

表 2-1　几种不同材料的热辐射系数

项目	钢	铸铁	铝	铜	黑色塑料
抛光未氧化	0.05~1.00	0.30	0.02~0.10	0.06	—
初加工微氧化	0.50~0.60	0.75	0.30~0.40	0.05	0.80~0.90
严重氧化	0.80~0.95	0.80~0.95	0.40~0.45	0.80	—

以往的导热散热材料都集中在金属材料的运用上，但金属材料在耐腐蚀性能和加工成型性能上都不及高分子材料有优势，而且许多需要导热材料的领域里对材料制品的生产周期和效率、使用寿命、精密加工、设计自由度都提出很高要求。在电子器件追求小型化、高频化、轻量化的今天，高分子导热聚合物借此成为导热材料领域的新秀，其应用领域也逐渐扩展，如换热工程、电子电气、摩擦材料、电磁屏蔽、汽车制造业等。

由于结构和散热机理的原因，高分子材料本身的热导率很低，散热效果差，表 2-2 为几种不同高分子材料在室温下（25℃）的热导率。所以要想使高分子材料在散热领域得到广泛运用，必须通过高分子改性、成型加工的方法赋予高分子材料良好的导热性能。

表 2-2　几种不同高分子材料在室温下（25℃）的热导率

树脂	热导率/[W/(m·K)]	树脂	热导率/[W/(m·K)]
低密度聚乙烯	0.30	尼龙 6	0.25
高密度聚乙烯	0.45	尼龙 66	0.26
聚甲基丙烯酸甲酯	0.20	聚甲醛	0.20
聚丙烯	0.12	聚对苯二甲酸乙二醇酯	0.15
聚丙乙烯	0.15	聚对苯二甲酸丁二醇酯	0.30

制备导热高分子材料的工艺主要有两种：本征型导热材料和填充型导热复合材料。第一

种是本征型导热材料，是指通过机械加工的方法使材料的分子结构发生改变，从而得到相应材料。其结晶度完整，主要通过声子或电子导热。例如，采用湿法纺丝的工艺制备出纳米级别的 PE 纤维束，成型过程中在剪切、结晶、纳米尺寸的微扰和限制等因素的综合影响下，聚乙烯的分子链取得了高度取向，正是这种高度取向带来的结构上的变化使得聚乙烯纳米纤维具有很高的导热性能，热导率在室温下达到 20～25.6W/(m·K)，并且发现其热导率随温度发生缓慢变化，聚乙烯纳米纤维的微观横截面如图 2-1 所示。大部分本征导热高分子材料的研究还处于实验室阶段，通过改变聚合物材料内部本身的结构，如采用定向拉伸的方法，使分子链的取向排列，聚合物高度取向化的过程工艺一般来说比较复杂和烦琐，不利于工业化的生产，限制了本征导热高分子的应用。但本征高分子材料的研究有利于深入了解高分子材料的内部结构和导热机理，因此仍然具有广阔的研究价值和发展前景。

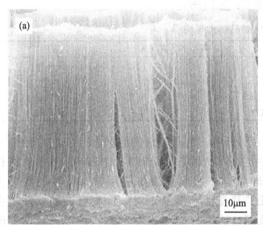 

图 2-1　高密度聚乙烯纳米纤维横截面及剖面

第二种是填充型导热复合材料，即以高分子树脂为基体，将导热填料加入到基体树脂中制得的复合材料。本征型导热复合材料由于具有高的结晶取向度，使得材料的加工难度较大。而填充型导热复合材料的加工工艺简单并且成本低，应用范围较广。根据使用填料的不同，填充型导热塑料主要分为三类：金属材料填充型导热塑料、无机材料填充型导热塑料以及导电有机物填充型导热塑料。填充型导热塑料的影响因素主要有树脂基体、导热填料和两者之间的界面。因此，为了提高材料的热导率，应从几个方面改善填充型导热塑料的热导率。

第一，高分子材料的导热性能较差，而某些无机填料具有良好的导热性能，通过向高分子材料中添加导热无机填料如 BN、Al_2O_3、MgO 等导热填料，来改善导热塑料的热导率。相比碳材料和金属材料最大的优势是它们的绝缘性能，而在电子设备和集成化中使用的导热材料必须具有一定的绝缘性能。所以，目前无机导热材料在信息产业领域中工业化应用最广。

第二，对于填充型导热塑料，可以通过增加填料填充量、不同粒径填料复配、添加纤维等方式，在其内部形成更多的热通道，从而改善导热塑料的热导率。

第三，尽量减少基体与填料之间的表面热阻是提高填充型导热塑料热导率的另一有效途径。主要通过以下几种方式达到上述目的。①对于同一种类的填料粒子，应尽量选择粒径较大的导热填料，当填料的填充量相同时，相比小粒径填料，大粒径的填料拥有相对少的数量，因而可尽量减少基体与填料粒子间的热接触点，减小材料的界面热阻；②对于不同种类的基体材料，应尽量选择黏度较低的基体材料。制备过程中黏度低的树脂可以使填料粒子间的树脂减少，则树脂基体产生的热阻也会随之减少，填料与基体之间的结合增强，减小界面热阻；③填料粒子表面预处理。对导热粒子表面进行改性，从而提高其润湿性能，使其更加均匀地分布在树脂中，减小其与树脂界面间的热阻。

2.2 导热塑料的配方、工艺与性能

2.2.1 PBT基LED灯用导热塑料

近年来由于 LED 照明领域的快速发展，对导热高分子材料在这方面的需求与日俱增，导热高分子材料可以用于 LED 中的外壳、插件、基板、散热器等部件，表 2-3 所示是一些公司生产的导热高分子材料在 LED 领域方面的工业化应用。

表 2-3 常见的 LED 制品部件与型号

公司	聚合物	牌号	热导率/[W/(m·K)]	应用
Coolpolymer	LCP	D5506	10.0	板插件
DMS	PA46	Stany-TC153	8.0	外壳
Albis	PPS	Tedur 9519	10.0	灯支架
Sabic	PPS	QTF2A	2.2	散热器

聚对苯二甲酸丁二醇酯（PBT）作为一种工程塑料，具有较好的耐磨损性、耐热性以及电绝缘性，并且吸水率低、尺寸稳定，广泛应用在各个领域，其价格比 PA46、PPS 价格相对要便宜。与氮化硼相比，氧化镁的价格相对较低。在氧化镁添加量为 50% 时，材料的导热性能相对较高，力学性能下降较少。由于 PBT 热变形温度低，对缺口敏感，缺口冲击强度低，导致制品韧性低，限制了 PBT 的应用范围。综合性能与成本考虑，必须进行增韧改性。本配方以 PBT 为基体，氧化镁为导热填料制备导热复合材料。通过添加 EVA 或玻璃纤维对复合材料进行增韧和增强处理。

(1) 配方（质量份）

PBT	56	抗氧剂 1010	0.25
MgO	40	抗氧剂 168	0.25
EVA	4	硬脂酸	0.5

(2) 加工工艺 原料预处理：PBT 树脂遇水易分解，因此在使用前必须对其进行干燥处理，吸水率应低于 0.02%。将氧化镁、氮化硼、PBT 放入鼓风干燥箱中，在 120℃ 的条件下烘干 4h，使其充分干燥。双螺杆挤出机挤出造粒：将特定比例的导热填料与 PBT 树脂放入高速搅拌机中搅拌 10min，待搅拌均匀后，将搅拌好的原料取出。按图 2-2 所示对双螺杆挤出机进行设置，将搅拌好的原料加入到挤出机中熔融挤出，经过空气冷却，经造粒机造粒，备用。表 2-4 为双螺杆挤出机各区温度。

图 2-2 工艺流程图

表 2-4 双螺杆挤出机各区温度

区域	一区	二区	三区	四区	机头
温度/℃	200~230	230~250	230~250	230~250	230~245

(3) 参考性能 纯 PBT 的热导率仅为 0.394 W/(m·K)。氧化镁的热导率大约为

36W/(m・K)。配方 1 是将 PBT：MgO 比例固定在 60：40，加入玻璃纤维；配方 2 是将 PBT：MgO：EVA 的比例固定为 56：40：4，向体系中加入玻璃纤维。表 2-5 为 PBT 增强增韧导热复合材料的力学性能及导热性能。由表 2-5 可以看出，配方 2 与配方 1 相比，向氧化镁填充 PBT 复合材料中加入 EVA 和玻璃纤维，复合材料的力学性能和热导率均较为良好。配方 2 中，复合材料的热导率为 1.137W/(m・K)，弯曲强度高达 104.5MPa。

表 2-5　复合材料各项性能

编号	氧化镁含量 /%	EVA 含量 /%	玻璃纤维含量 /%	热导率 /[W/(m・K)]	冲击强度 /(kJ/m²)	弯曲强度 /MPa	拉伸强度 /MPa
1	20.5	0	48.7	1.112	2.94	96.8	54.8
2	20.4	2.04	49	1.137	3.49	104.5	57.2

2.2.2　PA6/AlN/CF 导热塑料

PA6 作为一种传统的工程塑料在社会生产上得到广泛应用，但 PA6 的低热导率限制了其在导热材料中的应用，提高 PA6 材料的导热性能在工业生产应用中具有重要的意义，氮化铝（AlN）填料是一类原子晶体的氮化物，是一种高热导率的无机填料，热导率可达 300W/(m・K)，纯度高且电绝缘性能优异，具有力学性能好、光传输性能好、纯度高、介电性能优良等特点，而碳纤维（CF）具有良好的电导率和导热性能，而且还能提高材料的力学性能。目前通过导热填料填充高分子基体是最经济有效的导热高分子材料的制备方法，本配方选择了 PA6/AlN/CF 复合体系，利用尺寸差异较大的碳纤维与 AlN 填料进行混合填充制备了 PA6/AlN/CF LED 灯用导热塑料。

（1）配方（质量份）

PA6	60	KH550	适量
氮化铝（AlN）	25	抗氧剂 B225	0.5
碳纤维（CF）	15		

注：PA6 选用日本宇部公司 1013B；氮化铝 10μm，本配方选取的碳纤维材料是中间相沥青基碳纤维材料，相比聚丙烯腈制备的碳纤维热导率更高，直径为 7μm，热导率 150～200W/(m・K)；硅烷偶联剂 KH570 填充量为 1.5%（质量分数）。

（2）加工工艺

① 材料预处理　偶联剂处理：首先用无水乙醇作为溶剂按照一定比例与硅烷偶联剂（KH550、KH560、KH570）、钛酸酯偶联剂（铝酸酯偶联剂由于是粉末状，不用配制成溶液）配制成偶联剂溶液，将配制好的偶联剂溶液按照填料含量的 0.5%～2%（质量分数）的比例用喷雾瓶呈雾状均匀地喷洒在 AlN 粉末上，将偶联剂处理后的 AlN 填料放在烘箱里烘干待用。

② 高速混合　将 PA6 基体在 100℃烘箱内烘干 8h 后与已经经过偶联剂处理的 AlN 填料按照不同的配比分别放入高速混合机中，同时一并添加 0.4%（质量分数）的抗氧剂，最后不同组分在高混机中混合 10min，取出烘干待用。

③ 三螺杆挤出造粒工艺　挤出机料筒各段及模头温度参数设定如表 2-6 所示。

表 2-6　料筒各段及模头温度参数设定　　单位:℃

料筒 1	料筒 2	料筒 3	料筒 4	料筒 5	料筒 6	料筒 7	料筒 8	料筒 9	模头
200	210	225	235	245	245	235	230	230	225

三螺杆挤出机喂料螺杆转速设置为 8r/min，螺杆转速设置为 50r/min，采用水冷和风冷后经过切粒机切粒的方式制备 PA6/AlN 导热复合材料母料，将制备好的母料放于 100℃

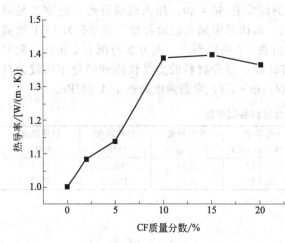

图 2-3　CF 含量对复合材料导热性能的影响

烘箱内烘干 8h 待用。

二步法挤出即将相同配方的各组分进行 2 次挤出，以 PA6/AlN/CF 复合材料为例，先将原料 PA6 和 AlN 熔融挤出切粒制成母料，再将母料与填料 CF 再次熔融挤出。

（3）参考性能　AlN/CF 混合填料在 PA6/AlN/CF 体系中产生的混配效应和协同效应有助于提高材料的导热以及力学性能。PA6/Al N/CF 导热复合材料的填料总填充量为 40%（质量分数）；PA6/AlN/CF 复合材料的热导率随着碳纤维含量的增加而不断上升，见图 2-3。当 AlN/CF 配比为 25/15 时，热导率达到 1.395W/(m·K)，比同含量单一的 AlN 填充的 PA6/AlN 体系增长了 39%，碳纤维相比 AlN 填料具有较高的长径比，纤维状的碳纤维在 AlN 粒子之间起桥梁连接作用，形成了更多的导热通路，且碳纤维本身的热导率很高，这种形状和比例的差异，使得填料和基体之间相互搭接、贯穿和相互联系，这种空间网状的导热通路形成的混配效应和正向协同效应，使得材料的堆积密度比同等含量单一填料填充的密堆积程度要高，建立更完善的导热网链结构。图 2-4 为 CF 含量对复合材

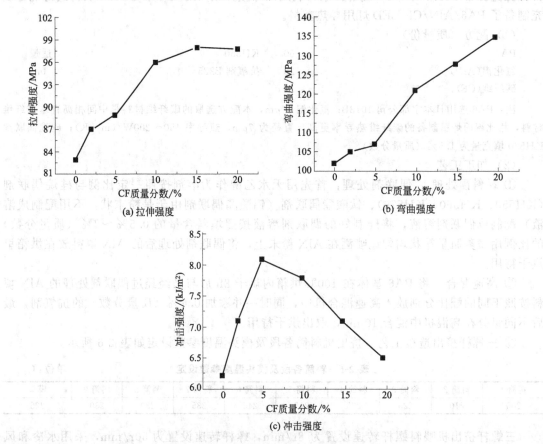

图 2-4　CF 含量对复合材料力学性能的影响

料力学性能的影响。综合考虑，PA6/AlN/CF 配比为 60/25/15 时，复合材料的综合性能最好。

　　硅烷偶联剂 KH570 在填充量为 1.5% （质量分数）时对导热性能的改性效果最好。碳纤维填料、AlN 填料以及 PA6 基体之间的极性以及表面的活性差异很大，简单地进行共混熔融制得的复合材料的相容性较差，影响材料内部填料的分布。所以，采用对填料进行偶联剂改性的办法来提高材料各成分之间的相容性。图 2-5 所示为改性后的复合材料的导热曲线，AlN/CF 配比为 25/15。偶联剂改性能够提升 PA6/AlN/CF 导热复合材料的热导率，其中 KH570 的改性效果最好，在填

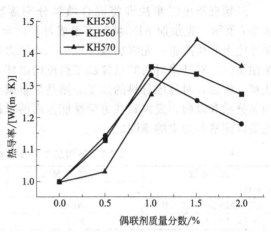

图 2-5　偶联剂改性对 PA6/AlN/CF
复合材料导热性能的影响

充量为 1.5% （质量分数）时，其热导率达到 1.449W/(m·K)，较未改性提高了 45%，这说明 KH570 的官能团能够很好地与碳纤维和 AlN 表面的官能团和活性物质发生反应，有利于纤维和微粒的共同均匀分散，通过增强混合填料与基体之间的相容性和界面结合力，可以促进导热网链的构建。图 2-6 为偶联剂改性对 PA6/AlN/CF 复合材料力学性能的影响。

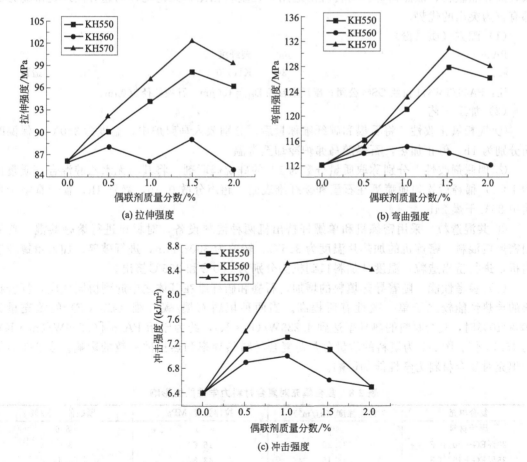

图 2-6　偶联剂改性对 PA6/AlN/CF 复合材料力学性能的影响

三螺杆挤出二步法即将混合填料分别逐次添加，二次熔融挤出的过程，力学性能如表 2-7 所示。先添加 AlN 填料挤出成母粒，再将母粒与碳纤维再次熔融挤出的二步法在力学性能上有所改善；先添加碳纤维的二步法力学性能有所降低是因为将碳纤维进行了二次的熔融挤出，对纤维材料的重复加工造成的破坏不利于发挥碳纤维高模量高强度以及长径比的优势。所以，对纤维材料的加工原则是尽量减少对纤维本身的破坏，增加其在结构中的良好均匀分散和取向，发挥其在力学性能方面的卓越性能，这也是工业生产中碳纤维的添加方式主要以侧喂料为主的原因之一。

表 2-7　不同加工方法对复合材料力学性能的影响

加工次数	拉伸强度/MPa	弯曲强度/MPa	冲击强度/(kJ/m²)
一步法	98.2	128.3	7.1
二步法(AlN25%/CF15%)	102.2	132.5	7.6
二步法(CF15%/AlN25%)	96.5	124.7	7.2

2.2.3　石墨/碳纤维/尼龙46复合导热塑料

尼龙46（PA46）的耐热性在五种通用工程塑料中具有明显优势，是一种新型的工程塑料，在汽车零件、部分电子电气产品等方面有广泛应用。熔点高，有十分优异的耐热性能，使其在高温下可长期使用，大大提高它的应用范围。主要应用于对耐热性能有较高要求的领域，如导热塑料、散热器等。与传统的通用工程塑料相比，无论是在用途方面还是市场方面都有较为突出的优势。

（1）配方（质量份）

PA46	60	碳纤维	10
石墨	30	KH570	适量

注：PA46/TW341 荷兰 DSM 公司；碳纤维粒径 $D_{50}=100\mu m$；石墨粒径 $100\mu m$。

（2）加工工艺

① 气相氧化改性　将石墨和碳纤维称量后，分别放入马弗炉中，温度为 350℃，保温时间分别为 1h，停止加热，石墨随马弗炉冷却至常温。

② 偶联剂改性　分别称取质量分数为 1% 的硅烷偶联剂。将其与无水乙醇混合（质量比为 1∶5）稀释后均匀地喷洒在石墨和碳纤维表面，超声分散 0.5h，静置 1h，置于真空干燥箱中 85℃ 干燥 24h。

③ 共混造粒　采用密炼机和单螺杆挤出机两种混料设备，对材料进行熔融共混。首先用密炼机混料，密炼机的加热片温度为 305℃，转速为 300r/min，进行破碎，加入单螺杆挤出机，进行挤出造粒，温度从加料口到机头分别为 300℃ 和 305℃ 挤出。

（3）参考性能　随着导热填料的增加，石墨和碳纤维在基体之中起到协同效应，复合材料的导热性能较之于单一改性有所提高。当两种填料石墨/碳纤维（EG/CF）的填充量为 30%/10% 时，复合材料的热导率达到 4.233W/(m·K)，约为原始 PA46 [0.269W/(m·K)] 的 15.74 倍。图 2-7 为填料的质量分数对复合材料热导率和热扩散系数的影响。表 2-8 为复合填充对复合材料力学性能的影响。

表 2-8　复合填充对复合材料力学性能的影响

复合填充	冲击强度/(kJ/m²)	拉伸强度/MPa	断裂伸长率/%
原始材料	40	55	8.6
20%EG+20%CF	35.20	16.60	3.06
25%EG+15%CF	48.16	43.82	3.44
30%EG+10%CF	37.50	26.98	2.76

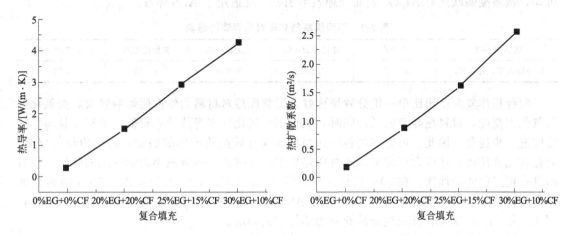

图 2-7 填料的质量分数对复合材料热导率和热扩散系数的影响

2.2.4 ABS 导热塑料

ABS 作为一种广泛使用的工程塑料,因其优良的特性,应用于许多领域,不管是汽车、家电、办公用品,还是仪器仪表、电话,都随处可见 ABS 制品。ABS 制品耐酸碱腐蚀、耐用、防水、质轻、表面光泽度好,在家电、仪器仪表行业,一般作为外壳使用。塑料制品在长期使用过程中,因空气中氧的作用,会发生老化现象,尤其在温度较高时,作用会更明显。所有用电设备都会因为长期工作而产生热量,有时热量聚积散发不出去甚至会导致设备报警,自动停止工作。尤其是一些用到 ABS 塑料制品外壳的设备,如电视、笔记本电脑等,若将其外壳塑料用 ABS 导热复合材料制成,则可通过外壳将热量散发到空气中,降低用电设备中的热量积聚,保证设备正常工作,同时也可延长塑料件的使用寿命。本例以丙烯腈-丁二烯-苯乙烯三元共聚物(ABS)为基体,氧化银、氧化锌作为填料,制备导热复合材料。

(1)配方(质量份)

ABS	50	Al	20
Al_2O_3	18	抗氧剂 168	0.25
ZnO	12	抗氧剂 1098F	0.25

注:Al_2O_3 粒径 $40\mu m$,ZnO 粒径 $2\mu m$,Al 粒径 $20\mu m$,ABS 中国台湾奇美 757k。

(2)加工工艺

① 填料的表面处理 钛酸酯偶联剂为黏稠液态,为了使少量钛酸酯均匀地包覆在填料表面,一般加入少量稀释剂。称取一定量的填料加入高速混合机中于 80℃条件下升温预热,按粉体质量的 1‰称取偶联剂于烧杯中,然后按偶联剂:异丙醇=1:1 称取异丙醇加入烧杯中使偶联剂稀释,然后将稀释后的偶联剂分三次加入高速混合机中处理 30min,将处理好的粉体放入烘箱中烘干备用。

② 造粒 称取提前烘干的 ABS 与处理过的粉体按一定比例混合均匀后加入双螺杆挤出机中挤出、造粒。

(3)参考性能 表 2-9 是不同偶联剂处理对热导率的影响。从表 2-9 中可以看出,相比于用硅烷偶联剂处理后的粉体填充得到的复合材料,使用钛酸酯与铝酸酯偶联剂处理的粉体填充得到的 ABS 复合材料热导率要明显较高,通过不同偶联剂处理粉体的活化度测试发现,用钛酸酯偶联剂 102 处理后粉体活化度最大,用钛酸酯处理后的粉体填充,得到 ABS 复合材料热导率数据;同样,填充钛酸酯偶联剂 102 处理后的粉体得到的材料热导率最大。由此可知，钛酸酯偶联剂对 Al_2O_3 表面处理效果明显，且适用于 ABS 体系。

表 2-9　不同偶联剂处理对热导率的影响

偶联剂种类	未处理	硅烷 KH-560	钛酸酯 102	钛酸酯 201	铝酸酯 F-2
热导率/[W/(m·K)]	0.592	0.678	0.789	0.745	0.736

　　两种粉体复配使用比单一组分效果更好，但复配后对材料力学性能影响较大，而氧化锌与氧化铝复配，材料热导率较低；同时，氧化铝与氧化锌本身热导率较低，不利于材料导热性能进一步提高。因此，可以在填料中适当加入具有较高热导率的铝粉，将铝粉与氧化铝、氧化锌混合使用，在较大程度上提高材料热导率的同时也可尽量减小力学性能的降低，使材料具有更好的使用性能。在 50% 填充量下，当 $(Al_2O_3/ZnO=6:4):Al=6:4$ 时得到的复合材料具有较好的综合性能。图 2-8 为 $Al_2O_3/ZnO/Al$ 三组分填充对导热性能的影响。图 2-9 为 $Al_2O_3/ZnO/Al$ 三组分填充对力学性能的影响。

　　片材在横向上的合适热导率，机械方面的应用为 $1.3 \sim 2.0 W/(m·K)$。在 50% 填充量下，当 $(Al_2O_3/ZnO=6:4):Al=6:4$ 时，复合材料热导率可以达到 $1.0 W/(m·K)$ 以上；而此时，其拉伸强度仍有 27MPa，冲击强度有 $3.5kJ/m^2$，可以达到其使用要求。

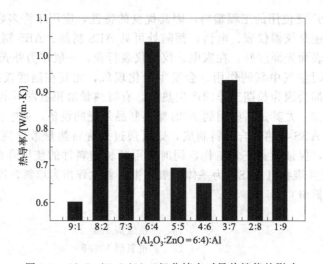

图 2-8　$Al_2O_3/ZnO/Al$ 三组分填充对导热性能的影响

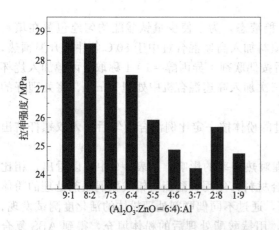
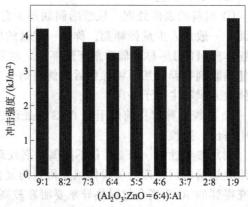

图 2-9　$Al_2O_3/ZnO/Al$ 三组分填充对力学性能的影响

2.2.5　PBT/PC 导热塑料

将 PBT 与 PC 进行共混改性，可克服 PBT 耐热温度相对较低、耐冲击性低、缺口冲击强度不高的缺点，同时又可弥补 PC 耐化学药品性、成型加工性和耐磨性的不足。究其原因，属于无定形材料，薄制品韧性好，则属于半结晶材料。由于其含有晶区，则提高其抗化学品腐蚀的能力，两者共混的性能其实质就是取长补短，理论上可以得到综合性能优良的材料。在熔融加工条件下，酯交换反应普遍存在于 PBT/PC、PBT/PET 等聚酯共混物体系中。对于 PBT/PC 体系而言，酯交换反应先在 PBT 与 PC 相接触的界面层生成 PBT 与 PC 的嵌段共聚物，而后随着酯交换反应的深入，共混体系会逐渐趋于无规共聚物。酯交换过程主要包括分子链的端羧基和酯基间的醇解、酸解与酯基间的直接酯交换反应；而其中酯基间的直接酯交换反应在上述三种反应中占据了主导地位。PBT/PC 共混体系中的酯交换反应方程如图 2-10 所示。

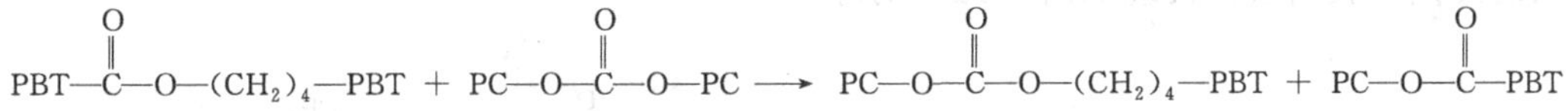

$$PBT-\overset{\overset{\displaystyle O}{\|}}{C}-O-(CH_2)_4-PBT \ + \ PC-O-\overset{\overset{\displaystyle O}{\|}}{C}-O-PC \ \longrightarrow \ PC-O-\overset{\overset{\displaystyle O}{\|}}{C}-O-(CH_2)_4-PBT \ + \ PC-O-\overset{\overset{\displaystyle O}{\|}}{C}-PBT$$

图 2-10　PBT 与 PC 间的直接酯交换反应

虽然酯交换反应对 PBT/PC 合金能一定程度上起到相容剂的作用，但由于酯交换反应是随机发生的，很容易导致制品的性能不均一，而且每一次热历史都会使产品的性能发生变化（主要是劣化），给产品循环利用带来困难。此外，由于酯交换反应会使分子量下降，因而制品的耐化学药品性和耐热性能也会下降，在其应用方面大打折扣。

因此，为获得综合性能良好的材料，需加入酯交换反应抑制剂对 PBT/PC 体系中的酯交换反应程度进行控制。常用的酯交换反应抑制剂包括亚磷酸盐、亚磷酸酯、磷酸和芳基磷酸酯等。大量文献报道，亚磷酸三苯酯（TPPi）对 PBT/PC 体系间的酯交换反应可以起到有效的抑制作用。本配方采用 TPPi 作为抑制剂对 PBT 与 PC 间的酯交换反应进行抑制。

(1) 配方（质量分数/%）

PBT	33.5	Al$_2$O$_3$	33
PC	33.5	亚磷酸三苯酯(TPPi)	适量

注：亚磷酸三苯酯（TPPi）用量为 PBT/PC 基体质量分数的 1%。

(2) 加工工艺　将一定量的 PBT 在 120℃真空条件下烘干 6h 后，与 PC、Al$_2$O$_3$ 在高速混合机中与其他助剂进行预混合，后将上述物料加入双螺杆挤出机中进行塑化，挤出并造粒。双螺杆加工温度为 190～240℃。

(3) 参考性能　TPPi 的加入可有效抑制体系中酯交换反应的发生，使 PBT/PC 共混物的相态结构改变，进而对填料的分布状态产生影响。当 PBT/PC 配比为 1/1 时，向其中加入 1%（质量分数）的 TPPi 可使体系的相态结构趋向于形成双连续相态结构，并有效提升材料的热导率；在该体系中加入 33%（质量分数）的 Al$_2$O$_3$ 后，材料的热导率达到 0.89W/(m·K)，相对于未加入 TPPi 的相同体系提升了 13%。

2.2.6　聚甲基丙烯酸甲酯导热塑料

聚甲基丙烯酸甲酯（PMMA）是一种重要的热塑性高分子塑料，具有无毒无味、硬度高、制备方法简单、绝缘性好等特点。氮化硼（BN）是陶瓷材料中热导率最大的材料之一，同时也是陶瓷中最好的高温绝缘材料，具有耐腐蚀性强、电绝缘性能优良、热膨胀系数小、化学性能稳定等优点。氮化硼属于片状六方结构，其结构与石墨相似，因此又被称为"白色石墨"。虽然在其平面上没有可以利用的官能团进行反应和接枝，但是在平面的边缘确实存在少量官能团可以用于反应或接枝。当填料用量增加到某一临界值时，即"逾渗"阈值，填料之间达到真正意义上的接触与相互作用，体系内部形成类似链状或网状的结构形态——导热链（网）时，复合材料热导率才会显著提高。本例采用氮化硼（BN）作为导热填料制备聚甲基丙烯酸甲酯（PMMA）导热塑料。

（1）配方（质量分数/%）

MMA	80	PBO	MMA 单体用量的 1%（质量分数）
BN	20		

注：PBO 没有算在整个配方含量中。

（2）加工工艺

① 氮化硼表面改性　对氮化硼进行表面改性，采用的是硅烷偶联剂法，偶联剂同样选用 3-（异丁烯酰氧）丙基三甲基硅烷（γ-MPS）。考虑到 BN 表面含有的可用于接枝反应的基团少，因此，采用两步法对 BN 进行表面改性，先对 BN 进行表面羟基化处理，再进行硅烷偶联剂接枝，表面改性机理如图 2-11 所示。

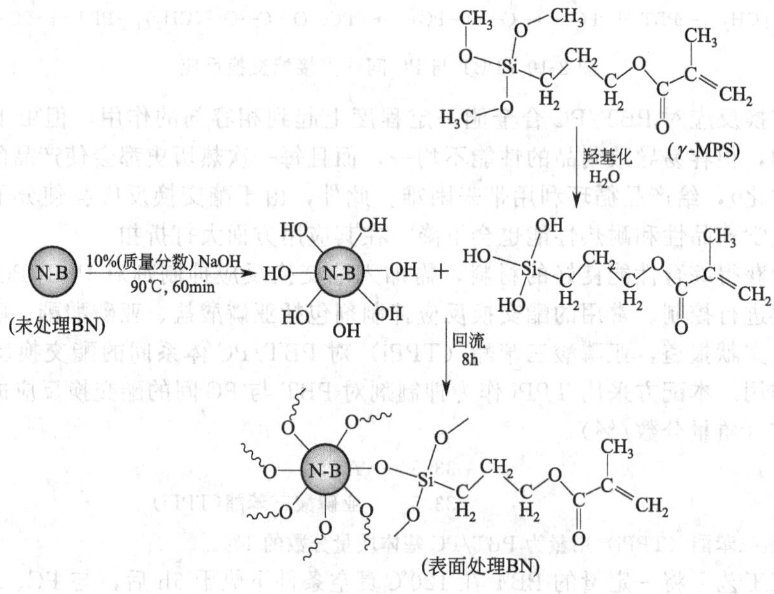

图 2-11　氮化硼（BN）表面改性

BN 表面羟基化处理具体过程为：首先将 BN 放于 90℃、10%（质量分数）的氢氧化钠溶液中 60min，然后用去离子水过滤洗涤，最后将羟基化后的 BN 在 80℃干燥箱干燥 24h。BN 表面羟基化处理后硅烷偶联剂处理的具体方法为：称取填料质量比例的硅烷偶联剂 KH-570 加入到盛有无水乙醇的烧杯中，配制成质量分数约为 10%的偶联剂无水乙醇溶液，用稀盐酸调节 pH 值 4 左右，搅拌使其混合均匀，静置 1h。同时，称取 4g BN 分散于 120mL 甲苯中，超声处理 60min。然后分别将 BN 甲苯溶液和偶联剂乙醇溶液先后加入通冷凝水和氮气的四口烧瓶中，加热至甲苯回流温度保持 8h；然后冷却至室温，放置 2h，接着离心分离，干燥后用索式提取器（甲苯为溶剂）抽提 10h，放入 110℃干燥箱 8h 烘干备用。

② PMMA/BN 复合材料制备　称取 100g 甲基丙烯酸甲酯，占单体用量 1%（质量分数）的 BPO 和 BN，混合后超声分散 30min。分散均匀后，加入到装有温度计、搅拌桨、N_2 通气管的 500mL 的三口烧瓶中，水浴 80℃加热，并通入 N_2；预聚到一定黏度后，冷水浴中冷却反应液至 50℃，然后将反应液缓慢灌入已制作好的模具中，真空脱泡处理后在 50℃烘箱中硬化 24h；继续在 100℃条件下熟化 1.5h，使反应趋于完全。

（3）参考性能　复合材料的热导率都是通过瞬态热线法测得的。图 2-12 是 PMMA/BN 复合材料热导率随填料 BN 质量分数的变化曲线。从图 2-12 中可以看出，复合材料的热导率随 BN 含量的增加呈递增趋势，并且在填充 8%（质量分数）时出现了一个明显的转折点，复合材料热导率增幅变快。当填料用量较少时［如添加 8%（质量分数）以下时］，热导率增加的趋势不太明显，随着填料用量的增加［如添加 8%（质量分数）以上］，复合材料热导率较基体增加明显。出现这种现象的原因可能为，当填料用量少时，BN 颗粒在基体 PMMA 中为零星分布，彼此间被聚合物包裹或接触较少，处于隔离的状态，此时复合材料的热导率主要由 PMMA 基体提供，因此复合材料热导率在填料用量少时提高不明显；由于 BN 的热传导主要依靠晶格声子的振动来实现，因此提高复合材料热导率就需要 BN 在基体中相互接触和作用，形成有效的导热网链。当填充 BN 含量提高后，BN 相互接触，被基体包裹的程度明显降低，并形成连续的导热通路，因此复合材料热导率提升显著，尤其当 BN 填充 20%（质量分数）时，复合材料热导率达到 $0.67W/(m \cdot K)$，是基体［纯 PMMA，$0.19W/(m \cdot K)$］的 3.5 倍。

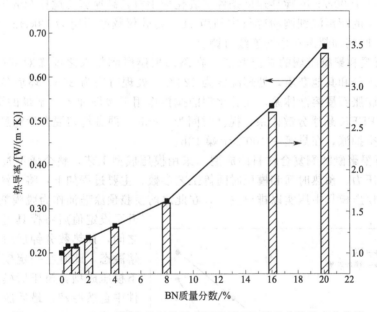

图 2-12　PMMA/BN 复合材料热导率随填料 BN 质量分数的变化曲线

2.2.7　PEEK 导热复合材料

PEEK 是一种同时具有韧性和刚性的高分子材料。材料宏观性能上则体现为耐疲劳性以及强的断裂韧性、耐摩擦性能、耐化学腐蚀等。此外，具有较高的熔点（334℃）和玻璃化转变温度（143℃），具有耐高温、可阻燃等特点，其可以在 250℃ 的温度下长期使用。PEEK 作为一种新型的特种工程塑料，在众多领域得到了快速的推广应用。如 PEEK 或者 PEEK 基复合材料应用于生产航空航天领域中苛性条件下使用的飞机部件，汽车制造中的汽车轴承、离合器和车身材料，电子电气领域内的印刷板、密封件以及医疗领域中替代金属制造而成的人体骨骼等。此外，近年来研究发现，磺化后表现出优异的质子交换能力，将其用于制备燃料电池质子交换膜成为当前材料新的研究热点和研究方向。然而，PEEK 由于自身结构的特点，与大多数高分子材料一样，导热性能非常低，常温下的热导率只有 $0.25W/(m \cdot K)$。这限制了在要求材料具有一定导热性场所的应用，因此有必要寻找合适的方法提高其导热能力，扩大其应用范围。PEEK 的熔点为 334℃，如果使用熔融混合方式则通常要求仪器加工温度达到 400℃，此外，双辊混炼和粉末混合也分别需要高温密炼机和高速球磨设备，因而需要改用其他混合方式；其次，膨胀石墨 EG 是一种蠕虫结构，其内部片层之间相互黏结，石墨与石墨之间又容易团聚。如果直接将其填充至树脂基体中势必会自聚而难以形成导热网链，且会在材料内部形成应力集中进而降低材料的力学性能，因而有必要对 EG 进行分散处理使其粉碎和剥离成更小的石墨片层，将 EG 分散于某一溶液中超声处理便是一种行之有效的方式。事实上，PEEK 基复合体系悬浮分散法被证明是一种简单实用的复合方式。本例用乙醇为溶剂先将 EG 分散于其中进行超声处理，然后添加 PEEK 粉末制得 EG/PEEK 悬浮分散体系，在 EG 均匀地分散于 PEEK 中的基础上制备出较高导热性能的复合材料。

（1）配方（质量分数/%）

PEEK　　　　　　　　　　　　　90　　　膨胀石墨 EG　　　　　　　　　　10

（2）加工工艺

① 膨胀石墨的超声处理　称取一定量膨胀石墨放入 200mL 乙醇水溶液中 [70%（体积分数）]，首先在 1000r/min 搅拌速度条件下乳化剂中对其高速剪切搅拌 30min，随后该溶液在含有内置探头的超声波细胞粉碎仪中超声 1h，粉碎仪频率固定为 19kHz，仪器总功率为 650W，其超声时间和超声功率均连续可调。

② 膨胀石墨和聚醚醚酮的悬浮共混　在添加聚醚醚酮粉末之前需对其进行干燥处理，以除去其中的水分和其他杂质，处理温度为 120℃，处理时间为 24h，环境条件为真空。将超声处理后的膨胀石墨溶液体系，在乳化剂的搅拌作用下缓慢加入一定量的聚醚醚酮粉末。该体系为 EG/PEEK 悬浮分散体系，搅拌时间为 30min，两者均匀混合后将悬浮液置于布氏漏斗中快速真空抽滤，在烘箱中 100℃干燥 12h。

③ 膨胀石墨聚醚醚酮复合材料的成型　采用模压成型工艺，整个成型过程中需考虑模压温度、模压压力、预热时间和模压时间等工艺参数。主要过程如下：将研钵充分研磨后的粉末样品置于模压模具中压实以排出空气，在此之前模腔预涂硅油作为脱膜剂，待模压温度升至设定值后将模具置于中模与下模之间，预热数分钟后粉末样品转变为熔融态，此时在一定模压压力和时间下模压成型，模压后模具置于室温条件中自然冷却，最后脱模制得模压样品圆片。

具体模压成型工艺参数如下：

模压温度：上模 355℃；中模 360℃；下模 365℃

模压压力：1.5MPa

预热时间：30min

模压时间：30s

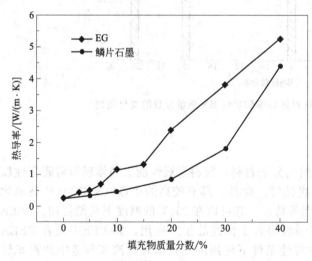

图 2-13　不同填料种类和不同填料含量时材料导热性能的变化

（3）参考性能　图 2-13、图 2-14 分别是以 EG 和鳞片石墨为填料填充基体时 PEEK 复合材料导热性能随其含量的变化以及相应提高幅度的示意图。以 EG 或者以鳞片石墨为填料均可以有效提高材料的导热性能，而且前者的提高效果更佳。当填充量为 5%（质量分数）时，材料的提高幅度即超过 100%；当填充量为 40%（质量分数）时，复合材料的热导率为 5.32W/(m·K)，其提高幅度达到 2135%。

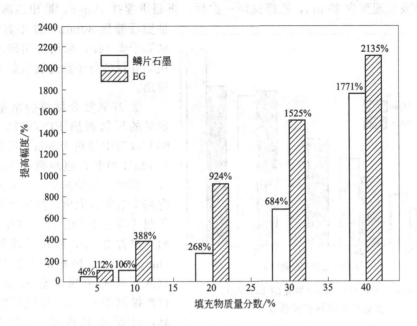

图 2-14 不同填充含量时两种复合材料导热性能的提高幅度

2.2.8 导热环氧树脂复合材料

高导热聚合物基复合材料因其良好的导热和电绝缘性能在电机、电子封装、LED 照明、航空航天等领域发挥巨大的作用，具有广泛的发展前景。特别是在当代环境保护和可持续发展要求的浪潮下，塑料取代传统铝材用于 LED 照明散热器外壳已成为发展要求的必然趋势。但高分子材料一般导热性较差，其热导率在 25℃时均低于 0.50W/(m·K)，如环氧树脂只有 0.20W/(m·K)。为了满足微电子、电机、LED 等行业的发展需求，制备具有高效导热且综合性能优异的聚合物基复合材料是目前研究的热点。目前国内对导热聚合物材料的研究刚刚起步，研发水平和生产技术水平均较低，阻碍了导热材料在 LED 照明散热器上的普遍应用。为了尽快开发高效、低成本导热复合材料，满足 LED 照明发展需要的大趋势，制备综合性能优异的高导热聚合物迫在眉睫。本例以环氧树脂为基体，采用 MgO 作为主要导热填料，结合纤维增强，通过各种导热填料的复配、控制导热填料在基体中的分布等方法促使导热网络的形成，从而提高导热效率，降低导热填料的添加量；并运用适当的填料表面处理和分散技术，以基本保持环氧树脂原有力学性能、电绝缘性能以及质轻的优势，获得综合性能优异的复合材料。

(1) 配方 (体积分数/%)

环氧树脂 EP	70	KH560	适量
MgO	30	固化剂	EP 的 14%（质量分数）

注：环氧树脂（EP）为双酚 A 缩水甘油醚，EPON828，环氧值 0.52mol/100g；氧化镁（MgO）粒径 10μm，球状，表面未处理，白度 89.9，热导率 48~60W/(m·K)，密度 3.58g/cm³；四乙烯五胺：分子量为 189.30，天津市福星化学试剂厂。固化剂后加，以进行固化反应。

(2) 加工工艺

① 填料表面处理 MgO 使用前需 100℃真空干燥 10h。硅烷接枝改性 MgO 颗粒，具体方法如下：在 500mL 烧杯中加入真空干燥后的 MgO 粒子，约为 5%（质量分数）MgO 粒子的硅烷偶联剂以及硅烷用量 10 倍的无水乙醇。将配有机械搅拌浆的烧杯放置于 60℃的水

浴中，超声波处理至少 20min，乙醇洗涤一次后，再超声搅拌 10min，取出乙醇洗涤一次，抽滤后静置 30min，放于真空烘箱中，80℃干燥 14h，取出后用研钵研磨，并用 200 目的分子筛过滤后放置玻璃皿中待用。

②　环氧复合材料的制备　称取一定量的环氧树脂 EPON828（EP），在 60℃水浴中预热 10min，然后加入所需的 MgO 填料，超声搅拌 20min，取出放入真空烘箱抽真空 30min 左右，待气泡基本消失后取出，静置冷却，加入固化剂［均为 EP 的 14%（质量分数）］，超声搅拌 2min，放入干燥器中抽真空 5min，取出，快速倒入模具，将模具放入干燥器中抽真空 3min，放气后，再次抽真空 3min，放气后取出盖好模具，开始压制成型，35℃固化 24h，

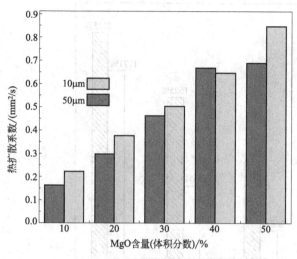

图 2-15　不同粒径 MgO 填充的 EP/MgO
复合材料的热扩散系数

70℃后固化 2h。

（3）参考性能　图 2-15 和图 2-16 比较了填料添加量和粒径大小对复合材料热扩散系数和热导率的影响，从图中可以看出，对于同样的基体、同样的加工工艺、同等的填料添加量，粒径为 10μm 的环氧树脂复合材料的热导率比粒径为 50μm 的复合材料的热导率要高。当填料添加量同为 50%（体积分数），10μmMgO 填充的 EP/MgO 复合材料热导率比 50μmMgO 填充的 EP/MgO 复合材料的热导率高 24%。随着用量的增加，热导率呈直线式增长，特别是在 40%～50%（体积分数）的时候，热导率剧增，说明在高填充量时，复合材料体系形成了导热网络，很大程度上提高了复合材料的导热性。

表 2-10 为 MgO 用量对 EP/MgO 复合材料的力学性能的影响。由表 2-10 可知，随着 MgO 含量的增加，冲击强度呈先降低后升高再降低的趋势。当

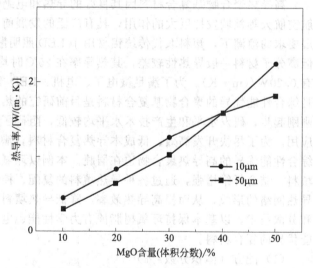

图 2-16　不同粒径 MgO 填充的 EP/MgO
复合材料的热导率

MgO 用量为 10%（体积分数）时，冲击强度达到最小值 $5.8kJ/m^2$，为纯环氧树脂冲击强度（$15.9kJ/m^2$）的 36.5%。其原因是：当复合材料受到外力时，应力可以通过界面层由基体传递给 MgO，但因为 MgO 含量较少，没能充分分散应力，出现裂纹，且其加入使体系没能很好地黏合，所以冲击强度下降。当填料用量进一步增加时，MgO 起到了改善缺陷的作用。此外，经过表面改性的 MgO 比表面积大，表面存在不饱和键及不同键合状态的羟基，使其与环氧树脂结合较好，键合能力较强，在裂纹扩展过程中，能充分吸收、传递、分散材料所受应力，从而提高材料的冲击强度。但当 MgO 用量进一步增加时，颗粒在基体中

产生团聚现象，复合材料内部产生缺陷，造成应力集中，使材料的冲击强度下降。因此复合材料的冲击强度呈先降低后升高再降低的趋势。

当 MgO 颗粒用量低于 10%（体积分数）时，EP/MgO 复合材料的弯曲强度随 MgO 颗粒用量的增加而降低，填充量为 30%（体积分数）时，弯曲强度为 84.7MPa，保持着较好的力学强度，但当填充量为 40%（体积分数）时，弯曲强度仅为 69.8MPa。这是因为高填充量的填料可能出现沉降和团聚，当材料受外力的时候，就会出现应力传递不均，局部出现应力集中，从而导致复合材料破坏。填料的部分团聚不但不能阻止裂纹的扩展，还会起到导致初始裂纹的作用，使得材料的弯曲强度降低。

复合材料的拉伸强度呈现先降低后升高再降低的趋势，当 MgO 添加量低于 20%（体积分数）时，体系的拉伸强度降低；但当 MgO 用量从 20%（体积分数）升至 30%（体积分数）时，复合体系拉伸强提高了 12.4%，MgO 用量进一步增加，拉伸强度迅速下降。

表 2-10　MgO 用量对 EP/MgO 复合材料的力学性能的影响

MgO 用量(体积分数) /%	冲击强度 /(kJ/m²)	弯曲强度 /MPa	弯曲模量 /GPa	拉伸强度 /MPa	断裂伸长率 /%
0	15.9	110.0	3.1	62.3	7.5
10	5.8	91.3	5.9	50.1	5.4
20	7.0	88.1	7.5	44.5	5.3
30	11.0	84.7	9.6	50.0	3.9
40	7.4	69.8	9.4	30.9	2.8

综上所述，采用 MgO 用量 5.0%（质量分数）的 KH-560 对 MgO 粒子进行表面处理可获得较高的热导率；粒径 $10\mu m$ 的 MgO 较有利于改善复合材料的导热性能；当添加量为 30%（体积分数）时，冲击强度为 $11.0kJ/m^2$，弯曲强度为 84.7MPa，拉伸强度为 50.0MPa。

2.2.9　聚苯硫醚 PPS 抗静电导热塑料

在电子技术领域，由于电子线路的集成度越来越高，热量的聚积也越来越多。热量的聚积导致器件温度升高，工作稳定性降低。根据 Arrhenius 公式，温度每升高 10℃，处理器寿命降低一半。因此，用于处理器的材料要求具有高导热性能，以便热量迅速传导出，达到降温目的。对于高集成度芯片，其设计热能很高，以致普通散热装置难以保证有效散热。对于需要导热的器件，多是通过高导热陶瓷，如氮化铝、氮化硼等承担。由于陶瓷产品的加工难度高，易破裂，人们开始寻求由容易加工、耐冲击的塑料来制备导热材料。

目前采用的基体塑料为聚丙烯、聚氯乙烯等通用塑料。因此热导率低，工作温度低，填料硬度高，对设备磨损大，容易产生静电。静电的产生带来了许多麻烦，如静电放电，其通过放电辐射、静电感应、电磁感应和传导耦合等途径危害电子设备，使得设备产生各种故障，缩短使用寿命。随着电子电器产业的迅猛发展，对抗静电导热塑料的需求越来越高，比如电路板材料、散热器件（如 CPU 散热器）、CPU 风扇、电子隔离板、半导体设备外壳、移动通信设备的外壳，要求既导热又能抗静电，加工容易，成本低并具备良好的耐热性能，热变形温度一般大于 260℃，可在 180～220℃温度范围使用，PPS 是工程塑料中耐热性最好的品种之一；耐腐蚀性接近四氟乙烯，抗化学性仅次于聚四氟乙烯；电性能优异；力学性能优异；阻燃性能好。本例采用的塑料基体为聚苯硫醚 PPS，填料为硫化锌制备的抗静电导热塑料。

（1）配方（质量分数/%）

苯硫醚	59	硅烷偶联剂	0.5
硫化锌	40	改性亚乙基双脂肪酸酰胺	0.5

（2）加工工艺　先将400kg粒径分布为50μm占30%、400μm占70%的硫化锌和5kg硅烷偶联剂加入高速混合机中，在温度为100℃下混合；再加入590kg聚苯硫醚和5kg改性亚乙基双脂肪酸酰胺分散剂到高速机中混合，然后将混合物转移到挤出机，在温度为290℃时挤出造粒，即得到一种抗静电导热塑料。

（3）参考性能　ZnS含量对PPS热导率和电性能的影响见表2-11。

表 2-11　ZnS 含量对 PPS 热导率和电性能的影响

样品	1	2	3	4	5	6
ZnS(质量分数)/%	40	50	60	70	73.9	75
热导率/[W/(m·K)]	0.415	0.484	0.634	0.851	0.912	0.937
体积电阻率/Ω·cm	5.61×10^{10}	6.08×10^{10}	7.64×10^{9}	3.02×10^{9}	2.17×10^{9}	1.65×10^{9}
表面电阻率/Ω	6.24×10^{12}	8.41×10^{12}	2.36×10^{12}	9.04×10^{10}	7.68×10^{10}	4.47×10^{10}

2.2.10　聚碳酸酯高强度绝缘导热塑料

导热塑料是随着LED行业的快速发展而逐渐兴起的，导热材料可以作为LED部件如外壳、散热器、基板、反射器、插件和其他部件。近几年来国际上许多塑料公司研发的导热塑料制品大多选用工程塑料和通用塑料基材，如PA、PPS、PBT、PEEK、ABS、PP等。普通塑料的热导率一般在0.2W/(m·K)左右，而填充导热填料的导热塑料则可在$1\sim20$W/(m·K)左右。

一般可将导热塑料分为绝缘导热塑料和导电导热塑料。一般绝缘导热塑料的填料有：高导氧化物（BeO、MgO、Al_2O_3、CaO、NiO）；碳化硅（SiC）；氮化物［氮化硼（BN）、氮化铝（AlN）等］；导电导热绝缘塑料的填料有：石墨及其衍生物（石墨、碳纤维、碳纳米管、石墨烯等）中的一种、两种或多种材料混合（少量避免导电效应）。

通常为提高导热塑料的导热性能，会选择导热性能好的导热塑料，同时为提高填充量，而导致导热塑料在实际应用过程中会出现流动性差及强度不满足要求的情况，稍微施加外力，就会导致产品被折断，这样会大大限制导热塑料作为受力结构件的应用，同时也无法满足高量产的生产需求。本例采用聚碳酸酯（PC）为基体制备高强度绝缘导热塑料，通过使用两种形状不同的导热填料，使导热塑料在较少添加量（<30%）的情况下能达到较高的热导率［>0.5W/(m·K)］。可以应用于手机、平板电脑、VR/AR等移动终端上，用于制作这些移动终端的电池盖、后盖等移动终端的结构件，具有高强度和良好的导热性能。

（1）配方（质量分数/%）

聚碳酸酯	80	油酸	1
氮化铝	5	棕榈酸	0.5
氮化硼	5	抗氧化剂	0.5
硅烷偶联剂	适量	流动性改性剂	1
甲基丙烯酸-丁二烯-苯乙烯共聚物	1	相容剂	1

（2）加工工艺　将硅烷偶联剂按照1:8的比例分散在无水乙醇中，然后将导热材料与分散在乙醇中的硅烷偶联剂按体积比80%:20%混合，在温度为$90\sim120$℃、搅拌速度为$300\sim600$r/min的条件下搅拌$30\sim60$min，然后抽滤处理过的填料；将塑料基体与处理过的填料、增韧剂、抗氧化剂、流动改性剂混合，以得到混合物；将混合物转移到挤出机，在温度为$230\sim260$℃条件下挤出造粒。

（3）参考性能　制得的高强度绝缘导热塑料的热导率为0.766W/(m·K)，机械强度在10MPa以上。可以应用于手机、平板电脑、VR/AR等移动终端上，用于制作这些移动终端的电池盖、后盖等移动终端的结构件，具有高强度和良好的导热性能。

2.2.11 PA6 手机外壳用导热塑料

随着手机制造工艺的发展，对制造手机外壳的材料也提出了更多要求。目前制作手机外壳的材料要求具有强度高、耐热导热性良好、尺寸稳定、外观好等特点，当下主要采用ABS、PC、PC/ABS 等工程塑料、合金与碳纤维或玻璃纤维的复合材料等，另外还有一些手机则使用金属材料，如镁、铝、不锈钢等合金。手机外壳的新技术向轻量薄壁化方向发展，以达到保护、散热、美观的作用。而目前的金属外壳存在的主要问题是：质量重、成本高、不易加工、不绝缘等。另外，采用普通塑料材质的外壳，其导热性能差，无法将手机内部产生的热量及时散发出去，将对手机的性能造成一定影响。本例提供一种手机外壳导热塑料的制备方法，旨在解决目前加工手机外壳材料不能满足加工要求的问题。

(1) 配方（质量份）

PA6	35~50	阻燃剂	5~15
氧化铝(Al_2O_3)	15~25	偶联剂 A-151	用量为氧化铝的 2%
石墨	15~20		

(2) 加工工艺　将 PA6、阻燃剂、偶联剂 A-151、导热填料 Al_2O_3 和石墨用高混机混合 10min。对混合后的材料进行挤出造粒并干燥得到导热塑料粒子。

挤出工艺参数：挤出温度 220~270℃，主喂料频率 8Hz，侧喂料频率 10.5Hz，主机转速 30r/min，主机电流频率 28.7~29.3Hz。干燥：鼓风恒温干燥箱中 100℃ 干燥 10h。使用导热塑料粒子进行注塑得到导热塑料手机外壳。注塑成型工艺参数：射嘴温度 240℃，料筒前中后段温度分别是 230℃、220℃、210℃，模具温度 80℃，背压 1~3MPa。加工温度根据该物料的熔融温度、最大塑化温度、分解温度等来调试，也可通过转矩流变仪来直接测定。背压根据树脂的成型收缩率大小来调试，在此背压下注塑使制品尺寸更稳定。

(3) 参考性能　导热塑料手机外壳导热性能是以 PA6 为基材，氧化铝和石墨为导热填料的复合材料制备的，其热导率为 7.5W/(m·K)（平面方向）、1.5W/(m·K)（Z 轴方向）；并且由 PA6 和氧化铝、石墨形成的塑料所制备的手机外壳强度高，不易产生划痕，同时也保持了很好的韧性，触感细腻，极为适合生产手机外壳。

2.2.12 聚丙烯抗老化导热塑料

电子线路的集成度越来越高，热量的聚集也越来越多。热量的聚集导致器件温度升高，工作稳定性降低。因此，对其材料要求具有高导热性能，以便热量迅速传导出。然而，市面上的电子产品中使用的导热塑料由于采用的基材多为非耐高温材料，导致其制得的产品的热导率不高。长期在较高工作温度下使用，易造成塑件老化性能下降，发生龟裂，降低使用寿命。为此需要开发一种抗老化且导热性能好的塑料产品。

(1) 配方（质量份）

PP	164	滑石粉	14
邻苯二甲酸二辛酯	24	载银磷酸锆	13
CPE	13	抗氧化剂 DLTP	17
宝红	14	甲基苯二醇	19

(2) 加工工艺　抗老化导热塑料的制备：将 164 质量份 PP、24 质量份邻苯二甲酸二辛酯、13 质量份 CPE、14 质量份宝红、14 质量份滑石粉、13 质量份载银磷酸锆、17 质量份抗氧化剂 DLTP 和 19 质量份甲基苯二醇混合放入搅拌机，搅拌均匀后放入密炼机密炼，密炼温度为 170~175℃、转速为 900~950r/min；然后将密炼后的混合物经造粒机造粒，得到颗粒，将颗粒放入水槽冷却，然后在常温下干燥。

(3) 参考性能 材料热导率 3.78W/(m·K)，拉伸强度（GB/T 1040.1—2006）：25～30MPa，冲击强度（GB/T 1043—2008）：6.5～7.5kJ/m²；500h 光老化冲击强度保持率：100%。

2.2.13 HDPE 抗菌导热塑料

在家电生产的很多环节要用到塑料。但是日常生活中，相当一部分有害细菌是在塑料制品的表面存在并繁殖的，如电话、洗衣机、电脑、冰箱、电器开关等，且通过接触而导致各种疾病；因此对日常生活中接触频繁的塑料部件提出了"抑菌、杀菌"的需求，这就要求我们生活中使用的各种塑料产品具有抗菌防霉的功效。家电用抗菌塑料具有良好的应用前景，随着国家有关标准 GB 21551.2—2010《家用和类似用途电器的抗菌、除菌、净化功能 抗菌材料的特殊要求》的正式出台，抗菌塑料在家电市场的前景也将更加广阔。家用电器电子线路的集成度越来越高，热量的聚集也越来越多。热量的聚集导致器件温度升高，工作稳定性降低。因此，还需考虑家电塑料的导热散热性。本例提供一种抗菌导热塑料的制备方法。制品的抗菌、导热性较好，且制备工艺简单，产品成本低，产品的综合性能较优异。

(1) 配方（质量份）

HDPE	160	三乙烯四胺	14
甲醛	21	氧化锆	11
氢氧化铝	10	甲醇	10
氯化石蜡	12	过氧化二异丙苯	10

(2) 加工工艺 将 160 质量份 HDPE、21 质量份甲醛、10 质量份氢氧化铝、12 质量份氯化石蜡、14 质量份三乙烯四胺、11 质量份氧化锆、10 质量份甲醇和 10 质量份工业级的过氧化二异丙苯混合放入搅拌机，搅拌均匀后经过常规的密炼、开炼，然后将开炼后的混合物经造粒机造粒，得到颗粒，将颗粒放入水槽冷却，然后在常温下干燥。

(3) 参考性能 拉伸强度（GB/T 1040.1—2006）：35～37MPa；断裂伸长率（GB/T 1040.1—2006）：15%～16%；冲击强度（GB/T 1043—2008）：3～4kJ/m²；弯曲强度（GB/T 9341—2008）：45～46MPa；氧指数（GB/T 2406—2008）：39%～41%；垂直燃烧级别 UL94V-0。

2.2.14 聚酰胺 6 绝缘导热塑料

目前绝缘导热塑料中的导热粉体主要有氮化铝和氧化镁，虽然两者在绝缘性和导热性上可满足一些应用要求，但还存在以下问题：①要求导热粉体填充量高才能达到一定的热导率；②高导热粉体填充量会导致熔体黏度大，给加工带来技术难度；③由于氧化铝的硬度较高，会导致导热粉体变色以及对加工设备造成磨损。本例的绝缘导热塑料由塑料基体、绝缘导热填料和加工助剂制备而成。塑料基体材料采用聚酰胺 6，其热导率为 0.27W/(m·K)。绝缘导热填料采用改性氧化锌，其粒径为 1μm，热导率为 30W/(m·K)。改性氧化锌由十六烷基三甲氧基硅烷偶联剂对亚微米氧化锌粉体进行表面有机化改性而制得。

(1) 配方（质量分数/%）

聚酰胺 6	73	抗氧剂	1
改性氧化锌	25	润滑剂	1

(2) 加工工艺

① 绝缘导热填料改性处理 先将氧化锌放入电热恒温鼓风干燥箱中，在100℃下干燥3h；然后将氧化锌粉体移入高速混合器中，在 1500r/min 的转速搅拌下喷雾加入十六烷基三甲氧基硅烷偶联剂质量分数为 20% 的稀释液；再升温至 110℃继续搅拌 0.5h，最后在

110℃下干燥 4h，即制得改性氧化锌粉体，密封保存待用。

②原料搅拌处理　先将聚酰胺 6 放入电热恒温鼓风干燥箱中，在 120℃下干燥 4h；然后按质量配比取制得的 25% 改性氧化锌、73% 干燥后的聚酰胺 6 以及 2% 加工助剂放入高速混合机中搅拌 15min，搅拌速度为 2500r/min；其中，加工助剂包括抗氧剂和润滑剂，其质量分数均为 1%。

③挤出造粒处理　制得的混合原料经双螺杆挤出机直接挤出造粒，挤出温度为 270℃，挤出的粒料直接通入真空干燥箱。制备的粒料在 120℃下干燥 4h。

（3）参考性能　成品后，绝缘导热塑料的热导率达到 2.05W/(m·K)，电阻率为 $7.29 \times 10^{10} \Omega \cdot m$，表现出优良的导热性和绝缘性。

2.2.15　聚酰胺 6 晶须增强导热塑料

聚己内酰胺树脂的机械强度高、韧性好。晶须由于具有长径比大、耐高温、抗化学腐蚀、强度高、易表面处理的优点，与 PA6 复合后使聚合物性能得到很大提高，且易制成形状复杂、细小、精确度好、表面光洁度高的制品。通过加入晶须，改变聚己内酰胺的结晶速率，在提高其热导率的同时实现对其力学性能的改进和提高，解决现有导热塑料导热性能低、力学性能较差的问题。本例制备的晶须增强导热塑料可广泛应用于 LED 灯具领域。

（1）配方　聚酰胺 6 晶须增强导热塑料配方见表 2-12。

表 2-12　聚酰胺 6 晶须增强导热塑料配方　　　　　　　　单位：份

成分	1#	2#	3#	4#	5#	6#
PA6 树脂	25	35	45	55	65	45
导热绝缘填料	65.2	55.2	45.2	35.2	25.2	55.2
无机晶须	5	5	5	5	5	—
偶联剂	1	1	1	1	1	1
抗氧剂	0.8	0.8	0.8	0.8	0.8	0.8
其他助剂	3	3	3	3	3	3

注：PA6 树脂为半透明或不透明乳白色粒子状，且相对黏度为 2.8 的聚己内酰胺（PA6）；导热绝缘填料选用氮化铝、氮化硼及氧化铝，按质量比 1∶1∶3 进行复配；无机晶须为长径比 60～80 的硫酸钙晶须；偶联剂为 3-缩水甘油醚氧丙基三甲氧基硅烷；抗氧剂选用主抗氧剂 1076 与辅助抗氧剂 168 按照质量比 3∶1 复配得到；其他助剂按抗滴落剂与阻燃剂 1∶1 复配。

（2）加工工艺　利用偶联剂对导热绝缘填料及无机晶须进行表面处理：将偶联剂进行雾化后，将导热绝缘填料及无机晶须通入雾化室中，使导热绝缘填料及无机晶须在雾化室内停留 1～2min，使导热绝缘填料微粒及无机晶须表面均匀覆盖着偶联剂，再将经表面处理的晶须及导热绝缘填料装入双螺杆挤出机的侧喂料系统；将 PA6 树脂原料在 105℃下鼓风干燥 5h；将干燥后的 PA6 树脂、抗氧剂及其他加工助剂加入高速混合机中混合均匀，混合的物料装入双螺杆挤出机的主喂料系统；获得的树脂混合物及经过表面处理后的无机晶须和导热绝缘填料分别通过双螺杆挤出机的主喂料系统和侧喂料系统加入到挤出机中挤出造粒，通过控制主、侧喂料系统的喂料频率控制绝缘导热填料的含量，经熔融、挤出、造粒、水冷、风干、切粒、干燥得到晶须增强导热塑料；双螺杆挤出机的加工工艺条件如下：温度为一区 160～180℃，二区 170～220℃，三区 200～250℃，四区 200～250℃，五区 210～250℃，六区 190～250℃，机头 200～240℃；螺杆转速为 300r/min；物料在料筒的停留时间控制在 2min 以内。

（3）参考性能　根据表 2-12 中的配方生产得到的 6 种不同产品的物性测定结果如表 2-13 所示。结果表明，晶须增强导热塑料在弯曲强度、断裂伸长率等力学性能及导热效果方面相比于未添加晶须的产品具有更佳的效果。

表 2-13　不同配方产品性能检测结果

测试项目	测试标准	单位	1#	2#	3#	4#	5#	6#
拉伸强度	ASTMD638	MPa	67.2	64.9	63.8	62.4	60.5	66.8
弯曲强度	ASTMD790	MPa	78.5	77.1	76.8	75.2	77.5	76.9
弯曲模量	ASTMD790	MPa	5400	5350	5250	5210	5060	5450
缺口冲击强度	ASTMD256	kJ/m²	4.3	4.5	4.8	4.9	5.1	5.2
热变形温度	ASTMD648	℃	235	220	215	210	210	218
熔体流动速率	ASTMD1238 (230℃/10kg)	g/10min	8.2	9.2	11.5	14.2	16.2	12.5
洛氏硬度	ASTMD785		120	115	110	108	105	116
热导率	ASTMD5470	W/(m·K)	2.5	2.2	1.8	1.4	10	2.3

2.2.16　尼龙 6 低成本环保导热塑料

本例为一种低成本环保尼龙 6 导热塑料，采用具有一定阻燃功能的极性无机填料和其他导热填料混合，既提高塑料的整体阻燃性能，无有毒物质产生，同时也减少了价格昂贵的导热填料用量，降低成本，又不影响力学性能；同时，制备方法简单，操作方便，生产成本低，产品性能稳定，能够满足 LED 灯使用要求，适合推广使用。

（1）配方（质量份）

尼龙 6	40	增韧剂马来酸酐接枝乙烯-辛烯共聚物	2
阻燃剂氢氧化铝	26	润滑剂 TAF	0.6
导热填料滑石粉	9	光稳定剂金红石型钛白粉	2
硅烷偶联剂 KH-550	0.01	无碱玻璃纤维	12
抗氧剂为抗氧剂 1098	0.25		

注：尼龙 6 相对黏度为 2.4。

（2）加工工艺　首先将硅烷偶联剂均匀喷淋在导热填料上，对导热填料进行预处理；接着将处理过的导热填料放置到高速混合机内，同时在高速混合机内加入尼龙、阻燃剂、抗氧剂、增韧剂、润滑剂和光稳定剂，开启高速混合机，以转速 8000r/min 旋转 10min 后，制备成均匀混合物备用；制备好的混合物用双螺杆挤出机挤出造粒，在此过程中玻璃纤维从玻璃纤维加入口加入，此过程的加工温度 200℃，螺杆转速 200r/min；挤出机各段温度如下：第一段 200℃、第二段 225℃、第三段 230℃、第四段 230℃、第五段 230℃、第六段 230℃、第七段 230℃、第八段 228℃、第九段 226℃、第十段 222℃、机头温度 226℃。

（3）参考性能　制备出的导热塑料热导率为 0.8W/(m·K)。

2.2.17　导热塑料专用石墨烯微片

石墨烯是由一层碳原子以 sp^2 杂化形成的蜂窝状六角平面结构的二维材料，其厚度仅为 0.335nm，是目前世界上已知的最薄材料。石墨烯具有高的力学模量（1.0TPa）、热导率 [5300W/(m·K)]、比表面积（2630m²/g）和电荷迁移率 [250000cm²/(V·s)]，在能源、电子材料、生物医学以及环境保护等诸多领域具有潜在的应用前景。

导热塑料具有易成型、密度低、绝缘耐高压、使用方便等特点，在电力工业、电子工业等领域中有着越来越广泛的应用前景和潜力，尤其是在 LED 灯泡、电池组散热外壳等产品中被广泛采用。导热塑料中的高分子材料大多是热的不良导体，要拓展其在导热领域的应用，必须对高分子材料进行改性。石墨烯作为一种导热材料与高分子基体复合，得到了性能较好的导热塑料。目前，主要是在高分子材料中加入石墨烯粉末，因为碳具有良好的热传导性能，使得经过石墨烯改性处理的高分子材料也具有良好的导热性能。

本例以天然鳞片石墨为主要原料,利用尿素进行插层改性,通过双螺杆振动挤出机进行剪切剥离,利用尿素在加热条件下快速分解放出大量气体,使大量石墨层发生剥离,通过不同阶段的温度控制,将鳞片石墨逐层剥离成石墨烯微片,减少石墨烯微片的结构缺陷,提高石墨烯的导热性能;然后通过有机微胶囊对石墨烯微片进行包覆,降低石墨烯的导电性,提高石墨烯微片与导热塑料高分子的相容性,提高石墨烯的利用率,降低石墨烯在导热塑料中的应用成本。制备的石墨烯微片可以直接添加到导热塑料中,解决了目前石墨烯应用到导热塑料中必须通过溶液分散的问题。

(1) 配方 (质量份)

天然鳞片石墨	70	水性硬脂酸镁　　5
纳米氧化铝	10	

(2) 加工工艺　将 70 质量份的天然鳞片石墨、10 质量份的纳米氧化铝、5 质量份的水性硬脂酸镁通过膨化挤压机混合 30～50min 得到预混物;得到的预混物与浓度为 20mol/L 的尿素溶液按 1:5 的质量比混合后,在 60～80℃、搅拌下反应 1～2h,离心分离,所得沉淀物用无水乙醇洗涤、干燥后,制得尿素插层石墨复合物;然后将尿素插层石墨复合物泵入双螺杆振动挤出机,双螺杆振动挤出机由进料端向出料端依次设置研磨段、插层段、剥离段,控制研磨段温度 60～80℃、插层段温度 150～180℃、剥离段温度 180～360℃;在螺杆挤出机挤出过程中,插层在石墨复合物中的尿素分解释放出大量气体,使大量石墨层发生剥离,通过振动挤出机的高速旋转剪切力场和振动拉伸力场,使已发生剥离的鳞片石墨快速剥离成石墨烯微片;经双螺杆振动挤出机得到的石墨烯微片加入到 100 份的聚甲基丙烯酸水溶液中,在 60～80℃搅拌分散 20～40min,然后冷却、静置、抽滤,在 60～80℃干燥,得到有机微胶囊包覆的石墨烯微片;得到的有机微胶囊包覆的石墨烯微片粉碎至粒径小于 10μm 的粉末,即可作为导热塑料专用石墨烯微片。

(3) 参考性能　导热塑料专用石墨烯微片/尼龙复合材料性能见表 2-14。

表 2-14　导热塑料专用石墨烯微片/尼龙复合材料性能

物理性能	拉伸强度/MPa	弯曲强度/MPa	热导率/[W/(m·K)]	热变形温度/℃
添加石墨烯微片的聚酰胺尼龙	115	123.6	2.8	185
聚酰胺尼龙	72	84.7	0.27	72

2.2.18　含鳞片石墨导热塑料填料的制备

随着汽车、电子行业的飞速发展,高集成、超高集成电路和 LED 产业应运而生,这为科技进步、社会发展做出了巨大贡献,同时也带来了严峻问题。电子产品、LED 节能灯在使用时会产生大量热量,这些热量如果不能够及时散发,会降低产品的效率,并且还会降低其使用寿命。因此,人们对导热材料提出了越来越高的要求,希望获得具有良好导热性能的材料以满足实际需要。导热塑料因其既具有金属和陶瓷的热传递性能,又具有重量轻、成型加工方便、产品设计自由度高等优点,因此在制备散热材料时越来越受到市场的重视。

石墨具有热导率高、热膨胀系数低、热稳定性高以及价格低廉等优点。因此,以石墨作为填料的导热塑料的研究引起了人们的关注。石墨在自然界中具有多种形态的存在形式。其中,鳞片状石墨具有石墨化程度高、结晶取向度好以及较低的电阻率和热膨胀系数等优异的性能,非常适合作为导热填料,使用少量填料即可达到较优的导热性能。但其质轻,堆积密度过小,挤出加工生产时会黏附在喂料料斗内壁,下料难,无法实现正常生产,因此无法直接进行利用,需要进行处理。现有处理技术大都是先以浓硝酸为氧化剂、浓硫酸为插层剂,经过 700～1000℃ 的高温处理得膨胀石墨,再利用 Hummers 氧化法制备表面含丰富—OH、环氧基，侧面含—OH、—COOH 的氧化石墨，然后利用有机物表面修饰氧化石墨，再进行使用。采用此方法对鳞片石墨进行前处理，处理过程极为烦琐，对设备要求也很苛刻（需耐1000℃高温），大大增加导热塑料的生产成本，而且石墨结构已由片状变为蠕虫状，制备的导热塑料导热性能不佳。复合材料的导热性能依赖于导热填料的含量，而填充量过高时（超过50%），又不可避免地会带来加工困难（如出现断条现象）和力学性能差等问题，使得导热复合材料在一些对导热性能和力学性能均有较高要求的领域内不适用。

本例针对现有鳞片石墨导热填料应用缺陷和高导热高填充技术存在的不足，提供一种可实现高填充量的含鳞片石墨导热填料及由其制备的高导热复合材料。该含鳞片石墨导热填料制备工艺简单，可做到高达65%的填充量，不出现生产断条现象，由其制备的高导热复合材料具有优异的导热性能和良好的力学性能，拓宽了导热复合材料在散热器、电子电器、汽车、LED 照明等领域中对散热和力学性能有更高要求部件中的应用。

（1）配方　不同组分配方见表 2-15。

表 2-15　不同组分配方　　　　　　　　单位：份

	原料	配方1	配方2	配方3	配方4	配方5	配方6	配方7	配方8	配方9	配方10	配方11	配方12
配方组成	PA6	65	48	—	—	—	30	30	30	30	30	30	—
	PA66	—	—	—	40	—	—	—	—	—	—	—	—
	PA46	—	—	50	—	—	—	—	—	—	—	—	—
	PPS	—	—	—	—	35	—	—	—	—	—	—	—
	LCP	—	—	—	—	—	—	—	—	—	—	—	25
	导热填料	10	30	35	45	50	60	60	60	60	60	60	65
	碳纤维	0	10	0	3	7	2	3	4	4	4	4	4
	玻璃纤维	24	10	13	10	6	8	5	4	4	4	4	4
	PE 蜡	0.5	1.5	1.5	1	1	1	1	1	1	1	1	1
	硬脂酸钙	0.5	0.5	0.5	1	1	1	1	1	1	1	1	1

（2）加工工艺　石墨导热填料的制备：分别称取 D_{50} 粒径为 8.56μm 的鳞片石墨粉 6 份和 D_{50} 粒径为 175μm 的非鳞片石墨粉 24 份，于 80℃温度下高速混合均匀得到石墨混合物；称取 5 份低黏度的双酚 A 型液态环氧树脂投入行星动力混合机内，升温至 100℃，于搅拌状态下将石墨混合物分 3 次慢慢地投入行星动力混合机内，搅拌制成均匀黏稠状混合物后投入2 份四（2-羟乙基）己二酰胺固化剂，继续搅拌至小粒块状膏体物即可。

高导热复合材料的制备：按照表 2-15 的物料配比，将 PA6 树脂、制得的石墨导热填料及其他助剂加入混合机混合后，从主喂料口加入双螺杆挤出机中，玻璃纤维增强填料从侧喂料加入双螺杆挤出机，熔融共混后，经冷却、风干和造粒，性能测试如表 2-16 所示。

由于尼龙性能类似，此例中的 PA6 也可以用 PA66、PA46 或者它们的混合物进行替代。

表 2-16　不同组分配方所得复合材料性能测试

	原料	配方1	配方2	配方3	配方4	配方5	配方6	配方7	配方8	配方9	配方10	配方11	配方12
配方性能测试	热导率/[W/(m·K)]	1.7	5.6	3.5	6.1	18.2	11.5	11.8	12.5	13.5	11.2	10.33	22.5
	拉伸强度/MPa	126	80	145	95	88	63	67	72	75	73	81	90
	弯曲强度/MPa	175	141	214	151	145	117	113	124	127	118	136	138
	弯曲模量/MPa	9214	16878	10800	15114	18544	15355	14855	17211	18324	15687	17568	14527
	非缺口冲击强度/(kJ/m²)	36	20.82	42	10.9	13.21	13.57	13.27	16.63	15.32	15.43	17.12	18.59
	主机电流值/A	22.6	25.7	27.2	6.5	23.3	29.3	29.7	28.4	27.5	28.2	28.6	20.9
	挤出加工稳定性	稳定	稳定	稳定	稳定	稳定	稳定	稳定	稳定	稳定	稳定	稳定	稳定

第3章

抗菌塑料的配方与应用

3.1 概述

3.1.1 抗菌剂及其抗菌机理

抗菌塑料就是在塑料中加入一定量的抗菌剂，使其具有抗菌性能，同时又不损失其原有的常规性能和加工性能。理想的抗菌塑料应具有高效、长效、广谱、安全、无毒、无刺激等性能，抗菌剂的种类和加工工艺将直接决定最终产品的使用性能，从安全角度讲，人们希望加入少量的抗菌剂而达到高效的抗菌性能。

抗菌剂分为天然、有机和无机三大系列。天然系列抗菌剂品种不多，未能大规模市场化；有机系列抗菌剂耐热性差，易水解，使用寿命短；无机抗菌剂是将银、铜、锌等金属离子载于沸石等载体上而组成，其中载银抗菌剂抗菌能力最强，故已商品化的抗菌剂多是银系抗菌剂。无机抗菌剂抗菌时效长，抗菌效果明显好于有机抗菌剂，且安全性好，稳定性高，耐热性强，适合塑料加工工艺，被广泛用于抗菌塑料中。

(1) 无机抗菌剂 无机抗菌剂是研究比较早的一类抗菌剂，它是一种银、铜、锌等抗菌金属离子通过无机载体的交换使用而制成的一类抗菌剂，一般这种抗菌剂是利用抗菌金属离子的特性，通过交换或者吸附等方法，将铜、银等离子或者其无机类化合物固定在磷酸盐、硅酸盐、沸石、硅胶、活性炭等这些具有多孔的无机材料中而得到的，这种材料的优点是不但具有抗菌性且其耐高温性能也比较好，并且金属离子不容易分解等。另外一种是利用陶瓷本身的特性，如以氧化钛为中心的氧化物光催化系和氧化物陶瓷本身具有催化活性(含天然矿石、贝壳等)而实现抗菌的无机抗菌剂。

无机抗菌剂抗菌机理是接触反应缓蚀杀菌机理，如与银离子接触反应，会造成微生物蛋白质成分转录失败，对其繁殖有阻碍作用。当微量银离子到达微生物细胞膜时，因后者带有负电荷，依靠库仑引力，使它们二者牢牢吸附，银离子穿透细胞壁进入细胞内，与细胞内的巯基(—SH)、氨基(—NH$_2$)等含硫或者氮的官能团发生反应，使蛋白质凝固，破坏细胞合成酶的活性，细胞丧失分裂增殖能力而死亡。

细胞内各种阳离子吸附细菌细胞膜的能力不同，抗菌效果也不同。杀菌性能次序为：Ag>Cu>Fe>Sn>Al>Zn>Co。但是目前为止，无机抗菌剂一直存在的问题是容易变色、价格昂贵、容易流失等，光催化性对光的要求又很高，所以对其工业化产生了局限性。目前无机抗菌剂的研究重点集中于抗菌剂的纳米化。研究发现，抗菌剂粒子的抗菌性能随着粒径的减小而提高。目前，在生物医疗器械制备领域，纳米银抗菌剂已成为国内外研究的热点，并且已有大量产品应用生物医用材料和医用耗材。新型纳米银系抗菌剂作为一种新型高效的无机抗菌剂，由于纳米粒子的表面效应，其抗菌效果是传统微米级银粒子的 200 倍以上，远超过传统无机抗菌剂的效能。表 3-1 所示为传统银系抗菌剂和纳米银类抗菌涂料的性能对比。

表 3-1　传统银系抗菌剂和纳米银类抗菌涂料的性能对比

项目	传统银类抗菌剂	纳米银类抗菌
耐老化性能	易变色失效	40～1350℃仍保持不变色
力学性能	基体的性能一般,甚至有所下降	基体的冲击、弯曲、伸长率等力学性能有提高
抗菌性能	中长期效果和抗菌范围一般	长期、稳定、广谱≥95％
加工性能	分散性较好	分散性相对较差

(2) 有机抗菌剂　有机抗菌剂从其抗菌基团方面来说有天然抗菌剂和有机合成抗菌剂之分，天然抗菌剂由于其天然存在着抗菌成分而被人类最早发掘。人类最早使用的抗菌剂就是天然抗菌剂，这种天然抗菌剂是从自然界的物质中获取的。壳聚糖是目前使用最普遍的天然抗菌剂，还有山梨酸和孟宗竹提取物等，天然抗菌剂有着抗菌性能好的优点，并且其药效性高。但是也有它的缺点，耐热性不好，并且抗菌药效持续的时间比较短，不易于加工，更不能满足商品化的要求。合成类的有机抗菌剂作为抗菌剂的主导者主要包括季铵盐类、季鏻盐类、双胍类、醇类、酚类、吡啶类、有机金属类、咪唑类、噻吩类等。合成类有机抗菌剂具有广谱、高效、持续时间长、可加工性能强等特性，但是也存在毒性大、耐热性差等缺点。它们的抗菌机理一般通过表面接触与细菌和霉菌细胞膜表面阴离子结合，或与巯基反应，破坏蛋白质和细胞膜的合成系统，抑制细菌和霉菌的声生长繁殖。

有机抗菌剂在抗菌塑料加工工业中使用量较少，因其耐热性差，只能在 300℃ 以下使用，在塑料加工成型过程中易分解，丧失抗菌效果。

(3) 天然抗菌剂　天然抗菌剂主要来源于动植物，如薄荷、柠檬叶提取物，节肢动物提取物甲壳素脱乙酰化制得的壳聚糖，其中壳聚糖是目前的研究热点，它具有良好的生物相容性和可降解性，对人体无害。对于壳聚糖的抗菌机理，目前主要有两种理论：一是壳聚糖分子中的 NH_3^+ 带正电，吸附在细胞表面，形成一层高分子膜，阻止细胞内外营养物质运输；另一理论为壳聚糖使细胞膜和细胞壁上的正负电荷分布不均，破坏细胞壁的合成与溶解平衡，溶解细胞壁，从而起到抗菌作用。

3.1.2　抗菌塑料的制备

抗菌塑料加工的关键在于提高抗菌剂在塑料中的分散性、相容性以及在制备过程中的稳定性。抗菌塑料生产工艺复杂，不仅需要满足塑料本身应该具备的力学性能、耐老化性能、化学性能等，同时需具备抗菌功能。常用抗菌塑料制备方法有直接添加法、抗菌母粒法、表面黏合法、层压法和后加工处理法等。

直接添加法和抗菌母粒法主要应用于抗菌塑料粒子，即原材料制备。塑料粒子加工过程主要分为混料和挤出工序，在混料段可直接将抗菌剂或抗菌母粒加入高混机，通过物理手段使抗菌剂同其他材料充分混合，提高抗菌剂在塑料中的分散性。表面黏合法、层压法和后加工处理法主要应用于抗菌产品成型过程中。

根据最终抗菌产品的加工过程选择不同的方法，如表面黏合法是通过在成型模具表面喷洒抗菌剂使产品表面黏附抗菌剂，后加工处理法是对塑料制品进行表面处理。目前可采用的方法主要有喷镀法和真空溅射表面喷镀法，但设备成本较高，不利于工厂大批量生产。分析抗菌塑料的加工过程可知，表面黏合法抗菌剂的用量更少，可有效降低生产成品，但抗菌剂仅存在于材料表面，其抗菌功能的稳定性和长效性较差。

母粒法是目前最常用的制备方法。该方法借鉴于色粉母粒、玻璃纤维母粒的加工方法，通过两步加工法将抗菌剂添加至塑料基体中。首先将抗菌剂和基体树脂充分混合，然后利用螺杆挤出机造粒，制备抗菌母粒，在批量化生产过程中，将抗菌母粒与树脂再次混合，挤出并造粒。抗菌母粒中抗菌剂的浓度是最终抗菌塑料制品中浓度的 25～50 倍。相较于直接添加法，抗菌剂的分散效果更好，同时抗菌剂同塑料基体的相容性有所改善。

3.1.3　抗菌塑料的开发与应用

国外抗菌塑料的应用起始于 20 世纪 80 年代初，如欧美早期主要在日用品中应用，近年在玩具中得到应用；日本在应用抗菌塑料方面的发展速度很快，应用面很广，如家电产品中的抗菌洗衣机、抗菌电话等，1999 年抗菌洗衣机在日本国内市场份额达 30％，2006 年达 80％。抗菌塑料还开发应用于食品包装、厨房用品、文化用品、电线电缆等方面，高档轿车的内饰也越来越多采用抗菌材料，如日产轿车的方向盘、座位、把手等已采用抗菌塑料制作，最近又向建材和室内装饰材料发展。

目前，日本等发达国家的抗菌家电产品普及率非常高。日本早在 20 世纪 90 年代初就推出抗菌冰箱、抗菌洗衣机等家用电器，目前抗菌家电占家电市场份额超过 50％。日本的塑料抗菌剂涵盖所有塑料品种，每年用量超过 150 万吨，是人均抗菌剂使用量最大的市场，并将目光投向欧美和中国的抗菌产品市场。

我国的塑料抗菌剂近几年来得到快速发展，应用领域在不断拓宽。2008 年，国家技术质量监督检疫总局陆续颁布实施家电抗菌、除菌的一系列标准。2011 年，家电抗菌国家标准的颁布，进一步规范了抗菌塑料在家电行业的应用。目前，国内对抗菌塑料的需求量为 15 万吨/年，抗菌聚丙烯在抗菌塑料中占有重要的份额，国内消耗量超过 5 万吨/年。抗菌剂占整个塑料用量的份额并不高，因为以前我国在家电抗菌材料的使用上没有强制的立法和统一的标准。随着家电抗菌标准的出台，"抗菌"的概念会越来越深入人心，国内对抗菌聚丙烯的需求也会越来越大，预计每年需求量增长 20％甚至更多。

3.2　抗菌塑料的配方、工艺与性能

3.2.1　抗菌高密度聚乙烯的制备与性能

HDPE 韧性好、价格低廉，易成型加工、耐化学腐蚀性好，在各个领域的应用范围不断扩大，已成为消费量最大的通用塑料之一。而 HDPE 本身不具有抗菌功能，制品表面易感染、滋生大量细菌、霉菌，成为致病菌在人与人、人与物、物与物之间的传播源，严重危害人们的健康，因此研发具有抗菌能力的高密度聚乙烯对阻断疾病的传播途径、消除传染源具有现实意义。抗菌研究最多的是无机抗菌剂或有机小分子抗菌剂与共混制备的抗菌材料。例如，以 Ag 与 HDPE 共混制备的抗菌材料，由于金属离子或氧化物与 HDPE 相容性不好，聚乙烯树脂与抗菌剂相容性差，抗菌剂在聚乙烯树脂中不能均匀分散，而且在使用过程中会出现抗菌剂不断渗出的现象，造成抗菌性能劣化，如果作为包装材料与制品也会对被包装产品造成二次污染。而以 PE/TiO$_2$ 机械共混制备的抗菌 PE 材料，虽然在光的作用下抗菌性能好，但光源消失抗菌功能则受到抑制。大部分商品的包装都是采用避光保存，这限制了该种抗菌剂的推广与应用。为了克服共混抗菌 HDPE 的缺点，本方法以 4-乙烯基苄基三丁基氯化鏻等为主要原料，采用连续反应及稀释体系法制备出了季鏻盐与分子链形成化学键连接的 HDPE。

（1）4-乙烯基苄基三丁基氯化鏻的制备　　用天平称取对氯甲基苯乙烯 137g、称取三丁基膦 202g（对氯甲基苯乙烯：三丁基膦＝1.1mol：1mol），用量筒量取二甲苯 375mL，置于 1000mL 三口烧瓶中，在一定搅拌速度下，混合溶液在（20±2）℃下反应，析出白色晶

体，然后用二甲苯除去未反应的单体，（60±2）℃下真空抽滤干燥制得 4-乙烯基苄基三丁基氯化镂，置于真空干燥器中备用。反应过程如图 3-1 所示。4-乙烯基苄基三丁基氯化镂的红外光谱、核磁图谱以及热失重曲线见图 3-2、图 3-3、图 3-4，由图 3-4 中 4-乙烯基苄基三

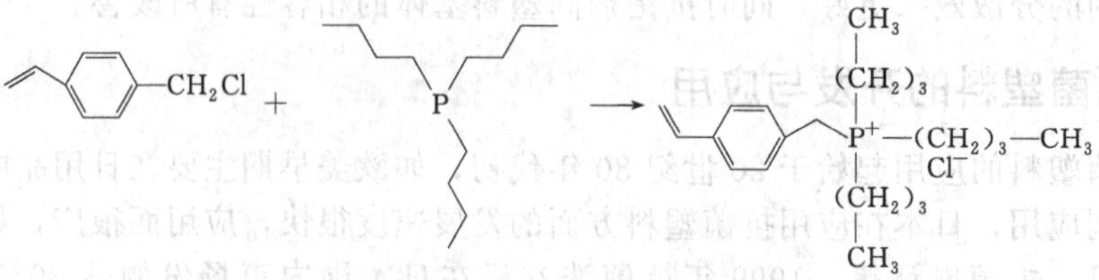

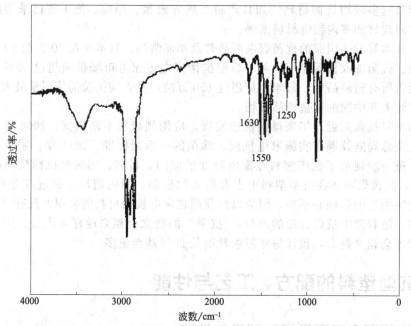

图 3-1 4-乙烯基苄基三丁基氯化镂合成路线

图 3-2 4-乙烯基苄基三丁基氯化镂的红外光谱图

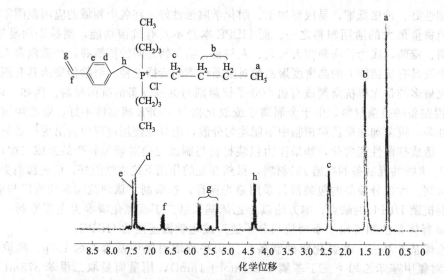

图 3-3 4-乙烯基苄基三丁基氯化镂的核磁图谱

丁基氯化鏻的热失重曲线可以看出，4-乙烯基苄基三丁基氯化鏻在空气中的起始降解温度是
293℃，在 350℃时分解速度最快。反应性熔融挤出温度最高约 230℃。因此 4-乙烯基苄基三
丁基氯化鏻可以作为新型抗菌剂。4-乙烯基苄基三丁基氯化鏻具有抑菌功能，最小抑菌浓
度：金黄色葡萄球菌为 60mg/L，大肠杆菌为 15mg/L。

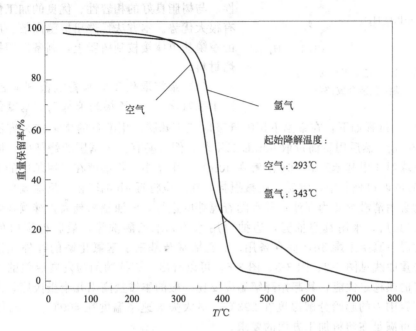

图 3-4　4-乙烯基苄基三丁基氯化鏻的热失重曲线

　　（2）熔融反应法制备抗菌 HDPE　原料配比混合均匀，通过反应型双螺杆挤出机熔融
反应挤出冷却造粒烘干，反应挤出温度从加料段机头温度为：90℃、110℃、190℃、210℃、
220℃、220℃、220℃、210℃、200℃、190℃；双螺杆挤出机主螺杆转速为 120r/min。与
纯 HDPE 相比，连续熔融反应法制备的抗菌的力学性能有一定程度的降低。抗菌 HDPE 配
方见表 3-2。

表 3-2　抗菌 HDPE 配方

原　　料	配比/g	原　　料	配比/g
HDPE(8008)	1000	引发剂 DCP	1.5
4-乙烯基苄基三丁基氯化鏻	4.26(0.12mol)	亚磷酸三苯酯	10

　　（3）抗菌 HDPE 抗菌性能　4-乙烯基苄基三丁基氯化鏻以不同形式存在于抗菌剂中，
一部分以未参加反应的小分子单体的形式存在，在材料使用过程中会不断向材料表面迁
移，维持材料表面抗菌剂浓度；一部分接枝在分子链上，形成高分子抗菌剂，发挥着持
久的抗菌性能；一部分以均聚物的形式存在，季鏻盐型抗菌剂带有电荷，大量的正电荷
聚集在一起更容易吸附表面带负电荷的菌体，并且疏水性的烷基化侧链破坏细菌的细胞
膜，使细胞内的 K^+ 和细胞质等释放出来，导致菌体死亡。当 4-乙烯基苄基三丁基氯化
鏻加入量大于 4.26g 时，对大肠杆菌、金黄色葡萄球菌的抗菌率均在 99% 以上，抗霉菌
性能为 0 级。

3.2.2　反应性挤出制备抗菌 LDPE 膜

　　在目前研究现状中，利用共混的方法制备抗菌材料比较多，而采用接枝的方法制备有机

高分子抗菌材料，由于抗菌功能团是以化学键的形式接枝到树脂上，因此克服了抗菌剂容易流失对环境造成污染或者对人体或者生物造成危害的问题，同时利用接枝的方法也克服了普通有机抗菌剂耐热性差、与基体相容性差、不耐浸泡洗涤、渗出物安全性差等缺点，在高效广谱、安全无毒、抗菌效果持久、优良的热稳定性、与树脂良好的相容性、优良的加工性等方面具有很大优势。本方法优选出抗菌高效、广谱、低毒的季鏻盐单体接枝到树脂上，制备广谱抗菌的聚乙烯材料。

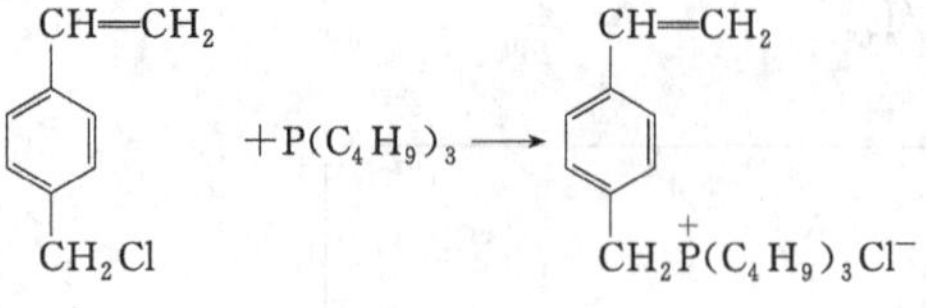

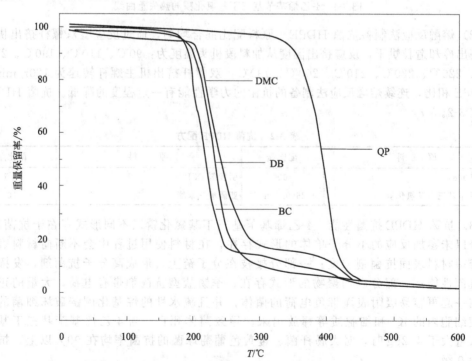

图 3-5　4-乙烯基苄基三丁基氯化鏻合成路线

（1）亲核取代反应制备抗菌剂 4-乙烯基苄基三丁基氯化鏻　4-乙烯基苄基三丁基氯化鏻典型的合成（图 3-5）过程如下：在室温下用吸管吸取三丁基膦，用准备的烧杯作为容器，用电子天平称取 60.3g，然后用量筒量取 60mL 二甲苯，倒入盛有三丁基膦的烧杯中；同样，用吸管小心地吸取对氯甲基苯乙烯 46g 溶解在 40mL 二甲苯中，将溶解在二甲苯中的两种物质加入到 500mL 的四口烧瓶中，常温，机械搅拌，在反应将近 4h 的时候，反应现象会有一个突变，反应物会由清澈突变为浑浊；并且随着搅拌的进行，浑浊越来越大，继续在常温下反应 48h。反应结束后，采用真空抽滤，边抽边用冰的无水乙醚洗涤，最后得到白色粉末状固体，最后常温下真空干燥 8h，保存备用。4-乙烯基苄基三丁基氯化鏻的红外光谱、核磁图谱以及热失重曲线见图 3-2、图 3-3、图 3-6。可以看出，该抗菌剂与发展成熟的季铵盐相比有更加良好的热稳定性能，其起始降解温度要比一般的季铵盐高出几十摄氏度，所合成的季鏻盐在空气氛围内的起始分解温度在 293℃，最大失重速率温度在 400℃，4-乙烯基苄基三丁基氯化鏻可满足在塑料加工方面的要求。

图 3-6　4-乙烯基苄基三丁基氯化鏻与几类季铵盐热失重曲线

DMC—甲基丙酰氧乙基三甲基氯化铵；BC—甲基丙酰氧乙基苄基二甲基氯化铵；
DB—甲基丙酰氧乙基十二烷基二甲基溴化铵；QP—4-乙烯苄基三丁基氯化鏻

（2）4-乙烯基苄基三丁基氯化磷抗菌性　抑菌圈法即通过微生物学中的抑菌圈实验来判定抗菌性能的方法，抑菌圈的大小代表被测物质抗菌力的强弱。

图 3-7 为用抑菌圈法测试合成抗菌剂的抗菌性，选择一定浓度的菌液均匀涂布在平板上，将用抗菌剂溶液浸泡过的滤纸贴覆在上面压实，培养。从图中可以看出，季磷盐对两种细菌有很强的杀菌效果，从抑菌圈的大小可以看出，随着季磷盐浓度的增大，杀菌性能提高。相同浓度的菌液季铵盐对金黄色葡萄球菌有很好的抑制作用；对大肠杆菌次之，这与细菌本身的结构有很大关系，金黄色葡萄球菌和大肠杆菌分别是革兰氏阳性菌和革兰氏阴性菌的代表，革兰氏阴性菌本身的细胞壁结构较为复杂，比革兰氏阳性菌的细胞壁多了一层外膜的保护，能够在一定程度上阻止抗菌剂的侵入。因此，很多阳离子抗菌剂对大肠杆菌表现了稍低的抑制杀死能力。

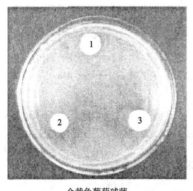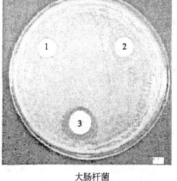

金黄色葡萄球菌　　　　　　　　　　大肠杆菌

图 3-7　不同浓度的季铵盐对大肠杆菌和金黄色葡萄球菌的杀菌效果

实验滤纸标示：1—0.2g/L；2—0.3g/L；3—0.5g/L

按照 GB 15979—2002《一次性使用卫生用品卫生标准》，可检测抗菌剂的最低杀菌浓度以及杀菌率。最低抑菌浓度（简称 MIC）是指抗菌剂抑制微生物生长的最低浓度。抗菌结果显示产物对大肠杆菌和金黄色葡萄球菌有强的杀菌效果，见图 3-8～图 3-10，对金黄色葡萄球菌的 MIC 为 0.3g/L，对大肠杆菌的为 0.4g/L，杀菌时间持久、不受

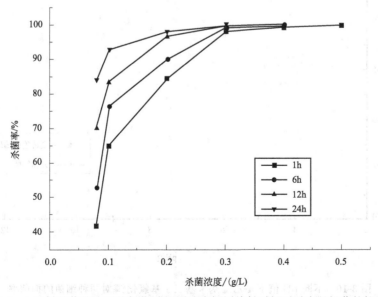

图 3-8　4-乙烯基苄基三丁基氯化磷不同浓度不同接触时间下对大肠杆菌的抑菌率

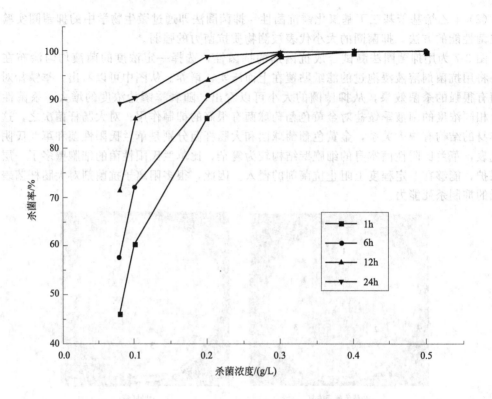

图 3-9　4-乙烯基苄基三丁基氯化鏻不同浓度不同
接触时间下对金黄色葡萄球菌的抑菌率

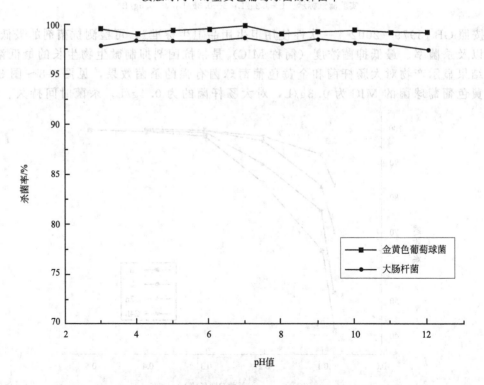

图 3-10　不同 pH 值下 4-乙烯基苄基三丁基氯化鏻对两种细菌的抑菌率

酸碱环境的限制且杀菌率高。该抗菌剂具有良好的耐热性、抗菌性，并且具有可反应性基团，因此考虑应用在改性塑料方面，可通过接枝的方法制备具有抗菌功能的新型抗菌塑料。

（3）熔融接枝制备抗菌 LDPE　称取一定量的抗菌剂 4-乙烯苄基三丁基氯化鏻，将抗菌剂 4-乙烯基苄基三丁基氯化鏻充分溶解在无水乙醇中，然后按照表 3-3 的配比依次加入引发剂 DCP、阻交联剂亚磷酸三苯酯，充分混合后导入备好的 LDPE 中，充分摇匀。在表 3-4 所示的工艺条件下进行熔融挤出造粒，然后在普通烘箱中干燥备用。

表 3-3　抗菌 LDPE 配方

原　料	配比/g	原　料	配比/g
LDPE(1C7A)	1000	引发剂 DCP	1.5
4-乙烯基苄基三丁基氯化鏻	32(0.09mol)	亚磷酸三苯酯	10

表 3-4　熔融挤出工艺参数

一区 /℃	二区 /℃	三区 /℃	四区 /℃	五区 /℃	六区 /℃	七区 /℃	八区 /℃	九区 /℃	螺杆转速 /(r/min)
70	100	165	180	190	190	185	180	170	120

抗菌剂加入量 4.26%（简称 $L_{4.26}$）和抗菌剂加入量 5.33%（简称 $L_{5.33}$），测试结果 $L_{4.26}$ 熔体流动速率为 2.7g/10min，$L_{5.33}$ 的熔体流动速率为 2.7g/10min。然后在表 3-5 的工艺条件下进行吹塑成膜。

表 3-5　吹塑成膜工艺条件

一区/℃	二区/℃	三区/℃	四区/℃	五区/℃	六区/℃	牵引调速/(r/min)	主机调速/(r/min)
110	158	158	165	160	160	75	300

（4）抗菌 LDPE 杀菌效果　当抗菌剂的加入量达到 3.2% 时，抗菌树脂对金黄色葡萄球菌和大肠杆菌的抗菌率均大于 99%。抗菌剂的抗菌性测试同样是按照 QB/T 2591—2003《抗菌塑料　抗菌性能试验方法和抗菌效果》来评价进行，通过贴膜法检测抗菌树脂吹塑成膜之后的抗菌薄膜的抗菌性能，测试的菌种同样是大肠杆菌与金黄色葡萄球菌。图 3-11、图 3-12 是抗菌膜抗菌效果图。

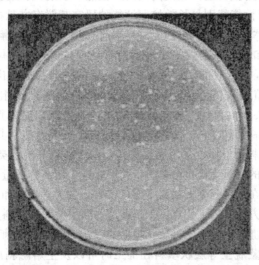

图 3-11　空白对照样大肠杆菌培养皿（测试菌液浓度 1.0×10^6 CFU/mL）

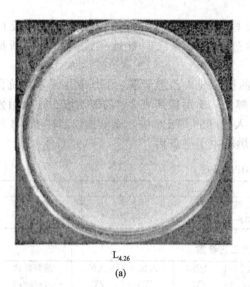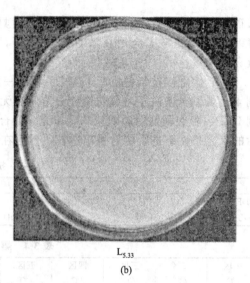

$L_{4.26}$
(a)

$L_{5.33}$
(b)

图 3-12　抗菌膜的大肠杆菌测试结果（测试菌液浓度 1.0×10^6 CFU/mL）

3.2.3　超高分子量聚乙烯 (UHMWPE)抗菌材料

生物材料在临床医学上的应用越来越广泛。各种人工生物材料如人工导尿管、人工体腔引流管、人工静脉导管、人工血液透析或腹膜透析管、人工气管插管、人工心脏瓣膜、人工骨、人工声带等广泛使用。但是，生物材料在给临床治疗带来便捷的同时，仍存在某些问题。人们发现无论是长期还是短期留置在人体内的生物材料上的细菌、真菌等微生物作为病原菌对人类和动物有很大危害，影响人们的健康，甚至危及生命，微生物还会引起各种材料的分解、变质、劣化、腐败，带来重大的经济损失。随着 UHMWPE 在医学上的大量应用，目前主要集中在关节替代材料、组织支架、输血泵、包装袋等医用材料中。由于其对生物无毒性，UHM-WPE 已经获得美国 FDA 批准用于人体生物材料，而且其具有自润滑性、抗黏附和不结焦等优点，在机械耐磨零件、人工关节等方面有良好的应用前景。目前的研究重点集中在了解超高分子量聚乙烯医用环境中的磨损机理，及提高其耐磨性能，以期减少磨损带来的溶骨作用和关节松脱。而对于相关的抗菌性能特别是长效抗菌性能的研究却鲜有文献报道。

UHMWPE 作为人体植入材料，在植入人体前必须先进行消毒处理。目前主要采用的方式为 γ 射线辐射消毒和在环氧乙烷气中进行消毒处理。但环氧乙烷与辐射消毒都会导致氧化。由于长期的氧化过程，回收的实验或临床使用后的关节都显示出分子量和力学性能产生明显的降低。同时，在植入人体后也会由于细菌的感染造成周围组织的病变而导致肌体损伤，从而大幅降低人工关节的使用期限。综上所述，如果能在提高其磨损性能的同时直接填充加入抗菌药物使其具备内部的抗菌性能，特别是长效抗菌性能，其应用前景会更加广阔。

本例以蒙脱土层状填料为母体，采用插层法将醋酸洗必泰等抗菌类药物插入蒙脱土的层间，合成一系列具有抗菌效果的有机无机抗菌填料，并填充进入超高分子量聚乙烯，不仅有效保持了抗菌药物的生物活性，也在一定程度上提高了 UHMWPE 的力学性能和可加工性能。与传统的直接加入抗菌药物相比，本方法有以下优点：①抗菌药物插层蒙脱土填料后，可有效增强抗菌药物的热稳定性，有利于材料加工，蒙脱土等层状填料的存在可以降低抗菌药物的迁移速度，提高药物在基体中的稳定性；②蒙脱土等层状填料在加工时可以发生熔融剥离，形成纳米尺度片层结构，可以延缓药物的释放速度，实现复合材料长效抗菌、抑菌的目的；③抗菌药物插层蒙脱土层状填料中，可以在蒙脱土加工熔融剥离过程中，随同蒙脱土纳米片层均匀分散于基体中，有利于小分子的抗菌药物在高分子量的良好分散；④蒙脱土纳米片层可以对基体起补强和润滑作用，提高机械强度和自摩擦性能；⑤小分子的抗菌药物的加入对聚合物有增塑作用，而纳米层状填料的加入可提高抗菌药物的分散能力，从而使增塑作用得到进一步加强。

（1）抗菌复合材料的制备　物料质量配比为（CA∶MMT）3∶1，将钠基蒙脱土（Na-MMT）配制成悬浮液，加热到 80℃左右，加入醋酸洗必泰（CA）的酸性水溶液，恒温搅拌回流，出料，过滤，滤饼用水洗涤、抽滤，真空干燥，得到浅白色的固体粉末，粉碎后即为功能性蒙脱土-醋酸洗必泰抗菌复合物。

将超高分子量聚乙烯粉末置于鼓风烘箱中烘干待用，取制得的抗菌填料加入其中，添加比例为 1％，经过混炼、模压得到厚度均匀的复合材料。

混炼参数：加工温度 195℃，转子转速 60r/min，加工时间 5min。

模压参数：温度 150℃，压力 7MPa，热压时间 5min，冷却时间 5min。

流变样品参数：直径 25mm，厚度 1mm。

（2）UHMWPE 的抗菌性能　洗必泰又称氯己定，是有机抗菌剂的一种，对细菌有明显的亲和力，细菌受洗必泰作用后，细胞壁变得不平，出现孔隙，甚至破裂，细菌的通透屏障受到破坏，细胞被杀死。洗必泰具有相当强的广谱抑菌、杀菌作用，是一种较好的杀菌消毒药，对革兰氏阳性和阴性菌具有抗菌作用。

正常的大肠杆菌菌体长为 1～2μm，细胞表面光滑，菌体饱满，呈两端钝圆的杆状，而当其死亡后则会出现干瘪、变形甚至失去整体形状等特征。因此，通过细菌黏附实验可以最直接地观察到细菌在材料表面的生存状况，是目前材料的抗菌性能最重要的评价手段之一。

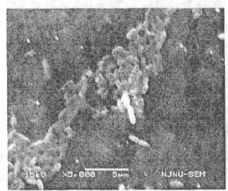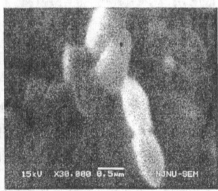

(a)纯UHMWPE

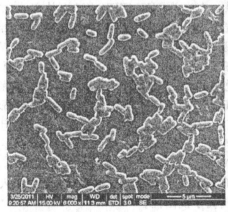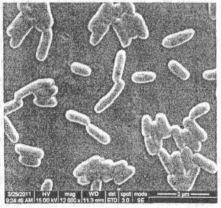

(b)UHMWPE/MMT

图 3-13

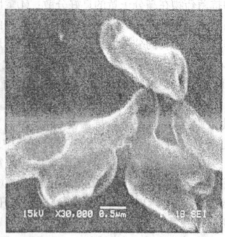

(c)UHMWPE/CA

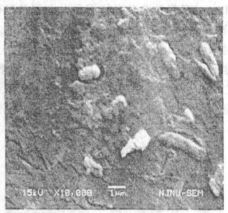

(d)UHMWPE/CA-MMT

图 3-13　大肠杆菌的细菌黏附 SEM 图

　　图 3-13 显示了大肠杆菌在每种薄膜表面的黏附情况。其中（a）为纯 UHMWPE 空白样，（b）为 UHMWPE/MMT（蒙脱土），从（a）和（b）中可以看出，其表面大肠杆菌颗粒饱满、表面圆滑，完整的菌体数量较多，细菌生长良好，繁殖旺盛，说明 UHMWPE 本身无抑、杀菌效果，同时 MMT 也无杀菌效果。（c）为 UHMWPE/CA，从（c）中可以看出，与（a）相比大肠杆菌体已经出现表面褶皱现象，但整体还是较完整和光滑的，部分细菌还保留着生物活性，说明 CA 的加入在一定程度上提高了的抗菌能力；（d）为 UHMWPE/CA-MMT，与（a）、（b）、（c）相比，图（d）中细菌的分布最少，且大肠杆菌变得干瘪，起皱，无饱满感，严重变形，整体形状已经失去，说明黏附在 UHMWPE 材料表面的细菌已全部死亡。因此，可以认为三种材料中 UHMWPE/CA-MMT 材料的杀菌效果最为明显。对比材料 UHMWPE/CA 和 UHMWPE/CA-MMT，两者加入了相同比例的抗菌剂，但 UHM-WPE/CA-MMT 的抗菌效果远好于 UHMWPE/CA。MMT 的存在提高了材料的热稳定性能，有利于加工时的稳定。因此可认为，UHMWPE/CA 复合材料在加工的过程中，较高的加工温度使部分 CA 受热分解失效，而在 UHMWPE/CA-MMT 中，MMT 的加入提高了 CA 的耐热性，减少了 CA 的受热分解，从而提高了抗菌性。

　　对样品进行了细菌黏附长效分析。图 3-14 为 UHMWPE/CA-MMT 薄膜在 PBS 缓冲溶液缓释 21d 后取出进行细菌黏附的 SEM 图，可以看出大肠杆菌黏附数量较少，尺寸由通常

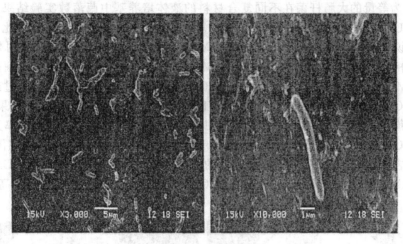

图 3-14　缓释 21d 后细菌黏附 SEM 图

的 $1\mu m$ 变异为 $2\sim3\mu m$，而且细菌的基本形状已经失去，死亡的细菌结构逐渐模糊，杆状结构逐渐变得扁平，材料表面只零星分布着大肠杆菌的代谢物及死亡的细菌坍塌结构，说明材料表面附着的细菌已经全部死亡。这是由于随着时间的增加，抗菌药物从生物材料中缓释出来，杀死黏附的细菌。这说明 UHMWPE/CA-MMT 材料具有优异的长效抑、杀菌性能。

采用菌落数贴膜法进行抗菌性测试，表 3-6 为抗菌前涂布分析选择合适菌液的数据结果，按国标 GB 4789.2—2016 要求，选择菌落数在 $30\sim300$CFU 之间的平板计算菌落总数，选择稀释了 10^5 倍的平板即 6 号平板计算总菌落数。

表 3-6　抗菌前的涂布数据

平板编号	1	2	3	4	5	6	7
稀释倍数	1	10	10^2	10^3	10^4	10^5	10^6
平行板 1 菌落数/(CFU/mL)	无法计数	无法计数	无法计数	无法计数	1522	169	13
平行板 2 菌落数/(CFU/mL)	无法计数	无法计数	无法计数	无法计数	1521	203	20

总菌落数的计算：

按国标要求细菌菌落数以 CFU/mL 计数，而测试中的涂布量为 200mL，因而应将得到的菌落数乘以 5 计数。所以 6 号板菌落总数：

$$(169\times5+203\times5)/2=930(\mathrm{CFU/mL})=9.3\times10^2(\mathrm{CFU/mL})$$

将菌落总数按 10 倍反推，得到 3 号菌液的细菌浓度为 9.3×10^5CFU/mL，符合抗菌试验菌的要求（$5\times10^5\sim10\times10^5$CFU/mL），因而选择 3 号菌液进行抗菌实验。

表 3-7　抗菌实验后的涂布结果

样品	原洗脱液计数	稀释 10 倍计数	总菌落数/(CFU/mL)	抗菌率
UHMWPE	无法计数	568	5.95×10^5	
	无法计数	623		
UHMWPE/MMT	无法计数	519	5.6×10^5	—
	无法计数	523		
UHMWPE/CA	686		6.55×10^4	88%
	623			
UHMWPE/CA-MMT	41		3.7×10^3	99.4%
	32			

注：总菌落数的计算都是取的两个平行板的平均值。无法计数：细菌太多，无法数出确切的菌落数，需进行稀释处理。横线"—"表示已经可以数出确切的菌落数，没有进行稀释涂布。

图 3-15 为等量的大肠杆菌在不同复合材料的液体培养基中菌落数实验结果。从图中可以看出，含 UHMWPE 和 UHMWPE/MMT 复合材料的培养基细菌生长的都比较旺盛，菌落数较多，说明 UHMWPE 和 UHMWPE/MMT 对大肠杆菌几乎没有抑制作用。而与 UHMWPE 相比，含 UHMWPE/CA 和 UHMWPE/CA-MMT 的培养基中，菌落数明显减少，且 UHMWPE/CA-MMT 比 UHMWPE/CA 抗菌效果明显提高，说明经过改性得到的 UHMWPE/CA-MMT 抑菌性能强于 UHMWPE/CA，这与细菌黏附的实验结果是一致的。表 3-7 为抗菌实验后的涂布结果。由表 3-7 可以看出，UHMWPE/CA 的抗菌率为 88%，而 UHMWPE/CA-MMT 的抗菌效率为 99.4%，显著大于 UHMWPE/CA，这与图 3-15 及细菌黏附测试结果是一致的。这是因为 MMT 的加入提高了 CA 的热稳定性能，CA 在 UHMWPE/CA-MMT 中分解量降低，UHMWPE/CA-MMT 复合材料的抗菌性能提高。

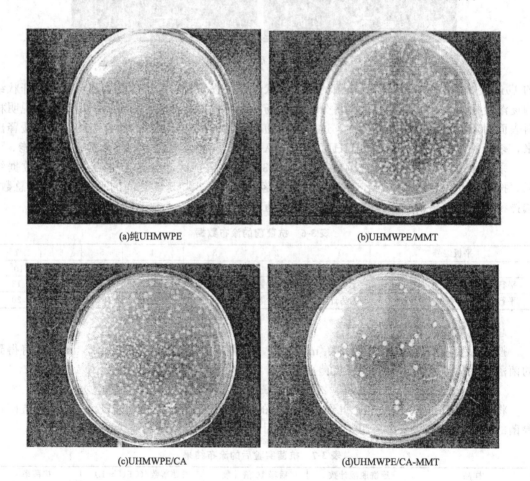

(a)纯UHMWPE　　　　　　　(b)UHMWPE/MMT

(c)UHMWPE/CA　　　　　　　(d)UHMWPE/CA-MMT

图 3-15　复合材料对大肠杆菌的抗菌图片

（3）抗菌材料复合材料的力学性能　如表 3-8 所示，与纯 UHMWPE 相比，UHMWPE/CA-MMT 的断裂伸长率、拉伸强度和杨氏模量都有所增强，其中断裂伸长率和杨氏模量的增强较明显，而拉伸强度的增强作用不明显。这可能是经 CA 改性后的 MMT 加入到 UHMWPE 后被熔融剥离，很好地分散在 UHMWPE 中，从而对超高分子量聚乙烯具有了补强作用，再加上具有增塑作用，因此材料的断裂伸长率和杨氏模量有较为明显的提高，但由于加入量较少（1%），所以拉伸强度提高并不突出。

表 3-8 抗菌材料复合材料力学性能

样 品	断裂伸长率/%	拉伸强度/MPa	杨氏模量/MPa
UHMWPE	273.311	32.36	108.578
UHMWPE/MMT	376.689	34.66	104.035
UHMWPE/CA	295.333	35.54	154.800
UHMWPE/CA-MMT	370.233	34.805	162.438

3.2.4 聚丙烯抗菌包装材料

聚丙烯在使用和存储的过程中易受细菌感染,不利于身体健康和生活环境,限制了聚丙烯的长期应用。为了解决这方面的问题,广泛地将抗菌聚丙烯材料应用到日常用品、玩具等生活领域中。例如,日本用抗菌聚丙烯材料制造了洗衣机和洗涤桶,占整个聚丙烯使用比例的 70%~80%。本方法利用离子交换法合成金属离子型抗菌剂载锌坡缕石。采用母粒法制备不同抗菌剂含量的抗菌母粒。将抗菌母粒与聚丙烯粒子混合吹膜制备抗菌聚丙烯薄膜。

(1)载锌坡缕石抗菌剂的合成 配制 0.2~0.8mol/L 的硫酸锌溶液。称取 5.0g 坡缕石,加入 50mL(固液比为 1g:10mL)0.7mol/L 浓度的 $ZnSO_4$ 溶液,在反应温度为 80℃的条件下在磁力搅拌器中反应 4h。将反应完成后的溶液加去离子水至 500mL,静置 2h 后倒去上层清液,反复清洗直至在上层清液中滴加 $BaCl_2$ 溶液无白色沉淀物生成。将洗好的溶液以离心速度 5000r/min 离心 20min。将离心后的固体在干燥箱中干燥 2h,干燥温度 165℃。研磨制成粉末状样品即得到载锌坡缕石 Zn/ATP。载锌坡缕石对金黄色葡萄球菌和大肠杆菌有较好的抑菌性。

(2)聚丙烯抗菌母粒的制备 抗菌母粒是高浓度的抗菌剂颗粒,将抗菌剂加入到聚丙烯树脂中造粒。聚丙烯抗菌母粒由载锌坡缕石粉末和聚丙烯粒料组成,由单螺杆挤出法制备抗菌母粒。将载锌坡缕石和 PP 粒料以 1:10 的比例混合,在高混机中混匀后挤出,造粒后即得聚丙烯抗菌母粒。单螺杆挤出法制备抗菌母粒的工艺参数如表 3-9 所示。

表 3-9 抗菌母粒的挤出工艺参数(转速为 30r/min)

温控区	一区	二区	三区	四区
温度/℃	160	175	180	175

(3)抗菌聚丙烯薄膜的制备 将制成的抗菌母粒与 PP 粒料通过单螺杆挤出机挤出吹塑成抗菌母粒,然后按一定比例吹膜制得聚丙烯抗菌薄膜。单螺杆挤出法制备抗菌薄膜的工艺参数如表 3-10 所示。

表 3-10 抗菌薄膜的挤出工艺参数(转速为 30r/min)

温控区	一区	二区	三区	四区
温度/℃	170	180	190	185

(4)抗菌聚丙烯薄膜的抗菌性 抗菌母粒含量的不同对大肠杆菌和金黄色葡萄球菌的抗菌率如表 3-11 和表 3-12 所示。从表中数据可以看出,随着抗菌剂载锌坡缕石含量的增加,聚丙烯薄膜对大肠杆菌和金黄色葡萄球菌的抗菌率也随之增加且对大肠杆菌的抗菌率略大于金黄色葡萄球菌。这可能是由于大肠杆菌和金黄色葡萄球菌细胞壁的结构不同引起的。

表 3-11 不同比例 Zn/ATP 聚丙烯薄膜对大肠杆菌的抗菌率

抗菌剂含量/%	0	1	3	5	7
残余菌落总数/CFU	980	230	130	80	60
抑菌率/%	0	76.5	86.7	91.8	93.9

表 3-12　不同比例 Zn/ATP 聚丙烯薄膜对金黄色葡萄球菌的抗菌率

抗菌剂含量/%	0	1	3	5	7
残余菌落总数/CFU	870	300	250	80	60
抑菌率/%	0	65.5	71.3	90.8	93.1

图 3-16 是当载锌坡缕石含量为 5% 时,聚丙烯薄膜对大肠杆菌和金黄色葡萄球菌的抑菌效果。从图中可清晰地看到,加入载锌坡缕石抗菌剂的聚丙烯薄膜,相对于没有抗菌剂添加的聚丙烯薄膜,菌落总数明显减少,对大肠杆菌和金黄色葡萄球菌有显著的抑菌效果。

(a)PP大肠杆菌　　　　　　　　　　　　　(b)PP-Zn/ATP大肠杆菌

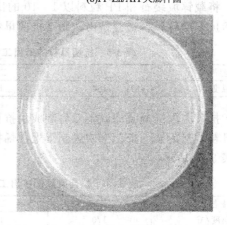

(c)PP金黄色葡萄球菌　　　　　　　　　　(d)PP-Zn/ATP金黄色葡萄球菌

图 3-16　抗菌 PP 薄膜对大肠杆菌和金黄色葡萄球菌的抑菌效果

抗菌的持久性对抗菌材料来说也是一项重要的指标,所制备的抗菌材料至少要保证在使用期限内具有一定的抗菌效果。抗菌时间越长久,其抗菌力越强,使用范围也越广泛。表 3-13 是当载锌坡缕石添加量为 5% 时,抗菌聚丙烯薄膜在 7d 后对大肠杆菌和金黄色葡萄球菌的测试结果。测试方法与抗菌聚丙烯薄膜的抗菌率的试验方法相同。从表 3-13 中数据可看出,抗菌聚丙烯薄膜经 7d 后对大肠杆菌和金黄色葡萄球菌的抗菌率分别为 83.63% 和 80.56%,抗菌率与最初的 93.9% 和 93.1% 相比有所降低,但降低的幅度较小,在 7d 内有一定的抗菌作用,能够达到抗菌效果。

载锌坡缕石抗菌剂属于无机抗菌剂，无机抗菌剂的优点有抗菌广谱性、抗菌持久性及耐高温性等。将载锌坡缕石加入到聚丙烯树脂中制备抗菌聚丙烯薄膜，虽然聚丙烯薄膜的制备温度较高，但载锌坡缕石耐高温，化学性质稳定，所以高温对抗菌聚丙烯薄膜的抗菌性能并没有影响。抗菌聚丙烯薄膜与载锌坡缕石抗菌剂相比，延续了其抗菌持久性的特点。

表 3-13　抗菌试样经 7d 后对大肠杆菌和金黄色葡萄球菌的抗菌率

菌种	聚丙烯薄膜残余菌落数/CFU	抗菌聚丙烯薄膜残余菌落数/CFU	抗菌率/%
大肠杆菌	1100	180	83.63
金黄色葡萄球菌	1080	210	80.65

3.2.5　含有季铵盐官能团的抗菌聚氨酯涂层材料

随着高分子材料工业的迅猛发展，聚氨酯（PU）以其卓越的性能和低廉的价格广泛应用于食品加工、包装工业和医疗卫生等各个领域。但聚氨酯材料制品在使用和存放过程中，在适宜的温度和湿度条件下极易生长和繁殖细菌，严重威胁人类的健康。

抗菌聚氨酯目前在国外应用非常广泛，特别是在日本。在日本抗菌聚氨酯主要应用在家庭用品、家用电器、室内用品和医疗设备上。例如，日本一家机械公司生产各种适合食品搬运输送的皮带式传送机。该机皮带表面涂有抗菌聚氨酯，卫生性极好。抗菌聚氨酯在欧美也发展很快，如用在玩具、卫生间用品等的表面。抗菌聚氨酯虽然目前以在聚氨酯中混入无机抗菌剂为主，但是由于在聚氨酯中混入无机抗菌剂会影响聚氨酯的一些力学性能，因此限制了它的使用。所以，将有机抗菌剂和聚氨酯结合起来合成具有抗菌性能的聚氨酯将是抗菌聚氨酯的发展方向，并且由于抗菌单体已经接上聚氨酯了，因此聚氨酯具有永久的抗菌性能。把各种抗菌剂结合起来，合成具有多种抗菌效果的材料也是一个方向。

本例用易得的叔胺作为原料，通过和环氧氯丙烷的季铵化反应来获得含活泼羟基的季铵盐，通过含活泼羟基的季铵盐和异佛尔酮二异氰酸酯及聚乙二醇的化学反应制备了含有季铵盐官能团的抗菌聚氨酯涂层材料。

（1）2,3-二羟基丙基十六烷基二甲基氯化铵（QAS）的制备　将 7.088g（0.026mol）的十六烷基二甲基叔胺（90%）加入到 250mL 的圆底烧瓶中，加入 90mL 的蒸馏水，并在 40℃下搅拌 1h，然后加入 2.433g（0.026mol）环氧氯丙烷，把温度降到 30℃。等待一段时间，温度降下来之后继续反应 4h，如图 3-17 所示。反应结束后，将溶液离心，转速为 8000r/min，操作时间为 8min，用蒸馏水洗涤 2 次，反复离心之后，将所得的固体从离心试管中取出来，在 50℃真空干燥箱内真空干燥数小时。最后将干燥的固体放入干燥器皿中保存。

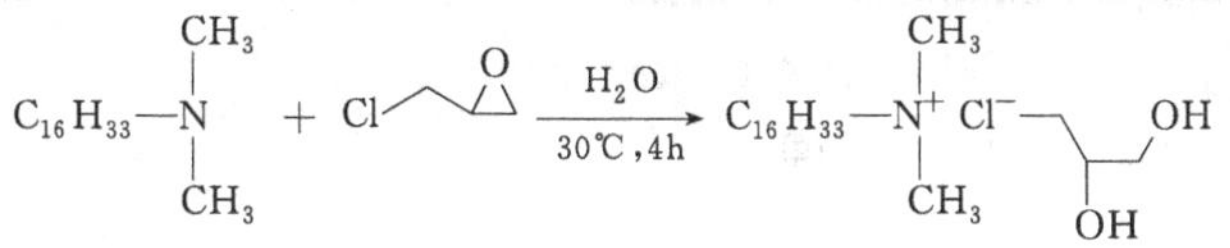

图 3-17　2,3-二羟基丙基十六烷基二甲基氯化铵（QAS）的制备

（2）含季铵盐官能团的聚氨酯涂层材料的制备　将 0.111g（0.0005mol）的异佛尔酮二异氰酸酯（IPDI）与 0.19g（0.0005mol）的 QAS 加入到盛有 20mL 的 N,N-二甲基甲酰胺的 100mL 的圆底烧瓶中，于 40℃下搅拌反应 3h，然后加入 0.30g（0.0005mol）的聚乙二醇（PEG），继续反应 1h，反应式如图 3-18 所示。

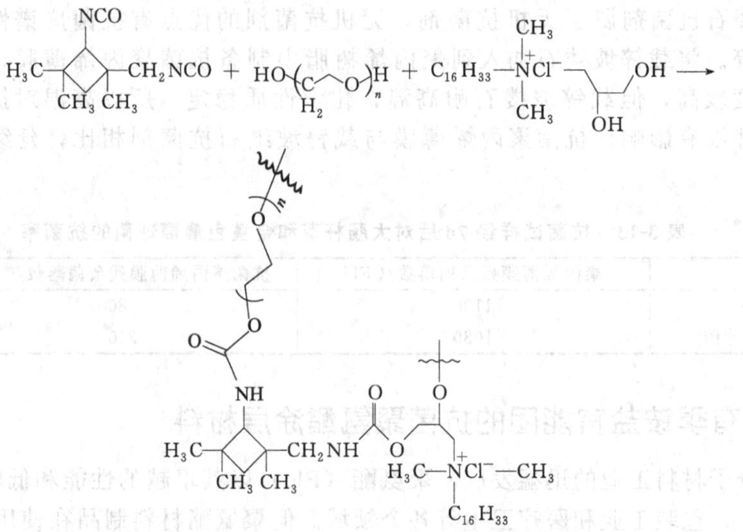

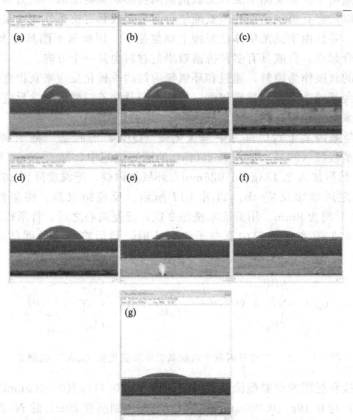

图 3-18　含季铵盐官能团的聚氨酯涂层材料的制备

（3）含季铵盐官能团的聚氨酯涂层材料的性能

① 水接触角　含季铵盐官能团聚氨酯涂层薄膜亲水性的好坏需要通过水接触角的大小来判断。图 3-19 为含季铵盐官能团的聚氨酯涂层薄膜的水接触角测试，随着 QAS 质量的增大，水接触角呈减小的趋向，说明聚氨酯涂层材料的亲水性在增强。

图 3-19　含季铵盐官能团的聚氨酯涂层薄膜的水接触角测试

QAS 的质量：（a）0.019g；（b）0.038g；（c）0.057g；（d）0.076g；（e）0.095g；（f）0.190g；（g）0.285g

② 吸水率测试 从图 3-20 中查知涂层 1 的吸水率为 0.62％，涂层 2 为 0.63％，涂层 3 为 0.64％，涂层 4 为 0.65％，涂层 5 为 0.68％，涂层 6 为 0.75％，涂层 7 为 0.81％。随着 QAS 质量的增加，样品涂层的吸水率在不断增大，除此之外引入的聚乙二醇增加了材料的吸水性。同时，水的进入对薄膜有溶胀作用，提高了薄膜中分子链的运动能力，更有助于水分子的进入和扩散。

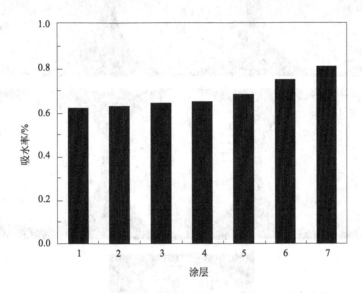

图 3-20 含季铵盐官能团的聚氨酯涂层薄膜的吸水率变化
QAS 的质量：1—0.019g；2—0.038g；3—0.057g；4—0.076g；5—0.095g；6—0.190g；7—0.285g

③ 聚氨酯涂层薄膜抗菌性能 图 3-21 中（a）到（g）测试所用样品制备过程中加入的 QAS 量由小到大，其抑菌圈值的大小分别为 22.24mm、23.81mm、25.06mm、25.95mm、26.24mm、28.10mm 和 29.17mm。这说明聚氨酯涂层薄膜中季铵盐的含量越高，聚氨酯涂层薄膜的抗菌性能越强。

3.2.6 含卤胺官能团的聚氨酯涂层材料

卤胺类抗菌剂的杀菌性能很强，其内含有氮卤（N—X）键。它以氧化态卤原子的方式接触细菌、病菌等微生物，进而杀死它们，同时它还有很强的可再生性能和持久的稳定性。本例结合聚氨酯材料优异的物理学性能、成膜性能、耐低温、耐溶剂等特点，合成出含卤胺官能团的聚氨酯涂层。采用廉价易得的 5,5-二甲基海因（DMH）和环氧氯丙烷反应合成含有活泼环氧基团的卤胺前置体（GHE），加入碱后环氧基团开环变成羟基，从而使得 GHE 变成含活泼羟基的卤胺前置体（GHOH）。经过稀释的次氯酸钠溶液完成了氯化，合成了含有活泼羟基的卤胺化合物 Cl-GHOH。通过含活泼羟基的卤胺化合物 Cl-GHOH 和异佛尔酮二异氰酸酯及聚乙二醇的化学反应制备了含有卤胺官能团的抗菌聚氨酯涂层材料。

（1）GHOH 的制备 取 6.40g（0.05mol）的 5,5-二甲基海因，2.00g（0.05mol）的氢氧化钠，加入盛有 40mL 蒸馏水的圆底烧瓶里，在室温下搅拌 5～10min，加入 4.60g（0.05mL）的环氧氯丙烷继续反应 8～10h。反应结束后，将所得的溶液旋蒸，加入丙酮，过滤，再旋蒸，反复进行几次，最后放真空干燥箱干燥数小时即可。所得的产物加入氢氧化钠回流，使 GHE 的末端开环加羟基变成 GHOH，最后加入次氯酸钠氯化为 Cl-GHOH。GHOH(Cl-GHOH) 的制备方程式见图 3-22。

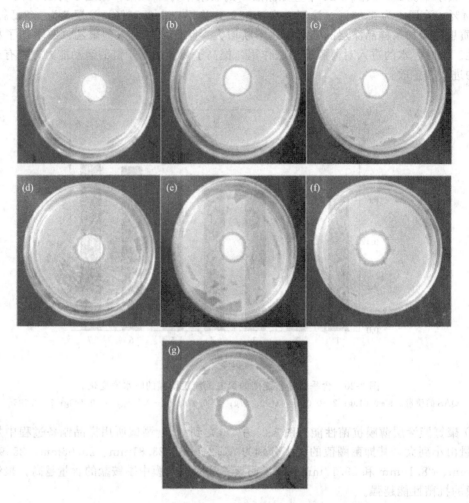

图 3-21　含季铵盐官能团的聚氨酯涂层薄膜的抑菌圈

QAS 的质量：(a) 0.019g；(b) 0.038g；(c) 0.057g；(d) 0.076g；(e) 0.095g；(f) 0.190g；(g) 0.285g

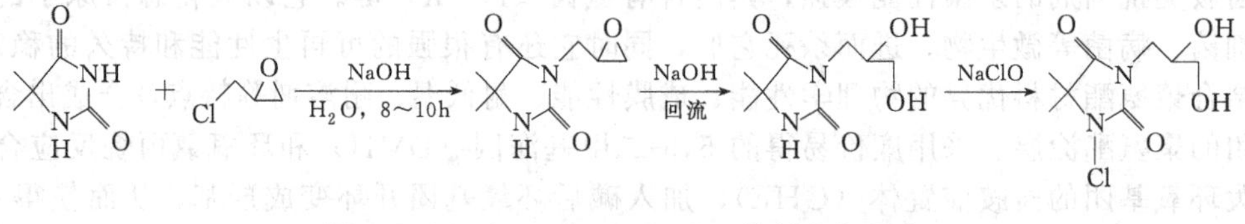

图 3-22　GHOH (Cl-GHOH) 的制备方程式

（2）GHOH 的氯化过程　GHOH 氯化的过程是将 0.50g GHOH 样品分散于 40mL 的二次去离子水中，超声数分钟，逐滴加入 11.20g 4% 的 NaClO 溶液，在滴加的同时用 0.4mol/L 的硫酸调节溶液的 pH 值在 7~8 范围内，滴加完毕后在室温下搅拌 4h。得到的产物离心分离，转速为 8000r/min，离心时间为 5min，用去离子水洗涤，反复离心多次，在 45℃下真空干燥数小时。干燥后，把固体放在研钵中继续研磨成粉末，放入自封袋里密封保存，以便后续实验。

（3）含卤胺官能团的聚氨酯涂层材料的制备　将 0.111g（0.0005mol）的异佛尔酮二异氰酸酯（IPDI）与 0.118g（0.0005mol）的 Cl-GHOH 加入到盛有 20mL 的 N,N-二甲基甲酰胺的 100mL 的圆底烧瓶中，于 40℃ 在磁力搅拌器上搅拌 3h，然后加入 0.30g（0.0005mol）的聚乙二醇（PEG）继续反应 1h，反应式如图 3-23 所示。

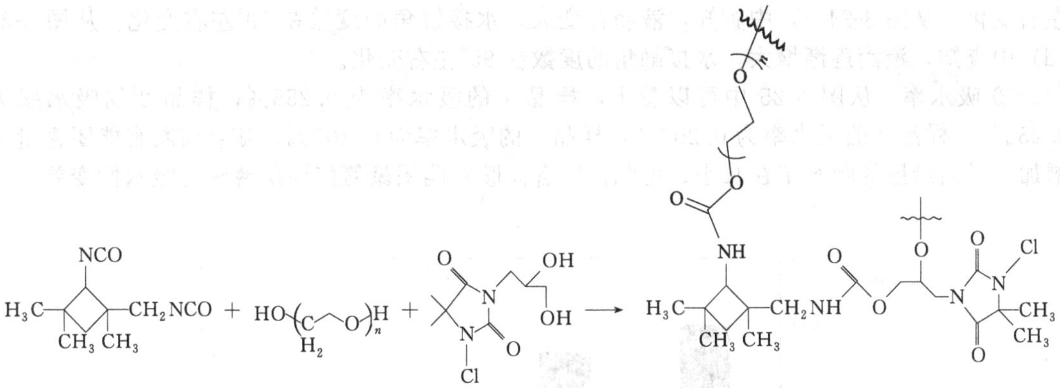

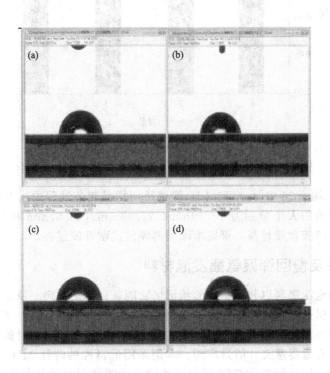

图 3-23　含卤胺官能团的聚氨酯涂层材料的制备

（4）含卤胺官能团的聚氨酯涂层材料性能

图 3-24　含卤胺官能团的聚氨酯涂层薄膜的亲水性测试
Cl-GHOH 质量：（a）0.012g；（b）0.035g；（c）0.059g；（d）0.112g

含卤胺官能团的聚氨酯涂层薄膜的水接触角分析

Cl-GHOH 质量	1601ms	7207ms	24023ms	36835ms	59257ms
(a)	78.25	77.54	76.59	74.40	73.54
(b)	90.85	87.94	86.28	85.72	85.36
(c)	93.77	92.13	91.87	89.43	88.91
(d)	98.09	97.48	95.01	92.98	89.14

① 水接触角   从图 3-24(a) 中可以看出，随着时间的延长，液滴在减小，约为 1/2，水接触角的度数也在减小，在 75°左右。从图 3-24(b) 中可以看出，随着时间的延长，液滴反而比原来增大了一点，度数也在增大，但是同时也会有微小的降低，水接触角的度数在 85°左右变化。从图 3-24(c) 中查知，液滴在变大，水接触角的度数在 90°左右变化。从图 3-24(d) 中查知，液滴逐渐增大，水接触角的度数在 95°左右变化。

② 吸水率   从图 3-25 中可以看出，样品 1 的吸水率为 0.255%，样品 2 的吸水率为 0.252%，样品 3 的吸水率为 0.207%，样品 4 的吸水率为 0.205%。随着卤胺官能团含量的增加，样品涂层的吸水率在减小，由此说明含卤胺官能团聚氨酯涂层薄膜的吸水性变差。

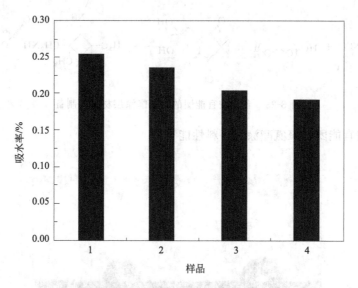

图 3-25   含卤胺官能团的聚氨酯涂层薄膜的吸水率变化
Cl-GHOH 质量：1—0.012g；2—0.035g；3—0.059g；4—0.112g

③ 抗菌性能   图 3-26 中 (a) 到 (d) 测试所用样品制备过程中加入的 Cl-GHOH 量由小到大，其抑菌圈值的大小分别为 24.19mm、27.48mm、29.57mm 和 31.80mm。这说明聚氨酯涂层薄膜中卤胺含量越高，聚氨酯涂层薄膜的抗菌性能越强。

3.2.7   高回弹及慢回弹聚氨酯发泡材料

慢回弹聚氨酯泡沫塑料以其独特的形状记忆功能、良好的隔声、减振、吸能及手感好等优点，近年来发展迅速。这两种聚氨酯发泡材料广泛用于家居、交通、医疗、体育、玩具、工业防护等人体需要经常接触的领域，因此制备抗菌聚氨酯发泡材料对保护人们的健康及改善环境卫生水平具有重要意义，前景广阔。本例采用低毒性的改性 MDI 代替传统聚氨酯软质泡沫塑料中普遍采用的剧毒的 TDI 原料，确定了所需原料品种及其在发泡配方中的最佳使用量；最后以最佳配方的慢回弹聚氨酯发泡材料为基础，采用 6‰AEM5700-A 改性的慢回弹聚氨酯泡沫密度最低，为 66.1kg/m³；力学性能最佳，回弹率为 10.4%，拉伸强度为 106.8kPa，断裂伸长率为 81.2%，10% 分解温度为 325.4℃；对金黄色葡萄球菌和大肠杆菌具有明显的抑制作用，通过添加不同纳米银抗菌剂对其进行抗菌改性，得到抗菌效果良好、力学性能良好、柔软性及舒适性良好的抗菌慢回弹聚氨酯泡沫塑料，可以用于抗菌要求较高的医疗器械产品及高端家具制品、体育器材、汽车等领域。

(1) 抗菌慢回弹聚氨酯泡沫制备   配方配比：ZS2801/Y1030＝70/30，发泡剂（水）用

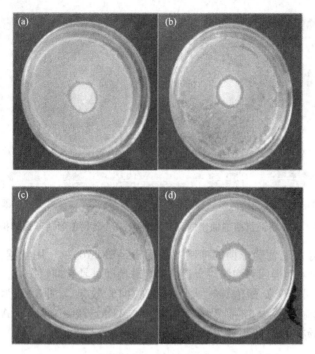

图 3-26　含卤胺官能团的聚氨酯涂层薄膜的抑菌圈图

Cl-GHOH 质量：（a）0.012g；（b）0.035g；（c）0.059g；（d）0.112g

量 2 份，CP60 用量 2 份，催化剂（三乙烯二胺/A33）A33 最佳用量为 0.1 份，有机锡催化剂（二月桂酸二丁基锡/T12）最佳用量为 0.1 份，MDI（NCO 含量：26.1%，美国亨斯迈公司），异氰酸酯指数 R 为 90% 最佳。

准确称取聚醚多元醇、发泡剂、催化剂、泡沫稳定剂、开孔剂（CP60）、抗菌剂等原料置于 A 杯中，高速搅拌 120s，静置，为组合料（A 料）；准确称量改性 MDI 于 B 杯中。将 A、B 杯放入 25℃ 烘箱中，当料温达到 25℃ 时，将 A、B 杯取出，将改性 MDI 迅速倒入 A 杯中，同时 2000r/min 高速搅拌 6～15s，然后迅速将变白的物料倒入模具中进行发泡，约 5min 后取出泡沫，经常温熟化 72h。

聚醚多元醇 ZS2801 是一种三官能度聚醚多元醇，分子量 3000 左右，羟值为 54～58mgKOH/g；聚醚多元醇 Y1030 是一种慢回弹聚醚多元醇，羟值为 54～58mgKOH/g；两者复配使用可以控制泡沫交联度，制得具有不同软硬段含量的泡沫，从而制得不同硬度及回弹率的泡沫制品。ZS2801/Y1030＝70/30 时慢回弹聚氨酯泡沫综合性能最佳，结构均匀致密、开孔率高，密度为 68.6kg/m³，断裂伸长率为 92.5%，拉伸强度为 14MPa，回弹率为 8.2%，回弹效果及触感俱佳。

（2）聚氨酯泡沫抗菌性能

① 不同抗菌慢回弹聚氨酯泡沫对金黄色葡萄球菌的抑制效果　图 3-27 为分别添加不同剂量（从 1 到 5 依次为 2‰、4‰、6‰、8‰、10‰）的三种不同抗菌剂的慢回弹聚氨酯泡沫对金黄色葡萄球菌的抑制效果。

由图 3-27 可知，添加 6‰ 以上抗菌剂 AEM5700-A（广州佳化思抗菌材料有限公司）或 RHA-M-4（上海润河纳米材料科技有限公司）时，慢回弹泡沫即可对金黄色葡萄球菌具有明显抑制效果，且 AEM5700-A 和 RHA-M-4 用量越多，泡沫对金黄色葡萄球菌的抑制作用越明显。添加抗菌剂 RHA-T2（上海润河纳米材料科技有限公司）的慢回弹泡沫对金黄色葡萄球菌完全没有抑制

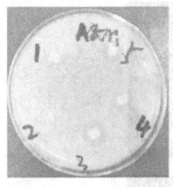
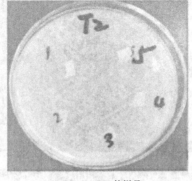
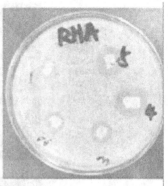

(a)添加AEM5700-A的样品　　　　　(b)添加RHA-T2的样品　　　　　(c)添加RHA-M-4的样品

图 3-27　添加不同抗菌剂的慢回弹聚氨酯泡沫对金黄色葡萄球菌的抑制效果

作用。RHA-M-4 对金黄色葡萄球菌的抑制效果优于 AEM5700-A，用量越多，泡沫抗菌效果越好，添加 4‰RHA-M-4 的慢回弹泡沫对金黄色葡萄球菌即可具有抑制作用。

　　② 不同抗菌慢回弹聚氨酯泡沫对大肠杆菌的抑制效果　图 3-28 为分别添加不同剂量（从 1 到 5 依次为 2‰、4‰、6‰、8‰、10‰）的 AEM5700-A 和 RHA-M-4 抗菌剂的慢回弹聚氨酯泡沫对大肠杆菌的抑制效果。

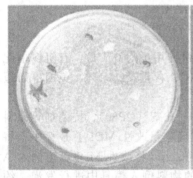
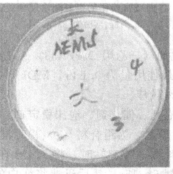

(a)空白对照组　　　　　(b)添加AEM5700-A的样品　　　　　(c)添加RHA-M-4的样品

图 3-28　AEM5700-A 和 RHA-M-4 抗菌剂的慢回弹聚氨酯泡沫对大肠杆菌的抑制效果

　　不添加抗菌剂的样品对大肠杆菌完全没有抗菌效果，添加 AEM5700-A 或 RHA-M-4 两种抗菌剂均能使泡沫样品对大肠杆菌具有抗菌效果，且 AEM5700-A 和 RHA-M-4 用量越多，泡沫样品对大肠杆菌抑制效果越明显。整体而言，添加 RHA-M-4 的样品对大肠杆菌的抑制效果优于 AEM5700-A。添加 6‰AEM5700-A 的样品即可对大肠杆菌具有良好抗菌效果，AEM5700-A 用量继续增加，泡沫对大肠杆菌的抗菌效果增长不明显；而 RHA-M 仅需添加 2‰，即可对大肠杆菌具有良好的抑制效果。

3.2.8　抗菌硬质 PVC 管材

　　硬质 PVC 管材在诸多 PVC 产品中应用最为广泛，约占 PVC 总产量的 40%。聚氯乙烯管材具有质量轻、强度高、耐腐蚀、热导率低、电绝缘性好等优点，被大量用于日常生活及工业生产中的给水、排水管道材料，但是由于 PVC 管材长期处于潮湿环境中，在使用过程中极易沾染和滋生多种微生物，包括致病细菌，给人们的健康带来较大危害。本例采用 ZnO/Ag 纳米抗菌剂制备抗菌 PVC 管材。当纳米抗菌剂添加量为 2g(1.5%)～4g(3%) 时，所得抗菌 PVC 复合材料在具有良好抗菌性能的同时，其力学性能也在原有基础上得以补强。

（1）两步液相沉淀法制备 ZnO/Ag 纳米复合抗菌剂（含银量为 10%）　以碳酸氢铵为沉淀剂，与硫酸锌及硝酸银依次进行沉淀反应生成混合前驱体，然后对前驱体进行煅烧，最终获得 ZnO/Ag 纳米复合抗菌剂。此过程如下：

① 前驱体合成工艺　反应全程使用机械搅拌，以 3mL/min 的滴速向 $ZnSO_4$ 中滴加 NH_4HCO_3 和 $AgNO_3$，反应温度为 20～25℃（一般室温即可），$ZnSO_4$ 与 NH_4HCO_3 的摩尔比为 1∶(2～2.5)，$ZnSO_4$、$AgNO_3$ 与 NH_4HCO_3 的反应时间为 2～3h。

② 前驱体的后处理工艺　采用离心洗涤方式，蒸馏水洗涤两次，乙醇洗涤两次，然后放置于 30℃ 真空干燥箱中干燥 12h。

③ 前驱体的煅烧工艺　空气或真空气氛煅烧，升温速率为 10K/min，煅烧温度为 400～450℃，保温时间为 3～4h。

在制备含银量为 10% 的 ZnO/Ag 纳米复合抗菌剂的最优工艺条件的基础上，改变原料中硫酸锌和硝酸银的物质的量之比，即可制备出含银量为 5%、15% 的 ZnO/Ag 纳米复合抗菌剂。具体制备过程如下。

首先按要求配制一定浓度的硫酸锌、硝酸银及碳酸氢铵水溶液。取一定量的硫酸锌溶液置于容器中，控温在 20℃ 下，并以设定的滴加速度滴加 2.5 倍体积同浓度的碳酸氢铵溶液，碳酸氢铵滴加完毕后，继续搅拌 2h，再同时以设定的滴加速度滴加一定体积和浓度的硝酸银（保证生成产物的银含量为 5% 和 15%），溶液滴加完毕后继续搅拌 1h 后停止反应，经过离心洗涤分离出沉淀后进行真空干燥，将干燥好的前驱体分成两份，分别放入普通电阻炉和真空管式炉中，以 10K/min 的升温速率升温到 400℃，然后保温 4h，自然冷却，得到含银量为 5%、15% 的 ZnO/Ag 纳米复合抗菌剂。

（2）抗菌 PVC 纳米复合材料的制备

① ZnO/Ag 纳米复合抗菌剂的前期改性处理　将纳米抗菌剂加入一定量的钛酸酯偶联剂溶液处理，见图 3-29。

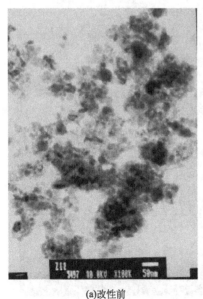 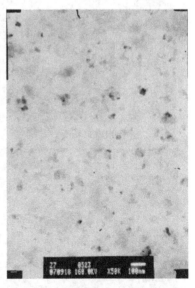

(a)改性前　　　　　　　　　　　(b)改性后

图 3-29　经钛酸酯偶联剂分散前后的 ZnO/Ag 纳米抗菌剂的电镜照片

② 抗菌 PVC 配方　抗菌 PVC 纳米复合材料的配方（质量份）：

PVC	100	DOP	15
三盐基硫酸铅	5	抗菌剂	2～4
二盐基硬脂酸铅	2		

（3）ZnO/Ag 纳米复合抗菌剂的抗菌性能　含银量为 5％、10％、15％的 ZnO/Ag 纳米复合抗菌剂经广东省微生物分析测试中心检测，抗菌性能的测试结果如下。

① 含银量为 5％的 ZnO/Ag 纳米复合抗菌剂的抗菌性能　真空煅烧抗菌剂对大肠埃希氏菌抗菌率达 99.98％，对金黄色葡萄球菌抗菌率达 99.96％；空气煅烧抗菌剂对大肠埃希氏菌抗菌率达 99.98％，对金黄色葡萄球菌抗菌率达 99.93％。

② 含银量为 10％的 ZnO/Ag 纳米复合抗菌剂的抗菌性能　真空煅烧抗菌剂对大肠埃希氏菌和金黄色葡萄球菌最小抑菌浓度为 50mg/L；空气煅烧抗菌剂对大肠埃希氏菌和金黄色葡萄球菌最小抑菌浓度均为 50mg/L。

③ 含银量为 15％的 ZnO/Ag 纳米复合抗菌剂的抗菌性能　真空煅烧抗菌剂对大肠埃希氏菌抗菌率达 99.98％，对金黄色葡萄球菌抗菌率达 99.96％；空气煅烧抗菌剂对大肠埃希氏菌抗菌率达 99.98％，对金黄色葡萄球菌抗菌率达 99.95％。

由上述可以看出，含银量为 5％、15％的抗菌剂无论是空气还是真空气氛煅烧，其抗菌率均在 99.90％以上；含银量为 10％的抗菌剂的最低抑菌浓度为 50mg/L，远小于《消毒技术规范》规定的"无机抗菌剂产品对大肠杆菌和金色葡萄球菌的最小抑菌浓度 800mg/L"，这表明本抗菌剂具有非常优越的抗菌性能。

（4）抗菌 PVC 的抗菌性能　不同抗菌剂加入量的 PVC 杀菌后经培养细菌成活的数码照片如图 3-30 所示。其中图(a) 为未加抗菌剂；图(b) 为加入 1.5％抗菌剂；图(c) 为加入 3％抗菌剂；图(d) 为加入 5％抗菌剂；图(e) 为加入 6％抗菌剂；图(f) 为加入 7.5％抗菌剂；图(g) 为加入 3％未分散的抗菌剂；图(h) 为加入 6％未分散的抗菌剂。对照图 3-30(a)，其中（b）、（c）、（d）、（e）、（f）的抗菌效果还是很显著的，总体上随着抗菌剂添加量的增加，菌落数减少。

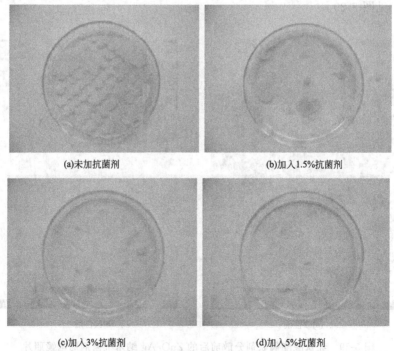

(a)未加抗菌剂　(b)加入1.5%抗菌剂

(c)加入3%抗菌剂　(d)加入5%抗菌剂

图 3-30

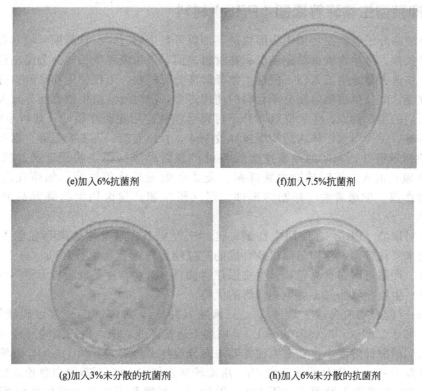

(e)加入6%抗菌剂　　　　　　　　　　　(f)加入7.5%抗菌剂

(g)加入3%未分散的抗菌剂　　　　　　　(h)加入6%未分散的抗菌剂

图 3-30　抗菌效果的数码照片

（5）抗菌 PVC 的力学性能　图 3-31 所示为抗菌 PVC 纳米复合材料力学性能。由图 3-31 可知，拉伸强度和断裂伸长率都随纳米抗菌剂添加量的增加呈现先升后降的趋势。当纳米抗菌剂添加量为 2g(1.5%) 时，所得抗菌 PVC 抗菌率为 96.2%，初步达到抗菌要求，此时其拉伸强度和断裂伸长率与普通 PVC 相比分别提高了 21.3% 和 9.6%；当纳米抗菌剂添加量为 4g(3%) 时，所得抗菌 PVC 抗菌率为 97.3%，具有较好的抗菌性，此时其拉伸强度和断裂伸长率与普通 PVC 相比基本相近。

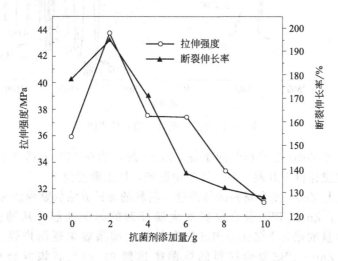

图 3-31　抗菌 PVC 纳米复合材料力学性能

3.2.9　抑菌型生物降解聚酯（PBS）材料

生物降解高分子材料在使用中表面接触到细菌等微生物时，一旦周围环境具备适宜的温度、水分等条件，微生物就极易定殖沉积在材料表面，很快恢复生长，并分泌黏性基质等细胞外基质，快速大量地生长繁殖，侵蚀生物降解高分子材料，不仅使生物降解高分子材料的性能发生改变，降低生物降解高分子材料的使用寿命，同时致病微生物容易导致人体感染疾病，危害人们的生命健康。生物降解高分子材料已经被应用在医疗领域，如可吸收缝合线、血管外科器械、矫形器械、体内药物缓慢释放基体、骨骼支架、人工瓣膜等。据美国国家卫生研究院的初步统计，人体的细菌性疾病与材料表面形成细菌生物膜有关。医院中经常发生医疗器械在植入人体时感染大肠杆菌、金黄色葡萄球菌等细菌，细菌在医疗材料表面形成生物菌膜，使患者病情加剧的事件，因此研制和开发医用生物降解高分子材料是刻不容缓的。

本例针对聚酯（PBS）在使用中性脆、抗冲击性能差、对身体健康存在危害隐患等问题，采用纳米氧化锌和氧化锌晶须以及合成的三氮唑合锌配合物为抗菌剂，与PLA进行共混改性处理。产品可以在食品包装、生物医疗器械、一次性非食品包装袋等更多领域更好地发挥其抗菌、生物相容性好、可生物降解的优势。

（1）Zntrs配合物的合成　取1,2,4-三氮唑（3.45g，0.05mol）、六水硝酸锌（7.4g，0.025mol）和丁二酸（5.8g，0.05mol）分别溶于适量高纯水中，将三氮唑溶液和丁二酸溶液同时加入到硝酸锌溶液中，在磁力搅拌器中充分搅拌混合均匀，用1mol/L溶液调节混合液至pH值为4～5，再充分搅拌反应4h，用旋转蒸发仪在60℃下蒸得白色粉末粗产品，用水提纯后在100℃真空干燥箱中烘干24h，得到以三氮唑和丁二酸为配体的锌配合物产品Zntrs，测得熔点为259～260℃。图3-32为Zntrs配合物的红外谱图。

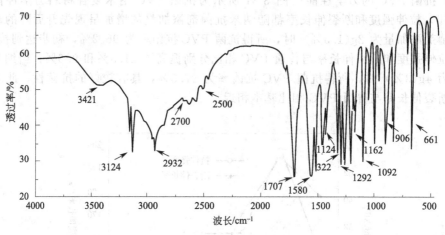

图3-32　Zntrs配合物的红外谱图

（2）生物降解基Zntrs复合材料的制备　Zntrs配合物在60℃下真空干燥箱中烘干，与PBS及配料在高速搅拌机中共混，双螺杆挤出造粒，加工温度为135℃。

（3）生物降解基Zntrs复合材料的抑菌性　材料的测试方法为贴膜法和抑菌柱法。

表3-14列出了Zntrs/PBS复合材料对大肠杆菌的抑菌性能，从抑菌率数据可以看出，随着Zntrs含量的增加，Zntrs/PBS复合材料的抑菌效果逐渐增强，当含量为10%（质量分数）时，Zntrs/PBS复合材料的抗菌率达到92.86%，该复合材料可以报告有强抑菌作用，图3-33所示为Zntrs/PBS复合材料对大肠杆菌的抑菌图片。

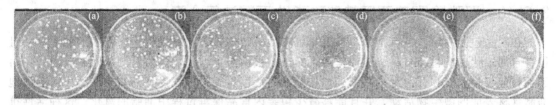

图 3-33 Zntrs/PBS 复合材料对大肠杆菌的抑菌图片

Zntrs 含量：(a) 0%；(b) 1%；(c) 3%；(d) 5%；(e) 7%；(f) 10%

表 3-14 Zntrs/PBS 复合材料对大肠杆菌抑菌性能的测试结果

Zntrs(质量分数)/%	活菌数×10⁵/(CFU/mL)		平均菌落数×10⁵ /(CFU/mL)	抑菌率/%
	平行试样 1	平行试样 2		
0	0.254	0.250	0.252	—
1.0	0.234	0.234	0.234	7.14
3.0	0.098	0.142	0.120	52.38
5.0	0.056	0.108	0.082	67.46
7.0	0.072	0.068	0.072	71.43
10.0	0.022	0.014	0.018	92.86

图 3-34 显示了大肠杆菌放置在不同添量 Zntrs 的 Zntrs/PBS 复合材料的培养基中培养 24h 的生长情况：从图 (a) 可以看出，大肠杆菌依附纯试样生长；图 (b) 中大肠杆菌不依附复合材料试样生长，但是抑菌作用微弱；图 (c) 中是试样周围出现微弱抑菌圈，抑菌圈直径小于 1mm；从图 (d) 中可以看出，当添量为 5% (质量分数) 时，试样周围出现显著抑菌圈，平均抑菌直径为 4mm 左右。

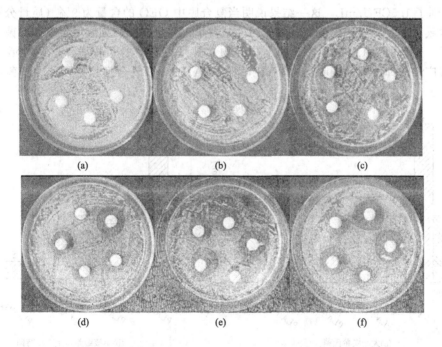

图 3-34 Zntrs/PBS 复合材料试样对大肠杆菌的抑菌图片

Zntrs 含量：(a) 0%；(b) 1%；(c) 3%；(d) 5%；(e) 7%；(f) 10%

3.2.10 聚乳酸/聚三亚甲基碳酸酯/牛至精油复合膜

在食品包装领域，具有抑菌、抗氧化等特性的活性包装材料受到越来越多的关注，并且很有希望取代传统包装材料。精油作为天然产物被认为可取代化学防腐剂从而迎合消费者对于食材包装材料温和、无毒的要求。添加精油的活性包装材料作为一种防护屏障可以有效地抑制食材表面的微生物活动，并且能够减少包装内食品保鲜过程中油脂的氧化。这种活性抗菌包装能够为食材提供一种抑制物理、化学和细菌影响的保护。牛至精油（OEO）中富含多酚类化合物，所以表现出了较强的抑菌性能和抗氧化性能。

聚乳酸/聚三亚甲基碳酸酯（PLA/PTMC）基质具有良好的力学性能和热性能，PTMC的存在可以避免复合膜的脆化。本例在此基础上将牛至精油添加到 PLA/PTMC 混合物中制备具有抑菌和抗氧化双重活性的 PLA/PTMC/OEO 复合膜。

（1）聚乳酸/聚三亚甲基碳酸酯（PLA/PTMC）复合膜的制备　PLA/PTMC/OEO 复合膜通过溶剂浇铸的方法制备：取 2g PLA/PTMC（70/30）混合物，将其完全溶解于 80mL 二氯甲烷中。向溶液内添加 0%、3%、6%、9% 和 12%（质量分数）的 OEO，搅拌均匀，制得成膜液。将成膜液均匀地涂布在玻璃板（20cm×20cm）上，待溶剂完全挥发后，将薄膜揭下，放入真空干燥器内 60℃条件下干燥 24h。

（2）聚乳酸/聚三亚甲基碳酸酯（PLA/PTMC）复合膜的抗菌性　大肠埃希氏菌和单核细胞增生李斯特菌为测试菌种，这是因为这两种细菌是食品腐败过程中出现的微生物组群的典型代表。图 3-35(a) 和图 3-35(b) 分别表示 PLA/PTMC 和 PLA/PTMC/OEO 复合膜对两种细菌的抑制效果，从图中可以看到，在 24h 后，不含 OEO 的 PLA/PTMC 复合膜对细菌没有一点抑制作用，而 PLA/PTMC/OEO 复合膜对两种细菌表现出了强烈的抑制作用，大肠埃希氏菌的 lg 值从 5.0CFU/mL 下降到 1.4CFU/mL，而李斯特菌的 lg 值从 5.0CFU/mL 下降到了 1.5CFU/mL，这一结果说明当复合膜中 OEO 的含量为 9%（质量分数）或者更高的时候，对大肠埃希氏菌具有强烈的抑制效果，并且对单核细胞增生李斯特菌也有着同样的效果。这是因为 OEO 富含多酚类化合物尤其是百里香酚和香酚芹这两种活性组成部分，具有广谱的抑菌性，证明添加了 OEO 的 PLA/PTMC 复合膜具有强烈的抑菌活性。在

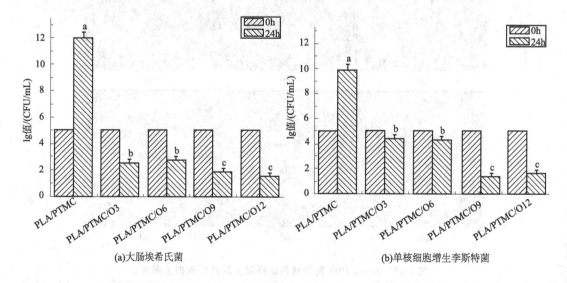

(a)大肠埃希氏菌　　　　　　　　　　　　(b)单核细胞增生李斯特菌

图 3-35　PLA/PTMC、PLA/PTMC/OEO 复合膜的抑菌活性

[图中的 a~c 表示数值之间的差异显著性（$p < 0.05$）]

实际包装应用中，还可以降低食品的储存温度来协同复合膜的抑菌作用，从而可更好地延长新鲜食材的储存期限。

3.2.11　凹凸棒土-纳米银复合尼龙抗菌材料

无机抗菌剂银离子作为抗菌剂，具有高效、安全、杀菌谱广、耐热性、无耐药性和高选择性等优点。将纳米银负载在不同的载体上，可提高纳米银的抗菌效果和分散性。载银的载体通常为介孔结构的无机矿物，包括沸石、埃洛石、海泡石、介孔二氧化硅、凹凸棒土等。其中凹凸棒土为多孔结构的纳米粒子，其主要成分是坡缕石（凹凸棒石），是一种具有链层状结构的含水富镁硅酸盐黏土矿物。其骨架结构呈三维立体状，由硅氧四面体和镁铝八面体通过共用顶点相互连接而成，具有众多平行于棒晶（针状、微棒状或纤维状单晶体）方向排列的管状纳米级孔道，孔道贯穿整个结构，从截面上看孔道呈大小相等（约 0.38nm×0.63nm）的蜂窝状，属于天然一维纳米材料，具有良好的吸附性能且价廉，是非常理想的载体材料。例如，在表面活性剂和有机还原剂存在的条件下，以凹凸棒石为载体与硝酸银溶液化学反应形成复合抗菌剂；类似地，把沸石粉体浸泡在硝酸银溶液中，使得银离子充分吸附在沸石的孔隙中，然后在搅拌的条件下加入水合肼把银离子还原为纳米银。

采用化学还原法制备载银抗菌剂，通常对载体的纯度、表面性质等有很高的要求，并且在加入硝酸银溶液前还要对载体溶液进行分散和调节 pH 值的处理。载体上负载的纳米银含量很低，导致抗菌剂抗菌效果不是很好，抗菌剂中残留的还原剂和表面活性剂对其应用有很大影响。

针对现有技术中存在的不足，本例提供了一种凹凸棒土-纳米银复合无机粉末改性尼龙及其制备方法。以廉价的凹凸棒土和硝酸银为原料，无须添加任何还原剂，将经喷雾干燥后的粉末加入尼龙中熔融共混，得到所述的抗菌尼龙（载纳米银的凹凸棒土复合无机粉末改性尼龙）。工艺简单、绿色环保，避免了有机溶剂的使用，且减少环境污染物的排放。

所用原料均为市售，凹凸棒土单个棒晶的直径在 30～80nm 之间。

（1）凹凸棒土热活化及分散处理如下　将一定量的凹凸棒土放入马弗炉中，在 400℃下焙烧 30min，称取一定量上述处理的凹凸棒土，加入蒸馏水后配制成凹凸棒土质量浓度为 5% 的悬浮液，先机械搅拌 1h，再超声波处理 30min；然后将处理好的悬浮液通过离心机在 12000r/min 下进行离心；最后弃去上层清液，即得热活化及分散处理的凹凸棒土。

（2）复合抗菌剂制备　称取一定量经热活化及分散处理的凹凸棒土（AT），配制成凹凸棒土质量浓度为 5% 的水悬浮液，然后将硝酸银溶液（$AgNO_3/AT=17/100$）加到凹凸棒土悬浮液中，在 70℃下，磁力搅拌 2h，再将凹凸棒土悬浮液于 175℃下进行喷雾干燥，收集经喷雾干燥制得的复合粉末。

（3）抗菌尼龙制备

尼龙	100 份	抗氧剂 1010/168 混合物	0.4 份
抗菌助剂	0.01 份		

Ag 与凹凸棒土质量比为 3∶20 的抗菌剂 A，按照比例与尼龙 6（中国石化巴陵分公司）、抗氧剂 1010 和 168（瑞士汽巴加基公司生产，二者以 1/1 的比例混合使用）混合配料。在高速搅拌器中混合 1min，用德国 Werner 和 Pleiderer 公司的 ZSK-25 双螺杆挤出系统（长径比 30∶1、直径 25mm）共混造粒，挤出机各段温度分别为 230℃、235℃、235℃、235℃、235℃、220℃（机头温度），所得粒料经注射机（中国宁波海天公司生产，型号 HTFUOX/1J）注塑成试样标准样条。

（4）抗菌尼龙性能　抗菌尼龙的性能见表 3-15。

表 3-15 抗菌尼龙性能

试样	助剂种类	助剂含量	弯曲模量/GPa	大肠杆菌抗菌率/%	黄金球菌抗菌率/%
抗菌尼龙 1	A	0.01	2.01	39.8	42.3
抗菌尼龙 2	A	0.1	2.20	99.9	95.1
抗菌尼龙 3	A	0.5	2.37	99.9	99.9
尼龙	凹凸棒	0.01	1.98	—	—

3.2.12 无机/有机复合抗菌剂制备尼龙抗菌材料

塑料抗菌剂分为无机抗菌剂和有机抗菌剂。无机抗菌剂的安全性、耐热性、耐久性较好，如 Ag、Zn 等。有机抗菌剂如塞菌灵、百菌清、多菌灵、吡啶硫酸锌、正丁基苯并异噻唑啉酮（BBIT）等，在塑料中析出较快，不耐洗涤，使用寿命短。

本例提供一种抗菌尼龙复合材料及其制备方法，其工艺简单、生产方便，不仅具有高效、广谱、长效的抗菌性，还不影响尼龙复合材料的力学强度、外观、化学稳定性、可加工性等基本性能。

(1) 配方（质量份）

尼龙树脂	75	芳香族聚碳化二亚胺	0.4
玻璃纤维	30	色母粒	2
三元乙丙橡胶-马来酸酐共聚物	3	碘化亚铜	0.1
N,N'-1,6-亚己基-双[3-(3,5-二叔丁	0.25	硝酸银	0.3
基-4-羟基苯基)丙酰胺]		氟化钠	0.2
三(2,4-二叔丁基苯基)亚磷酸酯	0.25	山梨酸	0.15
硅酮粉	1	2,2-亚乙基二(4,6-二叔丁基苯)氟亚磷酸	0.15

(2) 制备方法　将尼龙树脂放置于 100℃ 的烘箱中干燥 3～4h，使其含水率小于 5‰；然后按比例称取干燥后的尼龙树脂、增韧剂、抗氧剂、润滑剂、交联剂、色母粒、无机抗菌剂和有机抗菌剂，用水溶解并分散均匀，得抗菌剂溶液；然后按无机抗菌剂和有机抗菌剂总重量 5 倍的量将其一起加入高速搅拌机中，搅拌混合至均匀，得混合物。所得混合物和玻璃纤维分别通过主喂料和侧喂料加入到长径比为 40∶1 的双螺杆挤出机中，主机的转速 600r/min，加工温度 240～280℃，真空压力控制在 0.06～0.08MPa，熔融混炼后挤出拉条、切粒、包装，即得。

3.2.13 PVC 抗菌塑料门帘

目前采用塑料为主要原料制备的门帘，冷热稳定性差，在低温环境下易变硬，高温环境下会变软甚至造成形状的改变；同时，塑料表面易滋生细菌和真菌，进而影响人们的健康。本例制备的门帘具有优异的抗菌性能，好的耐温性能，且表面黏附的油污等污物易清洁，具有光亮的色泽，使用寿命长。所使用的抗菌塑料也可用于制备桌垫、挡风板等日常用品。

采用的方法是以聚氯乙烯为塑料主体，添加邻苯二甲酸二辛酯、油酸酰胺、抗氧剂 1010、钙锌稳定剂或有机锡稳定剂、纳米银抗菌剂作为塑料助剂，各助剂在限定用量范围内协同作用，具有稳定的分散体系，各助剂与聚氯乙烯塑料本体之间具有很好的融合性，提高聚氯乙烯塑料本体的性能：一方面，纳米银抗菌剂的加入，与抗氧剂 1010、油酸酰胺、邻苯二甲酸二辛酯、钙锌稳定剂或有机锡稳定剂协同作用，促进纳米银抗菌剂融入聚氯乙烯塑料本体中，发挥纳米银抗菌剂的防霉和防潮特性，防止塑料在潮湿环境下真菌和细菌在其表面附着和滋生，具有高效持久的抗菌性；另一方面，钙锌稳定剂或有机锡稳定剂和邻苯二甲酸二辛酯的加入，与油酸酰胺、抗氧剂 1010、纳米银抗菌剂协同作用，促进稳定剂和油酸酰胺融入聚氯乙烯塑料本体中，使制备的塑料具有很好的耐温性能，在冬天等低温环境下或者在夏季等长时间处于高温环境下，塑料依然保持原有的富有弹性、柔软的物理性能和机械强度，提高塑料的使用寿命。另外，随着抗氧剂 1010 和油酸酰胺的加入，与邻苯二甲酸二辛酯、纳米银抗菌剂、钙锌稳定剂或有机锡稳定剂协同作用，促进抗氧剂 1010 和油酸酰胺融入聚氯乙烯塑料本体中，使制备的抗菌门帘不易黏附油污等污物，易清洁，并具有光亮的色泽。

（1）配方（质量分数/%）

聚氯乙烯	65	抗氧剂 1010	0.2
邻苯二甲酸二辛酯	32	钙锌稳定剂	1.72
油酸酰胺	0.08	纳米银抗菌剂	1.0

（2）制备方法　取聚氯乙烯、邻苯二甲酸二辛酯、油酸酰胺、抗氧剂 1010、钙锌稳定剂，800r/min 条件下搅拌混合均匀后，加入纳米银抗菌剂，800r/min 条件下升温搅拌 2min，得混合物料，此时混合物料温度为 135℃；将制备的混合物料进行冷却搅拌至物料温度为 60℃，然后加入挤塑机中，在 200℃温度条件下，挤出、压延、成型，收卷包装，即得所述的抗菌塑料。

（3）抗菌 PVC 性能　抗菌 PVC 性能见表 3-16。

表 3-16　抗菌 PVC 性能

实验菌种	菌液浓度/(CFU/mL)	测试样品	24h 平均活菌数/(CFU/mL)	抗菌率
大肠杆菌	5.2×10^5	空白	1.2×10^6	—
		抗菌 PVC	80	99%
金黄色葡萄球菌	9.8×10^5	空白	1.2×10^6	—
		抗菌 PVC	<20	99%

3.2.14　PE 抗菌电缆管材

目前塑料制品常采用银粉、锌粉、铜粉作为抗菌材料或采用银粉、金属粉末与纳米二氧化硅抗菌剂用于制备塑料管材，其不足在于：金属抗菌剂有重金属污染，金属粉粒易脱落，银粉抗菌剂还很贵，抗菌率不高；也有采用季铵盐类抗菌剂、季锛盐类抗菌剂、卤代胺类抗菌剂，但都见用于纺织物抗菌；少有见季铵盐与纳米二氧化硅抗菌剂用于塑料管，而且季铵盐与纳米二氧化硅抗菌剂制成塑料制品抗菌率不高。

本例采用制备季铵盐抗菌母粒加工抗菌电缆 PE 管，包括抗菌管管体层和内壁季铵盐抗菌层（抗菌管管体层 2 和内壁季铵盐抗菌层 1），见图 3-36。

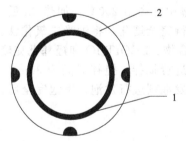

图 3-36　抗菌电缆 PE 管结构图

（1）配方（质量分数/%）

聚乙烯	20	十二烷基二甲基苄基溴化铵	30
纳米蛭石粉	30	无规聚丙烯 APP	5
硅烷偶联剂	12	硬脂酸酰胺	3

（2）制备方法　制备抗菌母粒：将聚乙烯 20 份、纳米蛭石粉 30 份、硅烷偶联剂 12 份、十二烷基二甲基苄基溴化铵 30 份、无规聚丙烯 APP 5 份和硬脂酸酰胺 3 份，通过混合、挤出工艺制得 抗菌母粒，温度控制 170℃至 200℃之间，效果最佳。

制管：抗菌母粒 75 质量份和聚乙烯 25 质量份混合，经过三层共挤塑料挤出机或二层共挤塑料挤出机的内壁层挤出机挤出，工作温度控制在 180℃，效果最佳，挤出注塑在塑料管的内壁，形成内壁季铵盐抗菌层 1；将塑料树脂（聚乙烯、聚丙烯、聚苯乙烯的一种）80

份、轻质碳酸钙 10 份、添加剂 5 份（硬酸酯、抗氧剂、增韧剂 ABS、染色剂等）、无规聚丙烯 5 份，经三层共挤塑料挤出机或二层共挤挤出机的管体层挤出，挤出温度控制在 175～210℃，形成抗菌管管体层 2；将树脂塑料（聚乙烯、聚丙烯、聚苯乙烯一种）、色母料，经三层共挤塑料挤出机信号层挤出，挤出温度控制在 175～210℃，形成抗菌管信号层 3；季铵盐抗菌层 1、抗菌管管体层 2 和抗菌管信号层 3 在一个模具头挤出成型，即得季铵盐抗菌管。

3.2.15　抗菌防霉香味整理箱

整理箱的分类有塑料栈板、塑料周转箱、塑料箱、塑料笭/筐、塑料胶箱、零件盒、零件箱、整理箱、收纳箱、物流箱、烟草专用物流箱、汽车行业专用物流箱、医药专用物流箱、仓储笼、仓库笼、蝴蝶笼等系列仓储产品，广泛应用于食品、医药、邮政、电力、五金、机械、电子、仪表、化工、烟草、立体仓储等行业。然而大多数塑料具有一定的挥发性，长期存放物品易导致发霉、滋生细菌，对人类健康带来危害，对空气质量造成不良影响。

本例用带有香味的塑料粒子，具有良好的抗菌杀菌、防霉除臭及阻燃功效，安全无毒且带有特殊香味。选用的塑料助剂具有气味轻、抗菌防霉的功效，通过熔融、混合后，挤压造粒而得，其制备的塑料粒子性能优良，具有良好的抗菌杀菌、防霉除臭及阻燃功效，安全无毒且带有特殊的香味，可广泛应用于制造整理箱及其他生活塑料用品。

（1）配方（质量份）

聚丙烯树脂	35	溴系阻燃剂	2
高密度聚乙烯树脂	35	石棉粉、活性炭和碳纤维的组合物	6
抗菌防霉母粒	12	DCOIT-IO 和羟基吡啶硫酮的组合物	5
纳米二氧化钛	8	芥酸	5
邻苯二甲酸酐	2	柠檬香精	2
发泡剂	0.8		

（2）制备方法　将高密度聚乙烯树脂加入到树脂软化罐中，高温 200℃：加热 2h 后，降温至 170℃加入聚丙烯树脂和抗菌防霉母粒，保温 1.5h，待完全熔化；将纳米二氧化钛、邻苯二甲酸酐、溴系阻燃剂、石棉粉、活性炭和碳纤维的组合物、DCOIT-IO 和羟基吡啶硫酮的组合物及芥酸依次加入软化罐中，以 200r/min 的转速进行搅拌，搅拌时间为 30min，至混合均匀；将混合均匀的物料加入到塑料挤出机中，加入发泡剂进行发泡，发泡完全后，匀速加入柠檬香精，共同通过挤出机挤出造粒。

第4章

木塑复合材料的配方与应用

4.1 概述

木塑复合材料（wood-plastics composites，WPC），又称塑木复合材料，是利用塑料代替通常的树脂胶黏剂，与超过 35%～70% 的木粉、稻壳、秸秆等废植物纤维混合成新的木质材料，再经挤压、模压、注塑成型等塑料加工工艺，生产出的板材或型材。它同时具备植物纤维和塑料的优点，适用范围广泛，几乎可涵盖所有原木、塑料、塑钢、铝合金及其他类似复合材料的使用领域，同时也解决了塑料、木材行业废弃资源的再生利用问题。热塑性聚合物是制备木塑复合材料的主要聚合物基体。常用的热塑性聚合物有聚丙烯（PP）、聚乙烯（PE）、聚氯乙烯（PVC）、聚苯乙烯（PS）等，包括新料、回收料及二者混合料。

由于木塑复合材料原料广泛、价格低廉、环境友好，因而在国外常用于家居制品、公共型材、车辆船舶、公共运输等领域，目前形成一定的市场规模。北美是目前木塑复合材料应用最广泛的地区之一，早在 2010 年北美木塑复合材料的年使用增长率就高达 10%。北美年产量万吨以上的大型木塑企业有 100 多家，其木塑复合材料制品多为深色实心地板，广泛应用的领域有铺板、车内装饰等。近年来，木塑复合材料还进入了汽车零配件等高端应用领域。德国人甚至将它用到了奔驰、宝马等高级轿车上，凸显出高端化的发展趋势。德国木塑复合材料用量现已超过 7 万吨，在欧洲处于领先地位。日本由于其地理位置的特殊性，属于地震多发地带，故而更倾向于质轻、防水的木塑复合材料。木塑复合材料由于其耐水性、力学性能、使用寿命普遍高于木制品，因而目前在日本的使用程度非常可观。其制品多用于房屋建设、水产养殖设施等。近年来，欧美市场上共挤木塑制品越来越多，不仅是传统高端的木塑门窗、扶手、围栏使用木塑共挤材料，连低端的地板、栅栏、外墙板、模板也越来越多地采用木塑共挤材料，到 2015 年底木塑共挤制品占木塑制品的总量已经超过 50%。可以说，采用木塑共挤材料已经成为木塑制品主流趋势。目前木塑共挤材料主要有 PVC、PE 和丙烯腈-苯乙烯-丙烯腈塑料（ASA）几种，其中 PE 类木塑共挤制品产量较大。

木塑产业是目前我国制造业中为数不多的、享有与欧美发达国家平等话语权的产业之一。我国的木塑复合材料行业是世界第二大行业，仅次于美国。对我国而言，木塑行业的研发起于 20 世纪 80 年代，目前还是一个相对新兴的行业。据不完全统计，截至 2013 年，全国生产和研发木塑的企业就已经超过 270 家，年产值达 80 亿元人民币。虽然我国在该领域的生产水平和研发水平均取得了突破性进展，但是相对于西方发达国家而言还有一定差距。国家发改委公布的《大宗固体废物综合利用实施方案》明确提出：建立若干木塑产业示范基地，扶持 4～5 家秸秆人造板、木塑装备企业，100～150 家秸秆人造板、木塑材料生产企业。这是木塑复合材料第一次单独出现在国家高级别的政策文件中，充分表明产业发展的又一个巨大机遇正向我们走来。

4.1.1　木塑复合材料应用领域

（1）建筑行业　建筑产品是木塑复合材料应用最为广泛的领域之一，约占木塑复合材料用品总量的 75%。铺板和护栏类对材料的结构功能性要求不高，是主要产品，如各种台面、活动房屋、门板、混凝土模板、楼梯扶手、天棚等。另外，栅栏、百叶窗、窗户边框和门框也要用到大量 WPC。市场调研结果显示，WPC 最大的增幅预期是在房屋建材和室内装饰部分。在国外，建筑物使用 WPC 作为外墙或内墙装饰变得尤为普遍，最重要的原因在于使用 WPC 替代传统纯净木材，既可以提高房屋的耐久性，也能够使房屋易于维修和保养。在艺术审美价值上，WPC 也比传统木材表现出更多可设计性和美感，提升了房屋使用价值。与固体塑料相比，材料中掺杂木素的成分可以大大减少生产成本，在 WPC 中使用的木头大部分来自于传统木材加工过程中产生的木屑或回收一些废旧木头产品。与塑料产品相比，这种 WPC 的替代物价格更便宜，因此也受到广大消费者的欢迎。

（2）汽车行业　汽车领域是 WPC 应用最广泛的地方之一。木塑材料可以制成各种装饰材料，其在汽车内饰行业材料的使用占木塑复合材料总量的 8%，主要用作车门板、仪表盘、座椅配件、后备箱底板及四壁饰板等。从近几届的汽车博览会来看，众多品牌汽车的内饰材料均不同程度上使用了 WPC 制品，这表明采用 WPC 制造汽车内饰，已经成为汽车行业一个发展趋势。

（3）包装行业　木塑复合材料也是木质包装的首选替代品。现代物流业日益发达，货物储运过程中离不开各种规格的运输托盘和出口包装托盘、仓库铺垫板、叉车货板、各类包装箱、集装箱、运输玻璃货架等。我国托盘年需求量约为 2 亿个，对木塑制品需求量巨大，有广阔的市场前景。

（4）公共设施　WPC 可以替代大部分木材和塑料产品，在各种公共场所随处可见，如露天桌椅、木栈道、垃圾桶、花盆、标志牌等。

（5）其他　在工业、农业以及文体用品方面 WPC 也发挥非常重要的作用，如化工领域的机器罩、水泵壳、铸造模型、电气用材等；农业领域的农用大棚支架，以及教学用品、球拍、滑雪板、高尔夫球棒、舞台用品和各种模型等。

但是木塑产品在实际应用中还存在明显不足：①天然植物纤维木粉中含有大量羟基官能团，具有较强的化学极性和亲水性，导致其与非极性基体（如 PE、PP 等）的相容性差；②植物纤维表面的大量羟基在进行混炼时较易在分子之间形成氢键，导致植物纤维团聚，引起应力集中，最终造成复合材料的力学性能下降；③塑料是木塑复合材料的主要成分之一，而塑料在长期的载荷下往往会发生蠕变现象，因此木塑复合材料在加工过程中也会发生蠕变现象。因此，如果能够克服或改善木塑复合材料自身的一些缺点，那么在某些领域的应用限制便可以得到突破，能在更多领域发挥更重要的作用。表 4-1 列出了木塑复合材料改性方法研究进展。

表 4-1　木塑复合材料改性方法研究进展

改性方法	原　　理	研究进展
热处理	去除水分，降低羟基含量 加热引起纤维结构重排	当温度在 160~230℃时，水分去除量为 5%~15%
蒸汽爆破	破坏氢键，增加粗糙度	蒸汽爆破可以提高木质纤维在复合物中的分散性，提高力学性能，降低吸水率
放电处理	引起化学修饰等变化，提高界面相容性	气体种类会影响表面改性效果

改性方法	原　理	研究进展
碱处理	破坏氢键,增加粗糙度	可移除可溶性物质及木质素,使纤维素裂解
偶联剂	偶联剂分子中极性不同的官能团分别连接纤维和塑料	研究表明硅烷偶联剂的最佳值用量
乙酰化	纤维中羟基与乙酰基(CH_3COO^-)反应	提高耐水性和材料稳定性
接枝共聚	在纤维表面接上官能团,如马来酸酐(MA)等	如采用亚麻接枝共聚丙烯酸,结果表明,材料强度和耐水性均有提高

4.1.2　木塑复合材料界面改性

由于木质纤维表面存在大量极性羟基和酚羟基官能团,具有亲水性,而多数热塑性塑料为非极性,具有疏水性,因此树脂基体与填料间的界面相容性较差;同时木质纤维在基体中易发生团聚而无法均匀分散,导致复合材料力学性能下降,难以满足实际使用要求。解决这些问题的关键在于对 WPC 界面相容性的改进。通常,WPC 的界面改性主要有以下三种方法:首先,对植物纤维进行改性,降低其极性;其次,对塑料基体进行改性,改变基体的表面化学组成,提高基体的极性;最后,添加第三组分,使之在两相之间起桥梁作用,提高木塑界面的相容性。

(1)木质纤维改性　对木质纤维预处理的作用主要包括:①除去纤维中的杂质成分(如半纤维素),提高纤维的热稳定性和粗糙度,降低复合材料的吸水率;②通过表面改性,降低木质纤维的极性,并在纤维表面生成非极性基团,改善其与塑料基体的界面相容性。木质纤维的长度、表面化学性质均能显著影响复合材料的物理机械性能。通过对木质纤维进行改性处理,改变纤维表面的理化性质是改善 WPC 界面相容性和提高复合材料物理力学性能的一个重要手段。此外,木粉含水率对木塑复合材料的力学性能也有很大影响。

① 物理处理　物理处理主要是通过物理方法去除木质纤维中的杂质成分,改变木质纤维极性,从而达到界面改性的目的,主要包括蒸汽爆破、物理加工以及电晕放电等。

蒸汽爆破是将木质材料在饱和蒸汽下加热至一定温度后使用空气压缩机加压再进行波动卸压,使木材内部产生冲击,纤维素发生断裂并破坏分子内氢键作用,以利于木质纤维在基体中均匀分散。瞿金平等对棉皮纤维进行蒸汽爆破处理,与低密度聚乙烯(LDPE)制成木塑复合材料。研究发现,蒸汽爆破处理提高棉皮纤维与 LDPE 的相容性,改善木塑复合材料的力学性能。当蒸汽压力为 1.8MPa 时,对复合材料的增强效果最好。Huang 等使用经机械磨损处理的甘蔗渣与聚氯乙烯(PVC)制备木塑复合材料。扫描电镜结果显示,机械磨损预处理能有效改善甘蔗渣在 PVC 基体中的分散性和界面附着力。

此外,还有表面灼烧、放电处理等物理改性方法,它们主要通过改变纤维素表面能,或者有选择性地改变纤维表面张力或吸湿性等参数,达到界面改性的目的。

② 化学处理　碱处理是植物纤维改性处理中最常用的一种方式,它能除去植物纤维中的果胶、木素、半纤维素等杂质,有助于塑料基体渗透进入植物纤维内部。此外,半纤维素在木质糖中亲水性最强,除去半纤维素可以有效地降低植物纤维的亲水性,提升 WPC 的界面相容性和物理力学性能。

纤维素酯化也是常用的改性方法。该方法主要通过利用一些羟基化合物与天然纤维进行反应,与纤维素表面的羟基生成酯基,而酯基的极性很弱,所以反应后天然纤维的极性降低,与塑料基体的相容性增强。纤维素乙酰化改性是降低纤维素吸水性的有效方法,经过乙酰化处理后,纤维素中极性较强的羟基被乙酰基取代,使得木材的尺寸稳定性得到提高。木粉表面含有大量羟基,用异氰酸酯处理木粉,可使异氰酸酯中的异氰酸基(—N＝CO)和木粉表面的羟基（—OH）形成化学键合。研究发现，苄基化处理能显著地提升木塑界面相容性，改善复合材料的力学性能。

（2）树脂基体改性　树脂基体表面改性后接有极性基团，而木纤维分子表面有羟基。由于极性相近，分子间作用力增强，二者间的相容性增强，从而提高复合材料的各项物理性能。树脂基体改性最常用的方法是接枝处理。马来酸酐（MAH）接枝聚合物常用于提高复合材料的界面相容性。实验证明，氯化聚乙烯（CPE）和 MAH-g-PE 均能有效改善界面相容性。其中，以 CPE 改性的 WPC 力学性能提升效果较好，聚丙烯酸酯（ACR）能够明显改善 PVC/PE 基木塑复合材料的加工性能，提高材料的储能模量。

尽管对塑料基体改性可以有效提高界面相容性，但改性过程较为复杂。另一种更为可行的方法是：先对聚合物进行增容改性，制备大分子增容剂，再将增容剂加入树脂基体中，制成复合材料。MAH-g-PE 含量对塑料基体的冲击强度影响显著。强度随 MAH-g-PE 的含量增加逐渐增大。同样，使用异氰酸酯接枝 PP（m-TMI-g-PP）作为增容剂，WPC 的冲击可以有效地提升 PP 木塑材料的物理力学性能（拉伸强度提高 45%，弯曲性能提高 85%）。

（3）添加第三组分　对木质纤维的改性处理、对树脂基体进行改性等方法均能够有效改善木质纤维与树脂基体的相容性，但往往操作复杂、成本较高，且复合材料性能提高比较有限。而添加偶联剂改性是目前最为简单、有效的改性方法，可以使复合材料的各项性能得到明显提高。木塑复合材料界面改性处理中添加的第三组分主要为各种偶联剂。偶联剂往往一端含有极性基团可以与木质成分相容，而另一端含有非极性基团能与塑料部分相容，在两相之间起到桥梁作用，将两相连接以提高木塑材料的界面相容性。硅烷偶联剂是 WPC 生产中最常用的一种偶联剂。

不同种类的偶联剂、改性剂对复合材料的力学性能影响也不同。胡圣飞等研究硅烷偶联剂、甲基丙烯酸甲酯（MMA）、CPE 和 MAH-g-POE 对 PVC 基木塑复合材料力学性能的影响。实验证明，表面改性剂能提高 PVC 木塑复合材料的力学性能。其中 MMA 对提升材料的拉伸强度最为明显，而硅烷偶联剂对提升材料的冲击强度最为有效，在复合材料中加入弹性体可以进一步提升复合材料的冲击强度。

对现有的偶联剂进行复配，或者同时通过多种改性方法处理原料能够更有效地改善木塑材料的界面相容性，提高物理力学性能。同样，使用增韧剂、润滑剂、相容剂和阻燃剂等添加剂、改善塑料基体的配方也均能改善 WPC 的力学性能。表 4-2 所示为不同改性方法对复合材料物理性能的影响。

表 4-2　不同改性方法对复合材料物理性能的影响

m（硅烷偶联剂）：m（钛酸酯偶联剂）：m（木粉）：m（聚氯乙烯）：m（马来酸酐）	拉伸强度 /MPa	冲击强度 /（kJ/m²）	吸水率 /%
0：0：70：30：0	9.59	12.46	3.69
3：0：70：27：0	13.03	14.89	1.60
0：3：70：27：0	11.47	15.58	1.56
0：0：70：27：3	11.44	15.90	1.67
1.5：0：70：27：1.5	14.80	19.42	1.57
0：1.5：70：27：1.5	11.49	20.61	1.49

4.1.3　增强增韧改性木塑复合材料

随着木塑复合材料产量和应用范围的不断扩大，其韧性差、蠕变等问题逐渐暴露出来。目前针对木塑复合材料增强增韧的研究较多，方法主要有添加增强体（刚性粒子、增强纤维）、改善塑料基体的韧性（塑料改性处理）、使用交联剂增强生物质纤维与聚合物之间的界面等。增强纤维在高分子复合材料中已广泛应用，对木塑同样也具有比较有效的增强、增韧作用。

（1）刚性粒子增强 刚性粒子包括无机粒子和有机粒子两种。刚性粒子增强理论认为，刚性粒子的作用方式不是在基体中形成银纹和剪切带，其增韧作用是通过刚性粒子的屈服形变过程来吸收能量，从而提高冲击强度，同时复合材料的刚性和强度不会发生变化。陈伟博等通过挤出、注塑制得不同纳米 $CaCO_3$ 含量的木塑复合材料。木塑复合材料的冲击强度和弯曲强度随着纳米 $CaCO_3$ 添加量的增加，先升高后降低，而拉伸强度则不断降低。与不添加纳米 $CaCO_3$ 的木塑复合材料相比，弯曲强度、拉伸强度和冲击强度分别提高 38.97%、58.05% 和 57.50%。陶磊对添加量分别为 1%、2% 和 3% 纳米 SiO_2 的木塑复合材料的性能进行了研究，复合材料的抗弯强度会随着纳米 SiO_2 添加量的不断增加，先升高后降低。而添加纳米 SiO_2 为 1% 时，复合材料的抗弯强度最高可达到 43.2MPa，比无纳米 SiO_2 添加的复合材料提高 36.8%。除此以外，还提高了复合材料的耐紫外老化性能，降低复合材料的吸水率，但对复合材料的冲击性能的提高并不明显。

（2）交联增强 聚烯烃的交联工艺方法主要有辐射交联、过氧化物交联和硅烷交联 3 种，常用的是过氧化物交联和硅烷交联。

薛菁等在不同木粉含量的 HDPE 木塑复合材料中都添加 0.5%、1%、2% 的 DCP 使其交联。由于 DCP 的加入，部分木粉也加入交联体系，在这种情况下不仅复合体系的交联度得到提高，而且材料结构也变得更加稳固，同时还增强了木粉和 HDPE 之间的黏合力，进一步提高复合材料的性能。Bengtssson 等以木粉、HDPE、过氧化物和不饱和硅烷为基本原料通过两步法制备硅烷交联 HDPE 基木塑复合材料。与未交联 HDPE 基木塑复合材料相比，硅烷交联 HDPE 基木塑复合材料无论是拉伸强度、冲击强度还是断裂伸长率都高于未交联的 HDPE 木塑复合材料。

（3）纤维增强 玻璃纤维具有抗拉强度高、弹性模量高、耐磨损等特点，是最早被用来增强树脂合成复合材料的纤维。随着纤维制造技术的成熟和进步，碳纤维、芳纶纤维和碳化硅等高模量、高强度纤维逐渐被用于增强相添加到树脂基体中制成复合材料，增强效果显著。同样，将纤维添加到木塑复合材料中制备由热塑性塑料、木粉和纤维复合而成的多元复合材料可大幅度提高木塑复合材料的强度。随着材料科学的迅速发展，用于增强复合材料的纤维种类越来越多，如玻璃纤维、碳纤维、玄武岩纤维、矿物棉聚酯纤维等；天然纤维素纤维以其环保、无污染的优势在最近十几年内也越来越多地被用于增强聚合物材料。这些纤维均可用于提高木塑复合材料的力学性能。

玻璃纤维增强木塑复合材料的力学强度存在一个纤维含量的"临界值"。当纤维含量小于"临界"时，纤维太少，增强效果不明显；纤维含量过多，则会产生纤维团聚，导致材料力学性能下降。但该"临界值"不是一个固定的数值，会因纤维长度、塑料基体的类型和含量、加工工艺（加工温度、成型方法等）等因素的改变而变化。Huang 等（2012）、Kim 等（2014）采用共挤出的加工方式加工具有核/壳结构的木塑复合材料，壳层采用短切玻璃纤维增强的 HDPE，芯层采用 HDPE 木塑复合材料。结果显示，壳层的纤维降低材料的线性膨胀，壳层厚度和纤维含量对不同强度的核层木塑复合材料增强效果各异；这种核/壳结构既可减少纤维的用量，又达到增强的目的，可谓事半功倍。

增强纤维还可以长纤维或连续纤维的形式存在，并且比短切纤维具有更好的增强效果。然而，木塑复合材料的加工特性使得添加连续纤维的加工方式不易被实施，在加工过程中连续纤维添加困难，对设备要求较高，加工效率低，制约长纤维增强木塑复合材料的发展。

玻璃纤维表面比较光滑，与塑料基体的界面结合性较差，未经过改性处理的玻璃纤维对木塑复合材料的增强效果有限，因此提高玻璃纤维与木粉/塑料复合体系的相容性是目前需要解决的问题之一。

业内人士逐渐认识到细长的、具有一定流动性的"针状"木质纤维材料对木塑复合材料增强的重要作用。此外，一些高强度、高模量的植物纤维（如麻纤维、竹纤维）被作为增强相不添加木粉直接用于制作木塑复合材料，其中亚麻纤维因具有生长周期短、种植范围广、耐酸碱、价格便宜等特点而被大量应用。欧洲人更多的是将大麻（Cannabis sativa）、亚麻等纤维作为增强纤维直接添加到聚合物中，将这种木塑复合材料用来模压或注塑制作汽车部件，如门和座椅等。回收的报纸纤维热压制备木塑复合材料，在添加偶联剂的情况下，报纸添加量可高达85%，制备的木塑复合材料仍然保持较高的强度。

4.1.4　木塑复合材料无卤阻燃

WPC 中的植物纤维和塑料（有机合成的高分子材料）均属于易燃材料，自身不具备阻燃性能，存在火灾等安全隐患，阻碍了这种环保节约型材料的广泛使用。

（1）WPC 阻燃剂的种类　阻燃剂通常可分为无机型和有机型两大类。无机阻燃剂的成分主要是各种铵盐、硫酸盐、磷酸盐等盐类或复盐的化合物，磷-氮复合、磷-氮-硼复合等以高效阻燃体系为特征的无机阻燃剂相继产生。有机阻燃剂的主要成分仍然是含磷、氮、硼元素的多元复合体系。最新的有机阻燃剂主要是无甲醛释放、低迁移、低吸湿等一剂多效型阻燃剂。常用的 WPC 阻燃剂种类见表 4-3。

表 4-3　常用的 WPC 阻燃剂种类

无机阻燃剂				有机阻燃剂
磷氮类	铝镁类	硼类	卤系	磷酸酯
磷酸盐 聚磷酸盐等	$Al(OH)_3$ $Mg(OH)_2$ 等	硼砂 硼酸及其碱金属盐 铵盐等	氟系阻燃剂 氯系阻燃剂 溴系阻燃剂	膦酸酯 亚磷酸酯 有机磷盐等

常用含卤的阻燃剂因添加量低、阻燃效率高、价格适中而得到广泛应用，但这类阻燃剂在燃烧过程中释放出大量腐蚀性气体和有毒物质，严重危害人类的生命健康，破坏环境，对子孙后代的健康幸福构成了极大威胁，目前部分该类阻燃剂已被欧盟禁用，如多溴联苯、无溴二苯等。因此，无卤型阻燃剂是木塑复合材料阻燃技术的发展方向，主要阻燃剂有磷系阻燃剂、硅系阻燃剂、氢氧化物、可膨胀石墨等，此类阻燃剂燃烧时不产生有毒气体和致癌性化学物质。木塑复合材料中常用的硅系阻燃剂是二氧化硅、黏土、蒙脱土、硅酸盐等。常用的磷系阻燃剂是聚磷酸铵（APP）和无机红磷。膨胀型阻燃剂以氮、磷、碳为主要成分，体系自身具有协同增效作用。在其碳源、酸源和气源联合作用下，形成具有多孔结构的炭质泡沫层，使其自身并不燃烧，并可阻止聚合物和热源间的热传导，阻止气体扩散，防止外部氧气扩散到聚合物表面，从而达到阻燃的目的。

WPC 的原料本身就是组分复杂的天然高分子和有机高分子材料的复合体，其热分解过程很复杂。同样，其燃烧过程也包括一系列复杂的物理化学反应。

（2）木塑复合材料的阻燃处理方法　木塑复合材料的阻燃处理方法主要包括添加法和涂覆法。添加法是指将阻燃剂与木塑复合材料直接混合，加入适量的助剂，经过挤出、注塑成型、模压等手段制成阻燃型木塑复合材料。这是最常用的木塑复合材料的阻燃处理方法。聚磷酸铵、微胶囊红磷、氢氧化镁等一般采用此种处理方法。涂覆法主要是指在木塑复合材料表面均匀涂抹覆盖阻燃剂制成浆料，形成致密均匀的涂料层，这层浆料使复合材料获得隔热隔氧的新特性。该法具有较长的发展历史，该技术虽然存在阻燃层易破坏，阻燃作用也随之消失的缺点，但其凭借实验装置简单易操作、能耗低、可连续化生产、污染小等优点迅速在木塑复合材料得到空前的关注和发展，是一项重要的阻燃处理方法。

"一剂多效"型复合阻燃剂将成为木塑复合材料阻燃剂的发展方向。在新型阻燃剂研发上，在获得阻燃效果的同时，不降低木塑复合材料的力学性能。单一阻燃剂效率低，对聚合物材料力学性能影响大,多种阻燃剂的协效是一个热点,但各种阻燃剂在复配过程中可能出现交互影响或其他新的问题,协同机制探讨及阻燃剂改性将成为阻燃剂研究的方向。

4.1.5　木塑复合材料耐候性能

与木竹等天然材料相比,WPC 的室外耐候性能相对优异。但是,在长期户外使用过程中,特别是在一些温度和湿度较高的区域,WPC 的老化现象开始引起使用者的注意,典型现象包括表面褪色、碎片化、开裂、霉变等。材料的老化过程主要有热氧老化、光氧老化、生物降解等。影响老化的因素包括太阳辐射、氧气、温度、水、大气污染、灰尘等。WPC 耐候性能的优劣对其今后能否继续保持快速发展和扩大应用范围起着至关重要的作用。

WPC 中主要是塑料基体发生热氧老化,原因是塑料的温度指数较木竹等天然材料低。使用抗氧化剂,如丙酸正十八碳醇酯、二丁羟基甲苯(BHT)、四季戊四醇酯等,可有效改善 WPC 的耐热氧老化性能,有利于延长 WPC 的使用寿命。抗氧剂的作用主要有两个方面:一是防止成型过程中塑料基体受热发生降解;二是在使用过程中抑制 WPC 热氧老化作用。此外,添加增容剂也可以改善 WPC 的耐热氧老化性能。

WPC 广泛应用于室外建筑材料等领域,受到光照、氧、雨水等影响将发生光氧老化,影响其使用寿命。目前经常采用的测试方法是紫外加速老化试验,根据光源的不同分为氙灯、金属卤素灯和紫外荧光灯 3 种老化试验方法,其中以氙灯光老化最常用。

WPC 老化后显著褪色,但褪色程度与老化时间不呈现线性关系,具有阶段性。WPC 的褪色程度与所选木粉种类有关。添加光稳定剂、颜料、表面涂饰或对木粉进行化学改性,可以保持 WPC 长时间不褪色。

与热氧老化作用类似,光氧老化也可以使 WPC 产品的力学性能降低。添加光稳定剂可防止或延缓聚合物光氧化作用,按其作用机理可以分为光屏蔽剂、紫外线吸收剂、猝灭剂和受阻胺类光稳定剂(HALS)4 大类。

WPC 具有良好的耐腐朽性能,因此很少有人对其耐腐性能进行评价。1998 年 Motris 等发现暴露在野外土壤中的 WPC 出现腐朽现象,同时在应用于佛罗里达州的行道板上也发现了腐朽菌生长的情况。WPC 发生腐朽的原因是其中的木竹等天然材料腐朽。木粉种类与成型工艺对 WPC 的耐腐性能也有一定影响。据报道,在木粉[50%~60%(质量分数)]/HDPE 复合材料中,添加综合性能良好的 Borogard ZB 防腐剂,可以使 WPC 的质量损失从 10%~20%下降到 1.1%。此外,还可通过涂饰如镀锌[1%(质量分数)],木粉改性如采用氨基硅烷、三聚氰胺及无水醋酸改性木材,以及添加助剂如纳米黏土,以提高 WPC 的耐腐朽性。

4.1.6　木塑复合材料成型工艺

木塑复合材料成型方法包括挤出成型、压制成型、注射成型等。

(1) 压制成型　包括模压成型和层压成型。模压成型是将混合好的物料直接放入模具中,再经油压机加热加压成型。层压成型是先将物料用密炼机炼塑后,辊压成 1mm 的薄片,再切割层叠后放入热压机压制成型。

(2) 挤出成型　主要设备有单螺杆挤出机、同向双螺杆挤出机、异向平行双螺杆挤出机、异向锥形双螺杆挤出机等。分为一步法和两步法,前者无须造粒,但对设备、工艺要求高,很难控制;后者则相对比较灵活,目前为多数企业所采用。

(3) 注射成型　注射成型主要设备为注塑机,与挤出成型制品相比,注射成型可以生产各种复杂非连续的制品,拓宽木塑复合材料的应用范围。

现在的生产工艺以挤出成型为主,并辅以注射成型。挤出可以单挤或复合共挤,产品相应地也可以是单层或多层,质量的好坏完全取决于过程参数的控制,机头温度、压力以及冷却系统的冷却速率都只能在很小范围内变化，高或者低都会产生不合格产品。螺杆转速虽然是越慢越好，但产量也相应减少，因此必须控制在适当范围内。

Sayev 等用超声辅助双螺杆挤出设备（图 4-1），制备了一种在聚合物基体中呈连续相分布的 NWCNTs 复合材料。结果表明，经过超声处理后的材料 NWCNTs 在聚醚亚胺基体中表现出十分优异的分散性。

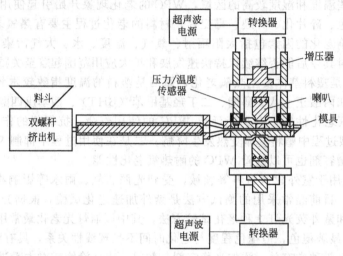

图 4-1　超声双螺杆挤出机

南京工业大学在双螺杆挤出机上进行了改进（图 4-2），设计出一种亚临界流体辅助反应挤出技术，尤其是实现了木粉含量达 70% 的 WPC/PP 的制备。其力学性能同样高于传统挤出法制备的 WPC。

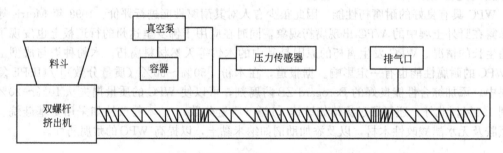

图 4-2　亚临界流体辅助反应挤出设备

4.1.7　木塑复合材料抗菌改性

在木塑复合材料生产和应用的早期，人们一般认为，利用塑料基体包埋植物纤维填料，即便在复合材料中不添加抗菌剂，塑料基体本身的防水性和耐腐蚀性也可以阻止真菌的攻击，为材料提供足够的真菌耐久性。然而，随着木塑复合材料的应用与发展，人们发现，木塑复合材料的防腐抗菌性能并不像预期的那么好，很多腐霉和腐朽真菌都会对木塑复合材料产生危害、侵染甚至降解木塑复合材料，使木塑复合材料的质量显著减轻，大大影响其使用性能和使用寿命。目前不仅要求木塑复合材料具有防霉效果，而且在医院、厕所、公园等公共场所使用时，还希望木塑复合材料具有一定的抗菌性能。为此，在木塑复合材料中添加适量的抗菌剂，使木塑复合材料具有一定的防腐抗菌作用，可以大大延长木塑复合材料的使用寿命，提高木塑复合材料的市场竞争力，将其拓展应用到卫生要求较高的场所，在满足社会需求和引导消费的同时可获得较好的经济效益。

　　为了改善木塑复合材料的耐腐蚀性和提高其抗菌性能，在木塑复合材料中添加各种抗菌剂以提高复合材料的防腐抗菌性。在甲基丙烯酸乙酯与二异氰酸环己烷甲基丙烯酸乙酯的联合处理下，可以显著地改善木塑复合材料的耐腐蚀性。采用1％的硼酸锌处理木塑复合材料，室内实验结果表明，硼酸锌可以明显地降低木塑复合材料的质量损失。用壳聚糖铜配合物处理 PE-HD 基木塑复合材料，发现 3％ 的壳聚糖铜配合物大大改善木塑复合材料的防腐性能，并认为壳聚糖铜配合物和硼酸锌的抗真菌效果相当。

4.2　木塑复合材料的配方与工艺

4.2.1　聚丙烯木塑发泡材料

　　聚丙烯木塑复合发泡材料是近年来才发展出来的新型材料，其可以看成是 PP 发泡材料与 PP 木塑材料两者的结合体，在性能上也融合两者的优良性能，并很好地解决了两者各自存在的一些不足。相对于 PP 木塑材料，发泡使其在韧性、冲击强度及密度等方面有大幅度的提升；而相对 PP 发泡材料，木粉的加入进一步降低 PP 树脂的使用，产品成本进一步下降。另外，硬度和强度也得到一定的提升。聚丙烯木塑复合发泡材料凭借其在成本及性能方面的优势必将在今后有更大发展。但是，PP 木塑复合发泡材料制备过程遇到发泡剂分解温度过高、聚丙烯熔体强度低、聚丙烯木粉界面相容性差这三个关键问题。

　　降低 AC 发泡剂的分解温度，通常通过加入活化剂来实现，目前 AC 的活化剂有很多种，其中以 ZnO 的活化效果最为显著。

　　通用聚丙烯是一种线型半结晶性聚合物，其分子链呈线型，很少有支化。当温度升至熔点以上后，这种分子构型使得聚

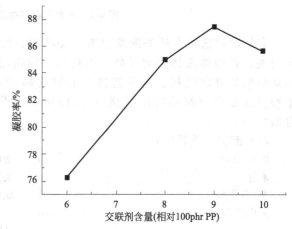

图 4-3　交联剂添加量对材料交联程度的影响

丙烯体系黏度在很窄的温度范围内发生大幅度下降，造成发泡过程中生成的气体易冲破泡孔壁，从而导致泡孔合并或塌陷，由此制备出的发泡材料通常泡孔尺度偏大、分布较宽、发泡倍率较低。据研究报道，未改性的 PP 最佳发泡温度范围仅 4℃，这对发泡设备的温控精度要求很高。通过加入有机过氧化物来交联 PP 可有效提高树脂的熔体强度，扩宽最佳发泡温度的范围。图 4-3 为添加不同量 DCP 交联剂的复合材料凝胶率的变化曲线。

　　在有机过氧化物引发聚丙烯交联的过程中，有机过氧化物引发生成的大分子自由基在高温下很不稳定，除了两两结合形成碳-碳交联键外，还可能自身发生歧化或 β-链断裂反应，大大降低了交联效果。加入交联助剂与大分子自由基发生反应，可以阻碍其发生歧化或 β-链断裂反应。

　　木粉是天然高分子材料，其最大特点就是其表面存在大量极性羟基及酚羟基官能团，这些基团表现出很强的极性，而 PP 是典型的非极性树脂，这就决定两者将无法很好地融合为均相体系。在发泡过程中，气体将通过它们的界面处逃逸，这将严重影响发泡材料的发泡效果；而且强极性的木粉在非极性的 PP 树脂内很难均匀分散，通常会聚集成纤维、束状，这将影响发泡材料泡孔形态的均一性，从而影响发泡材料的力学性能。另外，木粉表面大量的

羟基将赋予材料很强的吸水性，这对于需要长时间暴露在潮湿环境的产品是一个致命打击。因此，处理掉木纤维上的极性基团将是制备出性能优越的聚丙烯木塑复合发泡材料的关键，加入适量的偶联剂对木粉进行表面处理是一个简单而有效的途径。铝酸酯偶联剂是目前最常用的偶联剂之一，其凭借在价格及性能的优势，在工业活化领域有很多应用，同时在木粉处理方面也被广泛选用。图4-4为木粉偶联剂处理前后的 SEM。

 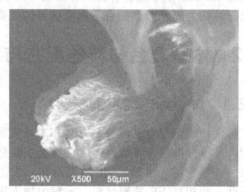

(a)处理前　　　　　　　　　　　　　　(b)处理后

图 4-4　木粉偶联剂处理前后的 SEM

本例通过选取合适的助发泡剂、交联剂、助交联剂、偶联剂对发泡过程面临分解温度过高、聚丙烯熔体强度过低、木粉与基体树脂界面相容性太差这三大难题进行解决，由此制备出性能优越、高发泡倍率的聚丙烯/木塑发泡复合材料。制备得到的聚丙烯/木粉发泡复合材料的密度低至 $0.041g/cm^3$，发泡倍率高达 24 倍，且泡孔形态优越，分布均一。

（1）配方（质量份）

PP(T30s)	80	交联剂 DCP	7
木粉	20	助交联剂 TAIC	6
AC 发泡剂	1	成核剂滑石粉	1
活化剂 ZnO	0.3		

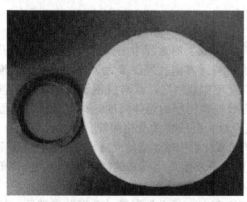

图 4-5　制备得到的聚丙烯木塑复
合发泡材料与模具的对比照

（2）制备工艺　将木粉在烘箱内以110℃干燥 6h 以上，以保证木粉的含水率低于1%；结束后取出趁热与铝酸酯偶联剂（木粉质量的2%）在高速混合机内干混 2min，再次放入110℃烘箱内反应 20min；处理后的木粉与 PP 树脂及 AC、DCP 等其他助剂在双辊开炼机上混炼，温度控制在 168～170℃；混炼结束后刮下，裁剪成模具形状，叠加在一起后放入热压机在 10MPa、185℃下发泡 10min，然后释压、冷却即可得到发泡材料，静置 24h 后进行性能检测。

（3）聚丙烯木塑复合发泡材料性能　发泡前材料的密度为 $1.058g/cm^3$，发泡后其密度降为 $0.043g/cm^3$，发泡倍率高达 24.6 倍，如图 4-5 所示；另外，从图 4-6 可以看出，发泡材料内部的泡孔尺寸在 $150\mu m$ 左右，分布均匀，泡孔的泡孔壁较薄且未见有破裂的痕迹。

 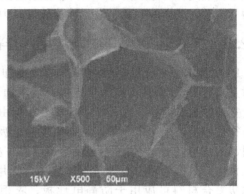

图 4-6　制备得到的聚丙烯木塑复合发泡材料泡孔形态的 SEM

4.2.2　注射成型制备聚丙烯（PP）基木塑复合材料

木塑复合材料常用于挤出装饰板或围栏。然而，近来注射木塑制品成为木塑复合材料的最新进展。通过注射工艺，木塑制品的质量、均一性以及环境友好性均得以显著改善。特别是注射成型可以制备结构和形状复杂的制品，生产效率高。虽然木塑复合材料注射成型的制品具有很多优点，但是制品的特性很容易受到配方及注射条件的影响，配方不同、注射条件不同，材料的力学性能也就不同。因此，合理控制注射成型过程中的各种因素，能得到性能较好的制品。

国内外的研究表明，一般来说，木质填料的加入使得树脂的强度、刚度（即拉伸强度、拉伸弹性模量、弯曲弹性模量）提高，但同时脆性增加（即断裂伸长率、冲击强度会有所下降），因此一般需要增韧剂。增韧剂也称为抗冲改性剂，是具有降低复合材料脆性和提高复合材料抗冲击性能的一类助剂，可分为活性增韧剂与非活性增韧剂两类。活性增韧剂是指其分子链上含有能与基体树脂反应的活性基团，它能形成网络结构，增加一部分柔性链，从而提高复合材料的抗冲击性能。非活性增韧剂则是一类可与基体树脂很好相容，但不参与化学反应的物质。三元乙丙橡胶（EPDM）是 PP 常用的增韧弹性体，分子是无定形结构，其与 PP 具有相似的丙烯结构，相容性较好，而且其分子链中含有长支链，有利于物理缠结微区的形成，提高熔体的弹性，进而能提高熔体强度，黏度比二元乙丙胶的低，加工性能较好。

马来酸酐接枝聚丙烯是 PP 经反应挤出接枝马来酸酐制得。非极性的分子主链上引入了强极性的侧基，马来酸酐接枝聚丙烯可以成为增进极性材料与非极性材料黏接性和相容性的桥梁。在生产填充聚丙烯时添加马来酸酐接枝聚丙烯，可极大地改善填料和聚丙烯的亲和性以及填料的分散性，故能有效地增强填料在聚丙烯中的分散，从而提高 PP 的拉伸和冲击强度。

本例提供 PP 基木塑复合材料的注射成型的配方。

（1）配方（质量份）

PP	70	增韧剂 EPDM	10
木粉(80目)	30	硬脂酸	1
PP-g-MAH	3	液体石蜡	1

（2）注射工艺参数　注射量、注射压力和熔体的流动性影响复合体系的充模过程。注射量不足时，造成试样外观差、表面粗糙、无光泽，注射量足够时能得到外观较好的试样，注射行程为 23mm 时试样的外观较好。注射压力太小，容易造成制品表面缺陷、未充满，出

现缺料等，注射压力过高会造成制品飞边等现象，所以要合理控制注射成型过程中的压力。

本例选用注射速度为60mm/s、注射压力为90MPa、机筒塑化段温度为180℃、冷却时间为20s时，试样的表观、微观结构较好，力学性能较佳。

4.2.3 抗静电PVC基木塑复合材料

PVC基木塑复合材料经过特殊的成型加工工艺，可获得类似天然木材的质感和花纹，同时又具有PVC塑料的高力学强度、耐腐蚀、耐水、防火、易成型等优点，因此已广泛应用于室外铺板、凉亭、栏杆扶手等场合。但由于PVC的电阻率较高，因此在加工和使用过程中往往容易产生静电积累，从而引发静电吸尘、静电泄漏、电磁波干扰等现象。这些由静电引起的危害使得PVC基木塑复合材料在一些如实验室、手术室、电子元件制作车间、计算机机房、数据处理中心等高附加值场合运用时，必须对其进行抗静电处理。抗静电PVC基木塑复合材料可应用于防静电地板、衣柜、计算机隔断、实验室墙面挂板等高附加值领域。

（1）配方（质量份）

PVC（S700）	100	钙锌稳定剂	5
木粉（100目）	35	PE蜡	1
$CaCo_3$（1250目）	15	硬脂酸	1
铝酸酯偶联剂	0.75	导电炭黑（VXC-72）	18

（2）加工工艺 木粉和碳酸钙在使用前需要经过干燥处理，以尽可能降低木粉和碳酸钙中所含的水分，从而降低在复合材料中产生空隙和内部应力的概率。将木粉和碳酸钙粉放在103℃的烘箱中干燥，直至木粉、碳酸钙粉含水率小于3%。

干燥后的木粉在高速混合机中与干燥后的碳酸钙先混合，这样碳酸钙吸附于木粉的表面，有利于改善材料的表面光洁度，并且可以提高木粉的耐热性。当温度升高到80℃时加入铝酸酯偶联剂并搅拌均匀，再加入PVC树脂、改性剂、抗静电剂、稳定剂等，最后加入润滑剂。加入PVC后应先加入稳定剂后加入润滑剂，若反过来，则会因PVC颗粒表面由于润滑剂形成包覆层，导致稳定剂不能与PVC颗粒充分接触，会降低稳定剂的作用，使得PVC易发生热降解。若还需在树脂中添加增塑剂等改性剂，则需在加入稳定剂之前加入，使PVC颗粒先疏松，更有利于稳定剂的进入。当混料完成后，冷却至40℃左右出料。混合完成后的粉料加入到喂料速度为6r/min、主机转速为28r/min的双螺杆挤出机中进行熔融混合，挤出机机头前段安装定制的预成型模具，然后将熔融物料在设定温度为上下板皆为175℃的塑料压力成型机上热压2min，冷压2min，制得板材。加工工艺参数见表4-4、表4-5。

表4-4 双螺杆造粒参数

一区温度/℃	二区温度/℃	三区温度/℃	四区温度/℃	主机转速/(r/min)	主机电流/A	喂料转速/(r/min)
163	165	163	165	20.1	29.8	40

表4-5 单螺杆挤出地板参数

1区/℃	2区/℃	3区/℃	4区/℃	5区/℃	6区/℃	7区/℃	8区/℃	9区/℃	主机转速/(r/min)	电流/A	牵引速度/(r/min)
155	155	160	170	180	175	175	175	175	30	24	0.59

（3）抗静电PVC性能 抗静电PVC基木塑地板物理性能表见表4-6。抗静电PVC基木塑地板板面宽度为0.125m，依据不同配方和产品外观要求，挤出速度范围在0.6～1.0m/min之间，按平均每分钟0.8m计算，则1h生产地板面积为：0.125m×0.8m/min×60min＝6m²，一年按300d计算，则可年产抗静电PVC基木塑地板6m²/h×24h×300＝43200m²。

　　抗静电 PVC 基木塑地板具有环保、加工工艺简单，一次成型、铺装方便、室内外通用、无须高架等优点。生产过程中采用常规混料、造粒、挤出工艺，机器设备无须特殊加工，制品的抗静电性能优良，适用于计算机机房、手术室等高附加值领域。如表 4-7 所示，与市面上通用 PVC 防静电地板相比，抗静电 PVC 基木塑地板具有明显的经济、技术和安装等综合优势，其综合技术经济指标较优。

表 4-6　抗静电 PVC 基木塑地板物理性能

项　　目	单　　位	检测结果	标准指标
弯曲破坏载荷	N	2650	公共场所用≥22500 非公共场所用≥21800
常温落球冲击	—	无裂纹	无裂纹
密度	g/cm³	1.03～1.42	1.85
吸水率	—	3.11%	0.1%
长度方向吸水尺寸变化率	—	0.03%	≤0.3%
宽度方向吸水尺寸变化率	—	0.02%	≤0.4%
厚度方向吸水尺寸变化率	—	0.02%	≤0.5%

表 4-7　抗静电 PVC 基木塑地板、PVC 防静电地板在技术参数、材料性能等方面的比较

比较参数	抗静电 PVC 基木塑地板	PVC 防静电地板
地板价格	95 元/m²	84 元/m²
结构组成	一体式	PVC 地板、导电胶及铜箔
处理工艺	无后处理	开槽、焊缝、修剪、打蜡
铺装方式	直接铺装	高架铺装
成型方式	直接挤出成型	挤压成型
有害气体挥发	无	无
耐水性	很好	很好
耐磨性	很好	较差
回收再利用	可以	不可以
表面电阻/Ω	$1.2×10^8$	$10^5～10^9$
体积电阻率/Ω·cm	$4.67×10^8$	$10^5～10^9$
阻燃性能	垂直燃烧 V-0 级	较好

4.2.4　高耐候竹塑型材

　　目前市场上使用的装修材料多为木材，具有美观大方的优点，由于实木资源稀缺，纯实木价格昂贵，耐水性、防腐、防虫性能差；而竹塑型材拥有和木材一样的加工特性，兼具塑料的耐水防腐、防虫和木材的质感等特性；竹塑产品的耐水性、防虫蛀、可塑性高，无有害气体释放，是环保装修行业追求的目标，逐渐成为木材的替代品。但传统的木塑型材在户外长期使用，颜色的色牢度因无法满足长期紫外线照射而导致褪色的问题。而利用高耐候的 ASA 树脂（丙烯腈、苯乙烯、丙烯酸橡胶三元聚合物）与 PVC 树脂（聚氯乙烯）包覆共挤，完全解决了因长期在户外使用受紫外线照射褪色老化的问题，也满足客户对颜色及木纹效果的需求。

　　竹塑产品主要是利用上游竹加工企业加工中产生的下脚料，通过烘干研磨成所需要细度的竹粉，添加树脂粉及其他高分子材料、色粉，经过高温混合、高温挤出及冷却定型而成，不含任何胶水及其他有害物质成分，使用过程中无须保养，装修后即可使用，且无气味，也无有害气体释放。ASA/PVC 共挤竹塑产品可以通过添加色粉及流纹母粒达到自然的流纹效果或经印压工艺达到规则木纹效果，是实木及木塑产品理想的替代品。

单层的竹塑制品在用于外墙装饰板、栈道板、护栏及亭台楼阁等户外装饰材料时，存在耐候性差的问题，常年暴露在阳光下，日晒雨淋，容易加速材料褪色，影响装饰效果。

本例提供一种高耐候复合竹塑型材及其制备方法，以聚氯乙烯和竹粉为主要内层材料，采用ASA改性材料为外层材料复合而成，解决现有木塑型材耐候性差的问题。竹塑产品通过竹粉添加木塑脂粉及其他高分子材料粉料、色粉，经过高温混合、高温挤出及冷却定型而成，不含任何的胶水成分，使用过程中无须保养，装修后即可使用，且无气味，也无有害气体的释放。竹塑产品可以通过添加流纹母粒达到木纹效果，是实木及木塑产品理想的替代品；而ASA改性材料具有高耐候性的优点，以ASA改性材料与竹塑材料复合，作为外居材料，在保证竹塑效果的同时弥补竹塑型材耐候性差的缺点，使制得的内外双层复合型材兼具低成本、环保及高耐候性的优点。

（1）配方（质量份）

内层材料：

PVC	100	紫外线吸收剂 C-81	0.1
氯化聚乙烯	2	抗氧剂 1076	0.1
活化碳酸钙	10	复合无机颜料	0.5
玄武岩纤维	10	竹粉	30
偶联剂 KH550	0.5	发泡调节剂	6
硬脂酸	0.1	发泡剂	5
硬脂酸钙	0.5		

外层材料：

ASA	100	硬脂酸	1
氯化聚乙烯	10	硬脂酸钙	1
活性纳米碳酸钙	5	氯化聚乙烯蜡	0.3
复配无机底色颜料	4	光稳定剂	0.3
黑流纹母粒	0.1	紫外线吸收剂 C-81	0.3
黄流纹母粒	0.1	抗氧剂 1076	0.3
红流纹母粒	0.1	消光剂	8

（2）制备工艺　内层材料包括以下步骤。

按配方加入混料机中通过机器高速运转将物料加热至80℃。在加热至80℃的高速混料机中继续加入硬脂酸、硬脂酸钙、紫外线吸收剂、抗氧剂1076、无机底色颜料继续混合至120℃，放料至低速混合机中混合冷却至30～50℃备用。得到第一混合料，将第一混合料装袋中备用，然后通过用木塑专用双螺杆挤出机与专用单螺杆共挤机挤出定型、冷却成型制得内层材料。

外层材料包括以下步骤。

① 将100份ASA（丙烯腈、苯乙烯、丙烯酸橡胶三元聚合物）、10份氯化聚乙烯、5份活性纳米碳酸钙、4份复配无机底色颜料、1份硬脂酸、1份硬脂酸钙、0.3份氯化聚乙烯蜡、0.3份光稳定剂、0.3份紫外线吸收剂C-81、0.3份抗氧剂1076、8份消光剂加入高速混合机中混合至120℃，将混合物料放至低速冷却机冷却至30～50℃备用，再通过专用造粒机造粒，得到第二混合料。

② 将黑流纹母粒基料分别加入10份氯化聚乙烯、5份活性纳米碳酸钙、1份硬脂酸、1.0份硬脂酸钙、0.3份氯化聚乙烯蜡、0.3份光稳定剂、0.3份紫外线吸收剂C-81、0.3份抗氧剂1076，通过高速混合机混合至120℃，然后冷却至40℃，再通过专用造粒机造粒，得到第三混合料。

③ 将黄流纹母粒基料分别加入10份氯化聚乙烯、5份活性纳米碳酸钙、1份硬脂酸、1

份硬脂酸钙、1 份氯化聚乙烯蜡、0.3 份光稳定剂、0.3 份紫外线吸收剂 C-81、0.3 份抗氧剂 1076，通过高速混合机混合至 120℃，然后冷却至 40℃，再通过专用造粒机造粒，得到第四混合料。

④ 将红流纹母粒基料分别加入 10 份氯化聚乙烯、5 份活性纳米碳酸钙、1 份硬脂酸、1 份硬脂酸钙、0.3 份氯化聚乙烯蜡、0.3 份光稳定剂、0.3 份紫外线吸收剂 C-81、0.3 份抗氧剂 1076，通过高速混合机混合至 120℃，然后冷却至 40℃，再通过专用造粒机造粒，得到第五混合料。

⑤ 得到的三种混合料分别按所需份量添加到第二混合料中混合均匀，然后加入到专用单螺杆挤出机与木塑专用双螺杆挤出机共同挤出成型，制得外层材料，挤出机温度设置为 190℃。

4.2.5　阻燃型聚烯烃基木塑复合材料

由可燃的木质纤维材料和高燃烧热值的塑料构成的木塑复合材料具有较大的火灾危险性，尤其是应用在公共场所或室内等领域时，必须要进行阻燃处理。目前所制备的阻燃型木塑复合材料存在阻燃剂用量大、热释放速率高、产烟量大、阻燃处理成本偏高、易生成 CO 有害气体的缺点。

本例采用纳米无机阻燃剂制备的阻燃型聚烯烃基木塑复合材料，具有优异的抑烟性能、良好的阻燃性和力学性能。阻燃型聚烯烃基木塑复合材料兼具木材和热塑性塑料的优良性能，可锯、可刨、可钉，加工性能好，易于安装、耐腐蚀、耐潮、防滑、尺寸稳定性好、应用范围广，同时木质感强、外观视觉较好、成型性能好。所采用的原料均为绿色环保材料，所得制品不会对环境及人体造成损害，是一种环保阻燃型木塑复合材料。可用于室内或者其他对阻燃性能有较高要求的场合，如室内用地板、壁板、天花板、办公家具和楼梯等。此外．还可用于汽车内饰、电器外壳和海洋船舶内饰材料等领域。

(1) 配方（质量份）

聚丙烯	8.4	抗氧剂 1010	0.008
木粉	20	纳米 $Mg(OH)_2$	6
PP-g-MAH	1.6	纳米有机改性蒙脱土	2
石蜡	0.8		

(2) 制备工艺　称取 20kg 的木粉、1.6kg 的马来酸酐改性聚丙烯偶联剂、0.8kg 的石蜡、8.4kg 的聚丙烯、0.008kg 的抗氧剂 1010、6kg 的纳米 $Mg(OH)_2$ 和 2kg 的纳米有机改性蒙脱土；将称取的木粉、马来酸酐改性聚丙烯偶联剂和石蜡放入高速混合机中，在温度为 80℃下热混 10min，得热混料；将得到的热混料放入冷混机中进行冷混，待温度降至 50℃，将称取的聚丙烯、抗氧剂 1010、纳米 $Mg(OH)_2$ 和纳米有机改性蒙脱土投入到冷混机中再混合 15min，得混合好的物料；将上一步骤得到的混合好的物料投入到机筒温度为 140～190℃、口模温度为 180℃、螺杆转速为 120r/min 的双螺杆挤出机中进行熔融挤出造粒，然后采用挤出、注射、热压或模压成型，即制得阻燃型聚烯烃基木塑复合材料；其中第一步中木粉的颗粒粒径为 50～70 目，木粉的含水率小于 3%。

(3) 阻燃型聚烯烃基木塑复合材料的性能　阻燃型聚烯烃基木塑复合材料的热释放速率峰值为 178.1kW/m²，平均热释放速率 129.2kW/m²，总烟释放量为 7.18m²/m²，CO 生成速率为 $2.85×10^3$ g/s，平均比消光面积 226m²/kg，点燃时间 48s，弯曲强度为 40.34MPa，弯曲模量为 4.8GPa。

未阻燃试样的热释放速率峰值为 432.6kW/m²，平均热释放速率为 269.1kW/m²，总烟释放量为 15.57m²/m²，CO 生成速率为 $3.81×10^3$ g/s，平均比消光面积为 482.5m²/kg，点燃时间为 19s，弯曲强度为 66.97MPa，弯曲模量为 3.5GPa。

4.2.6 HDPE 基防紫外线木塑复合板材

木塑复合板材如果在户外使用，由于受到阳光照射，影响其使用寿命，WPC 中木质纤维含量高时，塑料基体无法完全包覆纤维，WPC 表面会有部分暴露纤维遭受光氧化作用，从而引起 WPC 的力学强度下降，因此必须要求具有防紫外线的功能要求，添加光稳定剂可防止或延缓聚合物光氧化作用。本例所制备的 HDPE 基防紫外线木塑复合板材具有木材和塑料的双重性能，同时具有一定的紫外线吸收效果和抗老化能力。

配方（质量份）

HDPE	30	润滑剂（硬脂酸）	0.3
木粉	67.8	分散剂（聚丙烯酰胺）	0.3
偶联剂（铝酸酯）	1.0	紫外吸收剂（二苯甲酮类化合物）	0.3
抗氧剂 1010	0.3		

4.2.7 相变储能保温的木塑复合材料

我国现有建筑面积为 400 亿平方米，绝大部分为高能耗建筑，且每年新建建筑近 20 亿平方米，其中 95% 以上仍是高能耗建筑。随着城市建设的高速发展，我国的建筑能耗逐年大幅度上升，已达全社会能源消耗量的 32%，加上每年房屋建筑材料生产能耗约 13%，建筑总能耗已达全国能源总消耗量的 45%。庞大的建筑能耗已经成为国民经济的巨大负担。因此，建筑行业全面节能势在必行。建筑物使用中的耗能形式主要体现在制冷能耗和加热能耗，要达到建筑节能的目的，最直接的途径就是在减少两者开启次数的基础上，同时延长室内舒适度的持续时间。基于这一要求，可利用相变储能材料的储能特性来抵消环境温度波动，提高建筑热惰性，延长室内舒适温度持续时间，降低建筑用电负荷，通过这种方法可满足建筑节能的要求。

相变材料具有在一定温度范围内改变其物理状态的能力。以固-液相变为例，在加热到熔化温度时，就产生从固态到液态的相变，在熔化的过程中，相变材料吸收并储存大量潜热；当相变材料冷却时，储存的热量在一定的温度范围内要散发到环境中去，进行从液态到固态的逆相变。在这两种相变过程中，所储存或释放的能量称为相变潜热。物理状态发生变化时，材料自身的温度在相变完成前几乎维持不变，形成一个宽的温度平台，虽然温度不变，但吸收或释放的潜热却相当大。相变储能技术能够解决能量供求在时间和空间上不匹配的矛盾，是提高能源利用率的有效手段。相变储能材料应用于建筑墙板中可以减少环境温度变化对室内引起的温度波动，提高室内的舒适度，同时可以减少建筑能耗而起到节能的作用。

现有塑料和木质材料隔热保温效果不理想，不能营造维持人体舒适温度范围的空间环境。因此，创造一种储能保温性能好、相变材料不会泄漏，并且兼具较好的力学性能的利用相变储能调控温度的木塑复合材料是非常必要的。

本例采用适当比例的聚乙二醇 600 和聚乙二醇 800 作为复合相变吸热材料，并且在聚乙二醇复合相变储能材料里添加硫酸铁和硫酸亚铁铵。该硫酸铁和硫酸亚铁铵在木材细胞中原位反应生成磁性 Fe_3O_4 纳米粒子。该磁性 Fe_3O_4 纳米粒子可以高效吸附聚乙二醇，并且使聚乙二醇定向排列，可以大幅度提高聚乙二醇的相变潜热，优化调整相变温度。采用上述聚乙二醇复合相变储能材料所制备的相变储能保温的木塑复合材料储能保温性能好、相变材料不会泄漏、力学强度高。

（1）配方（质量份）

聚乙二醇复合相变储能材料的复合木粉：

聚乙二醇 600	100	杨木纤维 3～10mm	10
聚乙二醇 800	100	杨木纤维 0.5～3mm	20
硫酸亚铁铵	0.2	杨木粉 30～60 目	30
硫酸铁	0.2	杨木粉 100～325 目	40
HT-508	0.5		

聚乙二醇-异氰酸酯共聚树脂：

聚乙二醇 6000	25	二月桂酸二丁基锡	0.04
丙酮	10	1,4-丁二醇	0.6
异佛尔酮二异氰酸酯	4.5		

木塑材料：

相变储能材料的树脂包覆木粉	50	硬脂酸	8
PVC	60	硅烷偶联剂	6
AC-1600 发泡剂	4	聚磷酸铵阻燃剂	20
钙锌稳定剂	5	2,6-二叔丁基-4-甲基苯酚	0.2
氯化石蜡	10	氧化铁红	1
邻苯二甲酸二辛酯	10	轻质碳酸钙	20

① 将 100kg 聚乙二醇 600、100kg 聚乙二醇 800、0.5kg 有机硅消泡剂 HT-508 依次加入高速分散机中，在 1000r/min 转速下高速剪切分散 10min；然后在 150r/min 转速下依次加入 0.2kg 硫酸亚铁铵和 0.2kg 硫酸铁，继续在 1000r/min 转速下剪切分散 25min。

② 将复合木粉（由 10kg 长度为 3～10mm 的杨木纤维，20kg 长度为 0.5～3mm 的杨木纤维，30kg 细度为 30～60 目的杨木粉以及 40kg 细度为 100～325 目的杨木粉，在搅拌机中搅拌混合 20min 而成）装入高压真空压力浸注罐中，开启真空泵抽真空，罐内压力为 0.02MPa 维持 25min；开启进液阀门将配制的聚乙二醇复合相变储能材料抽入浸注罐内，使聚乙二醇复合相变储能材料溶液的液面完全覆盖复合木粉，加 1.0MPa 压力浸渍 1.5h；开启排液阀门，将聚乙二醇复合相变储能材料用压力输送回储液槽（调整配比后留作下次使用）；开启通气阀门完全泄压，然后将木粉取出干燥，获得吸附负载有聚乙二醇复合相变储能材料的复合木粉。

③ 在高低速混料搅拌机不断搅拌下，用气压雾化机将 8kg 硅烷偶联剂雾化喷入 100kg 负载有聚乙二醇复合相变储能材料的复合木粉中，搅拌 5min，然后在不断搅拌过程中用喷胶机喷入雾化的 16kg 聚乙二醇-异氰酸酯共聚树脂。继续搅拌下包覆 15min，获得负载有相变储能材料的树脂包覆木粉。

其中，聚乙二醇-异氰酸酯共聚树脂的制备方法是：在反应釜中，加入 10kg 丙酮，再加入 25kg 聚乙二醇 6000，在不断搅拌下于 110℃抽真空脱水 3h；在氮气保护下缓慢搅拌，于 60℃温度下缓慢滴加 4.5kg 异佛尔酮二异氰酸酯，搅拌反应 2h；加入 0.6kg 1,4-丁二醇，并滴加 0.04kg 二月桂酸二丁基锡催化剂，继续反应 4h。

④ 将 50kg 步骤③制备的负载有相变储能材料的树脂包覆木粉、60kg PVC 塑料粉末、4kg AC-1600 发泡剂、5kg 钙锌稳定剂、10kg 氯化石蜡、10kg 邻苯二甲酸二辛酯、8kg 硬脂酸、6kg 硅烷偶联剂、0.2kg 2,6-二叔丁基-4-甲基苯酚抗氧剂、20kg 聚磷酸铵阻燃剂、1kg 氧化铁红颜料和 20kg 轻质碳酸钙填料输入高速混炼机中混炼 20min，获得混合料。

⑤ 在双螺杆捏合挤出机中混炼获得的混合料，在一区温度 120～130℃、二区温度 150～160℃、三区温度 140～150℃、四区温度 155～165℃、五区温度 170～175℃、机颈口模温

度 175～185℃、螺杆转速 20r/min 条件下，捏合挤出 8min；然后在二辊压片开炼机中，在 160℃条件下开炼压片；最后经切割机切割修边，获得相变储能保温木塑材料。

（2）相变储能保温的木塑复合材料性能　对该相变储能保温的木塑复合材料的保温性能及力学性能等进行测试。其中，保温 18℃的测试方法为：采用厚度为 20mm 的板材做成 400mm×400mm×400mm 正方形木箱，将木箱置于 30℃恒温箱加热至木箱内温度达到 30℃，然后以 3℃/h 的降温速度控制恒温箱的温度，测定木箱内温度由 30℃降低至 18℃所需要的时间。保温 30℃的测试方法为：将木箱置于 20℃恒温箱使木箱内温度达到 20℃，然后以 3℃/h 的升温速度控制恒温箱的温度，测定木箱内温度由 20℃上升至 30℃所需要的时间。具体测试结果见表 4-8。

表 4-8　相变储能保温的木塑复合材料性能

试样	密度 /(g/cm³)	热导率 /[W/(m·K)]	比热容 /[J/(g·K)]	相变焓 /(J/g)	时间(18℃) /h	时间(30℃) /h	拉伸强度 /MPa	弯曲强度 /MPa	冲击强度 /(kJ/m²)
储能	0.81	0.271	9.48	96.32	8.2	7.6	17.2	24.8	15.4
未改性	0.82	0.153	9.39	—	1.8	1.5	7.9	11.5	6.8

由表 4-8 可见，储能材料相变储能保温的木塑复合材料相比于未改性的微发泡阻燃 PVC 木塑复合材料比热容大幅度增大，单位质量的相变焓增加，低于 18℃或高于 30℃的滞后时间增加，因此，居住空间的舒适度增加；同时，由于采用聚乙二醇-异氰酸酯共聚树脂包覆负载有聚乙二醇复合相变储能材料的复合木粉，所制备的相变储能保温的木塑复合材料的力学强度也相比于未改性的微发泡阻燃 PVC 木塑复合材料有所增大。

4.2.8　防虫抑菌硅藻土木塑板材

近年来，随着人们生活水平的提高，人们对环保和健康有了更高、更迫切的需求。目前木塑产品已经出现了一些除醛产品，但是如何在除醛的基础上防虫抑菌，成为目前急需解决的问题。

硅藻土是由海洋或者湖泊中的硅藻类植物经过自然环境作用沉积形成的，具有细腻、松散、质轻、多孔、吸水性和渗透性强等物理性质，可以有效吸附空气中游离的甲醛、苯、氨等有害物质，并且可以净化空气中因宠物、吸烟、垃圾等产生的异味。因此，将硅藻土与传统建筑材料相结合，制成兼具装饰效果和环保健康功能的装饰建材产品成为装饰建材市场的新宠，深受市场的青睐。

本例提供一种防虫抑菌硅藻土木塑板材及其制备方法，所制备的防虫抑菌硅藻土木塑板材力学性能好，强度高，可长效除去室内的甲醛、苯等有害物质，并可长时间抑制病菌、虫螨的滋生，可有效保护环境，无健康安全隐患。

（1）配方（质量份）

回收塑料	40	羟丙纤维素	1
秸秆粉	10	海藻酸钠	1
茶粕	15	三乙醇胺	3
丝瓜藤	15	硅烷偶联剂	2
贝壳粉	8	茶树油	6
硅藻土	15	单硬脂酸甘油酯	1
膨胀蛭石	10	聚丙烯纤维	5
磺基琥珀酸二辛酯钠盐	4	羧甲基纤维素钠	3
聚丙烯酸酯	6		

（2）制备工艺　将丝瓜藤烘干后烧存性，将茶粕烘干，然后将烧存性后的丝瓜藤与茶粕

混合送入纳米研磨机进行研磨，得到混合粉末，备用；将硅藻土粗粉碎后，加入到硝酸溶液中，配制成硅藻土质量分数为 18% 的混合料液，硝酸溶液的 pH 值为 0.1，在 60～80℃ 条件下超声搅拌 30～60min 后，洗涤，干燥至水分占硅藻土总质量的 5%～10%，然后将硅藻土与膨胀蛭石送入烧结炉，缓慢升温至 500℃ 后，焙烧 2～4h，然后冷却至（200±1）℃，淬冷后超微粉碎至 200 目，备用；往混料机中加入磺基琥珀酸二辛酯钠盐和适量水溶解分散均匀后，加入贝壳粉、超微粉碎后的硅藻土、膨胀蛭石搅拌 10min 后，加入聚丙烯酸酯、羟丙纤维素、海藻酸钠，加热至 60～100℃，搅拌反应混合 30min 后，烘干得混合物料 A。

制得的混合粉末与秸秆粉混合均匀后，加入适量乙醇超声分散 10～20min，然后加入三乙醇胺、硅烷偶联剂在 200～300r/min 的转速下搅拌 30min，洗涤干燥后加入茶树油、单硬脂酸甘油酯，在 60～80℃、600～800r/min 的转速下搅拌 1～2h，烘干，得混合物料 B。

将回收塑料、聚丙烯纤维、羧甲基纤维素钠送入高速混料机中进行混合，依次在 50℃、80℃、100℃ 下分别混合 5min 后，加入分别制得的混合物料 A、混合物料 B，继续高速混合 10min，混合机的转速为 1000r/min，得混合物料 C。

将混合物料 C 送入挤出机中，加热熔融被挤出，挤出温度为（150±5）℃，挤出压力为 10MPa，挤出速度为 0.4m³/min，然后将物料从挤出机中挤出至模具中，冷却定型、切割后，即得所述的防虫抑菌硅藻土木塑板材。

（3）防虫抑菌硅藻土木塑板材性能　防虫抑菌硅藻土木塑板材性能见表 4-9。

表 4-9　防虫抑菌硅藻土木塑板材性能

检测项目		标准要求	样品
吸水率		≤2.0	0.3
吸水厚度膨胀率/%		≤1.0	0.06
静曲强度/MPa		≥20	20(+)
弯曲弹性模量/MPa		≥1800	1890
表面耐磨/(g/100r)		≤0.08	0.06
甲醛释放量/(mg/L)		≤1.5	<0.05
可溶性金属/(mg/kg)	铅	≤90	<0.5
	铬	≤75	<0.5
	镉	≤60	<0.5
	汞	≤60	<0.5

空气杀菌试验所制得的板材建成 1m³ 的柜子，对照组为普通木塑板建成的 1m³ 的柜子。试验时，向柜内喷金黄色葡萄球菌菌液，静置 1min 后测定柜内含菌量，此时为实验前的空气含菌量；静置并在预定的时间（2h、6h、8h、12h）后采样，用常规方法测定活菌数，试验数据如表 4-10 所示。

表 4-10　空气杀菌试验

静置时间/h	存活菌数/(CFU/m³)		静置时间/h	存活菌数/(CFU/m³)	
	对照组	样品		对照组	样品
0	1.76×10^7	1.93×10^7	8	1.21×10^8	8.96×10^4
2	2.56×10^7	2.65×10^5	12	3.03×10^8	8.07×10^4
6	4.99×10^7	1.03×10^5			

4.2.9　玄武岩纤维增强橡胶木粉/回收 HDPE 木塑材料

玄武岩纤维是以天然玄武岩为原料，在高温下熔融，通过铂铑合金拉丝后制成连续纤维。它是一种绿色无污染的工业材料，具有良好的化学稳定性、耐高温、耐腐蚀性、低吸湿性和优异的力学性能，而且获得渠道广泛、制造成本低。玄武岩常作为增强材料替代玻璃纤维和碳纤维，如将玄武岩纤维添加到高密度聚乙烯、聚丙烯、聚甲醛、尼龙、环氧树脂、无机物甚至金属材料中以改善基体的力学性能。

（1）配方（质量分数/%）

HDPE 瓶盖破碎料	36	玄武岩纤维	5
橡胶木粉	54	其他助剂	2.5
马来酸酐接枝聚乙烯	2.5		

注：玄武岩纤维，浸润剂类型为亲油性，含水率为 0.1%；橡胶木粉，60～100 目，含水率 5%。

（2）加工工艺　将橡胶木粉、回收 HDPE、马来酸酐接枝聚乙烯、玄武岩纤维原料在烘箱中充分干燥，待用。保持橡胶木粉和回收 HDPE 质量比 6/4 不变，玄武岩纤维的添加比例分别是橡胶木粉和回收 HDPE 总质量的 5%。将上述原料按比例加入密炼机中，混合、造粒。螺杆转动方向设置为同向，温度 150℃，共混时间为 10min，转速为 15r/min；造粒后在平板硫化机上模压成型，压力 8MPa，温度 160℃，热压时间 15min。

（3）参考性能　玄武岩纤维含量对材料弯曲性能和拉伸性能的影响见图 4-7、图 4-8。

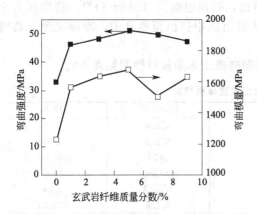

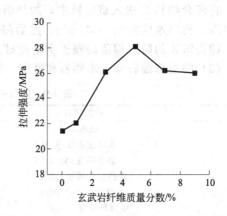

图 4-7　玄武岩纤维含量对材料弯曲性能的影响　　图 4-8　玄武岩纤维含量对材料拉伸性能的影响

由图 4-9 可见，随着玄武岩纤维含量的增加，复合材料吸水率呈现下降趋势，这主要是因为玄武岩纤维属于无机材料，其吸湿性极低。与玻璃纤维相比，玄武岩纤维吸湿率低 80% 左右，所以随着玄武岩纤维含量的增加，木塑复合材料的吸水率也有所降低。

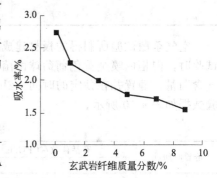

图 4-9　玄武岩纤维含量对复合材料吸水性能的影响

4.2.10　利乐包 /HDPE 阻燃木塑复合材料

利乐包-纸塑铝复合包装材料（paper/plastic/aluminum，PPA）具有十分优良的保鲜阻隔作用，PPA主要含有 75% 的优质纸浆、20% 的塑料和 5% 的铝箔，具有极高的回收利用价值。随着利乐无菌包装产品消费量的增加，消费产生的利乐废弃包装数量与日俱增，如果处理不当，这些不可降解废料会给环境保护带来巨大压力。因此，利乐包装材料的回收再利用具有十分重要的社会意义和经济价值。

目前对 PPA 的回收再利用技术主要有 3 种：①分离技术，即分别分离并回收利用纸浆、聚乙烯和铝；②彩乐板技术，即将回收 PPA 粉碎后，在蒸汽加热情况下使其中的塑料熔化并与纸纤维牢固结合，之后分别经过热压和冷压定型，再根据需要分切组装成最终产品；但由于彩乐板的原材料只能采用利乐包装生产提供的边角料以及牛奶、饮料灌装厂在灌装过程中产生的废包装盒等洁净的利乐包装材料来制造和生产，这样就使利乐包装的回收范围受到限制；③木塑复合技术，即直接利用回收的 PPA 制备木塑复合材料及制品。由于采用分离技术回收利用 PPA 的能耗较高，近年来采用彩乐板技术和木塑复合技术成为回收利用 PPA 的主要研究方向。

塑木复合技术是将利乐包装废弃物直接粉碎，挤塑成型为"塑木"新材料，将废弃物中的纸、塑和铝箔更加紧密地结合在一起。大约 870 个利乐包可以生产一张 1.2m 长、0.4m 宽的木塑复合椅子。这种"塑木"新材料可以用来制造室内家具、室外防盗垃圾桶、园艺设施等。但由于塑料和木粉都属于易燃物质，这种木塑产品用于室内则会存在一定的火灾隐患。本例将废弃利乐包粉碎成粒度更小的微米级粉状材料，添加膨胀阻燃剂，采用挤出注射法和热压法制备了利乐粉/HDPE 阻燃木塑复合材料。

(1) 配方（质量份）

利乐包装废弃物（伊利公司）	70	三聚氰胺 MEL（天津市恒兴化学试剂）	10
HDPE（中石化 5000s）	26	PE-g-MAH（KT-12B）	4
聚磷酸铵 APP（江苏星星阻燃剂有限公司）20		玄武岩纤维	0.7

(2) 加工工艺　将利乐包装生产性废料利用电热恒温鼓风干燥箱在 90℃ 条件下干燥 3h，使含水率达到 3%～5%。用碎纸机进行初步粉碎得到规格为 2mm×6mm 的利乐包装废料粒；将利乐包装废料粒加入微型植物粉碎机进一步粉碎，得到粒径 40 目左右利乐包装废料粉。先将利乐粉在 110℃ 烘干 8h，至含水量（质量分数）<2%。固定复合材料的配方（质量份）为利乐包装废弃物 70 份、HDPE26 份、PE-g-MAH4 份、阻燃体系 30 份（APP 和 MEL 的质量比为 2:1），玄武岩纤维 0.7 份。

① 挤出注塑法制备样品　按配方称取一定量干利乐粉、HDPE、PE-g-MAH、阻燃剂等，置于高速混合机中混合约 5 min，排料，制得预混料。将预混料加入平行双螺杆挤出机中挤出塑化造粒，制得塑化料，双螺杆挤出机四区造粒的温度分别为 155℃、160℃、165℃、170℃。再将塑化料加入塑料注塑成型机注塑成型，流程压力为 130MPa，保压压力为 120MPa，时间为 10s。

② 热压法制备样品　在 160℃ 下在双辊开炼机上先将 HDPE、PE-g-MAH 的混合材料炼至完全塑化，然后按配方加入一定量的利乐粉、阻燃剂和其他助剂，在此温度下混炼 15min，混炼至利乐粉和阻燃剂均匀分散。称取一定量混炼复合材料，放入模具中，把模具放入平板硫化机中，在相应的温度、压力下进行热压，待模具自然冷却后取出制品。

(3) 参考性能　热压法制备利乐粉/HDPE 阻燃木塑复合材料的最佳工艺条件是加压时间 15min，温度为 160℃，压力为 10MPa。利用最佳工艺条件制成的样品，氧指数可达 28.31%，弯曲强度为 44.17MPa，拉伸强度为 16.98MPa。

注塑法制备的阻燃木塑复合材料的弯曲强度、拉伸强度和氧指数明显高于以热压法制备。注塑产品的弯曲强度比热压产品高 25.56%，拉伸强度高 55%，燃烧残余物的炭层和膨胀更致密和稳定。

4.2.11　PLA/PBS/秸秆粉可生物降解木塑复合材料

由于 PLA 抗冲击性和耐热性差，价格昂贵，限制了 PLA 的广泛应用。为了提高 PLA 的抗冲击性和耐热性能，近年来采用无机填料和生物降解高秸秆粉分子进行共混，来源广、价格便宜，使成本大大降低。本例采用价格低廉的秸秆粉，填充 PLA、PBS 作为增韧剂，MA-PLA 作为相容剂，DOP 作为增塑剂。再添加其他助剂，注塑成可生物降解木塑复合材料。

（1）配方（质量份）

PLA	50	DOP	3
PBS	30	SBS	15
MA-PLA	5	硬脂酸锌	4
秸秆粉	20	润滑剂	3

（2）加工工艺　按配方将 50 份 PLA、30 份 PBS 和 5 份马来酸酐接枝聚乳酸放到高速混炼机中混合均匀并干燥，设置混炼机的温度 80℃，时间 15min，再将秸秆粉、DOP、SBS、硬脂酸锌、润滑剂放入混炼机中与前面加入的物料混合，温度不变，时间 15min，然后将混好的物料放入注塑机注塑成型。最佳注塑工艺条件：注射温度 178℃，注射压力 5MPa，注射速度 45%。

（3）参考性能　材料密度 $1.032g/cm^3$，表观质量光滑平整，颜色均匀一致，拉伸强度 19.03MPa，冲击强度 $17.67kJ/m^2$，弯曲强度 17.54MPa。

第5章

阻燃塑料的配方与应用

5.1 概述

5.1.1 高分子聚合物的燃烧机理

当高分子聚合物受热时，首先会分解而产生多种挥发性可燃小分子，当空气中可燃物和氧气的浓度达到一定程度后，加之高分子聚合物在燃烧过程中向周围释放大量热量，从而导致更大面积的燃烧。聚合物燃烧过程如图5-1所示。

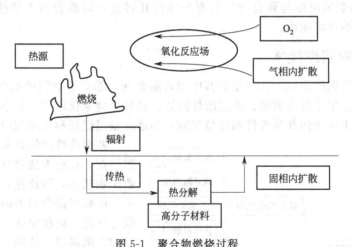

图5-1 聚合物燃烧过程

聚合物燃烧在时间上可分为受热分解、点燃、燃烧传播及发展（燃烧加速）、充分及稳定燃烧、燃烧衰减等阶段；在空间上可分为表面加热区、凝聚相转换区（分解、交联、成碳）、气相可燃性产物燃烧区等不同区域。聚合物由于自身性能特点，在受热燃烧过程中还会发生玻璃化转变、软化、熔融、膨胀发泡、收缩等特殊热行为。

5.1.2 阻燃剂作用机理

从燃烧三要素这个角度出发，即氧气、可燃物和一定的温度，这三者中切断任意一条燃烧便不能进行，因此阻燃剂在燃烧过程中必须能抑制其中至少一个因素。不同的阻燃剂作用机理不尽相同，但主要为以下几个过程。

①吸热降温　阻燃剂在分解过程中多表现为吸热反应，减少热量的散发，降低火焰温度使其不能达到着火点，从而延缓聚合物的持续降解而实现阻燃。

②自由基捕捉　聚合物受热裂解成大量自由基，造成持续不断地燃烧。阻燃剂的分解产物可与自由基反应，降低可燃物含量，实现阻燃。

③隔绝氧气　阻燃剂涂覆于聚合物表层或者加入聚合物，会使得聚合物表层存在致密涂层或者在燃烧过程中形成致密炭层，将氧气与聚合物隔绝，阻止燃烧过程。

④稀释气体　阻燃剂受热分解，生成不可燃气体，对聚合物本身所降解而成的小分子可燃物有一定的稀释作用；同时也降低氧气的含量，达到阻燃目的。

5.1.3　阻燃剂选用原则

在通常情况下，阻燃剂的选择是建立在已有研究及经验上的。常见的阻燃剂中基本会含有 P、N、卤素等元素中的一种或几种；其他有效阻燃元素还有 Si、Zn、Mo、Sn 等金属元素。阻燃剂的选取应满足下列原则。

①阻燃剂的热分解产物应无毒、安全、环保，对生命安全不具备威胁。

②阻燃剂的热解温度和被阻燃聚合物的分解温度热力学匹配，确保阻燃剂在聚合物分解前发挥阻燃作用。阻燃剂的分解温度应高于聚合物加工成型温度，避免阻燃剂提前发挥作用的现象发生。

③选取适用于基体的阻燃剂种类和适宜的添加量。阻燃剂添加量不足，满足不了阻燃要求；阻燃剂添加量太高，对复合材料的力学性能影响太大。阻燃剂的效果与被阻燃聚合物的化学结构有关系，任何阻燃剂都不是适用于所有聚合物材料。

④选取的阻燃剂应该与聚合物间具有一定的相容性，对聚合物力学性能、耐紫外线、耐腐蚀性等的影响尽可能小。

5.1.4　聚合物阻燃技术

对聚合物进行阻燃改性，往往是向其中加入阻燃剂，然而添加阻燃剂的方法有许多种，外加阻燃剂阻燃、纳米复合阻燃、表面改性阻燃、高分子合金化阻燃、化学反应阻燃。其中应用最广的技术手段包括共混改性和接枝交联，即添加型阻燃剂和反应型阻燃剂。

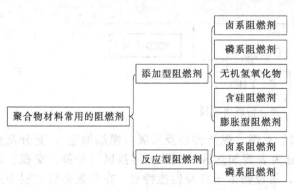

图 5-2　聚合物常用阻燃剂分类

共混改性指的是在材料共混时加入阻燃剂。这种方法对材料本身的工艺参数影响较小，因此在日常生产中最为常见，但缺点是会因为混合不均匀导致分散性过差。接枝交联则是在聚合物合成时加入阻燃剂，这种方法操作起来较为复杂且成本较高，但得到的产物阻燃性能更为持久，效果更好。

按阻燃剂阻燃作用的机理分类，可以将阻燃剂分为反应型阻燃剂和添加型阻燃剂；按阻燃剂的化学组成来分类，可以将阻燃剂分为有机阻燃剂和无机阻燃剂。有机阻燃剂中以某种元素为阻燃关键元素，可以将阻燃剂细分为溴系、氯系、磷系或磷氮系阻燃剂。聚合物常用阻燃剂分类如图 5-2 所示。

随着纳米科学技术的快速发展，纳米阻燃技术也得到长足发展并取得可喜进步。目前，纳米阻燃技术已成为阻燃材料研究领域的重要方向。纳米阻燃剂作为一种新型的高分子阻燃体系，其以极少的填充量就能使复合材料的性能得到明显提高。分散纳米粒子按照纳米尺寸维数可以分为 3 类：①当纳米粒子三维尺度均为纳米尺寸时，称为同尺寸纳米粒子，也即零维纳米材料，如球形二氧化硅、二氧化钛，笼型倍半硅氧烷（POSS）、富勒烯（C60）等；②当纳米粒子具有二维尺度为纳米尺寸时，此时为纵长结构，称为一维纳米材料，如碳纳米管及各种晶须；③当纳米粒子只有一维尺度为纳米尺寸时，此时是以一到几纳米厚，几百到几千纳米长的片状形式存在，称为层状晶体纳米粒子，也称为二维纳米材料，如蒙脱土（MMT）、石墨烯、滑石、锂蒙脱石、氧化石墨、层状双金属氢氧化物（LDH）等。其中，在纳米阻燃体系的研究中，碳纳米管（CNT）、富勒烯（C60）、纳米炭黑（NCB）等纳米碳材料在改善聚合物的成炭质量，提高聚合物的热稳定性、力学等性能方面有着不凡表现。特别是随着明星材料——石墨烯的出现，更在全球范围内掀起了新一轮碳材料研究的高潮。

5.2　阻燃塑料的配方、工艺与性能

5.2.1　水滑石阻燃改性聚乙烯

卤系阻燃剂因其分解产生的卤化氢能够捕获并消除聚合物材料燃烧时释放出的活性自由基，可减缓或者终止链反应，从而达到阻燃目的，添加少量卤系阻燃剂就能够显著提高材料的阻燃性能并且对材料的力学性能影响小，以卤系阻燃剂的应用最为广泛。但是，卤系阻燃聚合物材料在燃烧时产生大量有毒、有腐蚀性的烟气，这些烟气不利于施救并且产生"二次危害"。氢氧化物阻燃剂主要是氢氧化镁和氢氧化铝，具有无毒、抑烟、环保等优点。但是，氢氧化物阻燃剂与聚合物基体的亲和性较差，低含量时阻燃效果不明显，需要的填充量往往较高，而高填充量又恶化材料的综合性能。膨胀阻燃体系是近年来研究较多的阻燃剂之一，借助于受热后形成的膨胀炭层而发挥阻燃作用，具有无毒、无卤等特点。

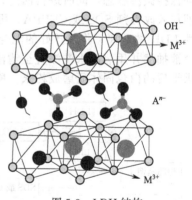

图 5-3　LDH 结构

水滑石（layered double hydrotalcides，LDH）的结构（图 5-3）类似于水镁石　$Mg(OH)_2$，是一类具有层状结构、化学组成可调的无机功能材料，在具有可观阻燃作用的同时，还兼有镁、铝氢氧化物无烟无毒及无卤的优点。此外，还具有绝缘、抗老化、抗紫外、润滑、着色及稳定等性能。本例采用十二烷基硫酸钠（SDS）和 2-羧乙基苯基次膦酸（CEPPA）层间改性的 LDH 制备聚乙烯（PE）基纳米复合材料，并通过与膨胀阻燃剂（IFR）复配获得纳米复合阻燃材料。

（1）配方（质量份）

LDPE	70	季戊四醇(PER)	5
CLDH	10	抗氧剂 1010	0.5
多聚磷酸铵（APP）	15		

上述 2-羧乙基苯基次膦酸（CEPPA）层间改性的水滑石为 CLDH，膨胀阻燃剂（IFR）为 APP∶PER＝3∶1；LDPE 牌号为 Q210，中国石化上海石化股份有限公司；多聚磷酸铵牌号为 JLS-APP，杭州捷尔思阻燃化工有限公司。

（2）加工工艺

① LDH 的制备　采用共沉淀法制备 LDH，其流程如图 5-4 所示。具体步骤为：a. 配制 A 溶液，按摩尔比（$Mg^{2+}∶Al^{3+}＝3∶1$）称取一定质量的 $Mg(NO_3)_2 \cdot 6H_2O$ 和 $Al(NO_3)_3 \cdot 9H_2O$，用蒸馏水将其溶解配制成混合离子溶液；b. 配制 B 溶液，称取一定质

量的 NaOH 和 Na_2CO_3 固体，用蒸馏水溶解配制成碱性混合溶液；c. 共沉淀反应，将 A 溶液倒入三口烧瓶中并将其放入一定温度下的恒温水浴锅中加热并进行强烈搅拌，以 1.0mL/min 的滴加速度向 A 溶液中滴加 B 溶液至 pH 达到 10 时停止滴加，继续搅拌混合溶液 0.5h；d. LDH 的分离，将搅拌好的混合液静止放置进行陈化直至出现明显的分层，将分层后的混合液抽滤并用蒸馏水洗涤直至滤液呈中性为止，将产物置于 70℃ 的干燥箱中进行烘干，将烘干后的白色固体研磨成粉末，所得的固体粉末为 LDH。

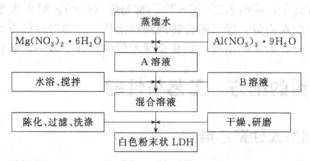

图 5-4　LDH 制备流程

② 改性 LDH 的制备　采用重构法制备改性 LDH，其流程如图 5-5 所示。具体步骤为：a. 双金属氧化物的制备，取一定质量的 LDH 将其放入马弗炉中，500℃ 下煅烧 6h 得到双金属氧化物（LDO），将煅烧后得到的 LDO 放入干燥器中保存；b. 重构改性，将蒸馏水煮沸并保持微沸状态，同时进行回流，将煅烧得到的 LDO 放入微沸的蒸馏水中并搅拌，随后立即加入改性剂 SDS 或 CEPPA，用 NaOH 溶液调节混合液至 pH 为 10，继续搅拌 3h；c. 改性 LDH 的分离，将搅拌好的混合液静止放置进行陈化直至出现明显的分层，将分层后的混合液抽滤并用蒸馏水洗涤直至滤液呈中性为止，将产物置于 70℃ 的干燥箱中进行烘干，将烘干后的白色固体研磨成粉末，所得的固体粉末为改性 LDH。

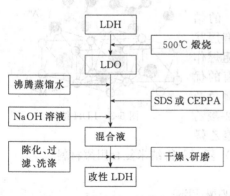

图 5-5　改性 LDH 的制备流程

③ LDH 母料的制备　采用熔融共混法制备 PE-*g*-MA/LDH 母料，为防止降解，加入一定量的抗氧剂 1010，将 PE-*g*-MA 同 LDH 或 SLDH 或 CLDH 一起在密炼机熔融混合，待转矩稳定后即停止混炼，改用开炼机进行二次混炼，得到母料。

④ 纳米复合材料的制备　采用熔融共混法制备 PE/LDH 纳米复合材料，将 PE、膨胀阻燃剂（IFR）（APP:PER=3:1）同 LDH 母料一起在密炼机中混炼，待转矩稳定后停止混炼，改用开炼机进行二次混炼，将混炼后的复合材料热压压制成薄片。

（3）参考性能　十二烷基硫酸钠（SDS）和 2-羧乙基苯基次膦酸（CEPPA）层间改性的水滑石，命名为 SLDH 和 CLDH。膨胀阻燃剂（IFR）为季戊四醇和多聚磷酸铵复配。SLDH 在有效提高层间距离的基础上，能够有效改善 SLDH 与 PE 的相容性，有利于纳米片层的剥离和分散；CLDH 同时含有 P 元素，将有利于改善体系的阻燃性能。图 5-6 给出 PE-IFR-LDH 的 LOI 值。从图 5-6 中可以看出，经 LDH 改性的膨胀阻燃 PE 复合材料的 LOI 明显升高，由纯 PE 的 21% 上升到 PE-IFR 的 26.5%，提高约 26%。经 IFR 和 LDH 共同改性后的 PE 复合材料的 LOI 继续增加，PE-IFR-LDH 的 LOI 达到 30.5%，相比 PE 提高了约 45%；而与 PE-IFR 相比，则提高约

15%。阻燃效果明显升高，揭示 IFR 与 LDH 之间具有一定的协效阻燃作用。

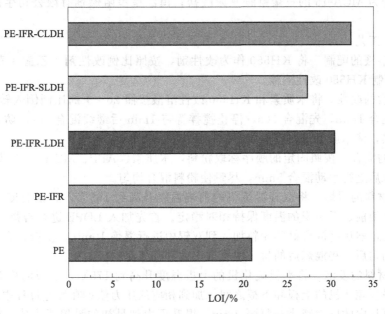

图 5-6　PE-IFR-LDH 的极限氧指数

　　CLDH 和 SLDH 与 IFR 的协效作用差异较大，经 IFR 与 SLDH 共同改性后的 PE-IFR-SLDH 复合材料的 LOI 提高至 27.5%；与 PE 相比提高约 30%；与 PE-IFR 相比，仅增加约 3%；而与 PE-IFR-LDH 相比则降低约 9%。说明与基于相容性改性的 SLDH 和 LDH 相比，与 IFR 的协效作用效果降低。经 IFR 与 CLDH 共同改性后的 PE-IFR-CLDH 复合材料的 LOI 提高至 32.5%；与纯 PE 相比提高约 54%；与 PE-IFR 相比；则提高约 22%。可见，阻燃化功能改性的 CLDH 更有利于改善膨胀阻燃 PE 的阻燃性能，可获得纳米复合协同膨胀阻燃材料。

5.2.2　木质素/MCA/APP 膨胀阻燃聚乙烯泡沫材料制备

　　LDPE 泡沫塑料是泡沫塑料中应用较广的一种，也是最早成功制得的泡沫塑料之一。应用于不同领域的 LDPE 泡沫塑料必须具有各自的独特性能，例如泡沫材料作为包装材料时，要求泡沫材料具有优异的缓冲性能、较高的发泡倍率和良好的阻燃性能；在建筑材料应用方面，要求 LDPE 泡沫材料具有优良的隔热性能和力学性能，以及较低的发泡倍率；在化工材料应用方面需要泡沫材料具有良好的耐化学性能；在汽车内饰材料运用方面，需要具有良好的挠曲性和韧性，以及优良的缓冲性能和阻燃性能。但是，LDPE 分子链中只含有碳和氢两种元素。泡沫材料具有较多的泡孔结构，使之极容易燃烧，极限氧指数仅为 17.4%，并且随发泡倍率的升高，即泡沫材料密度下降，泡沫材料柔软度有一定上升，降低了 LDPE 泡沫材料的阻燃性。因此，泡沫塑料容易燃烧的缺陷严重地限制其在汽车、建筑和包装方面应用。本例设计木质素/MCA/APP 三元复合膨胀阻燃体系以制备阻燃聚乙烯泡沫材料。

　　(1) 配方 (质量份)

LDPE	100	偶氮二甲酰胺	4
木质素	20	过氧化二异丙苯(DCP)	0.5
三聚氰胺氰尿酸盐(MCA)	60	氧化锌	1.5
聚磷酸铵(APP)	50		

上述为山东龙力生物科技有限公司生产的工业级别的酶解木质素；青岛海大化工有限公司生产的型号为 MCA-15 的三聚氰胺氰尿酸盐；镇江星星阻燃剂有限公司生产或销售的Ⅱ型聚磷酸铵。

（2）加工工艺

① 改性溶液的配制　将 KH550 作为改性剂，按照比例改性剂：乙醇：蒸馏水为 20：72：8 稀释配制 KH550 改性溶液。

② 木质素的改性　将木质素和 KH550 改性溶液按照 20：1 的比例倒入转速为 90r/min 的搅拌器中混合 1min，先混合 30s，停止搅拌等待 1min 后继续混合 30s，防止搅拌器搅拌时间过长发热，使木质素受热变黑。

③ 粉料的混合　按照固定的顺序称取粉料，木质素、APP、MCA、AC 发泡剂、DCP、氧化锌，称取后进行手动混合 5min，尽量使粉料混合均匀。

④ 复配材料的混炼　将双辊混炼机的前辊温度升高到 165℃，后辊温度升高到 160℃，调节电流大小使前、后两辊的温度保持相对稳定。首先加入 LDPE 进行混炼 5min，使材料处于熔融状态，然后将混合好的粉料加入到双辊中进行混炼 10min，使粉料和基体材料均匀混合，混合均匀后，将混炼后的材料快速取出放到准备好的模具中。

⑤ 复配材料的发泡　将平板硫化机的上板温度升高到 175℃，下板温度升高到 170℃，将模具放到平板硫化机的上板和下板之间，加到相应的压力值；在发泡过程中，有大量气体发出，会使模具内的压力减小；每隔 2min，提升压力到最初的设置压力值，保持模具在相应的压力下发泡 10min 或压力值不出现变化后，将模具拿出平板硫化机，进行冷轧，此时的施加压力为 200N，冷轧 10min 等待模具的冷却，最终形成理想的泡沫材料。

LDPE 膨胀阻燃体系制备工艺流程如图 5-7 所示。

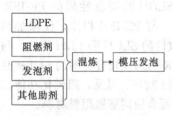

图 5-7　LDPE 膨胀阻燃体系制备工艺流程

（3）参考性能　采用极限氧指数（LOI）和垂直燃烧（UL-94）测试分析 MCA 对膨胀阻燃泡沫材料阻燃性能的影响。从表 5-1 可知：木质素/APP 二元复合膨胀阻燃体系的氧指数为 26.8%，添加 MCA 后的三元复合膨胀阻燃体系的氧指数均明显提高，泡沫材料随着 MCA 含量的增加，极限氧指数先上升后下降，最高可达 28.1%。在垂直燃烧测试中，未添加 MCA 的膨胀阻燃体系并不能使泡沫材料达到很好的阻燃级别，燃烧过程中还伴有熔滴产生。当 APP 与 MCA 的用量为 60：50 时，泡沫材料氧指数提高到 28.1% 以上，垂直燃烧等级也达到 FV-0 级，说明 MCA 添加到木质素/APP 膨胀阻燃体系中可提高体系对泡沫材料的阻燃性能；同时，避免泡沫材料燃烧时出现熔融滴落现象。

表 5-1　不同 MCA 用量的木质素/APP/MCA/LDPE 膨胀阻燃泡沫材料的极限氧指数

APP/MCA	LOI/%	燃烧等级	滴落引燃
110/0	26.8	LV-1	有
80/30	27.3	LV-1	有
60/50	28.1	LV-0	无
40/70	27.5	LV-1	无

图 5-8 是不同含量 MCA 的 LDPE 膨胀阻燃泡沫材料应力应变曲线图。可以看出，随着 MCA 用量的增加，图形中直线的斜率逐渐增大，说明 LDPE 泡沫材料的模量逐渐提高，提高了复合体系在弹性形变区域内抵抗形变的能力。当 APP 与 MCA 用量为 50：60 时，体系出现明显的屈服现象，此时 LDPE 泡沫材料的刚性最大。

图 5-9(a) 是 APP 与 MCA 用量比例为 110：0 的膨胀阻燃泡沫材料微观泡孔结构图，由图可知：未添加 MCA 的膨胀阻燃发泡体系中泡孔直径主要分布在 80～90μm 之间，泡孔

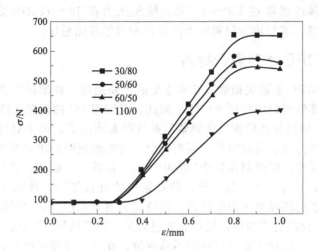

图 5-8 MCA 用量对 LDPE 膨胀阻燃泡沫材料应力应变曲线

分布集中，泡孔较小，孔壁较厚。图 5-9(b) 是 APP 与 MCA 用量比例为 60∶50 的膨胀阻燃泡沫材料微观泡孔结构图，可以看出，添加 MCA 的膨胀阻燃发泡体系中泡孔直径主要分布于 $120\sim140\mu m$ 之间，泡孔分布比较分散，泡孔较大，泡孔连续均匀。

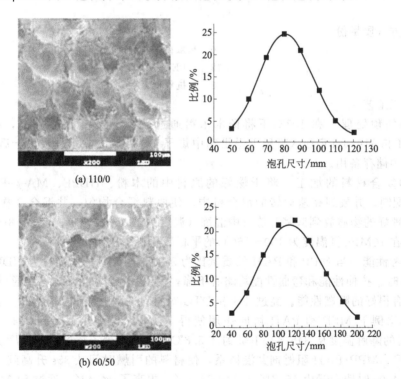

(a) 110/0

(b) 60/50

图 5-9 不同 MCA 用量的木质素/APP/MCA/LDPE 膨胀阻燃泡沫材料的微观泡孔

综上所述，在木质素/MCA/APP 膨胀阻燃 LDPE 泡沫材料中，MCA 的添加使膨胀阻燃 LDPE 泡沫材料的刚性和模量提高，泡孔直径增大，泡孔壁变薄。当 APP 与 MCA 用量为 60∶50 时，体系的极限氧指数达到 28.1%，垂直燃烧等级达到 LV-0 级，燃烧时无明显熔融滴落现象。700℃残余炭含量从 14.2%升高到 32.3%，添加 MCA 的膨胀阻燃 LDPE 泡沫材料燃烧后炭层结构更加光滑致密，使膨胀阻燃发泡体系的阻燃效果得到明显提升。

当工艺条件为模压温度在 160～170℃，模压压力在 10～12MPa 之间时，以木质素/MCA/APP 膨胀阻燃 LDPE 泡沫材料的力学性能和阻燃性能最佳。

5.2.3 阻燃 HDPE 木塑复合材料

近年来，随着 WPC 表面装饰处理技术水平的不断提高，在家居装潢、建筑产品、办公室设备和汽车内饰等领域的应用更加广泛。因此，对于 WPC 的阻燃性能特别引起人们的关注。这使得对 WPC 阻燃作用的探究变得紧迫并具有实际意义。出于对环境愈发的关注，为保护环境、减少废物污染、建设绿色环保型社会，对阻燃剂的要求愈发集中于多方面，阻燃剂的阻燃性能不仅要好，阻燃剂在燃烧过程中还应具备低毒、低烟、无污染等性能。三聚氰胺聚磷酸盐（MPP）具有无毒，耐久性、热稳定性能好且能与其他物质协效等优点，是一种非常具有应用前景的环保型无卤阻燃剂。但研究表明对木塑复合材料进行阻燃时，单一组分阻燃剂 MPP 需要很高的添加量才能达到理想效果。次磷酸铝（PAH）是一种新型的阻燃助剂。在通常条件下，在加工复合材料时不易挥发，在加工过程中也具有较好的力学性能和较好的耐候性。由于次磷酸铝含磷量较高，所以通常含有次磷酸铝的复合材料具有良好的热稳定性、水溶性较小和阻燃效力大等优点。本例以一种环保型阻燃剂三聚氰胺聚磷酸盐（MPP）与阻燃剂次磷酸铝（PAH）复配高密度聚乙烯 HDPE/木粉复合材料进行阻燃，同时使用马来酸酐接枝聚乙烯（PE-g-MAH）为相容剂以改善木塑复合材料的力学性能。

(1) 配方（质量份）

HDPE	60	木粉 WF	40
APP	12	PE-g-MAH	6
PAH	8	抗氧剂 1010	1

(2) 加工工艺

① 原料的预处理 在 105℃下将杨木木粉通过鼓风干燥烘干 8～10h，在 60℃下将 MPP、PAH 和 MA-g-PE 放入鼓风干燥烘箱中烘干 4～6h，去除水分，烘干后放置在阴凉的密封容器中储存备用。

② 木塑复合材料的加工 将干燥好的原料中的木粉、HDPE、MA-g-PE 固定比例 40∶60∶6 配制，并放到高速运转的混合机中，使原料混合均匀，共混合 3 次（每次可为 30s）。将处理好的物质放到双桨开炼机中混炼（温度为 150～160℃），待 5～8min 后迅速取出，之后放在 10MPa 且温度为 150～160℃的平板硫化机下压制。

(3) 参考性能 当 MPP 和 PAH 的质量比为 3∶2，阻燃剂的添加量为 HDPE/WF 复合材料的 35% 时，拉伸性能和弯曲性能均略有下降，但 LOI 高达 29.6%，且通过垂直燃烧的 V-0 级，具有很好的阻燃性能。经过 TG 和 DTG 对材料的阻燃测试实行分析，其结果表明：在最适合的比例下 MPP 和 PAH 协同作用使得 $T_{5\%}$ 从 283.5℃下降到 274.8℃，下降了 8.7℃，木粉的降解温度从 345.4℃下降到 315.8℃。高密度聚乙烯的降解温度从 463.6℃上升到 486.4℃。MPP/PAH 阻燃剂共混体系，使材料的引燃时间从 35s 升高到 43s。与空白样对比，在 400s 时残炭量由 15.7% 升高到 60.1%，提高了 44.4%，通过 SEM 观察阻燃剂在阻燃中炭层的形貌，可知复配阻燃剂比单一阻燃剂在阻燃过程中更易产生致密、紧凑的炭层。

5.2.4 阻燃剂 SR201A/蒙脱土复配阻燃聚丙烯

磷氮复配膨胀阻燃体系具有阻燃效率高，燃烧时少烟、低毒、不产生害气体、不形成熔滴等特点，已成为阻燃领域研究的热点，现已广泛用于聚丙烯的阻燃研究和生产中。阻燃剂

SR201A 是一种以聚磷酸铵为主要成分的市售磷氮复配膨胀阻燃剂，具有阻燃制品发烟量低、加工过程对磨具腐蚀性小等优点，但价格较高。蒙脱土是一种层状硅酸盐结构的无机纳米阻燃剂，在燃烧过程中能促进材料成炭，抑制熔滴，并起到阻隔气体，降低材料热释放速率等作用，价格相对低廉。本例将阻燃剂 SR201A 和有机改性蒙脱土（OMMT）复配阻燃聚丙烯，以期发挥协同增效作用。

（1）配方（质量分数/%）

PP	70	MPJ11540	2
SR201A	20	NG2002	3
OMMT	5		

上述聚丙烯（K8003）为中韩（武汉）石油化工有限公司阻燃剂生产；SR201A 为山东旭锐新材有限公司生产；有机改性纳米蒙脱土（OMMT)-DK2 为浙江丰虹新材料股份有限公司生产；抗氧化剂 MPJ11540 为上海良诺塑料制品有限公司生产；相容剂 NG2002 为上海良诺塑料制品有限公司生产。

（2）加工工艺　将所有原料预先干燥除去水分后，将聚丙烯、阻燃剂 SR201A、蒙脱土、抗氧剂和相容剂按一定配比，在高速搅拌机中混合均匀，然后用双螺杆挤出机挤出造粒。

（3）参考性能　表 5-2 为聚丙烯以及不同配比和用量的阻燃剂 SR201A 与 OMMT 复配阻燃聚丙烯的垂直燃烧测试（UL94）和极限氧指数（LOI）测试结果。1#样品聚丙烯点燃后剧烈燃烧，同时伴随严重的滴落现象，LOI 仅为 18.4%，达不到任何阻燃级别。SR201A 添加量为 23% 时，阻燃材料的 LOI 高达 30.2%，但仍不能达到任何阻燃级别；当其添加量为 25% 时，阻燃样品具有明显的阻燃效果，可通过 UL94V-0 级测试。SR201A 和 OMMT 总添加量为 23% 时，样品 UL94 达到 V-2 级，说明 OMMT 的加入提高了炭层质量，但点燃后仍存在滴落现象。5#样品和 6#样品点燃后燃烧区域逐渐拉长、坠断，之后样条熄灭，这可以归因于试验所用的聚丙烯熔体流动速率为 25g/min，受热时熔体黏度过小，无法承受熔化区域的重量，出现滴落现象。SR201A 和 OMMT 总添加量为 25% 时，样品可通过 UL94V-0 级，且 LOI 高达 36.8%。综上可见，阻燃剂 SR201A 和 OMMT 复配使用时有一定的协效作用，并且可以有效减少熔融滴落现象。聚丙烯和阻燃聚丙烯样品的 HRR 如图 5-10 所示。

表 5-2　聚丙烯和阻燃聚丙烯样品的阻燃性能

样品	组分的质量分数/%					UL94	
	PP	SR201A	OMMT	相容剂	抗氧母粒		LOI/%
1#	95	—	—	2	3	没有评级	18.4
2#	75	20		2	3	没有评级	22.6
3#	73	23		2	3	没有评级	30.2
4#	70	25		2	3	V-0	34.7
5#	73	20	3	2	3	V-2	30.6
6#	73	18	5	2	3	V-2	31.5
7#	70	20		2	3	V-0	36.8

5.2.5　改性 S-LDH 阻燃抑烟剂阻燃聚丙烯材料

PP 易燃性及燃烧时产生的熔融滴落极易引发火灾的产生及火势的快速蔓延，这对 PP 的应用产生很大限制。新型阻燃膨胀体系与无机混合金属氢氧化物的复配协同阻燃体系成为当今阻燃体系研究的主导。本例基于在制备出改性层状双金属氢氧化物，即 S-LDH 基础上将其与聚磷酸铵（APP）、季戊四醇（PER）复配，按照一定的添加量加于 PP 基体中，制

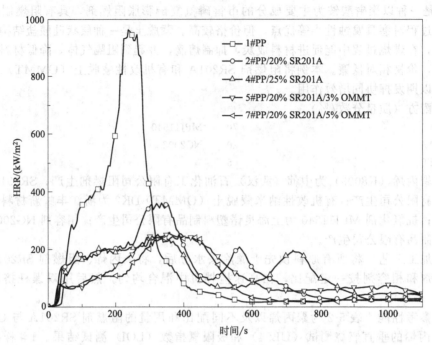

图 5-10　聚丙烯和阻燃聚丙烯样品的 HRR

备出相应的阻燃复合材料。

（1）配方（质量份）

| PP | 75 | 季戊四醇（PFR） | 6 |
| 聚磷酸铵（APP） | 18 | SLDH | 1 |

（2）加工工艺

① S-LDH 本体的制备　配制一定浓度的混合金属离子溶液，金属离子 M_{Zn}：M_{Al}：M_{Ce}=12：5：1，pH=7.0。再配制一定浓度的氨水溶液（氨水/蒸馏水=2/1，v/v=2/1），在一定温度下将氨水溶液在快速搅拌下滴入金属离子溶液当中，将反应体系的碱度调节到所需 pH 值为 7，继续搅拌 30min 后，将反应体系迅速转移至高压反应釜内于 120℃温度下反应 16h；过滤，水洗，在 60℃下烘干得产品。

将 4mmol Zn（NO₃）₂·6H₂O（11.90g），1.75mmol Al（NO₃）₃·9H₂O（6.57g），0.25mmol Ce（NO₃）₃·6H₂O（1.09g）溶于 100mL 蒸馏水中，将此盐溶液于 40℃下缓慢滴加在含有 2mmol 十二烷基苯磺酸钠 SDBS（6.98g）的溶液中，滴加完后用 0.7mol/LNaOH 溶液调节 pH=7，并在此温度下继续搅拌 30min，随后升温至 75℃下机械搅拌 18h，待其自然冷却后所得沉淀经过滤，水和乙醇分别洗两次至 pH 恒定为 7，所得产物在 60℃下烘干。

② IFR/SLDH/PP 阻燃材料的制备　在 180℃下，转速为 20r/min 的速度下将 PP 在密炼机中密炼，待 PP 完全熔融后，按一定量依次加入 APP、PER 和 LDH，继续密炼 15min。

（3）参考性能　对 PP 及 PP 复合材料进行 LOI、UL94 和 CC 测试，根据 LOI 和 UL94 测试结果，S-LDH 的加入有利于 PP 阻燃性能的提高。纯 PP 的 LOI 仅 17%，不能通过 UL94 测试，但是加入 IFR 后升高至 26.3%，UL94 测试达到 V-1 级；再次将 1%（质量分数）的 IFR 替换为 1%（质量分数）的 S-LDH 后，LOI 升高至 31%，UL94 测试达到 V-0 级。因此，S-LDH 与 IFR 之间有很好的协同阻燃抑烟作用，而这种协同作用只有在适当比例下才会存在。

5.2.6　白炭黑/IFR/聚丙烯阻燃材料

随着人们环保意识的增长及阻燃技术的发展，无卤阻燃剂取代卤系阻燃剂成为必然趋势，膨胀型阻燃剂（IFR）和硅系阻燃剂作为无卤阻燃剂的代表，深受人们关注。以磷、氮为主要成分的膨胀阻燃剂具有限燃、抑烟、减毒等多项功能，而硅系阻燃剂更以环保阻燃剂的形象深入人心。在众多无机硅填料中，白炭黑有明显的补强效果，预先将白炭黑做成母粒，使其以母粒形式加入聚丙烯体系，可以提高 PP 复合材料的力学性能。在白炭黑种类选择中应选择亲水型的粒度为微米级的白炭黑，这种白炭黑可以使体系拥有更佳的阻燃性能。本例以白炭黑加入阻燃聚丙烯体系中制备无机硅/聚丙烯阻燃材料。

（1）配方（质量份）

PP（K9928）　　　　　　　　　100　　白炭黑　　　　　　　　　　　2
MAP/PER/MEL　　　　　　　　28

（2）加工工艺　首先将聚磷酸铵（APP）用 KH-550 改性制成 MAPP，然后将聚丙烯、膨胀阻燃剂（MAPP/PER/MEL＝4∶2∶1）及一定量白炭黑（粉末或母粒），一起加热搅拌 30min，置于 100℃电热鼓风干燥箱中干燥 5h；然后将不同配比的白炭黑、IFR、PP 在双螺杆挤出机中挤出，得到白炭黑/IFR/PP 复合体系，双螺杆挤出机温度设定为 195～205℃。

（3）参考性能　如表 5-3 所示，在加入这四种白炭黑、膨润土、硅藻土及高岭土这四种无机硅粉末后体系的阻燃性能均有所增加，其中白炭黑与膨润土的协效作用最明显，其极限氧指数分别由添加前的 24.2％增加到 28.0％和 27.3％。垂直燃烧等级更是由 UL94V-2 提高到 UL94V-0 级。白炭黑能略微提高复合材料的强度，膨润土则可提高复合材料的韧性。

表 5-3　四种无机硅种类对协同阻燃 PP 的影响

无机硅种类	拉伸强度/MPa	断裂伸长率/%	垂直燃烧等级	极限氧指数/%
空白	20.05	7.06	V-2	24.2
LP 白炭黑	20.15	6.24	V-0	28.0
膨润土	18.03	19.02	V-0	27.3
硅藻土	18.39	13.45	V-2	27.0
高岭土	20.18	17.86	V-2	25.3

5.2.7　PP/IFR 阻燃复合材料

聚丙烯极限氧指数仅为 17.6％，极易燃烧且燃烧时熔滴飞溅，造成火势蔓延，给消防救援工作造成极大困难，使得聚丙烯在汽车工业、电子电器、家装建材等对阻燃要求较高的领域的应用受限。因此，赋予聚丙烯材料阻燃性具有十分重要的现实意义。目前，从工业应用角度来看，聚丙烯的阻燃仍以添加型阻燃剂为主，卤系、金属氢氧化物等传统阻燃剂自身存在严重缺陷，而 IFR、纳米阻燃剂等新型阻燃剂的应用仅处于实验室阶段，还有许多问题亟待解决。本例以硅烷包覆聚磷酸铵（Si-APP），一种酸源与 PER 复配并加入协效剂制备 PP/IFR 阻燃复合材料。

（1）配方（质量份）

PP　　　　　　　　　　　　　80　　协效剂　　　　　　　　　　　2
IFR　　　　　　　　　　　　　18

上述 IFR 由 Si-APP∶PER＝3∶1 组成，协效剂为 SiO_2 或 ZnB，聚丙烯（PP）K8003 为中韩（武汉）石油化工有限公司生产；Ⅱ型聚磷酸铵（APP）为什邡市太丰新型阻燃剂有限责任公司生产。硅烷包覆聚磷酸铵（Si-APP）为深圳晶材化工有限公司生产。

（2）加工工艺　将所有原料在 80℃下烘干，以除去含有的水分；将原料按一定配比在高速搅拌机中混合均匀，用双螺杆挤出机挤出造粒，制得阻燃聚丙烯颗粒，挤出机参数设定见表 5-4。

表 5-4　挤出机参数设定

温度区间	机头	五区	四区	三区	二区	一区
设定温度/℃	175	178	178	180	175	170
主螺杆转速/(r/min)　100				喂料频率/Hz　9		

（3）参考性能　表 5-5 为聚丙烯和阻燃聚丙烯样品的垂直燃烧测试（UL94）和极限氧指数（LOI）测试结果。在保持阻燃剂（IFR 和协效剂）总添加量为 20%（质量分数）的情况下，考察添加不同囊材包覆的 APP 以及不同协效剂对聚丙烯阻燃性能的影响，其中构成 IFR 的酸源与炭源的比例为 3:1。从表中可以看出，实验用聚丙烯为极易燃材料，LOI 仅为 18.4%。添加 IFR 后，其垂直燃烧等级和氧指数均有较大提升。对比 2#、3# 和 4# 样品，APP 和改性 APP 对聚丙烯阻燃效果有一定影响，其中添加 APP 和环氧乙烷（EP）包覆 APP 的阻燃聚丙烯（2#、3#）可通过 UL94V-2 级测试，点燃后样条缓慢燃烧，燃烧区域逐渐变软、拉长、坠断，随后样条熄灭。添加硅烷包覆 APP 的阻燃聚丙烯样条（4#）点燃后迅速熄灭，达到 UL94V-0 级，LOI 提升到 30.2%，说明 Si-APP 与 PER 复配阻燃聚丙烯效果最好。对比 4#、5# 和 6# 样品，添加 ZnB 和 SiO_2 后阻燃聚丙烯样品的 LOI 分别提升至 33.4% 和 33.6%，样条一经点燃迅速熄灭，均可通过 UL94V-0 级测试，这说明 SiO_2 和 ZnB 对 PP/Si-APP 体系有较好的协同阻燃作用。

表 5-5　聚丙烯和阻燃聚丙烯样品的阻燃性能

编号	组分的质量分数/%			UL94	LOI/%
	PP	阻燃剂	协效剂		
1#	100	—	—	没有评级	18.4
2#	80	20(APP:PER=3:1)	—	V-2	29.0
3#	80	20(EP-APP:PER=3:1)	—	V-2	28.1
4#	80	20(Si-APP:PER=3:1)	—	V-0	30.2
5#	80	18(Si-APP:PER=3:1)	2(ZnB)	V-0	31.4
6#	80	18(Si-APP:PER=3:1)	2(ZnO_2)	V-0	33.6

锥形量热仪测试是火灾安全工程及设计中最具代表性的测试手段，由锥形量热仪可以得到多种可燃材料在火灾中的燃烧参数，包括热释放速率（HRR）、峰值热释放速率（pkHRR）、总释放热（THR）等。其中 HRR 是描述材料火灾危害程度的参数，其值大小与火灾危害严重程度相关。聚丙烯和阻燃聚丙烯体系的 HRR 由图 5-11 可见。

表 5-6 所示为聚丙烯和阻燃聚丙烯体系的力学性能数据。在保持添加剂（IFR、SiO_2 和 ZnB）总添加量为 20%（质量分数）的前提下，考察了阻燃聚丙烯体系的力学性能。从表 5-6 中可以看出，聚丙烯力学性能良好，加入 IFR、SiO_2 和 ZnB 后，聚丙烯的力学性能均有不同程度下降，尤其是阻燃样品的冲击强度，下降超过 50%。对比 PP/IFR 体系（2#、3#、4#），3# 和 4# 样品的力学性能较优异，这可以归因于囊材环氧树脂和硅烷的存在，APP 极性变弱，改善了加工过程 APP 的分散状况，同时增强了 APP 与聚丙烯基体的相容性，力学性能有所提高。其中 4# 样品力学性能最优，说明硅烷包覆层与聚丙烯基体相容性更好。添加 SiO_2 和 ZnB 后，阻燃聚丙烯体系的力学性能略有降低，原因可能是协效剂添加量相对加大，在聚丙烯基体中易团聚，且无机粒子与聚丙烯之间相容性较差，造成基体缺陷。

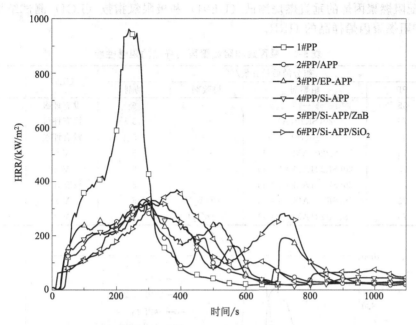

图 5-11　聚丙烯和阻燃聚丙烯体系的 HRR

表 5-6　聚丙烯和阻燃聚丙烯体系的力学性能数据

样品	拉伸强度/MPa	断裂伸长率/%	缺口冲击强度/(kJ/m²)	弯曲强度/MPa
1#	24.3	85.6	9.7	32.0
2#	22.4	19.3	4.4	29.5
3#	23.1	23.5	4.8	29.9
4#	23.7	25.1	4.9	30.3
5#	23.3	16.5	4.5	30.3
6#	22.9	13.8	4.6	30.2

5.2.8　阻燃剂 SR201A/锑系阻燃母粒 M 制备阻燃聚丙烯

卤系阻燃剂可分为溴系和氯系阻燃剂，主要按气相阻燃机理通过在气相中捕获高活性自由基以中断燃烧，常用的协效剂为三氧化二锑。卤系阻燃剂中溴系阻燃剂阻燃效果更好，适用范围更广，目前常用于阻燃聚丙烯的溴系阻燃剂有十溴二苯醚（DBDPO）、八溴醚（OBE）、氯化石蜡（CP）和溴化石蜡（BP）等。卤系阻燃剂在生产和使用过程中存在很多问题，如"二噁英"、烟雾和毒气等，鉴于环境保护方面的考虑，卤系阻燃剂的使用和发展受到一定限制。本例采用市售磷氮复配膨胀型阻燃剂 SR201A 和市售溴-锑系阻燃母粒 M 复配阻燃聚丙烯，制备了低卤阻燃聚丙烯复合材料。

（1）配方（质量份）

PP	75	助剂	5
SR201A∶M＝3∶1	20		

注：聚丙烯（K8003）为中韩（武汉）石油化工有限公司生产；阻燃剂 SR201A 为山东旭锐新材有限公司生产；溴-锑系阻燃母粒 M 市售。

（2）加工工艺　将所有原料预先干燥除去水分后，将聚丙烯、阻燃剂 SR201A、溴-锑系阻燃母粒 M 和加工助剂按一定配比在高速搅拌机中混合均匀，然后用双螺杆挤出机挤出造粒。

（3）参考性能　表 5-7 为聚丙烯以及不同配比和用量的阻燃剂 SR201A 与溴-锑系阻燃

母粒 M 复配阻燃聚丙烯的垂直燃烧测试（UL94）和极限氧指数（LOI）测试结果。图 5-12 为聚丙烯和阻燃聚丙烯样品的 HRR。

表 5-7   聚丙烯和阻燃聚丙烯样品的阻燃性能

样品	组分的质量分数/%				UL94	LOI/%
	PP	阻燃剂	协效剂	助剂		
1#	95	—	—	5	没有评级	18.4
2#	75	20(SR201A)	—	5	没有评级	22.6
3#	85	10(M)	—	5	没有评级	24.1
4#	70	20(SR201AM=3∶1)	—	5	V-0	33.6
5#	75	20(SR201AM=3∶1)	—	5	V-2	31.4
6#	75	20(SR201AM=5∶1)	—	5	没有评级	30.9
7#	75	18(SR201AM=4∶1)	2(ZnB₂)	5	V-2	30.5
8#	75	18(SR201AM=4∶1)	2(ZnO₂)	5	V-2	30.3

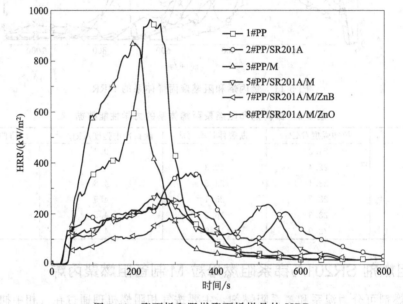

图 5-12   聚丙烯和阻燃聚丙烯样品的 HRR

IFR 相对于卤素阻燃剂来说，生烟量低，燃烧时释放的毒气少；相对于无机阻燃剂来说添加量低，相对于硅系阻燃剂和纳米阻燃剂来说阻燃效果十分稳定，原料易得，价格便宜。然而 PP/IFR 复合材料相对于纯 PP 来说力学性能下降，燃烧后产生大量烟气，故需要有针对性地对 PP/IFR 体系进行改良。主要改良方法有三种。第一种是合成单组分的 IFR，但每种合成的单组分 IFR 应用面窄且合成方法复杂、原料价格昂贵；第二种是对 IFR 中的各组分进行改性，但改性方法多无法实现工业化生产；第三种是添加协效剂与 IFR 共同阻燃聚合物，这种方法往往不需要化学反应，只需将协效剂与 IFR 均匀混合即可，省时省力。部分协效剂在提高复合材料阻燃性能的同时，还能弥补 IFR 对基体拉伸强度、冲击强度等造成的负面影响。分子筛是最早被发现的一种阻燃协效剂，分子筛是通过催化 IFR 在高温下的反应来促进体系的交联成炭进而改善材料的燃烧行为。本例由 APP 和 PER 复配的 IFR 为主体阻燃 PP 基体，4A 分子筛为 IFR 的阻燃协效剂。

(1) 配方（质量分数/%）

① 酸化改性分子筛（4A-L）

PP	80	4A-L	2
IFR(APP：PER＝3：1)	18		

② 配方（质量分数/%）

PP	80	4A-La	2
IFR(APP：PER＝3：1)	18		

③ 配方（质量分数/%）

PP	80	4A-Cu	2
IFR(APP：PER＝3：1)	8		

（2）加工工艺

① 含有 L 酸的 4A 分子筛的制备　用球磨搅拌机将 4A 分子筛磨成粉末后过 200 目筛。取 20g 4A 分子筛粉末加入到 200g 质量分数为 25% 的 NH_4Cl 溶液中，混合均匀后，用 1mol/L 的盐酸调节 pH 至 4.5～5.0，将混合物在常压下于 70℃ 以 300r/min 的转速搅拌 4h 后冷却至室温。将抽滤后的产物置于 80℃ 的电热恒温鼓风干燥箱中干燥 10h，得到含 NH_4^+ 的 4A 分子筛（4A-NH_4^+）。将 4A-NH_4^+ 在马弗炉中置于空气氛围下于 700℃ 煅烧 4h 可得含有 L 酸的 4A 分子筛（4A-L）。

② 含有稀土元素的分子筛的制备　用球磨搅拌机将 4A 分子筛磨成粉末后过 200 目筛。取 50g 分子筛加入装有 500mL 去离子水的三口烧瓶中，搅拌均匀，升温至 90℃，然后将 10mL 的 $LaCl_3$（1mol/L）溶液加入到上述混合物中，逐滴加入 HCl（1mol/L）至 pH＝4.5～5；在 90℃ 的温度下以 300r/min 的转速搅拌 1h，抽滤、洗涤后在 100℃ 的温度下干燥 12h 得到含有稀土元素的 4A 分子筛（4A-La）。

③ 用球磨搅拌机将 4A 分子筛磨成粉末后过 200 目筛　取 50g 4A 分子筛置于 500mL 去离子水中，混合均匀后将 0.1mol 的金属（铜）硝酸盐加入到混合物中，用 1mol/L 的硝酸调节 pH＝4.5～5 在 90℃ 下搅拌，反应 2h，抽滤并用 5L 去离子水充分洗涤至中性后得到滤饼。将得到的滤饼在 80℃ 下干燥 10h 后置于马弗炉中在 700℃ 的空气氛围中煅烧 4h，得到含有 Cu 金属离子的分子筛（4A-Cu）。

④ PP/IFR/分子筛复合材料的制备　将 APP 与 PER 在真空干燥机内烘干后，按质量比 3：1 在高速搅拌机内混合均匀得 IFR，将 4A 分子筛过 200 目筛。制备复合材料的所有材料于 60℃ 下干燥 12h。将配方材料加入到高速搅拌机中，充分搅拌均匀后在双螺杆挤出机中熔融共混造粒，挤出机转速为 50r/min，挤出温度分别为 170～190℃。

（3）参考性能

① 纯 PP 的氧指数为 18%，在单独添加 2%（质量分数）的 4A 或 4A-La 分子筛后氧指数增加到 18.2% 和 18.6%，垂直燃烧出现第一滴熔体滴落的时间由 6s 分别延迟到 7s 和 13s。说明单独的 4A 对 PP 的燃烧性能基本没有影响，但 4A-La 的单独添加却能相对明显地提高纯 PP 的阻燃性能。PP 中加入 20%（质量分数）的 IFR 后其氧指数提高了 8.4%。在 PP/IFR 体系中添加 2%（质量分数）的 4A-La 后，复合材料样品的氧指数进一步提高，达到了 31.1%，其垂直燃烧等级也达到了 V-1 级。

② 4A-La 的单独加入使 PP 的氧指数下降了 0.3%。但将 4A-La 和 IFR 共同加入到 PP 中能使复合材料的氧指数从 18% 提高到 32.7%，且垂直燃烧等级达到 V-1，而未改性的 4A 分子筛与 IFR 复配后的 PP 复合材料氧指数为 28%。

③ PP/IFR/4A-Cu 的氧指数为 31.3%，且垂直燃烧等级达到 V-1 级。

5.2.9 三嗪成炭剂复配聚磷酸铵阻燃聚丙烯

传统的膨胀阻燃体系多以聚磷酸铵（APP）和多元醇成炭剂组成。该类成炭剂体系阻燃效率较低，添加量需在 25％（质量分数）以上才能获得较理想的阻燃效果。对于膨胀阻燃体系而言，成炭是阻燃效率优劣的关键，开发新型高效成炭剂是获得优良炭层的重要途径。研究表明，三嗪类化合物与聚磷酸铵复合显示良好的成炭效率和阻燃效果，对该类成炭剂的研究成为新的热点。单独添加某一体系的阻燃剂往往难以达到较理想效果，然而可以通过添加阻燃协效剂来提高阻燃效率。黏土作为一种天然矿物质材料，来源广、价格低而成为研究的热点。本例合成一类新型高效三嗪成炭剂复配聚磷酸铵，构成一种新型膨胀性阻燃剂阻燃 PP。

（1）配方

① CYM 配方（质量分数/％）

PP	75	APP	16.7
CYM	8.3		

② CDP 配方（质量分数/％）

PP	80	APP	13.3
CDP	6.7		

③ CYP 配方（质量分数/％）

PP	83	APP	11.3
CYP	5.7		

聚丙烯（PP）树脂：F401 为中石化扬子石油化工有限公司生产，熔体流动速率为 2.0g/min；聚磷酸铵（APP，$n>1500$，EPFR-231）为普赛夫（清远）磷化学有限公司生产。

（2）加工工艺

① 小分子三嗪成炭剂（CYM）的合成　18.4g 的三聚氯氰、12.9g 的 N,N-二异丙基乙胺和 300mL 的甲苯加入到 500mL 的三角烧瓶中；以磁力搅拌，待三聚氯氰完全溶解，在冰浴条件下，1h 内缓慢加入 26.1g 的吗啉，待反应 2h 后，温度升至 50℃，继续缓慢滴加 12.9g 的 N,N-二异丙基乙胺；反应 4h 后，温度升至甲苯的沸点 110℃，再添加 12.9g 的 N,N-二异丙基乙胺，反应 6h；冷却、过滤后，沉淀用水和丙酮反复洗涤。在真空干燥箱中于 60℃ 干燥 12h，最后得到白色固体粉末，产率约为 87.5％。具体合成路线见图 5-13。

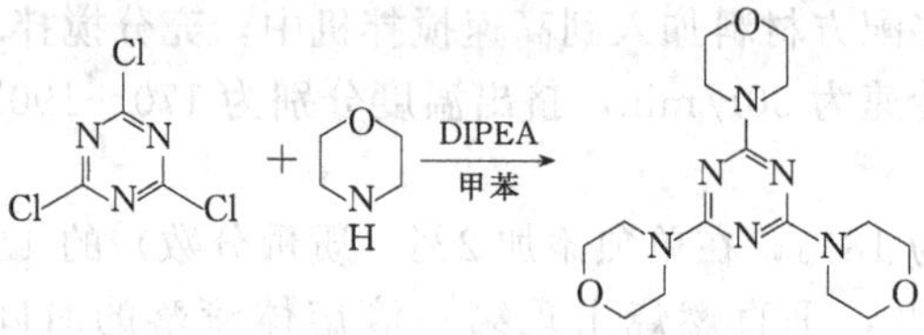

图 5-13　三嗪成炭剂 CYM 的合成路线

② 线型结构三嗪成炭剂（CDP）的合成　称取 18.4g 三聚氯氰，溶于 300mL 丙酮/水的混合溶液中。将上述溶液加入到 500mL 三口烧瓶中，控制温度在 0～5℃，随后滴加 10.5g 二乙醇胺。滴加完毕后，缓慢滴加 4g 氢氧化钠水溶液，反应 4h 后升温至 50℃，接着滴加 8.6g 哌嗪丙酮溶液，滴加完毕后再滴加 8g 氢氧化钠水溶液，然后升温至 80℃，蒸出丙酮，反应 6h，冷却过滤，并依次用丙酮和水洗 2 次，最后将产品干燥，粉碎，得到白色粉末。具体合成路线见图 5-14。

③ 交联结构三嗪成炭剂（CYP）的合成　称取 18.4g 三聚氯氰，溶于 400mL 1,4-二氧六环的溶剂中，将上述溶液加入到 500mL 三口烧瓶中，控制温度在 0～5℃，随后滴加 8.6g 哌嗪的 1,4-二氧六环溶液，滴加完毕后缓慢滴加 10.1g 三乙胺，反应 4h 后升温至 50℃；接着继续滴加 4.3g 哌嗪的 1,4-二氧六环溶液，滴加完毕后再滴加 7.2g 的三乙胺，然后升温至

101℃，反应 8h，冷却过滤，并依次用丙酮和氢氧化钠溶液洗涤多次；最后将产品干燥，粉碎，得到淡黄色粉末。具体合成路线见图 5-15。

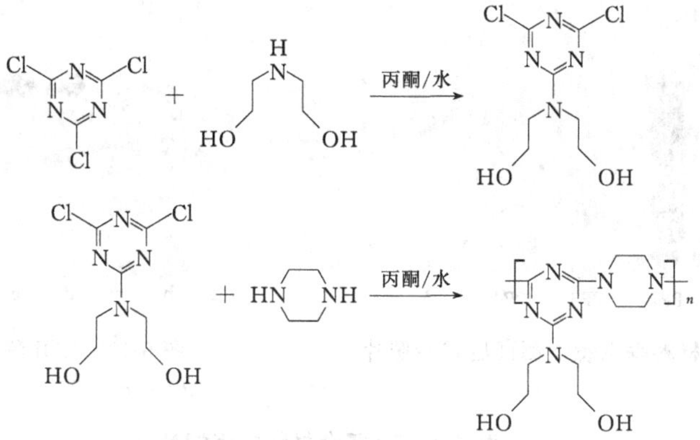

图 5-14　三嗪成炭剂 CDP 的合成路线

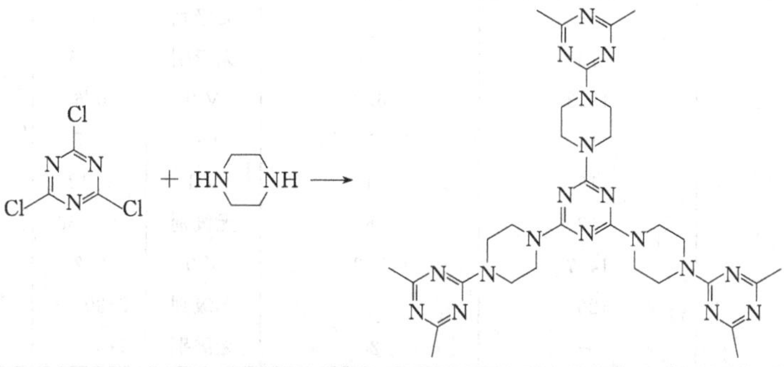

图 5-15　三嗪成炭剂 CYP 的合成路线

　　④ PP 复合材料的制备　在 200℃，转速为 50r/min 的密炼机中加入原材料，原料配比按照不同配方配制而成，共混 8min，然后将所得样品在 200℃、压力为 10MPa 的平板硫化机下热压 3min 成型。

　　(3) 参考性能

　　① PP/APP/CYM 体系阻燃性　表 5-8 为 PP 复合材料的阻燃性能结果。由表 5-8 可知，单独添加 20%（质量分数）APP 或 20%（质量分数）CYM 对 PP 的阻燃性能基本没改善，UL94 均无级别，氧指数提高也较小。将 APP 和 CYM 以 2∶1 添加到 PP 中之后，发现其可以使 LOI 值从 17.5% 提高到 28.2%。但是，在 UL94 测试中没有级别。这说明两者复合对阻燃效率有一定程度的提高，但是提高效果有限。随后保持 APP 和 CYM 的比例为 2∶1，提高阻燃剂总添加量，发现在添加 22%（质量分数）的 APP/CYM 时，可以通过 V-1 级别；而添加量为 25%（质量分数）时，通过 V-0 级别，LOI 值也达到 30.6%。图 5-16 为 PP 复合材料垂直燃烧测试后残炭照片。

表 5-8　PP 复合材料的阻燃性能测试结果

样品	PP(质量分数)/%	APP(质量分数)/%	CYM(质量分数)/%	(t_1/t_2)/s	UL94	LDI/%	滴落
PP0	100	—	—	>30/—	无级别	17.5	有
PP1	75	16.7	8.3	0/4	V-0	30.6	无
PP2	78	14.7	7.3	0/17	V-1	29.8	无
PP3	80	13.3	6.7	0/>30	无级别	28.2	有
PP4	80	20	—	>30/—	无级别	18.4	有
PP5	80	—	20	>30/—	无级别	17.6	有

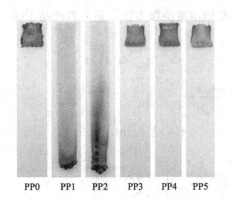

PP0 PP1 PP2 PP3 PP4 PP5

图 5-16 PP 复合材料垂直燃烧测试后残炭照片

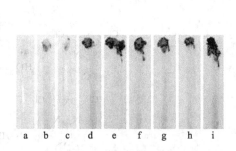

a b c d e f g h i

图 5-17 LOI 测试后样条的照片

a—PP0；b—PP7；c—PP8；d~i—PP1~PP6

表 5-9 PP 复合材料的阻燃性能

样品	PP(质量分数)/%	APP(质量分数)/%	CYP(质量分数)/%	UL94	(t_1/t_2)/s	LOI/%	滴落
PP0	100	—	—	无级别	>30/—	17.5	有
PP1	80	10	10	无级别	0/>30	27.7	无
PP2	80	13.3	6.7	V-0	0/6	29.5	无
PP3	80	15	5	V-0	0/7	29.2	无
PP4	80	16	4	V-1	0/12	28.9	无
PP5	82	12	6	无级别	0/>30	27.3	有
PP6	78	14.7	7.3	V-0	0/2	30.1	无
PP7	80	20	—	无级别	>30/—	18.4	有
PP8	80	—	20	无级别	>30/—	18.0	有

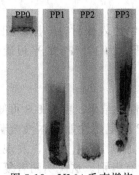

PP0 PP1 PP2 PP3

图 5-18 UL94 垂直燃烧
测试后样条的照片

② PP/APP/CDP 体系阻燃　表 5-9 为 PP 复合材料阻燃性能测试结果。APP/CDP 为 2∶1 和 3∶1 时，样条均能达到 UL-94 的 V-0 级，且氧指数分别提高至 29.5% 和 29.2%。图 5-17 为 LOI 测试后样条的残炭照片。

③ PP/APP/CYP 体系阻燃　表 5-10 为成炭剂 CYP 复配 APP 阻燃 PP 测试结果。二者复配，以比例 3∶1 添加时，阻燃级别超过 V-1，氧指数提升至 29.1%。继续调节二者的比例至 2∶1 时，UL94 超过 V-0 且氧指数进一步提升至 29.5%。然而比例降至 1∶1 时，阻燃却无等级。样条垂直燃烧后照片见图 5-18。

表 5-10 PP 样品的阻燃测试结果

样品	PP(质量分数)/%	APP(质量分数)/%	CYP(质量分数)/%	UL94	(t_1/t_2)/s	LOI/%	滴落
PP0	100	—	—	无级别	>30/—	17.5	有
PP1	83	12.7	4.3	V-1	0/13	29.1	无
PP2	83	11.3	5.7	V-0	0/2	29.5	无
PP3	83	8.5	8.5	无级别	0/>30	26.7	无
PP4	85	10	5	无级别	>30/—	27.4	有
PP5	83	17	—	无级别	>30/—	18.1	有
PP6	83	—	17	无级别	>30/—	18.0	有

5.2.10 OMMT/ATH/MH/PP 阻燃复合材料

(1) 配方（质量份）

PP	100	MA-g-PP	3
氢氧化镁 MH	40	抗氧剂 1010	0.5
氢氧化铝 ATH	20	硬脂酸	2
OMMT	2		

上述 PP 为粉料，牌号 PPH-XD-150，沧州市华海炼油化工有限责任公司生产。

(2) 加工工艺

① MMT 的有机改性 将一定量 MMT 加入去离子水配制成 5%（质量分数）的悬浮液。将配制好的悬浮液投入到玻璃反应釜中，在加热状态下搅拌一定时间后，加入十六烷基溴化铵 CTAB 溶液，保持加热搅拌状态。反应一段时间后，离心、分离，得到白色沉淀物，用热的 50% 乙醇水溶液洗涤、过滤至无 Br⁻（用 0.1mol/L 的硝酸银溶液检测），用离心机进行分离，得到的产物在电热鼓风干燥箱中（温度为 65℃）干燥 4h 后，研磨过 200 目筛。

② OMMT/ATH/MH/PP 阻燃复合材料制备 将一定配比的 ATH 和 MH 混合并添加 1% 的硬脂酸进行表面改性，目的是提高阻燃剂和 PP 粉料之间的相容性：一方面使复合材料在高含量阻燃剂的填充下性能有所改善；另一方面能提高复合材料的阻燃性能。将上述改性的阻燃剂和 PP 混合，在其中加入一定配比的 OMMT、MA-g-PP、硬脂酸和抗氧剂，投入高速搅拌机，高速混合 8～10min；混合好的物料利用双螺杆挤出机熔融挤出，挤出物料通过冷却水，风吹干燥后经过切粒机造粒，挤出机各段温度分布见表 5-11。

表 5-11 挤出机各段温度分布

温度区间	机头	五区	四区	三区	二区	一区
设定温度/℃	200	195	190	185	180	175

(3) 参考性能 OMMT/ATH/MH/PP 阻燃复合材料 LOI 为 28.2%，UL94 为 V-0 级。

5.2.11 生物基阻燃剂阻燃聚丙烯

相对于合成新型阻燃剂，协效剂的开发相对来说更为简单易行。本例从提高阻燃效率出发，基于离子键，选用具有阻燃作用的生物基原料植酸结合具有催化作用的无机金属离子制备协效剂，提高阻燃效率，降低典型的商品类 IFR 体系（APP/PER）在 PP 中的添加量。这样不仅可以改善高含量阻燃剂对基体的影响，也可以一定程度上降低成本。

(1) 配方（质量分数/%）

PP	78	PA-Ni	1
IFR	17		

(2) 加工工艺 植酸含有 6 个磷酸基团，对金属离子有强烈的螯合作用。因此，也常作为金属离子的吸附剂。植酸金属盐的制备路线如图 5-19 所示。

① 植酸镍（PA-Ni）的制备 将 14.9g（0.06mol）Ni(Ac)$_2$ · 4H$_2$O 溶解在 100mL、温度为 40℃ 的无水乙醇中，搅拌至溶解完全。将 9.43g（0.01mol）PA（70% 溶液）溶解于 50mL 无水乙醇中，然后将此溶液置于恒压滴液漏斗滴加于 Ni(Ac)$_2$ · 4H$_2$O 乙醇溶液，滴加过程中绿色溶液逐渐向淡绿色转化，滴加完毕后继续反应 2h，最后得到的沉淀用无水乙醇洗涤 5 次，产品转至真空烘箱干燥得到绿色（略泛白）粉末，即 PA-Ni，产率约 78.6%。

② PP 复合材料的制备 密炼机混炼，时间 8min，转速 50r/min，温度 200℃。

(3) 参考性能 金属盐在 PP/IFR 体系中表现出较好的协效作用，添加 17%（质量分

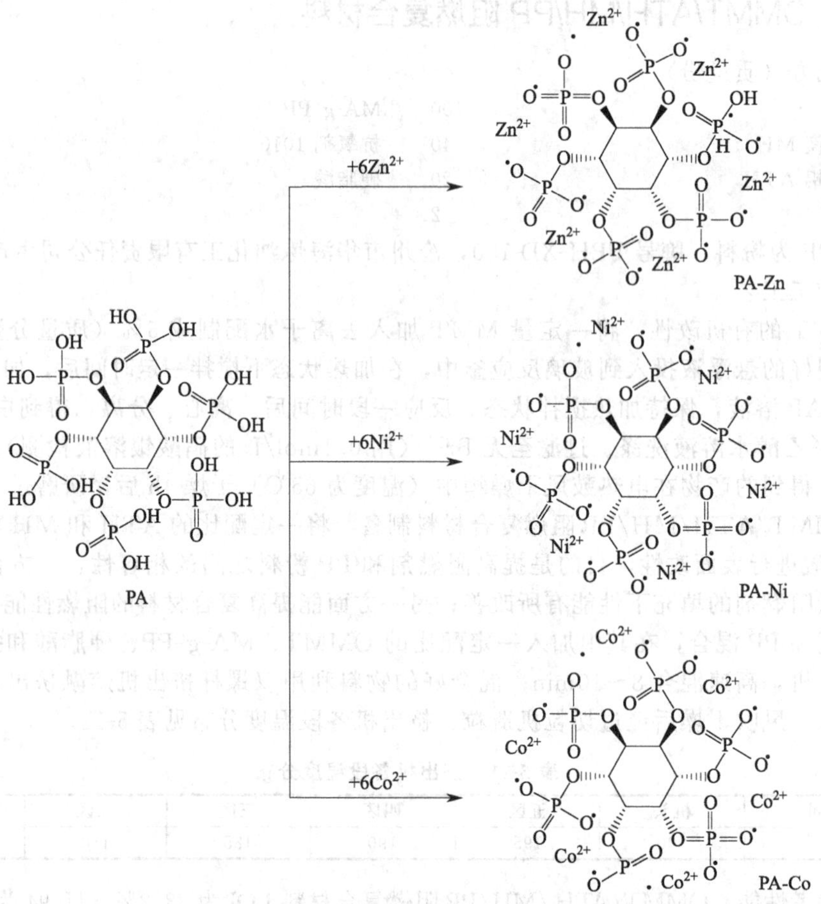

图 5-19　植酸金属盐的制备路线

数）IFR 与 1%（质量分数）PA-Ni 可以使 PP 复合材料的 LOI 达到 29.5%。

5.2.12　硅藻土-氯化石蜡阻燃聚苯乙烯

主要应用领域包括家居家装、建筑保温材料、电子电器元件、汽车内饰材料及航空航天等领域。但是，PS 同众多高分子材料一样，极易燃烧，其极限氧指数仅为 18.0%，热释放速率峰值最高可达 1300kW/m²，并且燃烧时释放出大量毒性气体和黑烟（据统计多数火灾致死都是由于有毒气体及烟所导致），易造成熔融滴落而引起二次点燃和次生灾害的发生。我国已强制规定对 PS 进行阻燃改性处理，以提高其使用安全性，降低火灾的发生。针对 PS 所产生的问题，氯化石蜡燃烧产生不燃性气体 HCl，而硅藻土在凝聚相中起阻燃作用是基于低导热性和高吸附性，气相和凝聚相阻燃的协同作用提高复合 PS 的阻燃性能。图 5-20 为复合阻燃剂在 PS 中阻燃过程示意图。本例采用无机阻燃剂硅藻土及卤系阻燃剂氯化石蜡 CP-70 制备复合阻燃剂对 PS 进行阻燃改性，并利用硅藻土自身的孔洞结构来吸附氯化石蜡来制备复合阻燃剂，最终将所制备的复合阻燃剂共混加入 PS 中，得到阻燃 PS 复合材料，力求达到高效阻燃、无毒、绿色环保的目的。

（1）配方（质量分数/%）

PS	70	氯化石蜡 CP-70	15
硅藻土	15		

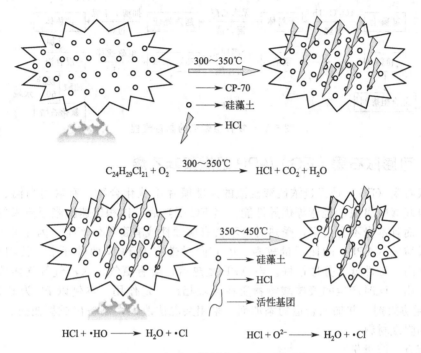

$$C_{24}H_{29}Cl_{21} + O_2 \xrightarrow{300 \sim 350 ℃} HCl + CO_2 + H_2O$$

$$HCl + \cdot HO \longrightarrow H_2O + \cdot Cl \qquad HCl + O^{2-} \longrightarrow H_2O + \cdot Cl$$

图 5-20　复合阻燃剂在 PS 中阻燃过程

（2）加工工艺

① 复合阻燃剂的制备　将硅藻土置于马弗炉中，调节温度至 400℃并在此温度下煅烧 1h 后取出，然后加入适量无水乙醇进行超声波清洗并用去离子水抽滤，接下来烘干；最后用 300 目的标准分散筛对烘干硅藻土进行筛取，得到精制的硅藻土。将相变材料氯化石蜡溶解于石油醚中（在 60℃水浴中进行），利用电磁搅拌器搅拌 1h，使其充分溶解于石油醚中；在所得的溶液中加入载体材料硅藻土，继续充分搅拌 1h，使得硅藻土孔洞结构能够与氯化石蜡充分接触，从而使其表面张力及毛细管作用力能够全部发挥，达到氯化石蜡完全包覆硅藻土的效果；硅藻土充分吸附氯化石蜡后，提高水浴温度到 75℃，使作为溶剂的石油醚能够完全蒸发，并且加装循环水冷凝装置回收蒸发的石油醚；所得产物放入干燥箱中将其充分烘干。复合阻燃剂的制备效果与流程分别如图 5-21、图 5-22 所示。

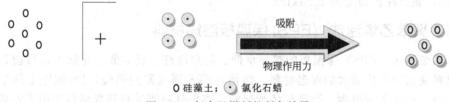

○ 硅藻土；⊙ 氯化石蜡

图 5-21　复合阻燃剂的制备效果

② 阻燃型聚苯乙烯复合材料的制备　将阻燃剂与 PS 进行混合，其中 PS 与阻燃剂的质量比为 7∶3。首先把粒状 PS 用粉碎机加工成粉末，然后混合乙烯-丙烯酸甲酯聚合物 EMA [2％（质量分数）]，并且与阻燃剂在高速搅拌机中混合，接着加入到球磨机中高速球磨。最后，通过注塑机在 165～170℃的温度下进行注塑制样，进而得到检测相关性能所需的样条。

（3）参考性能　复合阻燃剂可以很好地改善 PS 树脂的阻燃性能。当阻燃剂添加量为 30％（质量分数）时，而其中硅藻土∶氯化石蜡为 1∶1 时，制得的 PS 复合材料阻燃效果最好，LOI 达到 27.6％，UL94 达到 V-0 级，同时只有微量烟产生。

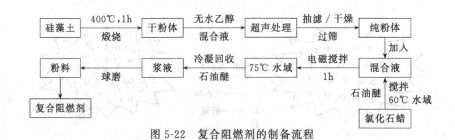

图 5-22 复合阻燃剂的制备流程

5.2.13 可膨胀石墨（EG）/APP 阻燃聚苯乙烯

可膨胀石墨（EG）是经过浓硫酸浸渍的天然鳞片层状化合物，有着耐高温、阻燃性能良好并经得起酸碱腐蚀、抗弯等优异性能。当 EG 受热后，体积迅速膨胀至原来的几十倍甚至几百倍，而且本身不含卤素，受热时也不会有腐蚀性或有毒气体产生，因此可用于环保阻燃剂。聚磷酸铵（APP）的使用量较多，因其同时带有 P 和 N 两种元素，其相对密度小、化学稳定性高、毒性低、分散性好。当 APP 受热后，会有氨气、水蒸气等气体放出，起到气相阻燃作用，同时产生的聚磷酸等物质在凝聚相起一定作用。本例以 PS 为基材，EG 与 APP 为复配协效剂，并加入合适的添加剂，采用共混法改性，制备出成型便捷、高效阻燃、无卤环保的阻燃材料。

（1）配方（质量份）

PS	70	EG	22.5
APP	7.5	液体石蜡	2

上述 PS（666D）为中石化北京燕山分公司生产；EG（83 目）为石家庄科鹏阻燃材料厂生产；APP Ⅱ型为杭州捷尔思阻燃化工有限公司生产；液体石蜡（化学纯）。

（2）加工工艺 首先将粒料 PS 放入高速万能粉碎机中粉碎成约为 80 目的粉料，然后将该粉料与 EG、APP 置于温度为 80℃的电热鼓风干燥箱中，干燥 4h。取出三种原料称量混合并加入一定量液体石蜡，放入高速混合机中以 800r/min 的转速混合 10min 备用。挤出机每段温度分别为：190℃、205℃、215℃、220℃、215℃。

（3）参考性能 EG 与 APP 最佳协效比例为 3∶1，该配方下 LOI 达到 31.8%，UL-94 达到 V-0 级别，也没有融滴现象，这些都说明 EG 与 APP 在该比例下存在很好的协同效应。在最佳比例下，PS 复合材料的拉伸强度为 45.56MPa，断裂伸长率为 2.55%，弯曲强度为 58.34MPa，缺口冲击强度为 2.80kJ/m²。

5.2.14 聚苯乙烯泡沫（EPS）保温板阻燃材料

聚苯乙烯泡沫（EPS）保温板的热导率低、稳定性好、成本低、易加工，目前是我国外墙保温材料使用中占比最大的保温材料。然而，EPS 遇火剧烈燃烧，PS 侧链上的苯环极易脱掉，导致其产生大量浓烟、有毒气体和熔滴。本例针对当前建筑保温材料阻燃性能差、抗拉强度和压缩强度不达标、燃烧过程中发生熔滴并产生有毒气体及产烟量大等问题，以可发性聚苯乙烯（EPS）为基材，利用酚醛树脂（PF）作为胶黏剂，以可膨胀石墨（EG）与聚磷酸铵（APP）作为阻燃剂，利用包覆法制备一种环保、力学性能优异、阻燃性能达 B1 级的聚苯乙烯泡沫板，用于建筑外墙保温材料。

（1）配方（质量份）

PS	100	无卤阻燃剂（EG）	4
固化剂	20	聚磷酸铵（APP）	8
酚醛树脂（PF）	90		

上述 EPS 预发泡颗粒发泡倍率 80 倍，东莞新长桥龙王牌；可膨胀石墨（EG）80 目，青岛天和达石墨有限公司生产；酚醛树脂（PF）黏度 3500mPa·s（25℃），河南濮阳蔚林化工股份有限公司生产；固化剂酸值 491mgKOH/g 为河南濮阳蔚林化工股份有限公司聚磷酸铵（APP）Ⅱ型，杭州捷尔思阻燃化工有限公司生产。

（2）加工工艺　将一定量 EPS 颗粒，置于 100℃左右的水蒸气中约 5～8min，进行预发泡；将预发泡的 EPS 颗粒置于 50℃烘箱中约 2h，烘干后取出，在室温下敞开放置 4～8h 进行熟化备用；准确称一定量 EG/APP 与 90%（质量分数）的酚醛树脂混合，在电动搅拌机上搅拌约 3～5min，搅拌速率大于 45r/min，以制备阻燃包覆液备用；加入 20%（质量分数）固化剂继续搅拌 2min 后取出备用；将包覆颗粒倒入模具中，将模具放置在平板硫化机中模压成型，制成热固性聚苯乙烯泡沫保温板，硫化机上下板温度控制在 102～106℃，成型压力 7.5MPa，时间 3min。包覆法制备 EPF 泡沫保温材料的工艺流程图见图 5-23。

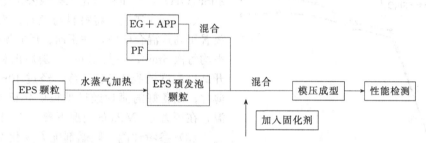

图 5-23　包覆法制备 EPF 泡沫保温材料的工艺流程

（3）参考性能　用无卤阻燃剂（EG）与聚磷酸铵（APP）制成复配阻燃剂对聚苯乙烯泡沫保温板进行阻燃。当 EG 加入量为 4 份，APP 加入量为 8 份时，材料的拉伸强度和压缩强度达到最大值，分别为 0.31MPa 和 0.109MPa；同时，EPF/EG/APP 材料的极限氧指数最高，达到 33%。

5.2.15　高抗冲聚苯乙烯/氢氧化镁/微胶囊红磷（HIPS/MH/MRP）的阻燃材料

由于 HIPS 及其同系聚合物的应用领域越来越广泛，因此对其阻燃和抑烟的要求十分迫切。MH 是金属氢氧化物阻燃剂，MRP 是磷系阻燃剂，它们同属于无卤阻燃剂。单独使用 MH 或 MRP 往往不能满足对复合材料的阻燃性能或力学性能的要求，将二者以合适比例复合使用，能明显提高复合材料的阻燃性能，减少阻燃剂总用量。本例采用熔融共混法制备含有阻燃剂的高抗冲聚苯乙烯/氢氧化镁/微胶囊红磷（HIPS/MH/MRP）的阻燃材料。

（1）配方（质量份）

HIPS	100	MRP	20
MH	80		

（2）加工工艺　首先将 HIPS 树脂在双辊温度为 180℃的开放式塑炼机上熔融，然后把经过精确计量的 MRP 和 MH 加入 HIPS 熔体中进行塑炼，塑炼时间大约 15min，塑炼均匀后出片。把所得到的片状物料用粉碎机粉碎，再将粉碎后的颗粒状物料在平板硫化机上于 180℃热压 15min，冷压 10min，压力均为 10MPa。

（3）参考性能　HIPS/MH80/MRP20 复合材料的 LOI 为 27.1%，UL 94 达到 V-0 级。

5.2.16 PVC/蛭石/BaSO₄ 隔声阻燃复合材料

（1）配方（质量份）

PVC	100	DOP	40
蛭石	125	ESO	6
硫酸钡	300	CP-52	20
ZnSn(OH)₆	8	Ba/Zn 稳定剂	2

上述聚氯乙烯树脂（PVC）为 SG-5，杭州电化集团有限公司生产；邻苯二甲酸二辛脂（DOP）为杭州金生塑化有限公司生产；氯化石蜡（CP-52）为一级，句容玉明化工有限公司生产；环氧大豆油（ESO）为浙江桐乡市嘉澳化工有限公司生产；Ba/Zn 稳定剂为杭州东旭助剂有限公司生产；蛭石为 40 目，河北石家庄某建材有限公司生产；硫酸钡为 4.333g/m³，300 目，富阳市某矿粉有限公司生产；羟基锡酸锌 ZnSn(OH)₆，广州喜嘉化工有限公司生产。

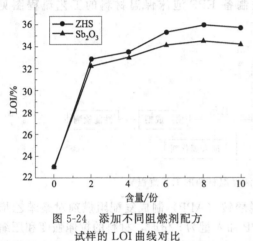

图 5-24　添加不同阻燃剂配方试样的 LOI 曲线对比

（2）加工工艺　将材料与蛭石、无机阻燃剂放置于高速混合机中，并正向、反向搅拌各 3 次，平均每次 5min，一共 30min，随后出料；将双辊开炼机温度调到 145℃混炼，经过 10min 后制成薄片；制备好的薄片经过平板硫化机 160℃的高温，在压力为 2MPa 的情况下模压 6～10min。

（3）参考性能　阻燃剂配方变化对 PVC/蛭石/BaSO₄ 隔声复合材料阻燃性能影响见图 5-24。从图 5-24 中可以得出，Sb_2O_3 是一种较好的阻燃剂，只需添加 2 份，其复合材料的氧指数就达到 32% 左右，达到 B1 级。随着 Sb_2O_3 添加量的增加，LOI 最高可达到 35.2%；对于羟基锡酸锌 ZnSn(OH)₆（缩写 ZHS）的样品，阻燃效果也较好。当添加量为 8 份时，其复合材料的 LOI 值达到了 36.8%，略高于添加 Sb_2O_3；而且 ZHS 是绿色阻燃剂，无毒无害。无机阻燃剂处理过后的复合材料，隔声性能未见明显变化。

5.2.17 PVC/ABS 阻燃合金

将 PVC 和 CPE 等阻燃级别很高的物质与 ABS 共混，可以使阻燃效果显著提高。相较 ABS 而言，共混后的合金有许多优点，例如力学性能显著增加，成本大大降低。在目前大力推行环保的趋势下，在鼓励无卤材料大量使用的情况下，ABS/PVC 合金仍然还有很大市场，这是由于它的性价比十分令人满意。从维持合金综合性能的角度考虑，不能单纯依靠 PVC 的加入来提高阻燃等级，还需外加阻燃剂。

（1）配方（质量份）

PVC(S-650)	100	固体石蜡	0.8
ABS	100	钛白粉	1
复合 PVC 铅盐稳定剂	7	重质碳酸钙	10
硬脂酸钙	0.3	三氧化二锑 Sb_2O_3	4
硬脂酸锌	0.3	十溴联苯醚 DBDPO	6

（2）加工工艺　先在鼓风干燥箱中 80℃，烘干 ABS 树脂颗粒 6h，后将 PVC 树脂与各种助剂放入高速搅拌机进行搅拌，先在高速挡进行混合至 90℃，再换至低速挡缓慢升温混合至 120℃，这时可以出料并和烘干好的 ABS 树脂颗粒进行充分混合。将混合好的物料加

入到双螺杆挤出机中进行预混合，其中为防止 PVC 因湿度过高或扭矩过大而产生分解，双螺杆挤出机温度不宜过高，具体设置见表 5-12；转速不宜过高，以 10r/min 左右为宜。

表 5-12　双螺杆挤出机各区温度设置

温度区间	一区	二区	三区	四区
设定温度/℃	160	163	166	170

（3）参考性能　图 5-25 表示 ABS/PVC 合金中外加不同比例复配阻燃剂时氧指数变化趋势。由于卤锑协同效应，在 Sb_2O_3/DBDPO 配比达到 4/6 时，达到最好，此时的氧指数为 31.4%。

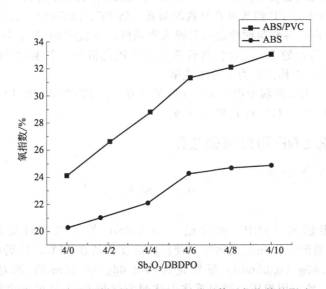

图 5-25　复配阻燃剂的不同配比对共混体系氧指数的影响

5.2.18　聚碳酸酯阻燃材料

PC 是目前应用最为广泛的热塑性工程塑料之一，尤其是在电子电器领域占有绝对地位。PC 自身具备一定的阻燃性能（UL 94V-2 级别，LOI 值为 25% 左右），但满足不了阻燃要求较高场合的应用，故应对其进行改性处理，提升其热稳定性和阻燃性能。以十溴联苯醚（DBDPO）为代表的溴系阻燃剂属于应用广泛、效率较高的一类传统阻燃剂，但其加入后会大大增加材料的发烟量。传统的溴系阻燃体系多采用锑系化合物（Sb_2O_3 等）为协效剂，但在 PC 体系中，Sb 的存在会使 PC 在加工时不稳定而降解，从而使溴系阻燃剂用于 PC 阻燃时一般被单独使用，需要相对较高的添加量，对材料的安全性和环保性更加不利。但溴系阻燃剂由于技术成熟、成本较低、获取渠道多等因素，在市场中仍占有大量份额，短期内难以被完全取代。因此，希望找到一种合适的"少量高效"的物质作为溴系阻燃体系的协效剂，以提升整体阻燃效率，降低含溴阻燃剂的用量。稀土化合物应用于聚合物改性时，通常只需很小的添加量便能带来较大收益。有机金属磷酸盐也是近年来研究者们一直在探索的聚合物改性剂，它具有特殊的层状结构，可以用于增强材料的化学性能及阻燃性能。

（1）配方（质量分数/%）

PC　　　　　　　　　　　　　92　　　　LaHPP　　　　　　　　　　　1
DBDPO　　　　　　　　　　　7

上述聚碳酸酯（PC）为日本帝人株式会社生产，牌号 AD-5503。

（2）加工工艺

① LaHPP 的制备　采用回流法和水热法制备 LaHPP 晶体，将 32mmol（5.06g）苯基磷

酸（PPOA）溶于 100mL 去离子水中，转移至 500mL 三颈烧瓶中，开后搅拌；将 16mmol（3.92g）$LaCl_3 \cdot H_2O$ 加入到 100mL 去离子水中，搅拌至完全溶解后转移到滴液漏斗中，在室温下以 5～7mL/min 的速率滴加到搅拌中的 PPOA 溶液中；滴加完毕后开启加热，90℃恒温回流 24h；将所得乳白色固液混合体系转移至高压反应釜中，100℃恒温水热 24h（提高结晶度）；之后将釜中乳白色混合体系抽滤得到白色固体，用去离子水反复洗涤后 80℃真空干燥 8h 至恒重，所得白色粉末即为 LAHPP 纳米晶体。过程中涉及的化学反应如下：

$$LaCl_3 \cdot nH_2O + 2C_6H_5PO_3H_2 \xrightarrow{pH \approx 2} La(O_3PC_6H_5)(HO_3PC_6H_5) + 3HCl + nH_2O$$

② PC/DBDPO/LaHPP 纳米复合材料的制备　将 PC、DBDPO、LaHPP 置于 80℃鼓风干燥箱中干燥 6h，再将各原料搅拌混合后投入密炼机，在温度 240℃、转速 60r/min 条件下熔融共混 8min，将得到的 PC 复合材料转移至平板硫化机中，在温度 240℃、压力 20MPa 条件下热压 8min 后，于相同压力下冷压成型。

（3）参考性能　当向材料中引入 1%（质量分数）LaHPP 时，其 LOI 值得到非常显著的提升，提升至 40.5%，UL 94 达到 V-0 级。

5.2.19　阻燃剂 SNP 阻燃聚碳酸酯

（1）配方（质量分数/%）

PC	99.9	SNP	0.1

（2）加工工艺

① 含硫氮磷阻燃剂（SNP）的合成　在 250mL 的干燥四口烧瓶中，加入 4.90g（0.05mol）的马来酸酐、100mL 的丙酮，使反应温度保持在 25℃，然后用玻璃棒搅拌并使其充分溶解。将 2.80g（0.05mol）氢氧化钾和 8.66g（0.05mol）的对氨基苯磺酸溶于 50mL 的蒸馏水中，然后用恒压滴液漏斗将上述溶液以每 5s 一滴的速度缓慢加入到马来酸酐的丙酮溶液中，边滴加边快速搅拌，滴加完毕后，保持体系的反应温度在 25～35℃，反应 24h。反应完毕后，对其进行抽滤，然后用丙酮洗涤滤饼 3～4 次，在 50℃下烘 6h 后得到橘黄色粉末，简称 MAK，以备下步使用。

在 N_2 保护下，向装有机械搅拌器的 250mL 干燥四口烧瓶中，加入 10.8g（0.05mol）的 DOPO，逐渐升温至 120℃，待 DOPO 完全熔化后，搅拌并缓慢加入 7.7g（0.025mol）的 MAK，控制在 2～3h 内加完。加完后逐渐升温至 136℃，反应 4h 后降温至 116℃，加入 150mL 的甲苯，加热回流 0.5h 后趁热抽滤。抽滤后，滤饼依次用热甲苯、热四氢呋喃多次洗涤后得到白色粉末，在 120℃下干燥 10h 左右，即可得到目标化合物，简称 SNP，产率 95.8%。图 5-26 为 SNP 的合成路线。

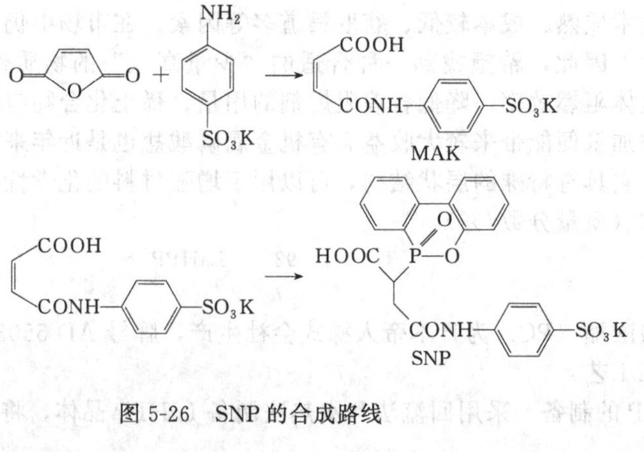

图 5-26　SNP 的合成路线

② 阻燃聚碳酸酯复合材料的制备　将 PC 放入真空干燥箱中，在 120℃条件下充分干燥 8h，除去所带的多余水分，以免影响加工后的性能，同时将阻燃剂 SNP 在 110℃下干燥 10h；然后将 PC 和 SNP 按照不同比例混合均匀后加入到双螺杆挤出机中挤出，双螺杆挤出机的转速为 85.7r/min。双螺杆挤出机各温度区段的温度见表 5-13。

表 5-13　双螺杆挤出机各温度区段的温度

温度区间	一区	二区	三区	四区	五区	六区	七区	八区	九区
设定温度/℃	230	230	240	245	250	240	230	220	215

（3）参考性能　从图 5-27 可以看出，纯 PC 的 LOI 为 25.00%，在垂直燃烧测试过程中有现象发生，UL94 等级为 V-2 级。当阻燃剂 SNP 按不同比例添加到 PC 时，能使阻燃性能得到明显改善。当 SNP 的添加量仅为 0.01% 时，PC/SNP 复合材料的 LOI 为 32.25%，垂直燃烧等级提高到 UL94V-0 级，且测试过程中没有滴落现象，见图 5-28。这表明阻燃剂 SNP 不仅是一种高效的 PC 用阻燃剂，而且具有抗滴落的作用。随着 SNP 在 PC 中添加量的增加，阻燃材料的 LOI 值呈缓慢增加的趋势。UL-94 等级仍为 V-0 级，当添加量为 0.1% 时，LOI 达到最大值 34.5%，但继续加大 SNP 的添加量时，LOI 值会出现小幅度减小。当添加量为 1% 时，垂直燃烧等级降至 V-2 级，说明 SNP 对 PC 存在一个饱和添加量 0.1%，达到此添加量后复合材料的阻燃性能将出现下降趋势。

SNP 的添加量为 0.1% 时，PC 的阻燃性能得到明显改善，而且 PC 本身的力学性能基本保持不变，这说明与大多数多元素复配阻燃剂相比，SNP 不仅实现阻燃剂的小剂量化，而且在改善 PC 阻燃性能的同时基本不影响其本身的力学性能，不影响 PC 基材的使用。如表 5-14 所示为 PC/SNP 复合材料的力学性能。

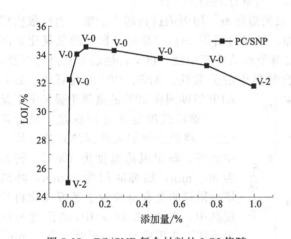

图 5-27　PC/SNP 复合材料的 LOI 值随
SNP 添加量的变化曲线

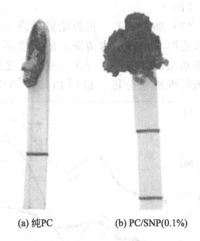

(a) 纯PC　　(b) PC/SNP(0.1%)

图 5-28　LOI 燃烧残炭

表 5-14　PC/SNP 复合材料的力学性能

编号	配比	拉伸强度/MPa	冲击强度/(kJ/m²)	弯曲强度/MPa
FR0	PC	65.87	9.53	188.96
FR1	PC/SNP(0.1%)	71.54	8.95	189.95

5.2.20　PC/ABS-HRP/SAN 阻燃合金

芳基磷酸酯阻燃剂是现今 PC/ABS 合金阻燃剂的最佳选择之一，具有较高的阻燃效率，并可提高合金的流动性。但是，加入阻燃剂后，合金的力学性能劣化较为严重，需对其进行增容、增韧改性以提高阻燃 PC/ABS 合金的整体性能。本例选择芳基磷酸酯、磷酸三苯酯（TPP）作为阻燃剂制备阻燃 PC/ABS 合金，并通过添加增容剂、改变塑料相与橡胶相比例、阻燃剂复配等方法改善 PC 与 ABS 的相容性，克服芳基磷酸酯阻燃剂固有的缺点。

（1）配方（质量份）

PC	70	TPP	20
SAN	3	PTFE	0.4
ABS 高胶粉（ABS-HRP）	27	MBS	2

上述聚碳酸酯，牌号 SC-1100R，韩国三星第一毛织生产；ABS 高胶粉为东莞市盛化塑胶科技有限公司生产，牌号 SC-700；TPP，牌号 FR3031，昆山天驰塑料制品有限公司生产；苯乙烯-丙烯腈-共聚物（SAN），中国台化塑胶有限公司生产，牌号 NF2200AE；聚四氟乙烯（PTFE），牌号 FC-2060，昆山天驰塑料制品有限公司生产。

（2）加工工艺   PC 与 ABS、SAN 分别在 110℃ 和 85℃ 温度下于鼓风干燥箱中干燥 4h，干燥后的原料按一定比例加入密炼机中，在 215℃、60r/min 条件下熔融共混 8min。

（3）参考性能   PC/ABS-HRP/SAN 合金是一种可燃材料，LOI 仅为 2.9%。当基体中加入 10 份 TPP 后，LOI 提高至 26.8%，UL 94 等级达到 V-1 级；而当 TPP 量增至 20 份时，LOI 为 27.6%，较纯样提高 3.7%，UL 94 等级达到 V-0 级。

5.2.21 ABS/PPTA/EG/APP 阻燃材料

（1）配方（质量分数/%）

ABS	75	EG/APP(3:1)	11.25
PPTA	3.75	CaCO₃/SiO₂(1:1)	10

（2）加工工艺   将芳纶剪碎成 1～2cm 长的短纤维，用丙酮进行超声清洗，然后依次用无水乙醇和去离子水清洗，放入烘箱中干燥，干燥过后用 10%（质量分数）的氢氧化钠溶液在水浴锅中搅拌进行水解处理，之后用去离子水清洗至中性，烘干；然后对其进行开捻，使短纤维蓬松分散，以增加其中 ABS 复合材料中的分散性。ABS、PPTA 短纤维、EG、

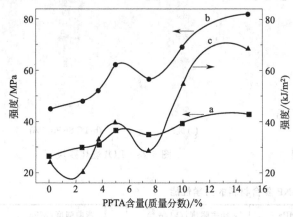

图 5-29   ABS/PPTA/EG/APP 复合材料力学性能变化
a—拉伸强度；b—弯曲强度；c—冲击强度

APP 等助剂在 80℃ 的鼓风干燥箱中干燥 12h，然后按确定的比例称量，混合均匀后，将混合物加入到预热好的混炼机中混炼，确定混炼温度为 160℃，转速为 80r/min，混炼时间为 40min，将混炼后得到的复合材料置于平板硫化机片模具中，在 145℃ 和 5MPa 的温度与压力条件下热压成型，热压时间为 20min。

（3）参考性能   结合图 5-29 可以发现，当 PPTA 在复合材料中的添加量为 5%（质量分数）时，ABS/PPTA/EG/APP 复合材料的力学性能达到一个小峰值，其拉伸强度、弯曲强度和冲击强度

分别能达到 36.71MPa、62.12MPa 和 39.76kJ/m²，相对于 ABS/EG/APP 复合材料来说分别提高 38.53%、38.69% 和 64.92%；复合材料中 PPTA 含量大于 7.5%（质量分数）时，复合材料的力学性能增加幅度较大，而当 PPTA 含量小于 7.5%（质量分数）时，复合材料的综合力学性能在 5%（质量分数）时达到最佳。

　　控制阻燃剂在复合材料中的总含量为 15％（质量分数）不变与 EG/APP 的质量比为 3/1 不变，当加入 PPTA 的含量小于 3.75％时，对复合材料的阻燃性能较好，极限氧指数均大于 31％，且垂直燃烧测试均能达到 V-0 级；而掺入量达到 5％（质量分数）时，极限氧指数开始下降，这可能是因为在阻燃体系中，PPTA 纤维充当碳源，当 PPTA 含量增加时，EG 和 APP 的含量相对减少，膨胀剂和酸源成分减少，不能很好地形成隔热坚固炭层。

5.2.22　电子电气用阻燃 PC/ABS 合金

　　(1) 配方（质量份）

① PC/ABS/TPP/PX-200

PC	80	IM812	5
ABS	20	SMA	4
PX-200	20		

② PC/ABS/TPP/PX-200

PC	80	PX-200	6
ABS	20	IM812	5
TPP	12	SMA	4

③ PC/ABS/PX-200/SEP

PC	80	海泡石（SEP）	12
ABS	20	IM812	5
PX-200	6	SMA	4

④ PC/ABS/PX-200/LS100

PC	80	LS100	8
ABS	2	IM812	5
PX-200	15	SMA	4

　　上述 PC 为牌号 L1250Y，ABS 为牌号 PA758，中国台湾奇美生产；增韧剂采用丙烯酸酯类聚酯增韧剂 IM812，SMA 苯乙烯接枝马来酸酐，上海事必达石化有限公司生产；磷酸三苯酯 TPP，日本大八化学工业株式会社生产；间苯二酚双[二(2,6-二甲基苯基)磷酸酯]为 PX200，日本大八化学工业株式会社生产。

　　(2) 加工工艺　将 PC 颗粒在电热恒温鼓风式干燥箱 120℃ 干燥 8h，将 ABS 颗粒在电热恒湿鼓风式干燥箱 80℃ 下干燥 8h；将 PC 树脂与 ABS 树脂、其他助剂分别按照比例混合均匀。在挤出温度为 200~240℃ 的双螺杆挤出机中炼融挤出，主螺杆转速设置为 150r/min，冷却后造粒。

　　(3) 参考性能　根据配方制备阻燃 PC/ABS 合金与拜耳 FR3010-PC/ABS 合金的性能对比，由表 5-15 可知，增韧剂 IM812 的加入使阻燃合金的缺口冲击强度有很大程度提高，PC/ABS/TPP/PX-200 合金体系的缺口冲击强度与拜耳 FR3010-PC/ABS 合金大小相近，合金 PC/ABS/TPP/PX-200 的外延起始分解温度高于拜耳 FR3010-PC/ABS 合金，PC/ABS/TPP/PX-200 合金的热稳定性优于 FR3010-PC/ABS，残余量也较高。PC/ABS/PX-200/SEP 和 PC/ABS/PX-200/LS100 合金的力学性能和热稳定性与拜耳 FR3010-PC/ABS 合金相近，但燃烧的烟密度等级 PC/ABS/PX-200/ZB 合金与 FR3010PC/ABS 合金相近，热变形温度与 FR3010 相差较少。除此之外，单组分 PX-200 阻燃 PC/ABS 合金的各项性能与拜耳 FR3010 相差较小。

　　根据以上分析可知，在热变形温度和烟密度要求不是很严格时，自制 PC/ABS/PX-200、PC/ABS/TPP/PX-200 和 PC/ABS/PX-200/LS100 阻燃合金能够替代进口拜耳 FR3010PC/ABS 合金制备电子电器等制品。

表 5-15　阻燃 PC/ABS 合金与拜耳 FR3010-PC/ABS 合金的性能对比

性能	拜耳 FR3010	PX-200/IM812	TPP/PX-200/IM812	PX-200/LS100/IM812	PX-200/SEP/IM812
热变形温度(1.8MPa)/℃	98	79	77.5	80.3	87.3
拉伸强度/MPa	50	55.0	57.2	50.2	53.6
缺口冲击强度/(kJ/m²)	42	31.0	40.5	33.0	17.0
UL94 燃烧等级(3.2mm)	V-0	V-0	V-0	V-0	V-0
LOI/%	33	28.8	30	30.1	29
Tonset/℃	488	469	493	489	479
SDR/%	60	76.7	77.78	68.2	71

注：Tonset 为外延起始分解温度。

第6章

塑料在家电、电子信息、通信领域中的应用

6.1 概述

2015年电子信息产业主要指标完成情况见表6-1。国家统计局发布数据显示，2016年1~12月我国家用电器行业主营业务收入14605.6亿元，累计同比增长3.8%；利润总额1196.9亿元，累计同比增长20.4%。

表6-1 2015年电子信息产业主要指标完成情况

	单位	全年完成额	增速/%
一、规模以上电子信息制造业			
主营业务收入	亿元	111318	7.6
利润总额	亿元	5602	7.2
税金总额	亿元	2470	18.8
固定资产投资额	亿元	13775	14.2
电子信息产品进出口总额	亿美元	13088	-1.1
其中:出口额	亿美元	7811	-1.1
进口额	亿美元	5277	-1.2
二、软件和信息技术服务业			
软件业务收入(快报数据)	亿元	43249	16.6
三、主要产品产量			
手机	万部	181261.4	7.8
其中:智能手机	万部	139943.1	11.3
微型计算机	万台	31418.7	-10.4
彩色电视机	万台	14475.7	2.5
其中:液晶电视机	万台	14391.9	3.8
智能电视	万台	8383.5	14.9
集成电路	亿块	1087.2	7.1

6.2 塑料在洗衣机中的配方与应用

6.2.1 洗衣机波轮——增强耐磨聚丙烯

随着人们生活水平的不断改善，洗衣机的迅速普及促使其飞速发展，而波轮洗衣机是最

早应用也是最大量应用的洗衣机。其中，洗衣机的波轮对于洗涤效果具有重要影响，如图 6-1 所示。

波轮洗衣机的洗涤原理是利用水流的不断运动，使洗涤液与衣物、衣物之间、衣物与简壁产生摩擦，从而洗净衣物

图 6-1   波轮洗衣机的波轮

因波轮与衣物相互接触，并加之洗涤剂的加入，要求材料具有无毒、耐化学品、不吸水、耐磨性等特点。选材中发现，POM 不耐酸、强碱等化学品；PA 易吸水；ABS 易受洗涤剂等化学品影响；目前市面上洗衣机波轮材料多为纯聚丙烯材料。聚丙烯的来源广泛易得，无毒、耐化学品、不吸水、低密度、易加工成型以及优异的力学性能和性价比，推动了现今聚丙烯产品的发展。但洗衣机波轮与衣物摩擦接触频繁，聚丙烯表面耐磨性不足，导致波轮易划伤，磨损严重，影响其使用寿命。因此，为使材料满足洗衣机波轮的使用环境要求，对聚丙烯（PP）赋予耐磨特性已成为改性聚丙烯波轮一个重要的研究方向。作者课题组经过多年研究，制备出一种用于洗衣机波轮的高耐磨改性聚丙烯专用料。

（1）配方   表 6-2 列出了波轮洗衣机耐磨聚丙烯波轮专用料配方。

表 6-2   波轮洗衣机耐磨聚丙烯波轮专用料配方

序号	原材料名称	用量/kg
1	PP HP602N(韩国大林)	38
2	PP T30S(齐鲁石化)	20
3	超细滑石粉(1250 目,云南超微新材料公司)	15
4	玻璃纤维(浙江巨石)	10
5	球形硅微粉(连云港东海硅微粉有限公司)	10
6	硅烷偶联剂 KH-560(南京曙光化工集团公司)	0.5
7	抗氧剂 1010(北京加成助剂研究所)	0.2
8	抗氧剂 DLTP(北京加成助剂研究所)	0.4
9	硬脂酸钙(淄博塑料助剂厂)	0.5
10	钛白粉 R550(日本)	1
11	PP-g-MAH(海尔科化公司)	1.8
12	成核剂 TMB-5(山西省化学研究所)	0.1
13	POE8150(DuPont-Dow)	2
14	聚四氟乙烯粉	0.5

为达到材料的应用要求，耐磨聚丙烯材料赋予其良好的耐磨性能，同时也要具有优异的力学性能，如刚性。首先，选择高结晶均聚聚丙烯原料；其次，通过添加聚四氟乙烯粉，改善聚丙烯材料的润滑性能，减少与衣物等的摩擦，可以有效提高与聚丙烯材料的相容性，又具有优异的外润滑，以保持永久性润滑效果，并提高波轮材料的耐磨性，更有效抑制衣物与制件摩擦碰撞时的刮擦深度，减少材料摩擦损失质量；第三，通过滑石粉、玻璃纤维与球形硅微粉的复合改性，可以提高材料的刚性，同时保持良好的流动

性和外观；第四，通过添加成核剂可改善聚丙烯材料表面硬度和结晶度，以 TMB-5 为 β 成核剂，可以提高 PP 的韧性；第五，通过加入 POE，对其进行增韧改性。通过对材料配方的不断研究以及加工工艺的持续探索，研究出一种洗衣机波轮专用耐磨聚丙烯材料，不但能够满足洗衣机波轮无毒、耐化学品、不吸水和优异的力学性能，其优异的耐磨性能可有效延长洗衣机波轮使用寿命。

（2）加工工艺

① 原料干燥　滑石粉、玻璃纤维、硅微粉在 110℃下干燥 4h。

② 混合工艺　先将滑石粉、硅微粉高速混合 1min，然后加入硅烷偶联剂，低速混合 3min，再将剩余组分加入高速混合机中高速混合 1min，出料。玻璃纤维从螺杆中间排气口加入。

③ 挤出工艺　采用同向旋转啮合型平行双螺杆挤出机共混造粒。主机转速：340r/min；喂料：18Hz；双螺杆挤出机各区温度：205℃、210℃、215℃、220℃、215℃。

（3）参考性能　波轮洗衣机耐磨聚丙烯波轮专用料性能见表 6-3。

表 6-3　波轮洗衣机耐磨聚丙烯波轮专用料性能

项目	实测值	项目	实测值
拉伸强度/MPa	38.2	悬臂梁缺口冲击强度/(J/m)	21.0
断裂伸长率/%	42.0	简支梁缺口冲击强度/(kJ/m²)	5.5
弯曲强度/MPa	60.9	维卡软化点/℃	167
弯曲模量/MPa	2291.0	热变形温度/℃	135
熔体流动速率/(g/10min)	5.5	成型收缩率/%	0.7
摩擦系数	0.2	磨痕宽度/mm	5.1

注：200r/min 的速度下摩擦 2h，测摩擦系数与磨痕宽度。

6.2.2　洗衣机盘座——填充改性聚丙烯

全自动洗衣机顶端通常由盘座与盖板组成，其结构如图 6-2 所示。

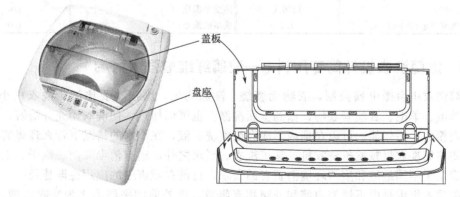

图 6-2　全自动洗衣机盘座与盖板

全自动洗衣机盘座大多用填充改性聚丙烯制备，其配方、工艺、性能如下。

（1）配方　配方特点：采用 PPT30S，保证材料的强度，同时配以流动性好的 K7726，从而保证专用料的注射加工性。为降低收缩率和成本，同时提高刚性，添加了碳酸钙，用稀土铝酸酯偶联剂处理，可以增加其与 PP 的界面黏合强度，采用 PP-*g*-MAH 大分子偶联剂可以进一步提高碳酸钙与 PP 的黏结强度，从而提高复合材料的综合性能。为提高表面效果，添加了较细的碳酸钙，配方见表 6-4。

表 6-4　洗衣机盘座料——碳酸钙填充 PP 的配方及工艺

序号	原材料名称	用量/kg
1	PPK7726(燕山石化)	14
2	PPT30S(齐鲁石化)	28
3	超细重质碳酸钙(1250 目,云南超微新材料公司)	18
4	稀土铝酸酯偶联剂(河北辛集化工公司)	0.3
5	抗氧剂 1010(北京加成助剂研究所)	0.05
6	抗氧剂 DLTP(北京加成助剂研究所)	0.1
7	硬脂酸钙(淄博塑料助剂厂)	0.2
8	钛白粉 R550(日本)	1.6
9	荧光增白剂 OB(瑞士汽巴公司)	0.008
10	酞菁蓝 A3R(瑞士汽巴公司)	0.0005
11	大分子红 2BP(瑞士汽巴公司)	0.0001
12	PP-g-MAH(海尔科化公司)	2

（2）加工工艺

① 原料干燥　碳酸钙在 110℃下干燥 4h。

② 混合工艺　先将碳酸钙高速混合 1min，然后加入铝酸酯，低速混合 3min，再将剩余组分加入高速混合机中高速混合 1min，出料。

③ 挤出工艺　采用同向旋转啮合型平行双螺杆挤出机共混造粒主机转速 340r/min；喂料 18Hz；双螺杆挤出机各区温度分别为 205℃、210℃、215℃、220℃、210℃。

（3）参考性能　洗衣机盘座料——碳酸钙填充 PP 性能见表 6-5。

表 6-5　洗衣机盘座料——碳酸钙填充 PP 性能

项目	实测值	项目	实测值
拉伸强度/MPa	28.5	悬臂梁缺口冲击强度/(J/m)	41.2
断裂伸长率/%	220.0	简支梁缺口冲击强度/(kJ/m²)	7.5
弯曲强度/MPa	40.0	维卡软化点/℃	157.0
弯曲模量/MPa	1270.0	热变形温度/℃	120
熔体流动速率/(g/10min)	7.5	成型收缩率/%	1.0

6.2.3　滚筒洗衣机外筒专用料——玻璃纤维增强聚丙烯

滚筒洗衣机由微电脑控制，衣物无缠绕、洗涤均匀，磨损率要比波轮洗衣机小 10%，可洗涤羊绒、羊毛、真丝等衣物，做到全面洗涤；也可以加热，使洗衣粉充分溶解，充分发挥出洗衣粉的去污效能。可以在桶内形成高浓度洗衣液，在节水的情况下带来理想的洗衣效果。一些滚筒洗衣机较波轮洗衣机，除了洗衣、脱水之外，还有消毒除菌、烘干、上排水等功能，满足了不同地域和生活环境消费者的需求，目前在城市中的应用逐渐普及。

滚筒洗衣机由是由不锈钢内筒和外筒相套组成，内外筒的夹层称之为洗衣机槽。目前，内桶仍然为不锈钢材料制备，而外筒为改性聚丙烯材料制备，多为玻璃纤维增强聚丙烯等，如图 6-3 所示。

高强高韧 PP 专用料具有冲击韧性高、流动性好等特点，由玻璃纤维和聚丙烯树脂复合而成，具有高强度、高模量，能够制作尺寸大、使用环境恶劣、性能要求高的洗衣机滚筒等部件。由于材料采用聚丙烯树脂为基体，因而性能价格比高，加工性能好。

（1）配方　配方特点：采用连续玻璃纤维对 PP 进行增强，增强效果好。采用两种 PP 树脂进行复配，可以提高玻璃纤维增强 PP 材料的流动性，从而保证大型部件（洗衣机滚

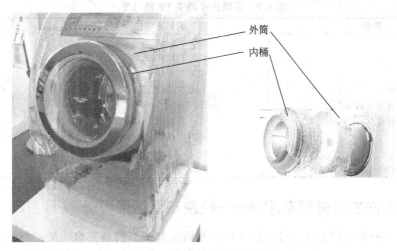

图 6-3 滚筒洗衣机的内外筒

筒）的加工性能；为了提高玻璃纤维与 PP 的界面黏结力，采用硅烷偶联剂对玻璃纤维进行处理，同时采用 PP-g-MAH 大分子偶联剂进一步增强玻璃纤维与 PP 的界面黏合强度；采用 POE 进行增韧，从而制备出高强、高韧、高刚的玻璃纤维增强 PP 复合新材料，用于滚筒洗衣机的滚筒。玻璃纤维增强聚丙烯配方见表 6-6。

表 6-6 玻璃纤维增强聚丙烯配方

序号	原材料名称	用量/kg
1	PP2401(燕山石化)	1470
2	PPK7726(燕山石化)	750
3	POE8150(DuPont-Dow)	75
4	硅烷偶联剂 KH-560(南京曙光化工集团公司)	1
5	玻璃纤维(浙江巨石)	780
6	PP-g-MAH(海尔科化公司)	25
7	抗氧剂 1010(北京加成助剂研究所)	5
8	抗氧剂 DLTP(北京加成助剂研究所)	5
9	硬脂酸钙(CaSt，淄博塑料助剂厂)	1
10	钛白粉 R550(日本)	6
11	酞菁蓝 A3R(瑞士汽巴)	0.9
12	酞菁紫 GT(瑞士汽巴)	0.95

（2）加工工艺

① 原料干燥 玻璃纤维在 120℃下干燥 4h。

② 混合工艺 将玻璃纤维以外的其他组分称重，加入高速混合机中，高速混合 1min，出料。

③ 挤出工艺 采用同向旋转啮合型平行双螺杆挤出机，主机转速：340r/min；喂料：16Hz；双螺杆挤出机各区温度：210℃、215℃、215℃、220℃、215℃。

④ 注塑工艺 干燥时玻璃纤维增强 PP 粒料在 70～80℃下干燥 2～4h，热风循环，料层厚度不大于 50mm，干燥后立即使用；若停放半小时以上则应重新干燥，注射时最好采用除湿或保温料斗；干燥也可采用除湿干燥器，条件同上。

⑤ 注射成型 注射温度为 210～240℃；注射压力为 50～80MPa；注射速度为慢-中；背压为 0.7MPa；螺杆转速为 40～70r/min；模具温度为 40～80℃；排气口深度为 0.0038～0.0076mm。

（3）参考性能 玻璃纤维增强 PP 的性能见表 6-7。

表 6-7　玻璃纤维增强 PP 的性能

性能	测试方法	数值
拉伸强度/MPa	GB/T 1040—1992	70
断裂伸长率/%	GB/T 1040—1992	5
弯曲强度/MPa	GB/T 9341—2008	90
弯曲弹性模量/MPa	GB/T 9341—2008	4100
简支梁缺口冲击强度/(kJ/m²)	GB/T 1043.1—2008	10
悬臂梁缺口冲击强度/(J/m)	GB/T 1843—2008	94
维卡软化点/℃	GB/T 1633—2000	160
阻燃性能	UL94	V-2
MFR(230℃,2160g)/(g/10min)	GB/T 3682—2000	7

6.2.4　滚筒洗衣机外筒专用料——硅灰石增强聚丙烯

滚筒洗衣机外筒材料大多为玻璃纤维增强聚丙烯和滑石粉填充聚丙烯。但两者都有缺陷，前者成型难度大、外观差；后者成型容易且外观优良，但强度太低。利用针状硅灰石的高长径比（20:1以上）来增强聚丙烯，解决了滚筒洗衣机外筒成型难及翘曲问题，材料的综合性能大大高于滑石粉填充聚丙烯，而且成本相对于玻璃纤维增强聚丙烯材料降低30%以上。

（1）配方　配方特点：采用两种PP进行复配，PPK7726流动性好，PPK8303韧性好，这两种PP树脂的复配既保证强度，又保证韧性，还保证流动性，效果很好。硅灰石采用硅烷偶联剂进行处理，可以大大提高硅灰石与PP的界面黏合力；同时采用PP-g-MAH可以进一步提高硅灰石与PP树脂的黏合强度，从而制备出综合性能优异的填充增强PP复合新材料。硅灰石对PP还具有一定的成核作用，能提高刚性和耐热性以及尺寸稳定性，大大提高强度，这样既保证增强效果，又保证表面效果和尺寸稳定性。硅灰石增强PP配方见表6-8。

表 6-8　硅灰石增强 PP 配方

序号	原材料名称	用量/kg
1	PPK7726(燕山石化)	54.4
2	PPK8303(燕山石化)	6.8
3	硅灰石(1250目,平均长径比>20:1,云南超微新材料公司)	18
4	硅烷偶联剂 KH-560(南京曙光化工集团公司)	0.3
5	PP-g-MAH(海尔科化公司)	2
6	抗氧剂1010(北京加成助剂研究所)	0.1
7	抗氧剂 DLTP(北京加成助剂研究所)	0.2
8	硬脂酸钙(淄博塑料助剂厂)	0.4

（2）加工工艺

① 原料干燥　硅灰石在110℃下干燥4h。

② 混合工艺　加入硅灰石、硅烷偶联剂在低速下混合5~8min，静置10min，再在低速下混合5min，如此循环三次。将除硅灰石以外的各组分按配方称重后加入高速混合机中高速混合1min，出料。

③ 挤出工艺　采用同向旋转啮合型平行双螺杆挤出机共混造粒，硅灰石采用侧向加料器加入。主机转速：340r/min；喂料：18Hz；双螺杆挤出机各区温度：205℃、210℃、215℃、220℃、210℃。

以试验三种螺杆组合形式，分别为强剪切组合、中强剪切组合和弱剪切组合，如图6-4所示。

由图6-4可以看出，在强剪切的螺杆组合中使用大量捏合块，并使用一组反螺纹元件；在中强剪切的螺杆组合中，捏合块的数量减少，但仍然保留反螺纹；而在弱剪切的组合中，

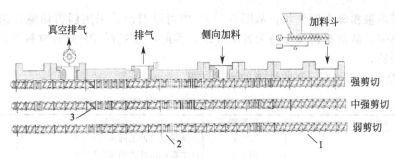

图 6-4　制备硅灰石/PP 的三种螺杆组合

1—正螺纹元件；2—捏合块元件；3—反螺纹元件

捏合块的数量进一步减少，并且去掉反螺纹。

由于硅灰石是针状纤维，很容易在剪切力作用下断裂，如果硅灰石在 PP 中的长径比小于 10，则增强效果不好。所以，在工艺上尽量要避免硅灰石受到高剪切作用力，因此在用偶联剂处理时，采用低速混合。另外，采用侧向加料装置将硅灰石加入到双螺杆挤出机中，同时双螺杆挤出机的螺杆组合应采用低剪切组合方式，这样可以最大限度地保证硅灰石的长径比，达到满意的增强效果。

（3）参考性能　使用上述三种螺杆组合所制备的硅灰石/PP 复合材料的性能如表 6-9 所示。

表 6-9　强、中强、弱剪切螺杆组合对硅灰石/PP 复合材料性能的影响

材料性能	螺杆组合方式		
	强剪切	中强剪切	弱剪切
拉伸强度/MPa	25.2	27.7	32.5
断裂伸长率/%	103	67	120
弯曲强度/MPa	32	35	40
弯曲弹性模量/MPa	2061	2305	2870
简支梁缺口冲击强度/(kJ/m^2)	10.6	9.9	10.5
熔体流动速率/(g/10min)	16.8	14.1	18

注：配方同表 6-7，硅灰石侧向加料器加入，螺杆转速 120r/min。

从表 6-9 可以看到，使用强剪切以及中强剪切组合制备的硅灰石/PP 材料，其强度、刚性大幅度下降，但韧性和熔体流动速率较高，这表明由于强剪切力的作用，针状硅灰石被严重切断，但分散均匀性加强，所以韧性较高。而使用弱剪切组合制备的硅灰石/PP 材料性能具有优异的综合性能。这可从样条的冲击断面 SEM（图 6-5）中得到印证。

从图 6-5(a)、(b) 中可以看出，强剪切和中强剪切螺杆组合制备的硅灰石/PP 材料中，

(a)强剪切螺杆组合

(b)中强剪切螺杆组合

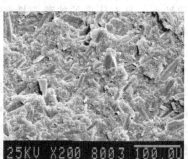
(c)弱剪切螺杆组合

图 6-5　不同螺杆组合制备的硅灰石/PP 复合材料的 SEM

针状硅灰石基本被粉碎为颗粒状；从图 6-5(c) 中可以看出，采用弱剪切螺杆组合制备的硅灰石/PP 材料中，硅灰石仍然保持为针状纤维。因此，硅灰石/PP 复合材料不能在剪切力较强的条件下制备。

表 6-10 是硅灰石增强 PP 的性能的测试结果。

表 6-10   硅灰石增强 PP 的性能

项目	实测值	项目	实测值
拉伸强度/MPa	32.5	悬臂梁缺口冲击强度/(J/m)	78.2
断裂伸长率/%	120.0	简支梁缺口冲击强度/(kJ/m^2)	10.5
弯曲强度/MPa	40.0	维卡软化点/℃	145.0
弯曲模量/MPa	2870.0	热变形温度(1.82MPa)/℃	128
熔体流动速率/(g/10min)	18	成型收缩率/%	0.75

6.3   塑料在冰箱中的应用

冰箱是保持恒定低温的一种制冷设备，也是一种使食物或其他物品保持恒定低温冷态的民用产品。家用电冰箱的容积通常为 20～500L。目前，冰箱的发展趋势仍然是绿色、节能和可回收性。另外，高分子材料在冰箱中的应用量越来越大，冰箱生产中主要选用的塑料品种包括：聚氨酯（PUR）、聚苯乙烯（PS）、聚丙烯（PP）、（丙烯腈/丁二烯/苯乙烯）共聚物（ABS）及聚乙烯（PE）。这五大类塑料几乎涵盖了 90% 的冰箱用塑料部件。每台冰箱的塑料使用量大约为 5kg。其中，改性塑料要占三分之一以上，具有较大的市场空间和前景。

6.3.1   耐超低温无毒软聚氯乙烯（SPVC）冰箱门封条

冰箱门封条直接接触食品，要求无毒，同时要求低温弹性好、寿命长。一旦冰箱门封条失去低温弹性，则易造成冰箱门密封不严，冰箱的能耗就高，因此冰箱门封条对冰箱使用过程的节能具有重要影响。

由于常用的增塑剂——邻苯二甲酸二辛酯（DOP）可以影响人体的生殖系统，已被欧盟等认定为对人体有害，因此在冰箱门封条中已不能使用 DOP，必须常用新型无毒的增塑剂和改性剂。作者研究的耐超低温无毒 SPVC 冰箱门封条配方如表 6-11 所示。

配方特点：采用低分子量的悬浮法 PVC 树脂为基体，保证塑化质量，提高流动性。采用多种增塑剂复配，可达到最好的增塑效果。主增塑剂选用二（2-乙基己基）对苯二甲酸酯，具有无毒、增塑效果好、综合性能好的特点，辅助增塑剂选用环氧化大豆油，它是一种使用最广泛的聚氯乙烯无毒增塑剂并具有稳定剂的作用；与 PVC 相容性好，挥发性低，迁移性小，具有优良的热稳定性和光稳定性，耐水性和耐油性亦佳，可赋予制品良好的机械强度、耐候性及电性能且无毒性，是国际认可的用于食品包装材料的助剂。环氧化大豆油与金属热稳定剂并用有显著的协同效应，可最大限度地增大稳定效果，这时金属皂类的用量可减少到原来单独使用所需总量的三分之一。因为环氧化大豆油与 PVC 的相容性跟 DOP 相当，且其增塑效率优于 DOP，因此能减少制品中总增塑剂的用量，这不仅降低了成本，同时提高产品的技术指标，如低温耐冲击强度和焊接性等。TOTM 是一种耐热和耐久主增塑剂，增塑效率和加工性能与邻苯二甲酸酯类增塑剂相近，相容性、塑化性能、低温性能、耐迁移性、耐水抽出、热稳定性较好。DOS 为优良的耐寒性增塑剂，增塑效率高，挥发性低，既具有优良的耐寒性，又较好的耐热性、耐光性和电绝缘性，与邻苯二甲酸酯类并用可大大提高 PVC 的耐寒性。稳定体系采用无毒的硬脂酸盐类，可与食品接触。聚己二酸丁二醇酯（PBA）是高分子量增塑剂，无毒，耐迁移性好，增塑效果持久，避免门封条使用时间长后变硬而导致密封不严的现象。使用 CPE 和 P83 可提高冰箱门封条的低温弹性，使 SPVC 冰箱门封条在低温下长期使用仍具有优异的弹性，从而达到门封目的。特别是粉末丁腈橡胶 Chemigum P83 具有最好的低温弹性，它是法国伊立欧公司（原 Goodyear 公司特殊化学品部）产品，是一种优质流动性粉状丁二烯-丙烯腈聚合物，以 PVC 作为隔离剂，丙烯腈含量 33%。粉末丁腈用在 PVC 改性方面，可提供橡胶性能（高弹性、橡胶手感等），增加产品性能（耐磨、耐屈挠、良好的压缩永久变形和恢复性能），增强产品耐候性（含耐热老化性、耐低温脆性、耐低温屈挠性），防止增塑剂析出、迁移（耐油、耐溶剂），提供好的加工性及熔融稳定性，提高熔体黏度的稳定性（可使制品表面纹理清晰、光滑、尺寸稳定，而且能提高制品成型速率），能扩大加工范围和提高生产率。所以，P83 的加入可使 SPVC 用于超低温场合（如低温冰柜等）。采用 OPE 蜡和石蜡联合使用，可使 PVC 具有内外润滑平衡性，促进塑化质量。

（1）配方（质量份）　耐超低温无毒 SPVC 冰箱门封条配方见表 6-11。

表 6-11　耐超低温无毒 SPVC 冰箱门封条配方

序号	材料名称	规　格	生产厂家	配方/质量份	
				普通型	耐超低温型
1	PVC	SG-5	北京化工二厂	100	100
2	二(2-乙基己基)对苯二甲酸酯	工业级	Eastman	20	15
	聚己二酸丁二醇酯(PBA)	中等分子量 (2000~10000g/mol)	BASF	10	10
3	偏苯三酸三辛酯(TOTM)	工业级	山东道平化工公司	10	5
4	环氧化大豆油	工业级	山东青州市建邦化工有限公司	15	20
5	癸二酸二辛酯(DOS)	工业级	山东道平化工公司	—	10
6	粉末丁腈橡胶	Chemigump83	法国伊立欧公司(原 Goodyear 公司特殊化学品部)	—	10
7	氯化聚乙烯	CPE135A	潍坊化工厂	10	—
8	硬脂酸钙	工业级	淄博塑料助剂厂	1	1
9	硬脂酸锌	工业级	淄博塑料助剂厂	1	0.5
10	硬脂酸钡	工业级	淄博塑料助剂厂	1	0.5
11	轻质碳酸钙	1000 目	云南超微材料公司	30	30
12	润滑剂	OPE 蜡	德国科莱恩公司	0.2	0.2
13	润滑剂	石蜡	—	1	1
14	稳定剂	环保型固体钙锌稳定剂 LHO-1	青岛普兰特助剂有限公司	3	3

（2）加工工艺　采用高速－低速混合机组进行 PVC 的捏合。捏合工艺条件：热混 100℃、5~10min，冷混 40℃、10~20min。采用单螺杆挤出机进行造粒，螺杆直径 φ65mm，长径比 28:1，风冷模面切粒，风送到贮料罐，冷却，包装。

	1 区	2 区	3 区	4 区	5 区	连接区	机头
造粒温度/℃	145	148	150	155	160	150	155

主机转速：800r/min

主机电流：18A

采用单螺杆挤出机进行冰箱门封条的挤条，工艺参数为：

螺杆温度/℃	前段	中段	后段	连接段	机头
	135	145	155	145	140

螺杆转速：30r/min

主机电流：15~17A

牵引速度：350~400r/min

挤条情况：外观好，工艺稳定

（3）参考性能　由于 SPVC 中要加入大量增塑剂，所以混合时加料顺序较为重要。在高速混合时，先加入 PVC 树脂和稳定剂，然后加入增塑剂并低速搅拌，以使增塑剂能被 PVC 树脂良好吸收，从而达到最佳的增塑效果。然后再加入润滑剂和填充剂，P83 要最后加入。高速混合后要立即放入低速混合机中冷却混合，一方面使混合物温度下降；另一方面可使增塑剂进一步吸收。从低速混合机中放出的料，温度不能高于 40℃。混合效果可用简单的手捏法检测。使劲捏一把混合料，然后松手，混合料不成团表明混合效果较好，另外手上感觉不到有油腻，说明增塑剂吸收好。也可采用一张柔软的白纸包住混合料，用手使劲捏一下，松开后白纸上没有油迹，表明混合效果较好。由于 SPVC 的加工性好于 UPVC，所以使用单螺杆挤出机即可进行造粒和挤出成型。造粒用的单螺杆挤出机最好长径比大一些（28∶1 以上），在螺杆中后部可增加一些销钉等加强混炼的元件，以使 SPVC 各组分混合均匀，相关门封条性能结果见表 6-12。

表 6-12　Haake 流变测试结果及门封条性能

项目	普通型	耐超低温型
塑化时间/min	3	2.8
最高扭矩(150℃,60g,33r/min,混合)/N·m	7.2	8.1
平衡扭矩(150℃,60g,33r/min,混合)/N·m	5.9	4.6
塑化情况	好,外观光滑,光亮	好,外观光滑,有光亮
拉伸强度/MPa	13	12
断裂伸长率/%	305	320
硬度(邵氏 A)	65	60
抗迁移性[PVC 试样规格为 ϕ50mm×2mm,HIPS 板为 ϕ70mm×2mm;将 PVC 试样置于干燥器内 24h 后,用精密天平称重;然后将 1 片 PVC 试样夹在 2 片 HIPS 板中间,放置于(70±4)℃的烘箱内,施加 5kg 的重物,72h 后取出并置于干燥器内 24h 后称重,计算前后 2 次 PVC 试样的质量差]	质量差 8mg	质量差 6mg

从表 6-12 中可看出，两个配方的冰箱门封条料塑化时间快，塑化效果好，外观光亮，力学性能好，抗迁移性优异，满足冰箱门封条产品的要求。

6.3.2　冰箱压机盖板——填充增强聚丙烯

填充增强改性是聚丙烯的重要改性手段之一。通过填充和增强技术，不仅可以大大降低材料成本，而且可以显著改善聚丙烯的刚性、耐热性以及尺寸稳定性等，从而赋予材料新的性能，扩大其应用范围。

冰箱压缩机后罩要求长期耐高温老化、耐潮湿、刚性好和制件尺寸稳定性好，所以选用滑石粉填充、玻璃纤维增强的聚丙烯专用料，具有尺寸稳定性好、不翘曲、热变形温度高、模量和硬度大等特点，可满足冰箱压缩机盖板的要求。

（1）配方　采用三种 PP 进行复配，PPK7726 流动性好，PPT30S 强度高，PPK8303 韧性好，这三种 PP 树脂的复配既保证强度，又保证韧性，还保证流动性，效果很好。采用滑石粉和玻璃纤维同时对 PP 进行填充、增强改性，滑石粉对 PP 具有成核作用，能提高刚性和耐热性以及尺寸稳定性，玻璃纤维可以大大提高强度，这样既保证增强效果，又保证表面效果和尺寸稳定性。采用稀土铝酸酯偶联剂对滑石粉进行处理，可以提高滑石粉与 PP 的界面黏合力，采用 PP-g-MAH 可以提高玻璃纤维与 PP 树脂的黏合强度，从而制备出综合性能优异的填充增强 PP 复合新材料。冰箱压机盖板——填充增强 PP 的配方见表 6-13。

表 6-13　冰箱压机盖板——填充增强 PP 的配方

序号	原材料名称	用量/kg
1	PPK7726(燕山石化)	30
2	PPT30S(齐鲁石化)	24
3	PPK8303(燕山石化)	6
4	超细滑石粉(1250 目,云南超微新材料公司)	18
5	稀土铝酸酯偶联剂(河北辛集化工公司)	0.3
6	抗氧剂 1010(北京加成助剂研究所)	0.1
7	抗氧剂 DLTP(北京加成助剂研究所)	0.2
8	硬脂酸钙(淄博塑料助剂厂)	0.4
9	玻璃纤维(浙江巨石公司)	16
10	PP-g-MAH(海尔科化公司)	2
11	钛白粉 R550(日本)	1.6

（2）加工工艺

① 原料干燥　滑石粉、玻璃纤维在 110℃下干燥 4h。

② 混合工艺　先将滑石粉高速混合 1min，然后加入稀土铝酸酯，低速混合 3min，再将剩余组分加入高速混合机中高速混合 1min，出料。

③ 挤出工艺　采用同向旋转啮合型平行双螺杆挤出机共混造粒，主机转速：340r/min；喂料：18Hz；双螺杆挤出机各区温度：205℃、210℃、215℃、220℃、210℃。

（3）参考性能　冰箱压机盖板——填充增强 PP 见表 6-14。

表 6-14　冰箱压机盖板——填充增强 PP

项目	实测值	项目	实测值
拉伸强度/MPa	38.5	悬臂梁缺口冲击强度/(J/m)	41.2
断裂伸长率/%	20.0	简支梁缺口冲击强度/(kJ/m^2)	6.5
弯曲强度/MPa	60.0	维卡软化点/℃	167.0
弯曲模量/MPa	4270.0	热变形温度(1.82MPa)/℃	138
熔体流动速率/(g/10min)	7.5	成型收缩率/%	1.0

6.3.3　冰箱抽屉专用料——耐低温填充聚丙烯

冰箱抽屉一般采用 HIPS 制作，一方面 HIPS 易在酸、碱、盐、油脂等作用下应力开裂，影响使用寿命；另一方面 HIPS 的价格比 PP 高，因此用改性 PP 代替 HIPS 用于冰箱抽屉的开发会引起材料工作者的兴趣，特别是在日本，已成功地将改性 PP 用于冰箱抽屉。作者课题组研究了能替代 HIPS 用于冰箱抽屉的聚丙烯专用料，配方见表 6-15。

表 6-15　冰箱抽屉专用改性聚丙烯配方

序号	原材料名称	用量/kg
1	PPAw191(新加坡 TPC 公司)	20
2	PPK7726(燕山石化)	40
3	PPF401(辽宁盘锦石化)	40
4	SBSYH-792(岳阳石化)	10
5	超细滑石粉(1250 目,云南超微新材料公司)	20
6	铝酸酯偶联剂(河北辛集化工公司)	0.75
7	PP-g-MAH(海尔科化公司)	2
8	抗氧剂 1010(北京加成助剂研究所)	0.1
9	抗氧剂 DLTP(北京加成助剂研究所)	0.2
10	CaSt(淄博塑料助剂厂)	0.8
11	EBSJH-302(吉化集团)	0.4

(1) 配方　采用特殊共聚 PP-AWI91,其低温冲击强度很高,从而保证冰箱抽屉的低温使用性。同时,配以流动性好的 K7726,从而保证专用料的注射加工性。为降低收缩率,添加滑石粉,使成型收缩率与 HIPS 相近。为进一步增加专用料的低温韧性,又配以 SBS 进行增韧。这样,本产品具有优异的低温冲击韧性,可满足冰箱抽屉在长时间的低温使用。

(2) 加工工艺

① 原料干燥　滑石粉在 110℃下干燥 4h。

② 混合工艺　先将滑石粉高速混合 1min,然后加入铝酸酯,低速混合 3min,再将剩余组分加入高速混合机中高速混合 1min,出料。

③ 挤出工艺　主机转速:320～340r/min;喂料:12～15Hz;双螺杆挤出机各区温度:185℃、195℃、205℃、205℃、200℃。

(3) 参考性能　冰箱抽屉专用改性聚丙烯性能见表 6-16。

表 6-16　冰箱抽屉专用改性聚丙烯性能

项目	实测值	项目	实测值
拉伸强度/MPa	18	悬臂梁缺口冲击强度/(J/m)	100
断裂伸长率/%	100	简支梁缺口冲击强度/(kJ/m²)	12
弯曲强度/MPa	29	维卡软化点/℃	140
弯曲模量/MPa	1100	成型收缩率/%	0.4～0.6
熔体流动速率/(g/10min)	4		

6.3.4　冰箱面板——阻燃耐候 ABS

冰箱面板、洗衣机面板因为是外观部件,要求要有高光泽和颜色稳定性。而 ABS 是不耐老化的,即使在室内使用,时间长了(3 年左右)后颜色发黄,严重影响产品的外观,从而对家电制造商的声誉造成不良影响。同时,用于家电的 ABS 又要求阻燃,因此用于洗衣机和冰箱面板的 ABS 要求阻燃和抗老化,需要特殊配方,如表 6-17 所示。

表 6-17　阻燃耐候 ABS 配方表

阻燃耐候 ABS(白)			
高韧性,高耐候,适用于冰箱面板、洗衣机面板等要求高的部件			
原料名称	规格型号	生产厂家	用量
ABS	750	锦湖石油化学株式会社	25.0kg
四溴双酚 A	BA-59P	美国大湖	3.75kg
三氧化二锑	H1010-B222	一	2.5kg
增韧剂	EXL-2602	日本吴羽	2.5kg
增韧剂	CPE140B	潍坊亚星	2.0kg
EBS	JHE-341	吉化集团公司研究院	0.2kg
甲基硅油	201	北京化工二厂	0.25kg
二氧化钛	902	美国杜邦	1.36kg
酞菁蓝	A3R	瑞士汽巴	0.55g
荧光增白剂	OB	瑞士汽巴	5.5g
颜料	2BP 红	瑞士汽巴	0.23g
抗氧剂	1076	瑞士汽巴	25g
抗氧剂	168	瑞士汽巴	25g
紫外线吸收剂	622	瑞士汽巴	5g

(1) 配方　采用溴类阻燃体系进行阻燃,阻燃效果好;但由于添加大量阻燃剂,ABS 的韧性下降,因此采用核壳结构的 MBS 类抗冲改性剂对阻燃 ABS 进行增韧,同时辅以 CPE 进行增韧(兼具阻燃作用),制得冲击强度高的阻燃 ABS。通过添加紫外线吸收剂和抗

氧化降解助剂体系，大大提高 ABS 的室内老化性能，可满足冰箱面板的使用要求。

（2）加工工艺

① 原料干燥　Sb_2O_3：120℃×4h；ABS：80℃×4h。

② 混合工艺　加入 ABS 和硅油高速混合 1min，加入其他所有原料及助剂低速混合 1min，之后高速搅拌 2min。

③ 挤出工艺　温度为 175℃、188℃、195℃、200℃、192℃。

主机转速：320r/min；喂料电流：15Hz。

（3）参考性能　阻燃耐候 ABS 配方性能表见 6-18。

表 6-18　阻燃耐候 ABS 配方性能表

项目	实测值	项目	实测值
拉伸强度/MPa	33.5	悬臂梁缺口冲击强度/(J/m)	155.4
断裂伸长率/%	22.5	简支梁缺口冲击强度/(kJ/m^2)	17.8
弯曲强度/MPa	51.4	维卡软化点/℃	91.4
弯曲模量/MPa	1931	热变形温度/℃	—
熔体流动速率/(g/10min)	9.8	成型收缩率/%	0.18

6.4　塑料在空调、电视中的应用

6.4.1　空调室外机壳——超耐候聚丙烯

空调室外机壳一般采用镀锌钢板外涂防腐蚀涂料制备，质量重、成型加工复杂、喷涂工艺不好掌握，而且一旦有防腐涂料脱落，就会造成大面积锈蚀。因此，近年国外已大量采用耐候 PP 作为室外机壳。我国也对空调室外机壳用 PP 材料进行了开发，已在海尔等空调机上进行应用，配方及性能见表 6-19。

表 6-19　空调室外机壳用耐候聚丙烯的配方

序号	原材料名称	用量/kg
1	PPK8303(燕山石化)	8
2	PPK7726(燕山石化)	56
3	PPT30S(齐鲁石化)	16
4	SBSYH-792(岳阳石化)	10
5	硫酸钡(1250目,云南超微新材料公司)	8
6	铝酸酯偶联剂(河北辛集化工公司)	0.75
7	光稳定剂 944(瑞士汽巴公司)	0.08
8	1010(北京加成助剂研究所)	0.1
9	DLTP(北京加成助剂研究所)	0.2
10	CaSt(淄博塑料助剂厂)	0.08
11	钛白粉 R902(美国杜邦公司)	0.8
12	光稳定剂 GW-480(北京加成助剂研究所)	0.08
13	镉红(湘潭化工研究院)	0.0045
14	镉黄(湘潭化工研究院)	0.0095
15	炭黑 C311(上海焦化)	0.0022

（1）配方　采用多种 PP 复配，从而可调整产品的 MFR，适宜于快速注射成型，工艺性优良。通过添加少量硫酸钡，可进一步提高材料的流动性，同时降低成本。另外，硫酸钡对 PP 的耐候性具有一定的增强作用。耐候体系主要采用 GW-944、GW-480 和 UV-326 的复配，保证材料的长期耐候性。经氙灯加速老化试验，计算本产品的老化寿命在 15 年以上，

可满足空调室外机对材料的要求。

（2）加工工艺

① 原料干燥　硫酸钡在110℃下干燥4h。

② 混合工艺　先将硫酸钡高速混合1min，然后加入铝酸酯，低速混合3min，再将剩余组分加入高速混合机中高速混合1min，出料。

③ 挤出工艺　主机转速为340r/min；喂料为16Hz；双螺杆挤出机各区温度为210℃、215℃、215℃、220℃、215℃。

（3）参考性能　空调室外机壳用耐候聚丙烯见表6-20。

表6-20　空调室外机壳用耐候聚丙烯

项目	实测值	项目	实测值
拉伸强度/MPa	25.6	悬臂梁缺口冲击强度/(J/m)	82
断裂伸长率/%	370	简支梁缺口冲击强度/(kJ/m²)	14.4
弯曲强度/MPa	36.5	维卡软化点/℃	140
弯曲模量/MPa	1800	成型收缩率/%	1.18
熔体流动速率/(g/10min)	12.5		

老化性能测试结果见表6-21和表6-22。

表6-21　紫外冷凝光测试结果（70℃）

测试项目	测试值			
紫外光照时间/h	0	1200	2000	2000h性能保持率/%
弯曲强度/MPa	36.5	38.6	36.9	101
缺口冲击强度/(kJ/m²)	14.4	14.4	14.1	97.9
拉伸强度/MPa	25.6	27.3	30.2	118
断裂伸长率/%	370	314	307	83
外观变化	无变化	无变化	无变化	无变化

表6-22　氙灯老化试验测试结果（63℃）

测试项目	测试值			
紫外光照时间/h	0	1500	2000	2000h性能保持率/%
弯曲强度/MPa	36.5	40.7	37.9	104
缺口冲击强度/(kJ/m²)	14.4	14.2	13.9	96.5
拉伸强度/MPa	25.6	26.2	27.2	106
断裂伸长率/%	370	323	315	85
外观变化	无变化	无变化	无变化	无变化

6.4.2　空调轴流风扇——玻璃纤维增强ABS

空调器中的风扇主要有三种：离心风扇、贯流风扇和轴流风扇。一般在空调器室外机组中装有轴流风扇，而在空调器室内机组中，窗式空调器和立柜式空调器一般采用的是离心风扇，分体壁挂式空调器则采用贯流风扇。

轴流风扇：轴流风扇的作用是冷却冷凝器，安装在室外侧，可将冷凝器中散发的热量强制吹向室外，轴流风叶结构简单，叶片数一般为3～4片，因风扇进风侧压力低，出风侧压力高，空气始终沿轴向流动，将冷凝器中散发的热量直接吹到室外，轴流风扇一般用ABS塑料注塑成型，轴流风扇的特点是效率高、风量大、价低、省电，缺点是风压较低、噪声较大。

离心风扇：离心风扇装在窗式空调器室内侧或分体立柜式空调器室内机组中，其作用是将室内的空气吸入，再由离心风扇叶轮压缩后，经蒸发器冷却或加热，提高压力并沿风道送向室内。离心风扇由叶片、叶轮、轮圈和轴承等组成，叶片通常为倾斜向前式，均匀排列在两个轮圈之间。离心风扇在室内电机带动下高速旋转时，在扇叶的作用下产生离心力，中心形成负压区，使气流沿轴向吸入风扇内，然后沿轴向朝四周扩散，为使气流定向排出，在离心风扇的外面还装有一个泡沫涡壳，在涡壳的引导下，气流沿出风口流出。离心风扇的结构紧凑、风量大、噪声比较低，而且随着转速的下降，噪声明显下降，叶轮材质主要采用ABS塑料。

　　贯流风扇：贯流风扇通常应用在分体壁挂式空调器室内机组中，贯流风扇一般由叶轮、叶片和轴承等组成。为调节气流的方向，通常将贯流风扇固定在两端封闭塑壳中。这种风扇轴向尺寸很宽，风扇叶轮直径小，呈细长圆筒状，贯流风叶的叶片采用向前倾斜式，气流沿叶轮径向流入，贯穿叶轮内部，然后沿径向从另一端排出。这种风扇的特点是转速高、噪声小，特别适用于室内机组，如图 6-6 所示。

(a)轴流风扇　　　　　　　　　　　　　　(b)贯流风扇

图 6-6　空调中的轴流风扇和贯流风扇

　　空调中的风扇一般采用玻璃纤维增强 ABS 或玻璃纤维增强 AS 制备，目前也有采用玻璃纤维增强 PP 制备。作者课题组采用特种增容体系，使 ABS 与玻璃纤维的界面黏合力大大加强，弯曲模量可以大幅度提高，耐高、低温冲击性能好，具有优秀的耐疲劳强度，同时尺寸稳定性得以改善，特别适合于对动平衡有特殊要求、高速运转耐疲劳、不变形的制品。

　　(1) 配方　配方见表 6-23。

表 6-23　玻璃纤维 ABS 配方

原料名称	规格型号	生产厂家	用量/份
ABS 树脂	PA757	中国台湾奇美	70
ABS-g-MAH	MPC1555	上海日之升	5
SMA	—	上海石化研究院	5
抗冲改性剂	2602	日本吴羽	5
硅油	甲基硅油	北京化工二厂	0.4
抗氧剂	DLTP	北京加成助剂研究所	0.4
抗氧剂	1010	北京加成助剂研究所	0.3
玻璃纤维	无碱长纤	浙江巨石	20
高分子偶联剂	—	杜邦公司	2

　　(2) 加工工艺

　　① 原料干燥　ABS、ABS-g-MAH、SMA 在 80℃条件下鼓风干燥 2h 以上，玻璃纤维在 120℃条件下鼓风干燥 2～4h。

②混合工艺　除玻璃纤维外，其他所有物料一次加入高、低混合釜，混合8min后出料。

③挤出工艺　$\phi65$ 双螺杆挤出机，主机为320r/min，喂料为15Hz；挤出温度为200℃、200℃、205℃、210℃、205℃。

④注塑工艺　干燥为70~80℃下干燥4~6h，热风循环，料层厚度不大于50mm，干燥后立即使用；若停放半小时以上则应重新干燥。注射时最好采用除湿或保温料斗。干燥也可采用除湿干燥器，条件同上。注射：温度为220~240℃；压力为50~80MPa；注射速度为中等；背压为0.7~2.0MPa；螺杆转速为20~70r/min；模具温度为40~60℃；排气口深度为0.0038~0.0076mm。

(3) 参考性能　用于对耐热性要求较高的场合，如空调器轴流风扇、离心风扇、贯流风扇、汽车部件、照相器材、运动器材等。玻璃纤维ABS性能见表6-24。

表6-24　玻璃纤维 ABS 性能

项目	实测值	项目	实测值
拉伸强度/MPa	73	悬臂梁缺口冲击强度/(J/m)	74
断裂伸长率/%	2.4	简支梁缺口冲击强度/(kJ/m²)	8.3
弯曲强度/MPa	116	维卡软化点/℃	114
弯曲模量/MPa	7250	热变形温度/℃	—
熔体流动速率/(g/10min)	2.5	成型收缩率/%	0.16
硬度	—	玻璃纤维含量/%	20

6.4.3　空调电器箱体——高效阻燃 ABS

空调控制电器箱体要求阻燃性高，要达到UL94V-0级（1.6mm），而且750℃灼热丝实验30s不燃。对ABS来说，要达到如此高的阻燃性，需要添加大量阻燃剂，这势必严重影响ABS的力学性能，特别是冲击韧性大大下降，因此必须加入增韧剂。对ABS而言，采用高胶粉（高丁二烯含量的ABS粉）增韧是常用方法。

(1) 配方　如表6-25所示。

表6-25　阻燃 ABS 配方

阻燃 ABS(黑)			
原料名称	规格型号	生产厂家	用量/份
ABS树脂	PA757	中国台湾奇美	100
十溴联苯醚	ED83R	美国大湖	12
三氧化二锑	99.5%	湖南益阳	6
润滑剂EBS	—	吉化集团	0.5
抗氧剂	PKB215	北京加成助剂研究所	0.5
冲击改性剂	1820	美国杜邦	6
氯化聚乙烯	CPE140B	潍坊亚星	10
高胶粉	K9077	兰化研究院	5
ABS黑色母粒		毅兴工程塑料有限公司	2

(2) 加工工艺

①原料干燥　ABS在80℃条件下鼓风干燥2h，十溴、三氧化二锑在100℃条件下鼓风干燥2h。

②混合工艺　ABS、1820、140B、K9077先低混3min，加入其他物料再混5min出料。

③挤出工艺　挤出温度为165℃、170℃、190℃、195℃、200℃、195℃。

④注塑工艺　干燥为70~80℃下干燥4~6h，热风循环，料层厚度不大于50mm，干燥后立即使用；若停放半小时以上则应重新干燥。注射时最好采用除湿或保温料斗。干燥也

可采用除湿干燥器，条件同上。注射：温度为 210～240℃；压力为 50～80MPa；注射速度为中等；背压为 0.7～2.0MPa；螺杆转速为 20～70r/min；模具温度为 40～60℃；排气口深度为 0.0038～0.0076mm。

（3）参考性能　该阻燃 ABS 采用高效复合阻燃改性，具有阻燃剂添加量少，阻燃性能好等特点。除保持 ABS 高强度、高模量、优异的表面光泽等性能外，还应提高 ABS 的加工流动性，可以满足家电、汽车等对材料阻燃性能的要求，其性能见表 6-26。

表 6-26　阻燃 ABS 的性能

性　　能	测试方法	典型数值
拉伸强度/MPa	GB/T 1040—2006	41
断裂伸长率/%	GB/T 1040—2006	30
弯曲强度/MPa	GB/T 9341—2008	52
弯曲弹性模量/MPa	GB/T 9341—2008	2156
简支梁缺口冲击强度/(kJ/m^2)	GB/T 1043—2008	8.3
悬臂梁缺口冲击强度/(J/m)	GB/T 1843—2008	102
维卡软化点(0.5MPa)/℃	GB/T 1633—2000	108
阻燃性能	UL 94	V-0(1/16in[①])
MFR(210℃,5000g)/(g/10min)	GB/T 3682—2000	6
灼热丝阻燃测试	GB/T 5169.11—2006	750℃试验合格

① 1in=0.0254m。

6.4.4　电视机外壳——阻燃高抗冲聚苯乙烯（HIPS）

（1）配方（质量份）　电视机外壳——阻燃高抗冲聚苯乙烯（HIPS）配方见表 6-27。

表 6-27　电视机外壳——阻燃高抗冲聚苯乙烯（HIPS）配方

材料名称	配方1	配方2	配方3	配方4	配方5
HIPS,476L	100				
HIPS,466F		100	100	100	100
B215	0.5	0.5	0.5	0.5	0.5
类苯乙烯弹性体	15				
苯乙烯类树脂		15	20		
ABS				20	
POE					20

注：HIPS，476L，扬子巴斯夫苯乙烯系列有限公司；HIPS，466F，扬子巴斯夫苯乙烯系列有限公司；类苯乙烯弹性体，改性剂；ABS，兰化研究院；抗氧剂，B215，瑞士汽巴；甲基硅油，201，北京化工二厂；POE，DuPont-Dow Elastomers；EBS。

（2）加工工艺　将 Sb$_2$O$_3$ 在 120℃鼓风烘箱中干燥 4～6h，料层厚度不超过 50mm。树脂助剂按配方经高速混合后送入双螺杆挤出机，在 170～200℃温度下进行熔融共混挤出造粒。所得粒料在 80℃鼓风烘箱中干燥 4h 后，在 185～210℃温度下由注射机注射成各种力学性能测试使用的标准试样。

（3）参考性能　试样调节：将注射好的样条在 23℃、相对湿度 50％条件下放置 48h 后测试。

拉伸强度按 GB/T 1040—2006 测试。断裂伸长率按 GB/T 1040—2006 测试。弯曲强度按 GB/T 9341—2008 测试。弯曲弹性模量按 GB/T 9341—2008 测试。简支梁缺口冲击强度按 GB/T 1043.1—2008 测试。悬臂梁缺口冲击强度按 GB/T 1843—2008 测试。阻燃性能按 UL-94 标准测试。熔体流动速率按 GB/T 3682—2000 测试。维卡软化点按 GB/T 1633—2000 测试。电视机外壳用阻燃 HIPS 性能表见表 6-28。

表 6-28　电视机外壳用阻燃 HIPS 性能表

性　　能	配方 1	配方 2	配方 3	配方 4	配方 5
拉伸强度/MPa	23.2	27.6	24.7	24.9	23.2
断裂伸长率/%	65.7	59.7	62.2	44.0	13.4
弯曲强度/MPa	31.5	36.0	34.8	32.9	27.4
弯曲弹性模量/MPa	1099	1322	1350	1229	1209
悬臂梁冲击强度/(kJ/m²)	7.01	18.1	20.1	6.57	8.5
简支梁冲击强度/(kJ/m²)	11.0	23.0	25.1	11.4	12.3
熔体流动速率/(g/10min)	4.9	3.4	2.5	4.0	8.7
维卡软化点/℃	101.6	103.6	103.0	102.8	101.9

　　从表 6-28 中可以看出，基体树脂选用 PS466F，改性材料的综合性能好；而对于以上四种增韧剂即类苯乙烯弹性体、苯乙烯类树脂、ABS 及 POE，其中苯乙烯类树脂改性效果明显，说明基体树脂 PS466F 与苯乙烯类树脂两者的相容性较好，这表明增韧剂的结构及其与基材间的界面粘接对增韧效果有显著影响。这是典型的橡胶粒子增韧体系，材料表现出的优异抗冲击性能归功于橡胶相的存在。在此橡塑共混体系中，橡胶是以粒子状均匀地分散在塑料内，即橡胶为分散相，塑料为连续相。当材料受到外力作用后首先发生形变，并在其内部产生许多细微裂缝，而橡胶颗粒因横跨在裂缝上，可拉住裂缝不让其继续扩张；同时，橡胶粒子作为分散相可以引发足够的银纹去吸收外部能量，而且本身也因剪切屈服发生形变，必然消耗能量，这些都大大减小外部作用对基体树脂的影响。所以，要想使材料破坏就需要更多能量，也就是说共混材料能抵抗更大冲击，材料得到增韧，共混合金因而表现出较高的宏观力学性能。因此，选用苯乙烯类树脂作为 PS 体系的增韧剂。

　　通过添加不同含量的苯乙烯类树脂，对 PS 体系应具有不同的改性效果，结果见图 6-7、图 6-8 和表 6-29。从图 6-7 可以看出，随着苯乙烯类树脂用量的增加，体系的简支梁缺口冲击强度和悬臂梁缺口冲击强度有较大提高，呈上升趋势。当苯乙烯类树脂用量达到 40 份时，以上两个性能分别达到了 42.1kJ/m² 和 35.8kJ/m²。从图 6-8 可以看出，随着苯乙烯类树脂用量的增加，体系的拉伸强度和弯曲强度呈下降趋势。当苯乙烯类树脂用量达到 40 份时，以上两个性能分别达到了 22.1MPa 和 23.9MPa。苯乙烯类树脂用量对 PS 体系其他性能的影响见表 6-29。

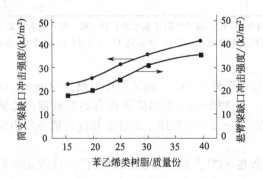

图 6-7　苯乙烯类树脂用量对冲击强度的影响　　　　图 6-8　增韧剂含量对冲击强度的影响

　　由表 6-29 可知，随着苯乙烯类树脂用量的增加，体系中除断裂伸长率增加外，其他性能都随之降低。这也是苯乙烯类树脂增韧的特点，在韧性增加的同时伴随着强度、加工性能的下降。因此，要寻找一个平衡点使各项性能均达到所要求水平。添加 40 份苯乙烯类树脂是合理的，制得的高抗冲 PS 塑料具有良好的综合性能，因而具有实际的应用价值。

表 6-29　苯乙烯类树脂用量对 PS 体系其他性能的影响

苯乙烯类树脂加入量	断裂伸长率/%	弹性模量/MPa	熔体流动速率/(g/10min)	维卡软化点/℃
15	59.7	1322	3.4	103.6
20	62.2	1350	2.5	103.0
25	51.5	1151	4.6	102.3
30	65	1206	5.3	102.4
40	91.8	835.7	4.2	100.9

苯乙烯系树脂遇火容易燃烧，为了使它遇火难燃或者离火自熄，必须加入阻燃剂。由于有机含溴阻燃剂与无机阻燃剂锑化物等复合使用存在着协同效应，因此，本研究采用复配阻燃体系以达到协同阻燃效果。本研究 PS 体系组分不变，阻燃剂变化，因此只列出变化的成分，具体阻燃配方及结果分别见表 6-30 和表 6-31。

表 6-30　阻燃配方表

材料名称	配方 1	配方 2	配方 3	配方 4	配方 5
四溴双酚 A	15	15	—	—	—
十溴联苯醚	—	—	15	25	25
三氧化二锑	10	10	10	15	15
水合氧化镁	—	15	15	—	5

表 6-31　阻燃 HIPS 性能表

性　　能	配方 1	配方 2	配方 3	配方 4	配方 5
拉伸强度/MPa	21.0	19.1	14.1	16.3	16.1
断裂伸长率/%	89.1	90.0	75.6	65.7	115
弯曲强度/MPa	29.1	30.6	21.2	24.2	24.9
弯曲弹性模量/MPa	1061	1080	718.7	872.1	1272
悬臂梁冲击强度/(kJ/m^2)	16.2	12.4	38.3	25.4	22.8
简支梁冲击强度/(kJ/m^2)	21.2	17.4	34.3	30.3	25.3
熔体流动速率/(g/10min)	0.9	0.5	0.4	0.9	3.5
维卡软化点/℃	92.3	91.9	89.2	81.3	90.2
发烟量	多	多	少	多	少
阻燃性(UL 94)	V-2	V-2	V-1	V-1	V-0

从表 6-30 和表 6-31 可以看出，四溴双酚 A 与 Sb_2O_3 的复配阻燃体系虽具有一定的阻燃效果，但它们的抑烟作用差。水合氧化镁既可作为阻燃剂，同时又具有很好的抑烟效果，因此，本例采用水合氧化镁与有机溴系阻燃剂和 Sb_2O_3 配合使用，以达到低烟阻燃性能的要求。经过试验，从表 6-31 中配方 2 可看出，虽然水合氧化镁加入量很大，但阻燃效果既不理想，且抑烟作用也不明显，同时还使力学性能下降很大。综合表 6-31 中配方 1 和配方 2 的试验结果说明，一方面所选用的阻燃复配体系协同阻燃作用不明显；另一方面，由于水合氧化镁与 Sb_2O_3 为无机阻燃剂，具有较强的极性及亲水性，同非极性聚合物之间相容性差，界面难以形成良好的结合和粘接，对阻燃体系的力学性能影响较大。因此，一方面应改换复配体系，选用其他溴系阻燃剂，用十溴联苯醚来代替四溴双酚 A 与 Sb_2O_3 组成复合阻燃体系；另一方面，应对无机阻燃剂进行表面处理，这样既可提高填充体系的力学性能，同时又对体系的阻燃性能影响不大，选用硅烷偶联剂进行处理。从表 6-31 中配方 3 和配方 4 来看，阻燃性有所提高，冲击性能比前两组配方有大幅提高，说明这一复配体系组成是合理的，但要达到高阻燃性的要求，阻燃剂的量还需加大；而且，从这两组配方中也可看出，加入水合氧化镁具有很好的抑烟效果。这是因为，水合氧化镁含有键合水，受热后会释放大量水蒸气，起到降温作用，同时又有蓄热和稀释聚合物可燃气体的作用；另外，所生成的 MgO 有

较大表面积，能吸附烟核和烟颗粒，起到消烟作用。因此，依据以上试验，按表 6-31 中 5 号配方进行实验。从实验结果来看，综合力学性能良好，达到了使用要求；同时阻燃性能达到 UL94V-0 级，满足了对高抗冲 PS 专用料抑烟阻燃性能的要求。

6.5   塑料在小家电中的应用

6.5.1   电饭煲、电热杯外壳——高光泽聚丙烯

通过矿物填充和对基体 PP 的改性，改变了 PP 在注塑加工过程中的结晶行为，有效提高 PP 的表面光泽和硬度，其表面光泽可以达到或接近 PS、ABS 等高光泽塑料具有的效果，热变形温度比 ABS 高几十摄氏度，流动性好，加工性优异。由于其价格比高光泽 ABS 便宜，因此可以替代 ABS 制备对外观装饰性要求较高的部件，如电饭煲外壳、电热杯外壳、饮水机外壳以及电冰箱、洗衣机面板等。

（1）配方（质量份）   高光泽 PP 的配方见表 6-32。

表 6-32   高光泽 PP 的配方

序号	原材料名称	用量/份	序号	原材料名称	用量/份
1	PP K7726（燕山石化）	25	5	1010（北京加成助剂研究所）	0.085
2	PP T30S（齐鲁石化）	33	6	DLTP（北京加成助剂研究所）	0.17
3	超细硫酸钡（1250 目,云南超微新材料公司）	15	7	EBS JH-302（吉化集团）	0.4
4	铝酸酯偶联剂（河北辛集化工公司）	0.3	8	成核剂 3988（美国 Milleken 公司）	0.16

配方特点：采用不同种类的 PP 树脂进行复配，保证高光泽 PP 的流动性，从而满足大型、薄壁制件的加工成型；采用超细硫酸钡作填料，一方面可提高 PP 的表面光泽度，另一方面可提高 PP 的流动性，同时还可降低材料的成本，收到一举三得的效果；加入成核剂可以改善 PP 的结晶行为，提高 PP 的结晶完善度，细化球晶颗粒，从而进一步提高 PP 的表面光泽。

（2）加工工艺

① 原料干燥   硫酸钡在 110℃下干燥 4h。

② 混合工艺   先将硫酸钡高速混合 1min，然后加入铝酸酯，低速混合 3min，再将剩余组分加入高速混合机中高速混合 1min，出料。

③ 挤出工艺   采用同向旋转啮合型平行双螺杆挤出机共混造粒，主机转速：320～340r/min；喂料：12～15Hz；双螺杆挤出机各区温度为 185℃、195℃、205℃、205℃、200℃。

④ 注射成型   温度为 210～240℃；压力为 50～－80MPa；注射速度为中-快；背压为 0.7MPa；螺杆转速为 20～70r/min；模具温度为 40～60℃；排气口深度为 0.0038～0.0076mm。

（3）参考性能   高光泽 PP 的性能见表 6-33。适用于有耐热要求和装饰要求的部件，如空调面板、取暖器外壳、电饭锅外壳、电热杯外壳、电吹风外壳、电冰箱果蔬盒等大型薄壁制品，同时由于其价格比 ABS 便宜，可以替代 ABS，用来生产电话机外壳、暖瓶外壳、加湿器外壳、饮水机外壳、电风扇外壳及扇叶、抽油烟机外壳、排气扇外壳及扇叶等。

表 6-33   高光泽 PP 的性能

性 能	测试方法	数 值
拉伸强度/MPa	GB/T 1040—2006	25
断裂伸长率/%	GB/T 1040—2006	80
弯曲强度/MPa	GB/T 9341—2008	33
弯曲模量/MPa	GB/T 9341—2008	1600

性　　能	测试方法	数　　值
悬臂梁缺口冲击强度/(J/m)	GB/T 1843—2008	40
MFR(2.16kg,230℃)/(g/10min)	GB/T 3682—2000	5
镜面光泽(20°入射角)/%	GB 8807—1988	86

6.5.2　音箱专用料——高密度聚丙烯

采用高效复合功能助剂，模拟高档木制音响声音共振原理，制备出高保真 PP 音响专用料，用于制备电视机音箱、计算机音箱等。

（1）配方（质量份）　音箱专用料——高密度 PP 的配方及工艺见表 6-34。

表 6-34　音箱专用料——高密度 PP 的配方及工艺

序号	原材料名称	用量/份	序号	原材料名称	用量/份
1	PP K7726(燕山石化)	25	5	1010(北京加成助剂研究所)	0.085
2	PP T30S(齐鲁石化)	33	6	DLTP(北京加成助剂研究所)	0.17
3	超细硫酸钡(1250 目,云南超微新材料公司)	25	7	黑色母粒(香港 Cabot 公司)	1.65
4	铝酸酯偶联剂(河北辛集化工公司)	0.3			

（2）加工工艺

① 原料干燥　硫酸钡在 110℃下干燥 4h。

② 混合工艺　先将硫酸钡高速混合 1min，然后加入铝酸酯，低速混合 3min，再将剩余组分加入高速混合机中高速混合 1min，出料。

③ 挤出工艺　采用同向旋转啮合型平行双螺杆挤出机共混造粒，主机转速：340r/min；喂料：18Hz；双螺杆挤出机各区温度：205℃、210℃、215℃、220℃、210℃。

④ 注射成型　温度为 210～240℃；压力为 50～80MPa；注射速度为中—快；背压为 0.7MPa；螺杆转速为 20～70r/min；模具温度为 40～60℃；排气口深度为 0.0038～0.0076mm。

（3）参考性能　音箱专用料——高密度 PP 的性能见表 6-35。

表 6-35　音箱专用料——高密度 PP 的性能

性　　能	测试方法	数值
拉伸强度/MPa	GB/T 1040—2006	25
断裂伸长率/%	GB/T 1040—2006	260
弯曲强度/MPa	GB/T 9341—2008	35
弯曲弹性模量/MPa	GB/T 9341—2008	1100
简支梁无缺口冲击强度/(kJ/m^2)	GB/T 1043.1—2008	NB
简支梁缺口冲击强度/(kJ/m^2)	GB/T 1043.1—2008	11
悬臂梁缺口冲击强度/(J/m)	GB/T 1843—2008	60
维卡软化点/℃	GB/T 1633—2000	150
阻燃性能	UL-94	HB
熔体流动速率(230℃,2160g)/(g/10min)	GB/T 3682—2000	7
成型收缩率/%	GB/T 15585—1995	1.2

6.5.3　暖风机外壳——阻燃聚丙烯

随着人民生活水平的提高，对冬季取暖需求也日益迫切，特别是在南方冬季，因为没有暖气，因而普遍采用电暖风机进行取暖，见图 6-9。

由于环境保护的要求，为满足欧盟 RoHS 及 WEEE 指令，以及中国版 RoHS 指令（我国首部电子信息产业绿色法规《电子信息产品污染控制管理办法》于 2007 年 3 月起正式生

图 6-9　家用便携式电暖风机

效，这个《办法》与 2006 年 7 月 1 日起实施的欧盟 RoHS 环保指令的核心内容是一致的，所以该《办法》又被称为中国版"RoHS 指令"；中国版"RoHS 指令"涉及的 1800 多种电子信息产品涵盖整机和元器件、原材料，其中包括手机、音响、电池等多个行业的产品，不能使用含卤阻燃体系，因此需要采用无卤阻燃体系。

目前，阻燃 PP 的主要方法是向其中加入添加型阻燃剂，且大多为卤系阻燃剂与锑化合物的协效系统，但这类系统阻燃的 PP 存在一些缺点，特别是燃烧或热裂解（甚至高温加工）时形成有毒化合物、腐蚀性气体和烟尘，鉴于环境保护方面的要求，阻燃剂无卤化的呼声日高，无卤阻燃 PP 也日益崭露头角。

在已用和可用于阻燃 PP 的无卤添加型阻燃剂中，最为人看好和很具有工程应用前景的是膨胀型阻燃剂（IFR）。含有 IFR 的 PP 燃烧和热裂时，通过在凝聚相中发生的成炭机理而发挥阻燃作用，且某些聚合物的氧指数与其燃烧时的成炭量存在良好的相关性。近年来，已开发一系列适用于 PP 的磷-氮系混合型 IFR。当混合 IFR 中的各组分单独使用时，对 PP 的阻燃效能不佳，但当它们共同使用时，对 PP 的阻燃性由于成炭率提高而明显改善。还有一种以膨胀型石墨及其他协效剂组成的 IFR，也正在受到重视。此外，近年还合成了一些集三源（酸源、炭源和发泡源）于同一分子内的单体 IFR，并正研究它们在 PP 中的应用。以 IFR 阻燃的 PP，当用量为 20%～30% 时，LOI 可达到 30% 以上，能通过 UL94 V-0 级试验，不产生滴落，不易渗出，燃烧或热裂时产生的烟和有毒气体较卤-锑系统阻燃 PP 大为减少。但 IFR 的应用也受到一定限制，主要是它们的热稳定性还不能完全满足需要，吸湿性较大，需求量也较高等。

另一类用于阻燃 PP 的无卤阻燃剂是氢氧化铝（三水合氧化铝，ATH）和氢氧化镁，它们已在阻燃 PP 工业上获得应用。这两种无机阻燃剂无毒，不挥发，不产生腐蚀性气体且抑烟，但需用量很大，这就对 PP 的物理力学性能和熔流性能产生很不利影响。此外，ATH 的分解温度仍较低，故只适用于可在较低温度下加工的阻燃 PP 制品。采用一些特殊技术（如表面处理），可提高 ATH 的耐热性及在 PP 中的分散性，可成功地制得以 ATH 阻燃的 PP。

以无卤的硅系阻燃剂阻燃 PP 时，阻燃剂可通过类似于互穿聚合物网络（IPN）部分交联机理而部分结合入 PP 结构中，故不易迁移，使 PP 可获得持久的阻燃性。

微胶囊化的红磷及其以 PP 为载体的母粒，也可用于 PP 的无卤阻燃剂，而且常与 ATH 及 $Mg(OH)_2$ 协同使用。但红磷对含氧高聚物（如 PC、PET 等）的阻燃效能较佳。

聚磷酸铵（APP）是混合 IFR 的主要组分。APP 常与其他协效剂共用组成 IFR，这类协效剂多是气源和炭源，如季戊四醇（PETOL）、三聚氰胺（MA）、三羟乙基异三聚氰酸酯（THEIC）等。Spinflam MF82 也可用于 APP 的协效剂。以 IFR 阻燃 PP 时，系将 PP

与 IFR 先在混炼机上于熔融态下混合，温度可为 160~200℃，混炼机转速约为 40r/min，混炼时间为 4~12min。随后将混合试样于 170~230℃下注塑成型所需的试件。表 6-36 列有一些 IFR 阻燃的 PP 配方及阻燃性。该表中 APP 与其他协效剂的质量比均为 2∶1。

表 6-36　阻燃 PP 的配方、LOI 及 UL94 阻燃性

序号	阻燃剂	阻燃剂用量 (质量分数)/%	磷含量(质量分数)/%	LOI/%	ΔLOI/%P (EFF 值)	UL94 3.2mm	UL94 1.6mm
1		0	0	17.8		NR	NR
2		20	3.9	26.0	2.1	NR	NR
3		25	4.8	27.8	2.1	NR	NR
4	EDAP	30	5.9	29.8	2.0	V-2	V-0
5		35	6.9	32.3	2.1	V-2	V-1
6		40	7.8	34.1	2.1	V-2	V-0
7		15	4.7	19.3	0.32	NR	NR
8	APP	20	6.2	19.7	0.31	NR	NR
9		25	7.8	20.2	0.31	NR	NR
10		15	3.0	26.2	2.8	NR	NR
11	APP+Spinflam MF82	20	4.0	30.7	3.2	NR	V-0
12		25	5.1	33.0	3.0	V-2	V-0
13		15	3.0	21.4	1.2	NR	NR
14	APP+PETOL	20	4.0	23.6	1.5	V-2	V-2
15		25	5.1	26.4	1.7	V-2	V-2
16		15	3.0	24.6	2.3	NR	NR
17	APP+THEIC	20	4.0	27.6	2.5	V-2	V-2
18		25	5.1	32.2	2.8	V-2	V-0
19	Exolit	15	3.6	29.9	3.4	NR	NR
20	IFR23P	20	4.8	34.8	3.5	V-2	V-0
21		25	6.0	38.8	3.5	V-2	V-0
22		15	3.0	19.4	0.44	NR	NR
23	APP+PETOL+苯甲酸酯	20	4.0	19.6	0.38	NR	NR
24		25	5.1	19.9	0.35	NR	NR

表 6-36 数据说明，表中不同配方阻燃的 PP 中的磷含量与 PP 的 LOI 呈良好的线性关系。如以 1/3 的 PETOL 代替 APP（即质量比为 2∶1 的 APP 与 PETOL 的混合物），则 IFR 的阻燃性能提高，但当这种混合物在 PP 中的含量为 25% 时，虽然 LOI 值能达到约 26%，却只能通过 UL94 V-2 级。如果采用 25% 的 Exolit 23P 阻燃 PP，则材料氧指数可达近 39%，3.2mm 试样可通过 UL94 V-0 阻燃级。

以 Spinflam MF82 及其他阻燃剂阻燃的 PP 阻燃性及生烟性示于表 6-37。测定条件为：辐射热流量 20~40kW/m²，试样厚度 1.6mm 或 3.2mm，试件水平放置，暴露面积 0.01m²。

表 6-37　阻燃 PP 的阻燃性及生烟性

材料①	材料密度 /(g/cm³)	试件质量 (1.6mm)/g	LOI/%	UL94 阻燃剂 3.2mm	UL94 阻燃剂 1.6mm	D_m②	达到 D_m 时间/s
未阻燃 PP	0.90	14.48	18	易燃	易燃	139	20
DBDO33	1.19	12.76	25.0	V-0	V-0	703	3
DECHL40	1.25	12.00	25.9	V-0	V-0	413	7
DECHL6	0.94	14.14	19.5	V-2	V-2	—	—
ATH60	1.44	9.22	27.8	V-0	V-2	—	—
MF19	1.00	12.96	31.6	V-0	易燃	230	11

材料①	材料密度 /(g/cm³)	试件质量 (1.6mm)/g	LOI/%	UL94 阻燃剂		D_m②	达到 D_m 时间/s
				3.2mm	1.6mm		
MF24	1.02	12.40	37.5	V-0	V-0	261	12
MF30	1.05	11.76	42.7	V-0	V-0	—	—

① DBDO33 为以 25%DBDPO 及 8%Sb₂O₃；DECHL40 及 DECHL6 为分别以 27%得克隆+13%Sb₂O₃ 及 4.5%得克隆+1.5% Sb₂O₃；ATH60 为以 60%ATH 阻燃的 PP；MF19，MF24 及 MF30 分别为以 19%，24% 及 30% Spinflam MF82 阻燃的 PP。

② D_m 为最大比光密度。

① 阻燃性及生烟性　表 6-37 的数据表明，对 LOI、UL94 阻燃性及生烟性而言，24% 的 MF82 的效果比 33% 的（DBDFO+Sb₂O₃）或 40% 的（得克隆+Sb₂O₃）均佳，MF82 阻燃 PP 的 LOI 可比后两者高约 50%，D_m 为后两者的 60%，而达到 D_m 的时间则为后两者的 4 倍或 2 倍。

② 释热速度　PP 及含常规阻燃剂 PP 只有一个释热峰，而以 IFRMF82 阻燃的 PP 有两个释热峰，但辐射热流量低时（20kW/m²），不出现第二个释热峰。在材料点燃后立即出现的第一个释热峰对火灾的成长有较大贡献，可用来计算其他火灾参数。以释热速度而言，用 MF82 阻燃的 PP 是最低的，其次是 ATH 阻燃的 PP，而卤-锑系统阻燃的 PP 仅比未阻燃 PP 略低。

③ 总释热量和质量损失　就总释热量而言，PP＞DECHL40＞DBDO33＞ATH60＞MF82，但质量损失的顺序是：DBDO33＞DECHL40＞PP＞ATH60＞MF82。显然，无论是总释热量还是质量损失值，都是以 MF82 阻燃的 PP 最佳，其次是以 ATH 阻燃的 PP。不过，卤-锑系统阻燃 PP 的质量损失值高于未阻燃 PP。但前者的最大释热峰值只为后者的 50%～60%。这说明卤系阻燃剂一方面通过在火焰区捕获自由基而使燃烧延缓（导致最大释热峰值下降）；另一方面可催化 PP 分解和挥发（导致质量损失增高）。由于同样原因，卤-系统阻燃 PP 燃烧时生成的氧化不充分的产物（烟和 CO）也较多。而含 IFRMF82 的 PP，即使点燃 1000s 后，总释热量值仍然是所有阻燃 PP 中最低者，且此时总的质量损失也仅有 50%。

④ 引燃性　以 IFR 阻燃 PP 的引燃时间虽短，与未阻燃 PP 相近，且引燃时间与 PP 中 IFR 浓度基本无关。这说明 IFR 在较低温度下即能发挥作用，促进高聚物分解，较早生成可燃产物。但根据膨胀型阻燃剂的阻燃机理，含这种阻燃剂的高聚物燃烧时，在聚合物表面形成炭层，因而可减少进入可燃物和烟中的炭量并使基质冷却，还能阻止可燃物进入火焰区和氧进入高聚物内层进行热氧化反应。因此，这种类型的燃烧将局限于高聚物表层，并具有自熄倾向，至少也只是低速燃烧。当首先形成的炭层遭受破坏而不能再起作用时，将产生第二个释热峰，并形成第二个保护炭层。

⑤ 火灾性能指数（FP 指数）　FP 指数是引燃时间与第一个释热速度峰值的比值，它在预测材料点燃后是否易于发生猛燃时具有一定的实际意义，且可与大型试验中测得的材料发生猛燃的时间相关联。FP 指数也可用于评价材料的燃烧性能并据此将材料排序或分类。FP 指数与试件厚度无关，而可认为是材料本身的一个属性。但辐射热流量增加，FP 指数下降。例如，当辐射热流量由 20kW/m² 升至 30kW/m² 时，未阻燃 PP 的 FP 指数至少可降为原来的 1/2（由 0.57 降至 0.26）。这说明，在火灾发展期内，阻燃剂对火灾安全的影响较大。IFRMF82 阻燃的 PP，其 PP 指数可达未阻燃 PP 的 5 倍（20kW/m² 时达 3.0 以上），而以 ATH 及卤-锑系统阻燃的 PP，20kW/m² 时分别为 2 左右和 1 左右，即在各类阻燃 PP 中，IFR 可赋予 PP 最高的 FP 指数。

表 6-38 为满足澳洲新标准的阻燃 PP 性能表。

表 6-38　满足澳洲新标准的阻燃 PP 性能（山东道恩公司产品）

项　目	测试标准	单位	PP-GW850
树脂			PP
力学性能			
拉伸断裂强度	D638	MPa	26
拉伸断裂伸长率	D638	%	30
缺口冲击强度	D256	kJ/m^2	4.2
弯曲强度	D790	MPa	35
弯曲模量	D790	GPa	1.8
阻燃性	UL-94		
1.5mm			V-2
3.0mm			V-2
灼热丝实验			850℃不起燃
热变形温度(0.45MPa)	D648	℃	121
收缩率	D955	%	1.0～12
熔体流动速率	D1238	g/10min	13

6.6　塑料在电子、通信领域的应用

6.6.1　塑料在集成电路封装中的应用——环氧树脂模塑料

集成电路的封装直接影响集成电路和器件的电、热、光和机械性能，有着举足轻重的地位，其发展直接影响电子信息技术发展，已发展成为一门多学科交叉的热门技术。目前整个半导体器件中 90% 以上都采用塑料封装，而塑料封装材料中 90% 以上是环氧塑封料。随着电子产品的小型化、便携化，集成电路的集成度大幅度提高，封装密度越来越大，封装尺寸越来越小，封装的精细化程度越来越高，因此对封装用的环氧树脂模塑料的性能提出越来越高的要求，如更低的热膨胀系数、更高的热导率、更低的吸水率、更高的耐热性等。因此，开发高性能的集成电路封装用环氧树脂模塑料迫在眉睫。

本例采用的固化体系为高温固化，固化温度范围为 130～170℃。固化反应的机理为：线型酚醛树脂中的酚羟基可以与环氧树脂中的环氧基发生反应，但需要在较高温度或在促进剂作用下才能较快固化环氧树脂。咪唑促进固化的机理是在起始阶段，咪唑中的氮原子与环氧基进行加成反应，反应后阶段则生成烷氧负离子加成物，催化引发聚醚反应。这两个阶段反应是分阶段独立进行的，其反应过程如图 6-10 所示。

本例给出了集成电路封装用环氧模塑料的较佳配方；该配方所制的模塑料具有优良性能，可满足大规模集成电路封装的要求。

（1）配方（质量份）　集成电路封装用环氧树脂模塑料配方见表 6-39。

表 6-39　集成电路封装用环氧树脂模塑料配方

材　料	质量份	材　料	质量份
邻甲酚醛环氧树脂	19	硅微粉(QG75)	68
溴化环氧树脂	3.5	CTBN	1
线型酚醛树脂	10	硬脂酸	0.5
硅烷偶联剂 KH-560	0.8	咪唑(2MZ)	0.15

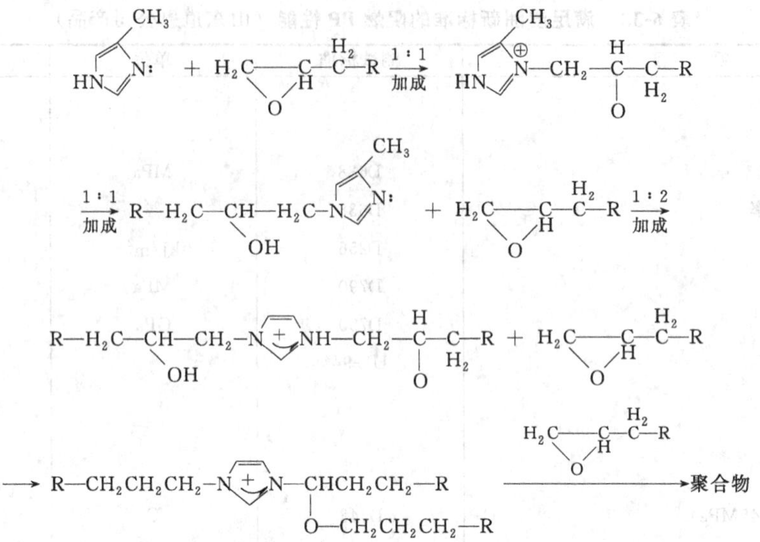

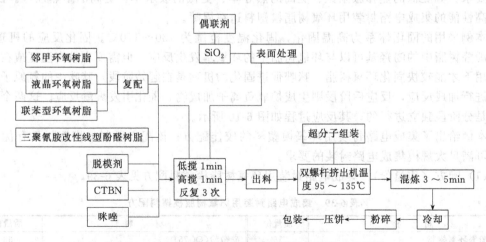

图 6-10　酚醛树脂固化反应

表 6-39 主要厂商：邻甲酚醛环氧树脂（EP），JF-45，无锡树脂厂；溴化环氧树脂，EX-48，无锡树脂厂；硬脂酸，化学纯，北京试剂公司；线型酚醛树脂，游离酚＜1％，常熟东南塑料有限公司；咪唑固化促进剂，2MZ，2MZCN，广州川井电子材料有限公司；硅微粉，QG75，云南非金属矿产研究所；硅烷偶联剂，KH-560，武大有机硅新材料股份有限公司；端羧基液体丁腈橡胶（CTBN），1010，淄博齐龙化工有限公司。

（2）加工工艺　将计量后的硅微粉和硅烷偶联剂放在高速混合机中，高速混合 1min，静置 1min，连续混合 3 次，再加入其他组分以同样方式进行混合。双辊开炼温度 95～105℃，开炼时间 3～5min，辊速比 1∶1.2（前∶后）。双辊开炼后冷却-粗粉碎-细粉碎，150μm 孔径过筛，平板硫化机模压，140℃下预固化 30min，175℃下固化 4h，工艺流程见图 6-11。

图 6-11　集成电路封装用环氧树脂模塑料制备工艺流程

（3）参考性能　配方综合性能最好，尤其是热膨胀系数极低，特别适合封装大规模集成电路，综合性能见表 6-40。

表 6-40　综合性能

测 试 项 目	实测值	测 试 项 目	实测值
冲击强度/(kJ/m²)	4.38	密度/(g/cm³)	1.77
弯曲强度/MPa	112.86	阻燃性(UL 94)	V-0
固化物的玻璃化转变温度/℃	170	弯曲弹性模量/MPa	10053.43
体积电阻率/Ω·m	2.38×10^{15}	热导率/[W/(m·K)]	0.979
热变形温度/℃	276.6	热膨胀系数/℃$^{-1}$	
凝胶化时间/s	20.03	玻璃态 α_1	6.8×10^{-6}
吸水率/%	0.435	高弹态 α_2	29.7×10^{-6}
收缩率/%	0.253		

6.6.2　手机、笔记本外壳——PC/ABS 合金

手机、笔记本外壳均为薄壁制品，且在外壳上开设有多个小孔，需要材料的流动性好，熔接缝强度高，低温韧性好。因此，选用 PC/ABS 合金。

聚碳酸酯（PC）是一种综合性能优良的热塑性工程塑料，具有良好的力学性能、尺寸稳定性、耐热性和耐寒性，抗冲击强度高，广泛应用于电子、电器和汽车制造业。随着应用领域的不断扩大，对材料性能提出新的要求。尤其是在成型汽车和电子设备适用的大型薄壁制件时，要求材料在具有良好的耐冲击性能和耐热性的同时，更要求其具有良好的流动性能，以降低制件中的残余应力。但由于 PC 熔点高，加工流动性差，制品易应力开裂，对缺口敏感性强，价格也非常高，因而在一定程度上限制其应用。

将 ABS 树脂与 PC 树脂共混，一方面提高 ABS 的耐热性能和力学性能；另一方面降低 PC 成本和熔体黏度，提高流动性，制得的共混合金性能介于 ABS 和 PC 之间，既具有较高的冲击强度、挠曲性、刚性和耐热性，同时又具有良好的加工性能，并改善耐化学品性和低温韧性，热变形温度可以比 ABS 高 10℃左右，同时价格适中，因此发展十分迅速。

PC 与 ABS 树脂中 SAN 的溶解度参数之差（$\Delta\delta$）为 0.88$(J/cm^3)^{1/2}$，与 PB 的（$\Delta\delta$）约为 7.45$(J/cm^3)^{1/2}$。可以推测，PC 与 SAN 相的相容性尚可，而与橡胶相的相容性就比较差。研究也表明，PC/ABS 共混体系中原料组分的玻璃化转变温度（T_g）都有一定程度变化，且两者有相互靠近的趋势。因此，PC/ABS 共混物大体上是两相体系，一个是相容的 PC/SAN 相，另一个为 PB 橡胶相。两相之间的黏结力较强，共混体系具有比较好的工艺相容性。通过性能测试发现，ABS 的收缩率为 0.5%，而 PC 的收缩率为 0.7%，两者非常接近，因此共混物在加工过程中不会由于热胀冷缩不均而增加内应力。所以，共混物能够有效地吸取 ABS 与 PC 的优点，表现出良好的冲击强度、挠曲性、刚性、耐热性和较宽的加工温度范围，尤其能明显改善 ABS 的耐化学品性和低温韧性。由于综合性能优越，PC/ABS 共混物适于制作汽车、卫生及船用设备的零部件、电器连接件、防护用品和泵的叶轮等。

但是应该强调的是，PC/ABS 共混体系的结构及性能受其原料性质、配比和共混条件等因素的影响也比较大。ABS 中丁二烯含量高，PC/ABS 共混体系相分离严重；反之，则可以得到分散较均匀的共混物。当 PC/ABS=25/75 时，ABS 为分散相，PC 为连续相，ABS 在 PC 中的分散状态为纤维状和不连续层状，且主要为纤维状结构，并沿注射方向取向；当 PC/ABS=50/50 时，ABS 与 PC 主要为不连续的层状结构（使用 Brabender 塑化仪共混时，可以形成双连续相），这些层也基本沿注射方向排列；当 PC/ABS=75/25 时，ABS 为连续相，PC 为分散相，PC 在 ABS 基体上呈粒状分布并沿注射方向拉长。在样条边缘注射方向上，分散相也会呈现珠线结构。ABS 与 PC 配比接近时，若混炼时间短，由于 PC 的黏度高于 ABS，PC 容易形成分散相。共混物的密度、拉伸强度、撕裂强度、弯曲强度、弯曲弹性模量、剪切强度、压缩强度、球压痕硬度、热变形温度、维卡软化点与共混物中的 ABS 含

量呈现良好的线性关系，符合共混物组分的叠加效应，但冲击性能变化较为复杂。当 ABS 含量小于 50％时，随 ABS 含量的增加，体系中橡胶粒子增多，不仅有利于产生银纹并吸收冲击能，而且也有利于银纹终止。SAN 混入 PC 中提高了连续相的极性，有利于 PC 连续相中剪切带，这样银纹和剪切带相互诱发、歧化和终止的协同效应，使缺口冲击强度随 ABS 含量的增加而急剧上升，在 ABS 含量 50％时达到最大值。继续增加 ABS 含量，银纹相应有所增加，但由于 PC 极性低于 SAN，容易在 ABS 连续相中产生剪切带，银纹、剪切带的协同效应有所削弱，缺口冲击强度随 ABS 共混物的伸长率、无缺口冲击强度与缺口冲击强度显示出一致性。

提高 ABS 分子量或丙烯腈含量，降低橡胶含量，有助于改善共混物的耐热性，加入苯丙噻唑等化合物或聚酰亚胺也可改善耐热性和稳定性。使用橡胶含量较低的 ABS，共混物的弯曲强度出现协同增强效应，硬度和拉伸强度也有所提高。

为了提高 PC/ABS 共混体系的相容性，经常加入相容剂。相容剂的加入可以明显改善界面的黏合力，因此可提高冲击性能，而对拉伸强度、弯曲强度、弯曲模量的影响不大，同时使体系的断裂伸长率有较大程度降低。添加刚性粒子对共混体系也会起到增韧效果。

苯乙烯-马来酸酐共聚物（SMA）被认为是 PC/ABS 共混合金的有效增容剂。加入 0.5％（质量分数）的 SMA，就可使 PC/ABS（85/15）共混物的室温和低温缺口冲击强度提高 1.24 倍和 1.95 倍；将适量聚乙烯树脂（如 LLDPE DFDA-7068）与极性单体在引发剂、抗氧剂存在下经双螺杆挤出接枝制得的改性 PE 加入其中，也可明显提高共混物性能，见表 6-41。

表 6-41　改性 PE 对 PC/ABS 共混物性能的影响

共混物组成/%			共混物性能						
ABS	PC	改性 PE	拉伸强度/MPa	断裂伸长率/%	弯曲强度/MPa	弯曲模量/MPa	冲击强度/(kJ/m²)	热变形温度/℃	收缩率/%
45.0	55.0	—	43.6	41.0	58.2	2240	43.0	116	0.65
44.0	54.5	1.5	53.1	88.0	105.1	3145	55.5	103	0.65

如在 PC/ABS（70/30）体系中，加入 10 份 ABS-g-MAH（MAH 含量 1.48％）可使冲击强度较 ABS 更高；若在制备接枝物时加上适量的苯乙烯，得到的 ABS-g-MAH 中 MAH 含量增加到 2.8％，同样加 10 份到 PC/ABS（70/30）体系中，可使冲击强度提高 1.5 倍。

与 ABS 相比，PC/ABS 共混物的加工流动性较低，PC 含量越高，流动性能越低。因此，在混炼和加工过程中常加入环氧乙烷/环氧丙烷嵌段共聚物、烯烃/丙烯酰胺共聚物、甲基丙烯酸甲酯（MMA）/苯乙烯共聚物等加工改性剂。此外，还可在共混物中加入丁基橡胶以提高共混物的低温冲击性；加入苯乙烯/MMA/马来酸酐共聚物可提高其冲击强度、热变形温度；加入 α-甲基苯乙烯/丙烯腈/丙烯酸乙酯三元共聚物，可提高其热稳定性；加入聚乙烯或改性聚乙烯可改进其耐沸水性、加工流动性和降低成本。

采用上述方法可制备出达到美国 GE 公司同类产品性能的 PC/ABS 合金材料，可以用于手机、笔记本外壳。

（1）配方（质量份）　配方如表 6-42 所示。

表 6-42　配方表

材料名称	配方	材料名称	配方
PC，GE 144R	70	具有核壳结构的丙烯酸酯类弹性体	8
ABS，PA-757	30	氨基硅油	1
SMA	5	7910	0.5

（2）加工工艺　PC、SMA 在 110℃下鼓风烘箱干燥 6～10h，ABS 在 80℃下鼓风烘箱干燥 6h。上述配方称量后在高速混合机上进行混合 3min，用双螺杆进行造粒，双螺杆型号为：SHJ-30，长径比为 32：1，同向旋转，由南京橡胶机械厂生产。造粒工艺如下：

	前	中	后	机头
温度/℃	220	230	230	235
加料电压	30V			
螺杆转速电压	110V			

造粒后在 95℃下干燥 8h 后进行注射制样，注射工艺如下：

	前	中	后	喷嘴
温度/℃	230	235	240	240
注射时间	20s			
注射压力	75MPa			
保压时间	20s			
冷却时间	20s			
模具温度	约 60℃			

（3）参考性能　配方（质量份）材料性能见表 6-43。

表 6-43　PC/ABS 合金配方性能

性　　能	配方	国外 C1110HF	性　　能	配方	国外 C1110HF
拉伸强度/MPa	52.8	57.8	简支梁缺口冲击强度/(kJ/m^2)	88.2	97.4
断裂伸长率/%	54	59	悬臂梁缺口冲击强度/(J/m)	461.9	420.5
弯曲强度/MPa	94.4	101.8	MFR(300℃,2160g)/(g/10min)	5.89	5
弯曲弹性模量/MPa	2406	2403	MFR(260℃,5kg)/(g/10min)	13.1	9
简支梁无缺口冲击强度/(kJ/m^2)	NB	NB*			

注：* 表示冲不断。

可以看出，研制的 PC/ABS 合金性能已达到 GE 手机材料的性能，而且冲击强度还要好于国外某著名公司同型号 GE C1110HF 材料，经手机外壳实验，满足使用要求。

6.6.3　手机充电器座——阻燃 PC/ABS 合金的制备

手机充电器座出于安全考虑，要求阻燃且要达到 UL 94 V-0 级，因此需要加入较多阻燃剂。由于 PC/ABS 合金在造粒和加工时温度均较高（在 230℃以上），所以所采用的阻燃剂首先要满足加工温度的要求，即在加工温度下不分解、不挥发、不变色、不变质、不同其他组分发生有害反应。通常在 PC/ABS 合金中所使用的阻燃剂为含溴阻燃剂以及与锑类并用，因此本例也以此为基础进行阻燃配方的确定。同时，为抑制 PC 和 ABS 在加工过程中的氧化分解，还要考虑加入抗氧剂。

（1）配方（质量份）　手机充电器座用阻燃配方如表 6-44。

表 6-44　手机充电器座用阻燃配方

材　料　名　称	配方	材　料　名　称	配方
PC,GE 144R GE 公司	70	7910 瑞士汽巴	0.5
ABS,PA-757 中国台湾奇美	30	高效相容剂	8
SMA	5	硅油	1.2
BC-58 美国大湖	3.3	BA-59P 美国大湖	3
Sb$_2$O$_3$	2		

（2）加工工艺　PC、三氧化二锑、SMA 在 110℃下鼓风烘箱干燥 12h，ABS 在 80℃下鼓

风烘箱干燥 6h。上述配方称量后在高速混合机上进行混合 3min，用双螺杆进行造粒。双螺杆型号为：SHJ-30，长径比为 32∶1，同向旋转，由南京橡胶机械厂生产。造粒工艺如下：

	前	中	后	机头
温度/℃	220	230	230	235
加料电压		30V		
螺杆转速电压		110V		

造粒后在 95℃下干燥 12h 后进行注射制样，注射工艺如下：

	前	中	后	喷嘴
温度/℃	230	235	240	240
注射时间		20s		
注射压力		75MPa		
保压时间		20s		
冷却时间		20s		
模具温度		60℃		

（3）参考性能　手机充电器座用阻燃性能见表 6-45。

表 6-45　手机充电器座用阻燃性能

性　　能	测试值	性　　能	测试值
拉伸强度/MPa	58.4	简支梁缺口冲击强度/(kJ/m²)	39.9
断裂伸长率/%	36	悬臂梁缺口冲击强度/(J/m)	321.5
弯曲强度/MPa	100.4	阻燃性能,UL 94	V-0(4mm)
弯曲弹性模量/MPa	2607	MFR(260℃,3260g)/(g/10min)	17.66
简支梁无缺口冲击强度/(kJ/m²)	NB	MFR(260℃,5kg)/(g/10min)	34.3

可以看出，高效相容剂对 PC/ABS 的冲击强度有非常显著的贡献，是极好的增容剂。采用上表配方制备出来的阻燃 PC/ABS 合金完全达到要求，且加工性能极其优良。为验证上述结果，又进行平行试验。测试结果如表 6-45 所示。通过平行试验可以看出，各项性能均具有较好的重复性。

6.6.4　计算机处理器 CPU 冷却风扇——阻燃增强 PBT

CPU 的风扇和散热片，其实就是利用它们快速地将 CPU 的热量传导出来并吹到附近的空气中去，如图 6-12 所示。

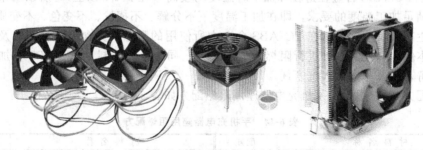

图 6-12　计算机 CPU 冷却风扇

CPU 散热器一般由金属散热片和风扇组成，除转子和定子使用金属材料或磁性材料外，风扇的其他部分材料一般采用改性工程塑料。CPU 冷却风扇材料要求长期耐温好、耐热氧老化性好、高强度、阻燃、尺寸稳定性好、抗蠕变、耐疲劳，并具有高刚性和良好的韧性，通常为玻璃纤维增强聚对苯二甲酸丁二酯（PBT）制备。特定品级的改性 PBT 工程塑料完全可以满足 CPU

散热器用风扇在技术和成本方面的要求。目前 PBT 工程塑料已广泛运用到 CPU 散热器用风扇和其他类似的冷却风扇。根据 2012 年 2 月工信部发布的《2011 年电子信息产业统计公报》的统计数据，我国 2011 年计算机产量为 3.2 亿台，同比增长 30.3%，预计未来几年我国计算机产量将保持稳定增长，因此作为计算机配件的散热风扇也将同步增长。

中国台湾长春公司生产的阻燃增强级 PBT 4130F-104B 可以用于 CPU 冷却风扇，其物性指标见表 6-46。

表 6-46 中国台湾长春公司的阻燃增强级 PBT 4130F-104B 物性指标

牌号		4130F-104B		
厂家(产地)		中国台湾长春		
规格级别		注塑玻璃纤维增强		
玻璃纤维含量		30%		
性能项目	试验条件[状态]	测试方法	单位	测试数据
密度		ASTM D792	kg/m³	1.64
吸水性	24h	ASTM D570	%	0.03
拉伸强度		ASTM D638	MPa	130
拉伸伸长率		ASTM D638	%	3.5
弯曲强度		ASTM D790	MPa	200
弯曲模量		ASTM D790	MPa	9500
Izod 缺口冲击强度	1/4	ASTM D256	kJ/m²	9.5
洛氏硬度		ASTM D785	R	121
电介质强度	2mm	ASTM D149	kV/mm	20
体积电阻率		ASTM D257	Ω·cm	1015
表面电阻率		ASTM D257	Ω	1013
介电常数		ASTM D150	F/m	3.5
介质损耗因数		ASTM D150		0.001
耐电弧性		ASTM D495	s	90
熔点		DSC	℃	225
线性膨胀系数		ASTM D696	℃⁻¹	3
热变形温度	1.86MPa	ASTM D648	℃	200
热变形温度	0.46MPa	ASTM D648	℃	210
阻燃等级		UL 94		V-0

6.6.5 低成本环保阻燃 PBT 工程塑料

多年来对电子电器塑料材料或者塑料件的阻燃安全评价都以直火燃烧的美国 UL 94 为标准。但近年随着家用电器在使用过程中因内部塑料件着火而导致的火灾事件频频发生，欧盟国际电工协会（IEC）的另一种阻燃评价方法——灼热丝阻燃测试标准（IEC 60695）日益深受关注，IEC 组织在家用及类似电器安全标准（IEC 60335）中要求：长期无人值守电器所使用塑料件的阻燃性能必须满足 UL94 V-0 级和 750℃灼热丝接触材料 30s 内不起火或燃烧时间≤5s。对在电子电器塑料件中使用的聚对苯二甲酸丁二酯（PBT）要求具有阻燃性，但长期以来从事 PBT 工程塑料改性的企业对阻燃增强 PBT 测试的实验数据表明，对于能满足美国 UL 94 V-0 级（0.4～3.2mm）的绝大多数阻燃 PBT 材料，都无法满足 750℃灼热丝接触材料不起火的阻燃要求，直到无卤无红磷阻燃增强 PBT 的问世才改变了人们的上述观点。然而无卤阻燃增强 PBT 高昂的价格又让电子电器企业难以接受，因此开发可用于满足 UL94 V-0 级和 750℃灼热丝接触材料 30s 内不起火的低成本环保阻燃 PBT 工程塑料，成为电子电器企业特别是从事家用电器塑料件注塑企业的急需。因此，开发该类 PBT 工程塑料具有很好的市场前景。

本例采用目前市售常见的溴系阻燃体系、氮系和磷系阻燃剂复配制得环保阻燃增强 PBT 工程塑料，其相比电痕化指数（CTI）≥350V，阻燃性能同时满足 UL 94 V-0 级（0.8mm）和 750℃灼热丝接触材料 30s 内不起火，且成本低于普通的溴系阻燃增强 PBT 工程塑料。目前该产品已成功应用于微波炉定时器、点火器、电容和接线插头、CPU 冷却风扇等塑料件。

(1) 配方 (质量份)

PBT	100	溴化环氧阻燃剂	16
抗氧剂 1010	0.2	三氧化二锑	5
抗氧剂 168	0.4	玻璃纤维	30
增韧剂	3		

PBT: 1100-211M，中国台湾长春化学工业集团公司；溴化环氧阻燃剂：KBE-2025K，南通开美化学有限公司；三氧化二锑：辰州矿业有限公司；氮系阻燃剂、磷系阻燃剂：市售；增韧剂：AX-8900，阿科玛化学有限公司；抗氧剂 AT-1010，AT-168，宁波金海雅宝化工公司；玻璃纤维 (GF)：988A-1000，巨石集团有限公司。

(2) 加工工艺　制备的工艺流程见图 6-13。

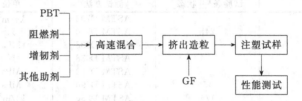

图 6-13　环保阻燃增强 PBT 制备工艺流程

其详细步骤如下所述。

① 物料准备　将 PBT 切片放入鼓风干燥烘箱中，干燥温度 120℃，干燥时间 4h，然后按照一定配比，将 PBT 和阻燃剂、增韧剂、抗氧剂及 GF 等称量后在高速混合机中混合均匀。

② 挤出造粒　将混合好的物料送入双螺杆挤出机进行造粒，挤出温度设定为一区 240℃、二区 240℃、三区 240℃、四区 235℃、五区 235℃、六区 235℃、机头 245℃，主机螺杆转速 380r/min，喂料螺杆转速 85r/min。

③ 注塑试样　将制得的环保阻燃增强 PBT 粒料在 120℃下干燥 4h 后，按照以下工艺参数注塑试样。注塑机各段温度分别设为一区 230℃、二区 240℃、三区 245℃、喷嘴 250℃，注射速度 5mm/s，注塑压力 70MPa，注塑时间 3s，保压压力 45MPa，保压时间 2s，冷却时间 6s，熔胶速度 40mm/s，熔胶压力 55MPa。

(3) 参考性能　拉伸强度按 ISO 527-2-1996 测试，拉伸速度 5mm/min；弯曲强度按 ISO 178-2003 测试，测试速率 2mm/min；简支梁冲击强度按 ISO 179-1-2006 测试；热变形温度按 ISO 75-2-2004 测试；阻燃性能按 UL 94 垂直燃烧法测试；灼热丝阻燃性能按 IEC 60695-2-12-2000 测试；CTI 按 IEC 60112-2009 测试；树脂灰分含量按 GB/T 9345—1988 测试。

① 溴系和氮系、磷系阻燃剂复配对阻燃增强 PBT 性能的影响　固定 PBT 的用量为 100 份、抗氧剂 1010/抗氧剂 168 质量比为 0.2/0.4、增韧剂用量为 3 份、溴化环氧阻燃剂/三氧化二锑质量比为 16/5、GF 质量分数为 30%，考察氮系阻燃剂的用量对阻燃增强 PBT 性能的影响，单独采用溴系阻燃体系可使 PBT 达到 UL 94 V-0 级 (0.8mm)，但其在 750℃灼热丝接触材料 30s 时间段内持续着火，且 CTI 值低。

在溴化环氧阻燃剂/三氧化二锑阻燃 PBT 体系中引入氮系阻燃剂，虽然能够对材料的灼热丝阻燃性能和 CTI 等方面均有一定改善，但仍不能满足长期无人值守电器的苛刻阻燃要求。通过对灼热丝阻燃机理的分析，可在溴系和氮系阻燃剂复配的体系中引入磷系阻燃剂。固定氮系阻燃剂的用量为 25 份，其余配比均同上。考察磷系阻燃剂用量对材料性能的影响，结果表明，随着磷系阻燃剂用量的增加，阻燃增强 PBT 的灼热丝阻燃性能和 CTI 都有明显改善。当磷系阻燃剂用量在 15 份以上时，制得可完全满足长期无人看管电器使用要求的阻燃增强 PBT 工程塑料。这主要是由于在燃烧过程中，存在溴系阻燃体系中的锑与有机溴化物之间的作用，同时又有溴-磷和磷-氮的协同作用及分解形成的溴化物及磷衍生物间的阻燃协效作用，从而使 PBT 树脂快速膨胀形成多孔泡沫炭层，阻止燃烧火焰的形成。同时，氮系阻燃剂分解产生的惰性气体也稀释材料周围的 O_2 浓度，抑制材料着火起燃。溴-氮-磷阻燃体系用于阻燃增强 PBT 工程塑料不仅具有在气相中捕获自由基的功能，而且具有快速膨胀成炭的能力。但磷系阻燃剂用量也不宜太多，其用量超过 15 份后，材料的拉伸强度、弯曲强度和热变形温度下降明显，但冲击性能逐渐增大。这可能是由于磷系阻燃剂具有增塑性，因此其用量的增加导致材料强度下降和韧性提高。

② GF 含量对阻燃增强 PBT 性能的影响　从上述可知，在溴系阻燃体系用量一定的情况下，通过引入氮系和磷系阻燃剂有效地实现 PBT 在阻燃方面的高性能化。但在实际电子电器使用过程中，常常会根据不同塑料件的应用要求，需要选择具有不同 GF 含量的阻燃增强 PBT 材料。为此，固定氮系和磷系阻燃剂的用量各为 25 份、15 份，其余配比均同上。通过改变 GF 的含量，来考察其对阻燃增强 PBT 性能的影响，具体结果如表 6-47 所示。

表 6-47　玻璃纤维用量对阻燃增强 PBT 性能的影响

项　目	GF 质量分数/%				
	0	10	15	20	30
拉伸强度/MPa	46	60	64	75	85
弯曲强度/MPa	83	98	110	123	138
缺口冲击强度/(kJ/m²)	4	5	6	6	7
冲击强度/(kJ/m²)	19	24	27	29	33
热变形温度(1.82MPa)/℃	78	163	192	193	205
UL 94(0.8mm)	V-0	V-0	V-0	V-0	V-0
750℃灼热丝接触材料 30s 内燃烧时间/s	0	0	0	0	0
CTI/V	350	350	350	350	350

从表 6-47 可知，随 GF 含量的增强，材料的拉伸强度、弯曲强度、冲击性能和热变形温度逐步提高，但 GF 的含量对材料的阻燃性能和 CTI 基本没有影响。

③ 增韧剂用量对阻燃增强 PBT 性能的影响　由于电器内部塑料件多为壳体和骨架、旋转叶片等，这些塑料件在装配过程中受金属件冲击而导致开裂的现象比较明显，因此需进行增韧，提高材料韧性。固定氮系和磷系阻燃剂的用量各为 25 份、15 份，GF 的质量分数为 30%，其余配比均同上。可通过改变增韧剂用量来考察其对阻燃增强 PBT 韧性和 750℃灼热丝阻燃性能的影响。结果表明，随着增韧剂用量的增加，阻燃增强 PBT 的缺口冲击强度提高明显，但当增韧剂用量超过 5 份时，阻燃增强 PBT 的 UL94 和灼热丝阻燃性越来越差，在 750℃灼热丝接触材料 30s 内，材料的燃烧时间逐渐延长。考虑到阻燃要求，增韧剂的用量应在 5 份左右为宜。

④ 与国外同类产品的性能对比　将开发的满足苛刻阻燃要求的 30% GF 增强 PBT 工程塑料 [型号为 PBT 301-G30F 本(J)] 与同类进口的日本宝理公司阻燃增强 PBT 工程塑料（牌号为 330GW）的产品进行对比，具体对比结果如表 6-48 所示。从表 6-48 可以看出，开发的产品性能指标基本与进口的日本宝理公司产品持平。

表 6-48　开发的 30%GF 增强 PBT 产品与日本宝理公司同类产品性能对比

检测项目	牌号		检测项目	牌号	
	PBT301-G30F 本(J)	宝理 330GW		PBT301-G30F 本(J)	宝理 330GW
拉伸强度/MPa	85	87	UL 94 (0.8mm)	V-0	V-0
弯曲强度/MPa	138	130	树脂灰分含量/%	30	30
冲击强度/(kJ/m²)	33	—	750℃灼热丝接触材料 30s	不起火	不起火
热变形温度(1.82MPa)/℃	78	163	CTI/V	350	350

第7章

塑料在建筑领域中的应用

7.1 概述

7.1.1 建筑用塑料的现状及发展趋势

将塑料应用于建筑领域而被称为建筑塑料。建筑塑料是一种新兴的建筑材料,具有重量轻、强度高、加工机械化程度高、安装简便、装饰性强、色彩美观等特点,同时还有防水、防腐、耐磨、隔声、保温等性能。在应用方面可以在一定程度上替代传统的建筑材料,如木材、金属、水泥、陶瓷、玻璃等,应用领域十分广泛,主要包括塑料管、塑料门窗、建筑防水材料、密封材料、隔热保温材料、建筑涂料、装饰装修材料、建筑胶黏剂以及混凝土外加剂等。

中国的塑料建材业以年均增速超过 15% 的速度成为塑料行业中仅次于包装的第二大支柱产业。近几年来,塑料建材行业加快了研发和推广应用步伐,行业生产规模不断扩大,技术水平稳步提高,尤其是塑料型材、管材已经进入稳定成熟的增长时期,并成为应用最好的塑料建材品种。

此外,由于国家对基础设施投入的加大也在很大程度上促进塑料建材的发展。随着塑料建材成为新的消费热点和经济增长点,塑料建筑制品的品种逐步实现系列化、配套化和标准化,环保节能的要求提高,推广应用的力度加大,各种塑料管、门窗、高分子防水材料、装饰装修材料、保温材料及其他建筑用塑料制品的需求将有较大幅度增加。塑料建材是继钢材、木材、水泥之后,当代新兴的第四大类新型建筑材料,不仅能大量代钢代木,而且还可以节能节材、保护生态、改善居住环境、提高建筑功能和质量,同时还具有降低建筑自重等优越性。

随着中国建筑业的发展,塑料建材市场日益扩大。目前,中国塑料管材的年增长率已达 15%,位居世界第一。塑料门窗发展迅猛,据不完全统计,全国塑料门窗型材生产线已有 3000 条左右,生产能力早已突破 100 万吨,其生产水平和应用水平与发达国家相比已经差距不大。建筑物材和空调能耗在建筑能耗中占了很大比例,而建筑物中门窗的热量损失约为全部外围结构散热量的 49%。塑料门窗由于具有优良的节能性能,因而成为中国重点发展的产品之一。

建筑塑料制品生产能耗仅为铸铁管和钢管的 30%~50%,塑料给水管比金属管降低输水能耗 50% 左右,其回收和再生都优于金属建材。无规共聚聚丙烯(PPR)管具有优异性能,与 PVC、PE 管材相比不仅具有较高强度,而且有一定的耐温性,还可以回收利用。其他优点还包括：重量轻、强度好、耐腐蚀、使用寿命长、耐热、保温、无毒、卫生、不结垢等。其分子仅由碳、氢元素组成，无毒性，卫生性可靠。PPR 管材在近年得到较快发展，使用量较多的国家有意大利、德国、丹麦、土耳其及捷克等。其中，意大利年使用 PPR 管材达 3000 万米，约占欧洲总量的 22%，占国内给水管使用量的 2/3；在德国，塑料管材在建筑内饮用水和热水系统中快速增长，尤其是在室内排水、地板采暖管应用方面，由于 PPR 材具有良好的耐热性和燃烧时不产生有害物，在新建筑中全部采用 PPR 管材。

随着建筑向绿色节能化方向发展，建筑用塑料也在向绿色节能化方向发展，如无卤阻燃、废旧塑料再利用等，这些均要对塑料进行改性。因此，改性塑料在建筑中的应用前景巨大。

7.1.2　农业用建筑塑料的现状及发展趋势

塑料是目前世界上产量最多、应用最广的高分子合成材料，越来越受到人们的高度重视。塑料的各种制品（薄膜、管材、板材、绳等）在农作物中的应用已相当普遍，取得的经济效益也是显而易见的。

农业是国家发展之本，历来我国均把农业放在首要位置。塑料在农业中的应用也越来越普及。但农业发展面临的资源环境约束力也越来越强，要突破约束、消除瓶颈，根本出路在于科技。其中，大力开发推广农用塑料应用技术，可以充分发掘水土资源利用潜力，有效突破资源瓶颈，建设可持续发展的现代农业。目前，我国农用塑料应用技术主要包括地膜覆盖栽培、设施园艺、容器育苗、节水灌溉、畜禽暖圈、设施水产养殖、网具捕捞和养殖、农产品包装储藏保鲜等，如蔬菜大棚、农业地膜、节水微滴灌管等。

目前，中国、日本以及韩国农用塑料膜的消耗总量达到 170 万吨，占世界总消耗量的 40%，平均年增长率预计可达 5%~6%。中国已经是农用塑料发展的主要消费市场。目前就市场需求而言，大约有 90% 的塑料薄膜需要有低度抗农药特性，但只有 10% 需要中度抗农药性能。但是，中国是一个发展很快的国家，30% 的农用塑料需要中度以上的抗农药性。导致这种强劲增长速率的主要原因在于：中国人日益增长的食品消耗量以及不断增长的人力成本。这一新兴趋势将昭示着中国农业市场对高性能农用塑料的需求更加旺盛。

塑料管材具有重量轻、易搬运、内壁光滑、耐腐蚀、施工安装方便等优点，因而代替了过去的陶瓷管和铁管而被广泛应用，主要为硬聚氯乙烯和聚乙烯管材。在市场上常见并实际应用于农作物栽培生产中，较多的农用塑料管材包括灌溉式软管、输水管、暗排水管、储水管、低压进水管、空中喷洒式高中压管材、供水管等管材。塑料灌溉管材多是由薄壁柔性塑料组成，它的使用代替了原来沟渠灌溉和人工喷水灌溉，节约了水资源，节省了成本和时间，给农作物栽培提供了条件。

7.2　塑料建材的配方、性能与应用

7.2.1　改性聚丙烯阻燃建筑模板

塑料建筑模板以其环保、节能，以防水抗蚀而成为建筑行业的新宠。但是现有技术中的塑胶建筑模板普遍存在刚性不够、弯曲模量小，并且不具备阻燃性能，在施工及转运过程中易发生火灾。本例在 PP 料中加入 PE、阻燃剂、滑石粉和其他助剂后，可使成品建筑模板具备良好的阻燃性能；同时，由于在熔融共混中，PE 与 PP 交联，形成合金化，一方面保证加工过程中的可塑性；另一方面成型后的模板具备良好的刚性和抗冲击性能，工艺简单，易于实现。

（1）配方（质量份）

PP	85	苯乙烯	0.5
PE	15	过氧化二异丙苯	0.3
滑石粉	20	1,4-丁二醇二丙烯酸酯	0.4
抗氧化剂 1010	0.1		

注：PP 为 85 份，其中 PP 回收料占 30%（质量分数）；PE 为 15 份，其中 PE 回收料占 20%（质量分数）；含溴阻燃剂可选用十溴二苯醚、十溴二苯乙烷、溴化环氧树脂或溴化聚苯乙烯，或前面几种混合使用均可。

（2）加工工艺　按配方称量以上所有原料后，将所述原料投入到螺杆机熔融混炼，熔融共混后的原料经由模头挤出成型。

（3）参考性能　挤出成型后的模板，阻燃等级测试为 V-2；同时，落锤冲击试验表明，在同等测试条件下，可以同样成型结构模板。本实例中的模板 50cm 高度仍不可击穿，而其余现有技术中 PVC 建筑模板、ABS 建筑模板等均可被击穿。

7.2.2　回收材料制备生产建筑专用塑料模板

本例提供一种以塑代木，并利用再生塑料为主要原料的一种生产建筑专用塑料模板，所用的原料。

（1）配方（质量份）

PPR 再生料	40	硬脂酸	2
PE 再生料	20	偶联剂	5
PP 再生料	30	亮光剂	2
石蜡	1		

（2）加工工艺

① 原料的加工要求　对于 PPR 再生料、PE 再生料、PP 再生料，以上三种原料要求清理杂质，以去掉所含金属。经粉碎机破碎过筛，颗粒直径控制在 1.5～5mm 以内。

以上三种再生料含水量不得超过 2%。

② 原料的来源要求　PPR 以回收的冷水管、热水管、PPR 板材、PPR 异型材为主。PE 以回收的桶类、食品包装类为主。PP 以洗衣机内胆、电冰箱内衬等家用电器塑料为主。石蜡、硬脂酸、偶联剂、亮光剂均为塑料制品添加剂，无其他特殊要求。

③ 制作过程　所有原料按以上要求进行质量配比，每 100kg 配好的原料放入搅拌机中搅拌均匀，搅拌时间不少于 3min。将搅拌好的原料放入单螺杆挤出机（120 型以上规格上海金湖产、青岛顺德产、江苏张家港产的塑机均可）进行生产。要求螺杆温区设置合理，可分六区，从进料口至模具逐步升温：一区温度控制在 110℃、二区 120℃、三区 135℃、四区 150℃、五区 180℃、六区 185℃左右，正负不得超过 3℃。

经过模具挤出成型→三辊压光→输送冷却→电锯切割→清理包装。

以上五个步骤为建筑塑料专用模板的配比生产全过程。

（3）参考性能　性能指标如下：拉伸强度 14.3MPa、冲击强度 10.5MPa、弯曲强度 24kJ/m²、燃烧性能均符合标准要求。

7.2.3　耐温抗冲击高分子板材

（1）配方（质量份）

ABS 树脂	115	混合晶须	7
聚丙烯树脂	28	增塑剂	2
酚醛树脂	13	稳定剂	3
古马隆树脂	6	固化剂	4
混合填料	18		

上述混合填料由如下物质制成：18 份红柱石、9 份莫来石、7 份氧化锆、2 份硅藻土；混合晶须由如下物质组成：20 份硫酸钙晶须、2.5 份碳化硅晶须、3.5 份六钛酸钾晶须。混合晶须中硫酸钙晶须的长度为 $130\sim170\mu m$，碳化硅晶须和六钛酸钾晶须的长度为 $10\sim50\mu m$。

（2）加工工艺 将红柱石和莫来石混合放入温度为 720℃ 的条件下煅烧处理 1.8h 后取出备用；将硅藻土放入质量分数为 2.5% 的硝酸钙溶液中浸泡处理 32min，期间加热以保持溶液温度为 42℃，滤出后用清水冲洗干净，然后再将其放入温度为 840℃ 的条件下煅烧处理 1.2h 后取出备用；将处理后的红柱石、莫来石，处理后的硅藻土，以及氧化锆共同混合，然后对混合后的混合物进行研磨粉碎处理，对应地将其粉碎成Ⅰ、Ⅱ、Ⅲ、Ⅳ四种等级颗粒，其中Ⅰ等级的粒径大小为 $60\sim90\mu m$，Ⅱ等级的粒径大小为 $5\sim15\mu m$，Ⅲ等级的粒径大小为 $50\sim70\mu m$，Ⅳ等级的粒径大小为 $50\sim150\mu m$，且Ⅰ、Ⅱ、Ⅲ、Ⅳ四种等级颗粒所占总重的质量分数分别为：10%～15%、35%～40%、35%～40%、10%～15%，最后再将Ⅰ、Ⅱ、Ⅲ、Ⅳ四种等级颗粒充分混合均匀后即可。

将 ABS 树脂、聚丙烯树脂、酚醛树脂、古马隆树脂、混合填料、混合晶须、增塑剂、稳定剂、固化剂按相应质量份称取混合后，再进行捏合塑炼而成。

（3）参考性能 耐温抗冲击高分子板材力学性能见表 7-1。

表 7-1 耐温抗冲击高分子板材力学性能

项　目	拉伸强度/MPa	冲击强度/(kJ/m²)	维卡软化温度/℃
样品	53	46.5	125

7.2.4 建筑木塑装饰板

建筑木塑装饰板是国内外近年蓬勃兴起的一类新型复合板，通常利用聚氯乙烯等，代替通常的树脂胶黏剂，与超过 30% 以上的木粉合成新的木质材料，再经挤压、模压、注射成型等塑料加工工艺，生产出的板材或型材。本例提供一种建筑木塑装饰板，以农业生产的废料为基料，改善使用塑料的配比，采用新材料相容，生产简单，得到的木塑装饰板力学性能好，强度高，具有良好的防火、防霉、防菌性能且绿色环保。

（1）配方（质量分数/%）

HDPE	18	三碱式硫酸铅	0.5
木粉(≥80 目)	18	增塑剂	1
稻壳粉(≥80 目)	17	多面体倍半硅氧烷	2
秸秆粉(≥80 目)	17	阻燃剂(丁二烯-苯乙烯溴化共聚物)	3
滑石粉	5	杀菌剂(甲基异噻唑啉酮)	2
乙烯-乙酸乙烯共聚树脂接枝马来酸酐	2	抗氧剂 1010	1
复合稳定剂	2	抗氧剂 1076	1
润滑剂	1.5	紫外线吸收剂	1
发泡调节剂	5	防腐剂(无机盐硫酸铜)	1
AC 发泡剂	2		

（2）加工工艺 将木粉、稻壳粉、秸秆粉投入高速混合机中，再加入润滑剂、滑石粉、接枝相容剂、复合稳定剂、发泡调节剂、AC 发泡剂、三碱式硫酸铅、增塑剂、硅系阻燃剂、高分子聚合物阻燃剂、杀菌剂、抗氧剂、紫外线吸收剂、防腐剂，继续高速混合再造粒，之后挤出成型即可。

7.2.5 聚氨酯天花板材料

天花板作为室内屋顶装饰材料，过去传统民居中多以草席、苇席、木板等为主要材料，随着科技进步，更多建筑材料被应用进来。在室内装饰过程中会散发出甲醛等有毒、有害气体，短时间内无法去除，严重危害人体健康。而现有的天花板材料对散发出的甲醛等有毒、有害气体净化效果不好，而且天花板材料除了上述净化空气性能外，对于其基本的防火、保温、抗压、抗拉性能也同样存在很多不足，也需要进一步加强，使其能够适应综合性能高的建筑。为了解决现有天花板材料在净化空气、抗压、抗拉、保温隔热和防火方面还存在的很多不足问题，本例提供一种天花板材料及其制备方法，制得的天花板材料具有可净化空气、抗压强度高、抗拉强度高、保温隔热效果好和防火效果好的优点。

（1）配方（质量份）

聚氨酯高分子材料	65	玻璃纤维	6
粉煤灰	12	凹凸棒土	7
硬脂酸乙酯	12	玻璃棉	16
棕榈酸	9	硅酸铝	18
纳米二氧化硅	3	硬脂酸钡	0.6
纳米碳酸钙	3	炭黑	0.7
纳米二氧化钛	12	硅烷偶联剂	0.5
竹炭	8	硫代二丙酸二硬脂醇酯	0.4
氧化锆	17	碳酸氢钠	0.6
碳化硼	15		

上述配方特点如下。

配方中添加了粉煤灰，粉煤灰作为天花板材料的填料，能够提高制备的天花板材料的强度。添加纳米二氧化钛目的是因为纳米级二氧化钛具有杀菌、防污、除臭、无毒和性能稳定的特点。此外，在紫外线作用下，纳米级二氧化钛会被激活，生成具有高催化活性的自由基，具有很强的光氧化还原能力，可催化、光解附着于材料表面的各种甲醛等有机物，以达到净化空气的效果。

上述配方中还添加了竹炭、氧化锆、碳化硼。竹炭为疏松多孔结构，其分子细密多孔，质地坚硬，具有很强的吸附能力，能够净化空气、消除异味、抑菌驱虫和呼吸调湿。氧化锆具有耐火性好和耐高温性好的优点。碳化硼具有耐火性好、强度高、热稳定性好和化学稳定性好的特点。

此外，原料中还添加了玻璃纤维、凹凸棒土、玻璃棉三种填料。玻璃纤维能够提高天花板材料的抗拉强度和耐火性。凹凸棒土具有隔热、无污染、抑制微生物生长和吸收有毒挥发成分等特点。玻璃棉内部因具有许多细小孔隙，在保温绝热、吸声性、耐腐蚀性和化学稳定性上表现良好。

发泡剂为碳酸氢钠，使得建筑材料具有多孔构造，以提高制备天花板材料的保温隔热效果。

（2）加工工艺　按照天花板材料原料的质量份称取原料；将硬脂酸乙酯和棕榈酸混合搅拌，即得混合料a；将混合料a、聚氨酯高分子材料、粉煤灰、纳米二氧化硅、纳米碳酸钙、纳米二氧化钛、竹炭、氧化锆、碳化硼、玻璃纤维、凹凸棒土、玻璃棉和硅酸铝混合搅拌，即得混合料b；将混合料b、热稳定剂、光稳定剂、偶联剂、抗氧化剂和发泡剂加入单卧轴搅拌机中搅拌20～30min，即得混合料c；将混合料c倒入模具中成型，即得天花板材料。

（3）参考性能　天花板性能见表7-2。

表 7-2　天花板性能

指　标	样　品
抗压强度/MPa	43.2
抗拉强度/MPa	48.9
甲醛净化性能/%	87

7.2.6　用于园林景观中的地板材料

在园林景观的建设过程中地板材料很多采用木质材料，但是木质地板材料存在阻燃性差和抗折抗压性能差的问题。为了解决现有用于园林景观中的地板材料存在阻燃性能差、环保性能一般、抗老化性一般、抗压抗折性能还不够高的问题，本例提供一种用于园林景观中的地板材料及其制备方法，制得的用于园林景观中的地板材料具有抗折抗压强度高、阻燃性好、环保性好和抗老化性好的优点。

（1）配方（质量份）

纳米二氧化钛	6.5	高岭土	23
沥青	11	气凝胶	16
铝矾土	15	二苯胺	0.3
硅酸三钙	10.5	热稳定剂	0.5
聚丙烯树脂	6.5	阻燃剂	0.7
石英石	8	水	18
乙酸钙	7	滑石粉	14
废弃聚氨酯泡沫塑料	18	氧化铝	7
酚醛树脂	7	玻璃纤维	9
聚酰胺树脂	10		

上述配方特点如下。

原料中添加了废弃聚氨酯泡沫塑料，达到节能环保的目的。抗氧剂为二苯胺，二苯胺可以延缓或者抑制制备的用于园林景观中的地板材料氧化进程，提高制备的用于园林景观中的地板材料寿命。热稳定剂为硬脂酸铝，有助于提高制备的用于园林景观中的地板材料热稳定性。阻燃剂为氢氧化镁阻燃剂，氢氧化镁阻燃剂通过提高聚合物的热容，使其在达到热分解温度前吸收更多热量，从而提高其阻燃性能。用于园林景观中的地板材料也还包括滑石粉，滑石粉具有润滑性好、耐火性好、抗腐蚀性好、化学性质稳定和绝缘性好的优点。用于园林景观中的地板材料也还包括氧化铝，氧化铝具有耐腐蚀性好和耐火性好的优点。

（2）加工工艺　按照用于材料原料的质量份称取原料；将石英石磨成粉，粉末的目数为400目；将沥青加热至90℃，沥青在加热过程中伴随着搅拌；将废弃聚氨酯泡沫塑料加入粉碎机中粉碎，即得粉碎料；将400目石英粉、加热沥青、粉碎料和其他剩余原料加入搅拌机中搅拌，搅拌时间为30～40min，即得混合料；混合料注入成型模具中，加压成型，即得成型料；成型料进行烘干，烘干温度为75～85℃，烘干时间为5～6h，即得用于园林景观中的地板材料。

（3）参考性能　园林景观中地板性能见表7-3。

表 7-3　园林景观中地板性能

指　　　标	样　　品
抗折强度/MPa	46.6
抗拉强度/MPa	102.9
阻燃等级	A级

7.2.7　木硅塑网络地板

随着我国火力发电和塑料工业快速发展，粉煤灰和废旧塑料两种固体废弃物排放量每年以10%的速度增加，造成严重的环境污染。本方法生产的木硅塑网络地板，采用注射成型工艺，可以依照设计要求得到标准尺寸的制品；使用人不需任何专用工具可以自行完成铺设及更改。这种木硅塑网络地板的使用解决了写字楼由于租户高流动性带来频繁的重复装修浪费，以及避免干扰写字楼内其他出租户的问题。

(1) 配方（质量份）

粉煤灰	15	硬脂酸	1
秸秆粉	5	阴离子型表面活性剂	1
废旧塑料 PP、PE、PVC 或 ABS	60	硅烷偶联剂	0.5
十溴联苯醚	8	防静电剂	1
氧化锑	5	炭黑	1
石蜡	1	抗氧剂	1.5

注：农作物秸秆为玉米、高粱、麦或棉秆，用前干燥粉碎成 40～60 目；硅烷偶联剂为 KH550（氨丙基三乙氧基硅烷）。

(2) 加工工艺　按配比称量材料，将粉煤灰、秸秆粉、阴离子型表面活性剂和硅烷偶联剂，在 80℃下以 500r/min 捏合 15min；再放入造好粒的废旧塑料 PP、PE、PVC 或 ABS，将十溴联苯醚、氧化锑、石蜡、硬脂酸、抗氧剂（1010）、防静电剂和炭黑，在 80℃条件下，以 500r/min 搅拌捏合 15min，再将混合好的物料放入挤出机中挤出造粒，挤出机温度为 200℃，将造好的颗粒用注塑机注射成型，注塑机温度为 220℃，以得到木硅塑网络地板。

(3) 参考性能　所制备的木硅塑网络地板性能如表 7-4 所示。

表 7-4　木硅塑网络地板性能

抗压强度/MPa	抗弯强度/MPa	抗冲击强度/(kJ/m²)	氧指数	使用温度/℃
22～36	15～28	9～15	≥28	−10～55

7.2.8　环保型保温建筑材料

长期以来，建筑屋面的防水性一直是人们关注的焦点，而屋面的保温隔热性能却被人们忽视。随着人们对建筑舒适性能要求的提高和国家加大建设节约型社会的步伐，人们越来越关注建筑能耗和居住环境。因此，研制开发和推广应用良好的屋面保温隔热材料，不仅有利于提高建筑屋面的保温隔热性，改善室内居住环境，同时可以节约能源、降低建筑物的使用成本。

(1) 配方（质量份）

聚氨酯	10	粉煤灰	15
聚丙烯腈纤维	5	珍珠岩	5
植物颗粒(粒径为 0.5cm)	20	苯酚	10
水泥	20	消泡剂	1

(2) 加工工艺　该保温建筑材料将各组分加入到搅拌机中搅拌，然后进行压制成型。

7.2.9　PP 木塑排水管道

目前市场上最常用的排水管为 PPR 管，又称为三型聚丙烯管。与传统的铸铁管、镀锌钢管、水泥管等管道相比，具有节能节材、环保、轻质高强、耐腐蚀、内壁光滑不结垢、施工和维修简便、使用寿命长等优点，广泛应用于建筑给排水、城乡给排水、城市燃气、电力和光缆护套、工业流体输送、农业灌溉等领域。

但是 PPR 管也存在一些缺点，如耐高温性，耐压性稍差些，长期工作温度不能超过 70℃；每段长度有限且不能弯曲施工。如果管道铺设距离长或者转角处多，在施工中就要用到大量接头并且塑料价格相对较高，导致 PPR 管材的成本较高，这些不足之处都限制了市场上 PPR 管的良性发展。

　　木塑复合材料是一种新型环保复合材料，广泛用于室内外墙体材料、地板以及建筑结构用材等，近几年有部分学者也提出木塑复合材料可以代替纯塑料用于排水给水管等管道用材上，采用木塑复合材料代替纯塑料即用木材纤维代替部分塑料，既可以降低成本，并且木塑复合材料的拉伸性能和弯曲性能与纯 PPR 管相当甚至更高；其次，木塑材料可以耐高温，可成型加工，这些优点都表明木塑复合材料可以取代传统的纯 PPR 管材作为排水管道。本例以废弃木材边角料、工业废弃塑料薄膜为原材料，加入相容剂，运用挤出成型的工艺加工出一种木塑排水管道。

　　(1) 配方（质量份）

PP	74	成核剂 TBM-4	0.5
木粉	20	四季戊四醇酯抗氧剂	0.5
马来酸酐接枝聚丙烯	5		

　　(2) 加工工艺　将木材下脚料、边角料等进行清洗并晾干，用粉碎机对木材进行粉碎，再放入球磨机中磨粉，经筛分得到 80 目粉。所得木纤维放入烘箱中 110℃ 条件下，干燥 24h，木纤维含水率在 5%。称量 20 份木粉和 5 份马来酸酐接枝聚丙烯相容剂，混合后在双螺杆挤出造粒机中进行造粒，挤出温度为 210℃，得到母粒。称量 74 份 PP 树脂颗粒与母粒进行混合，加入四季戊四醇酯抗氧剂 0.5 份和成核剂 TBM-4 0.5 份，在单螺杆挤出机内高温熔化后挤出管坯；挤出温度为 230℃，单螺杆挤出机挤出直径为 110mm，挤出管壁厚度为 4.0mm。所得管坯在真空条件下进行冷却定型，再通过冷却后牵引，切割成长度为 400mm 的管材样品。

　　(3) 参考性能　参考弯曲强度按 GB/T 9341—2008 方法对木塑排水管道进行测试；拉伸强度按 GB/T 1040—2006 进行测试；缺口冲击强度按 GB/T 1843.1—2008 测试。测试结果：密度为 $1.45g/cm^3$，缺口冲击强度为 $3.36kJ/m^2$，拉伸强度为 26.29MPa，弯曲强度为 55.84MPa；吸水率为 0.70。

7.2.10　市政、建筑给排水管

　　塑料管道领域中所应用的材料一般为高密度聚乙烯（HDPE）、交联聚乙烯（PEX）、聚丙烯（PP）、聚氯乙烯（PVC）、氯化聚氯乙烯（CPVC）、丙烯腈-丁二烯-苯乙烯（ABS）等，它们分别在市政给排水、工业给排水、建筑给水等领域有广泛应用。

　　高密度聚乙烯材料广泛用于塑料管道领域，它可以用于市政给水和排水及市政给水领域。所用的高密度聚乙烯材料由于材料强度不高，一般为 23～25MPa，用其生产的塑料管道设计公称压力最高只能达到 1.6MPa。

　　交联聚乙烯管道的生产过程如下：添加交联剂使聚乙烯大分子交联，提高管道的承压能力，一般用于建筑室内采暖和煤气输送，使用压力最高达到 2.0MPa。聚乙烯交联之后，材料难以得到回收再利用。

　　聚氯乙烯管道广泛用于市政给排水领域，它的最高承压能力目前只能达到 1.6MPa。聚氯乙烯用于管道生产时要添加大量低分子稳定剂、润滑剂、改性剂等，有的甚至需添加无机填料，使材料的卫生性能难以持久保证以符合标准要求，而且管道的脆性比较明显。

　　氯化聚氯乙烯是由聚氯乙烯氯化而来，材料的氯含量从 56.7% 提高到 61%～68%，作为建筑和工业用给水管道，特别是工业用高温给水，使用温度可达 120℃。但最高工作压力只能达到 1.0MPa。在生产过程中要添加更多的热稳定剂、润滑剂和抗冲改性剂，其本质特征与聚氯乙烯管相比没有多少变化。

　　聚丙烯管道在高层建筑和室内给水领域使用比较广泛。聚丙烯材料拉伸强度比聚乙烯略高，但在高层建筑作为立管时，承压能力显得不足，必须将管材壁厚做得较厚（标准尺寸比

SDR 值一般取 7.4 或者 9），同时材料弹性模量低（1400MPa 左右），管道热变形温度低（56～67℃，1.86MPa），线膨胀系数较大（$6.0 \times 10^{-5} \sim 10.0 \times 10^{-5}℃^{-1}$）。当管道在高层建筑外竖直安装使用时，由于管道刚性不足，收缩变形较大和热变形温度低，容易弯曲变形，影响建筑美观。

丙烯腈-丁二烯-苯乙烯（ABS）作为一种工程塑料，它的拉伸强度介于 30～50MPa，具有良好的抗冲击性能，与上述其他管道相比综合性能较好。但管材管件的连接方式与 PVC 管道一样，采用胶黏剂连接，与热熔焊接相比，作为管道系统使用，黏结部位的承压能力有所下降。所以，尽管 ABS 管道材料强度比较高，但是作为管道系统，最高设计公称压力只有 2.2MPa。

本例采用高性能聚苯醚树脂作为基本材料，其强度可达 70MPa 左右，大约是聚乙烯的 3 倍，弹性模量大于 2000MPa，热变形温度高达 120℃，线膨胀系数大约为 $1.0 \times 10^{-5} \sim 2.0 \times 10^{-5}℃^{-1}$，低于聚乙烯和聚丙烯，因此产品的尺寸稳定好。它的耐蠕变性能是五大工程塑料中最好的，长期使用其强度具有较高的可靠性。聚苯醚材料还具有本征的阻燃性，且属于低烟无卤环保型阻燃，树脂本身耐酸碱、耐水，卫生性能比较好，作为市政和建筑给水管道使用时符合相关卫生法规要求，但是它的抗冲击性能和加工性能比较差。在聚苯醚上述特性基础上，通过材料改性技术，使其综合性能满足市政和建筑给排水领域的应用。

（1）配方（质量分数/％）

PPO/PPE（数均分子量约 21500）	75	硫化锌(ZnS)	2.5
苯乙烯-乙烯/丁烯-苯乙烯共聚物(SEBS)	18	纳米蒙脱土	4.1
抗氧剂 1010	0.2	偶联剂	0.4
抗氧剂 168	0.2		

（2）加工工艺　纳米蒙脱土中加偶联剂处理，使用具有强剪切功能的高速搅拌设备进行表面处理，温度为 60～90℃。

依次将聚苯醚树脂（PPO/PPE）、苯乙烯-乙烯/丁烯-苯乙烯共聚物（SEBS）、四[O-(3,5-二叔丁基-4-羟基苯基)丙酸]戊季四醇酯（抗氧剂 1010）、三[2,4-二叔丁基苯基] 亚磷酸酯（抗氧剂 168）、硫化锌（ZnS）、纳米蒙脱土（经过偶联剂处理）加入高混机中，设定高混机温度为 75℃，搅拌均匀，将搅拌均匀的混合物通过双螺杆挤出机造粒，温度设定在 260～290℃，以制得产品。

（3）参考性能　市政、建筑给排水管综合性能见表 7-5。

表 7-5　市政、建筑给排水管综合性能

项　　目	配　方	项　　目	配　方
拉伸强度/MPa	68	冲击强度(Izod)/(J/m)	783
断裂伸长率/%	21	材料以管材形式的长期静压强度（环应力 35MPa，常温)/h	5380
熔体流动速率(280℃,3kg)/(g/10min)	1.2		
弹性模量/MPa	2800	材料以管材形式的爆破压力(SDR=11)/MPa	13

7.2.11　塑料复合门窗型材

（1）配方（质量份）

邻苯型不饱和聚酯	45	玻璃棉	17
间苯型不饱和聚酯	47	漂珠	25
玻璃纤维毡	32	海泡石粉	27
陶瓷纤维	22	纳米碳化硅	16
聚丙烯纤维	24	碳化钙	25

气凝胶	15	抗氧化剂	0.4
阻燃剂	0.5	光稳定剂	0.4
偶联剂	0.6	热稳定剂	0.7

上述配方特点说明如下。陶瓷纤维具有质轻、耐高温、热稳定性好、耐火性好、保温隔热性好和抗拉抗折强度高的特点，有助于提高制备的复合门窗型材耐火性能和抗拉性能。聚丙烯纤维具有质轻、强度高、弹性好、耐磨和耐热的特点，原料中添加了玻璃棉、漂珠、海泡石粉、纳米碳化硅四种填料。玻璃棉内部具有许多细小孔隙，在保温绝热、吸声性、耐腐蚀性和化学稳定性方面表现良好。漂珠具有质轻、强度高、耐磨、保温隔热、耐高温和阻燃的优点。海泡石具有质轻、耐高温、隔热和热稳定的优点。纳米碳化硅具有耐火性好、比表面积大、硬度高、耐磨性好和热导率低的特点。

上述配方中还添加气凝胶。气凝胶具有热导率低、密度小、柔韧性好和防火的优点。阻燃剂为三氧化二锑，能够有效地阻止或延缓火焰的传播。偶联剂为钛酸酯偶联剂，能够降低合成树脂熔体的黏度，改善树脂与填料的界面性能。抗氧化剂为硫代二丙酸二硬脂醇酯，能够防止或延缓复合门窗型材氧化。光稳定剂为炭黑，能够遮蔽或反射紫外线等物质，使光不能透入隔热条内部，从而保护复合门窗型材。热稳定剂为硬脂酸铝，能够提高复合门窗型材的热稳性。

（2）加工工艺　按照复合门窗型材原料的质量份称取原料；采用溶胶-凝胶法制备气凝胶，在气凝胶形成前将玻璃纤维毡浸入，经老化、改性、溶剂置换、干燥得到气凝胶玻璃纤维毡；得到的气凝胶玻璃纤维毡、邻苯型不饱和聚酯、间苯型不饱和聚酯和玻璃纤维增强材料混合均匀，再拉挤成型，制备出复合门窗型材。

（3）参考性能　塑料复合门窗型材的性能见表 7-6。

表 7-6　塑料复合门窗型材的性能

项　　目	配　方	项　　目	配　方
抗压强度/MPa	129.2	阻燃等级	A 级
抗拉强度/MPa	134.2	原料损耗减少率/%	36
热导率/[W/(m·K)]	0.018		

7.2.12　塑料门窗附框

我国现有门框一般采用附框安装，附框性能需满足节能、强度高、耐腐蚀、耐久性好等要求。目前市场上主要是钢结构附框，因不能满足节能要求而被强制淘汰。传统的木塑复合材料的静曲强度和握螺钉力无法满足规定要求，有许多国内木塑企业送检后均未达到标准要求。常规生物质基塑性复合材料是 PE、PP 或 PVC；加入木粉及其他加工助剂，经过混料、造粒、挤出等工序制成产品，静曲强度、弯曲弹性模量、抗冲击强度、握螺钉力、热变形温度、拉伸强度等较低，只能用于对力学性能要求不高的低端场所。本例提供一种门窗附框及其制备方法，制得的门窗附框具有强度高、耐热和节能环保效果好等优点。

（1）配方（质量份）

聚乙烯泡沫塑料	45	氧化铁黄	27
聚丙烯	35	腈氯纶纤维	14
聚氯乙烯	19	硬脂酸钙	16
水稻秸秆	26	石墨	31
花生壳	27	氮化硅	19
硼纤维	18	氧化镁	29

粉煤灰	14	光稳定剂	0.5
阻燃剂氢氧化铝	0.5	流动改性剂	0.6
马来酸酐接枝相容剂	0.2		

配方特点：配方中添加腈氯纶纤维、硼纤维；硼纤维具有耐高温、抗拉强度高和抗压缩性能好的优点。腈氯纶纤维具有阻燃性好和化学稳定性好的优点。

配方中的石墨具有耐高温性好、耐火性好、润滑性好、化学稳定性好和可塑性好的优点。原料中还添加氧化镁、氮化硅。氮化硅具有耐火性好和耐磨性好的优点。氧化镁具有耐火性好和耐高温的优点。

光稳定剂为炭黑，能够遮蔽或反射紫外线等物质，使光不能透入隔热条内部，从而保护门窗附框。流动改性剂为改性亚乙基双脂肪酸酰亚胺，提高门窗附框原料的流变性。

(2) 加工工艺　按照门窗附框原料的质量份称取原料；将聚乙烯泡沫塑料、聚丙烯、聚氯乙烯和相容剂加入冷混机中，以 200～500r/min 的转速共混 5～10min 后出料，然后经造粒机挤出改性得到改性混料；制备的改性混料和其他剩余原料加入冷混机中以 200～500r/min 的转速共混 10～20min 后出料，再将密炼转子螺纹元件和反旋螺纹元件组合成剪切元件，加入积木组合的平行双螺杆造粒机中进行造粒，最后在锥形双螺杆挤出机中成型门窗附框。

(3) 参考性能　塑料门窗附框的性能见表 7-7。

表 7-7　塑料门窗附框的性能

项　　目	配　　方	项　　目	配　　方
抗压强度/MPa	26.6	阻燃等级	A 级
抗拉强度/MPa	30.2	原料损耗减少率/%	37
热变形温度/℃	95.8		

7.2.13　太阳光高阻隔光学塑料母粒

本例将具有太阳光高阻隔的无机纳米粉体和有机高分子塑料母粒共混，直接将多功能无机纳米粒子聚合在有机高分子材料里面，这样一方面可以保持无机材料的功能性和稳定性，另一方面也可以改性有机高分子材料的光学性能、力学性能、化学稳定性能等，而制备出的复合母粒可以用来方便地生产塑料板材或薄膜，而这种塑料制品具有雾度低、耐候性好等优点，可以广泛用于建筑、汽车、船舶等领域。

(1) 配方（质量份）

纳米氮化钛	10	PVP 分散剂	1
异丙醇	89	PET 母粒	适量

(2) 加工工艺　取纳米氮化钛 10 份，异丙醇 89 份，PVP 分散剂 1 份放入不锈钢容器中，在高速剪切分散机中以 1500r/min 进行预分散 30min；之后放入高速球磨机中球磨 24h，过筛去除大颗粒，得到均匀分散的纳米氮化钛色浆。将上述制备好的纳米色浆与 PET 母粒共混，在螺杆造粒机中加热搅拌分散，之后经挤出、冷却、造粒得到具有太阳光高阻隔的有机无机 PET 复合母粒。

7.2.14　多效高分子阻尼材料

传统涂料以有机溶剂作为分散介质，无论在生产过程和施工应用过程中均有大量有毒有害气体、废水的排放，对环境、大气以及水资源造成污染，并且严重损害生产及施工人员的身体健康。水性涂料是一种以水为主要分散介质，以无机物和有机物为填料，不含任何有毒有机溶剂的绿色环保涂料。阻尼涂料能够起到阻尼减振效果，主要取决于涂层中高分子链段之间、高分子与填料之间以及填料之间的相互作用，它们之间作用的强弱直接影响涂料的阻尼效能。在现有技术中的水性阻尼涂料固含量较低，涂膜干燥后容易变形，阻尼值比较小，影响了水性阻尼涂料的实际使用。本例制备了一种多效高分子阻尼材料。在使用过程中，黏结性较好，涂抹干燥后不易变形，阻尼值较大，可靠性高，性价比高，满足建筑行业的需求。

配方 （质量份）

聚丙烯酸酯乳液	20	添加剂	3
树脂	30	膨润土	3
抗氧剂	2	堇青石	4
粉料	12	去离子水	5
碳酸钙	4		

上述粉料包括活性炭渣粉和白砂，活性炭渣粉与白砂的质量比为 2∶3。添加剂为纤维素、氧化聚乙烯蜡和硬脂酸钙，纤维素、氧化聚乙烯蜡和硬脂酸钙的质量比为 1∶2∶1。

7.2.15　建筑模型制品的低温热塑性三维打印材料

用于建筑模型制品的低温热塑性三维打印材料具有良好的加工性能，可在较低温度下熔融，材料可经低温加工成型。模型成型温度低，模型中不同部位连接缺陷少，模型二次加工修改简单，满足设计高精度要求；建筑模型承压高，仿真建筑受压好，模型可粉碎再造材料，环保经济。

为了克服现有技术中模型制品材料的缺陷，本例提供一种用于建筑模型制品的低温热塑性三维打印材料。低温热塑性三维打印材料能够在较低温度的情况下加热即可熔融，便于进行重复加工处理，比较容易加工成为各种模型所需形状。在加工成型后只需加热到熔融温度即可让成型的样品软化，并且施加外力或者其他工艺方法可将其重新改造、修正或者彻底重新制作，具备多次反复使用的特性，降低制作失败的风险，提高容错率。模型的承压能力强，能够实验模拟建筑物的结构力学。

（1）配方 （质量份）

聚己内酯	70	KH550	2
建筑废料	20	钛白粉	0.5
邻苯二甲酸二（2-乙基己）酯	7.5		

（2）加工工艺　在密闭干燥的混炼机中，加入 70 份的分子量为 10 万的聚己内酯，20份的建筑废料（混凝土废料，其粒径为 1～2mm），7.5 份的邻苯二甲酸二（2-乙基己）酯，2 份硅烷偶联剂（KH550）和 0.5 份的着色剂（钛白粉），于 85℃混炼 2h，挤出速度 60r/min，拉丝温度 80℃。

（3）参考性能　建筑模型制品的低温热塑性三维打印材料线材拉伸强度为 20MPa，软化温度为 65℃，密度为 1.75g/mL，三维打印长 60mm、宽 60mm、高 40mm、壁厚 5mm、无盖无底矩形外框，承压 78kg。

7.2.16　再生木塑复合结构型材

木纤维的耐热性能差，在木塑复合材料制备过程中，常在 100℃以上的高温下进行，如未能很好地解决木纤维的耐热性问题，木纤维在高温下很容易被碳化，从而使木纤维在聚合物中不能发挥其应有的功能，故而最后的制成品的物理力学性能大幅度下降，影响其性能。本例是能有效解决木塑材料加工过程中木粉的耐热性能技术问题的再生木塑复合结构型材的制造方法。

（1）配方（质量分数/%）

木屑	30	环氧油酸甲酯	3
聚乙烯树脂	40	二碱式硬脂酸铅	2.5
碳酸钙	10	高分子石蜡	1
多元醇苯甲酸酯	5	硅烷偶联剂	4
硬脂酸	3	工业白油	1.5

（2）加工工艺　将按照上述比例配制的混合物加入磨碎机将混合物磨碎，磨碎后粉末的粒径为 20 目，用搅拌机充分混合上述粉末，然后将粉末放入挤出成型机的加料装置中；在挤出成型机上装上模具后，对模具及物料管进行加热，加热温度控制在 160～180℃，再打开加料装置出料阀，混合物进入物料管胶化并经单螺杆挤出成型挤压入模具成型后，放 5℃冷却水中再经冷却定型、牵引、切割、堆架，最终制成再生木塑复合结构型材。

7.2.17　利用植物秸秆和废旧塑料制造木塑复合材料

目前农业生产所产生的大量秸秆，一是粉碎还田作为肥料，其利用价值较低；二是作为燃料，其利用价值大为降低；还有的则是作为废弃物处理，如焚烧处理，既造成资源浪费，又污染环境。如利用以制造压缩纤维板时，由于工艺上的原因，必须添加大量黏合剂，尤其是其中含有一定量的甲醛；而用于民用建筑材料时就会对人体造成危害，再则由于制造工艺原因其强度一般较低，用途受到限制。

有人曾利用植物秸秆作为造纸原料，但目前在很多农业产区，尤其是北方干旱地区大量使用地膜种植模式，在回收秸秆时残旧地膜也大量混于其中，对于造纸来说是致命问题，将其分离非常困难。根据目前的工艺方法来说几乎是不可能的，因而使其无法用于造纸。

同时，在地膜种植过程中还产生大量残膜，目前回收后一是塑料加工企业作为回收料再利用，但由于混迹其中的大量杂物分离困难而难以得到利用。

与此同时，在日常生活中也会产生大量废旧塑料，通常对其再生利用是采取一种能够有效利用的植物秸秆，尤其是利用北方地膜种植模式下所回收的含有残旧地膜的植物秸秆的利用方法。采用该方法制造的高强度环保型材料，尤其是能够应用于民用建筑的环保型材料就应运而生。

本例提供一种能够有效利用植物秸秆，尤其是在利用北方地膜种植模式下所回收的含有残旧地膜的植物秸秆以制造建筑材料的方法以及利用该方法所生产的复合建筑材料。该种材料具备木材和塑料的双重特点，具备防腐、防潮、防虫蛀、防变形、不开裂、不翘曲、可钉、可刨、可切割等特点，用途十分广泛，比如在护墙板、集装箱底板、壁板、装饰板、建筑模板、铁路轨枕、高速公路隔声板、江河湖海装饰实用性路边板、包装和物流用的包装板、货运托盘、仓储货架、船舶和火车及房屋隔板、城市园林装饰建筑、露天桌椅、垃圾箱、花架、大型超市货架及公路下水道盖、汽车内饰板等领域均可使用。

（1）配方（质量分数/%）

棉花秸秆粉末	60	复合助剂	5
废旧塑料颗粒	35		

复合助剂配比（质量份）

相容剂 DBP	25	润滑剂聚酯蜡	25
偶联剂马来酸酐接枝物	25		

（2）加工工艺

① 将回收并干燥至水分含量低于 15% 的棉花秸秆粉碎并过 250μm 筛，烘干至水分含

量≤3%，得粒径 25μm 以下的植物纤维粉末备用。

② 将废旧薄膜粉碎至≤3cm 的碎片，清洗至泥沙含量≤1%，脱水烘干至含水量≤5%，先在 80℃温度下团粒后送入造粒机造粒，过筛子取粒径≤3mm 树脂颗粒备用。

③ 按重量取 DBP、马来酸酐接枝物、润滑剂聚酯蜡按 25：25：25 比例混合备用。

④ 按重量取上述植物纤维粉末 60%、树脂颗粒 35%、复合助剂 5%充分拌均匀，采用双螺杆挤出机挤压成型，料筒温度控制在 175℃，合流芯温度控制在 150℃，挤出压力为 15MPa、转速为 10r/min。

⑤ 烘干。在温度 55℃下烘干至含水量≤2%，即得到木塑复合材料。

第**8**章

可降解塑料的配方与应用

8.1 概述

高分子材料具有很多其他材料不具备的优异性能，在尖端技术、国防建设和国民经济各个领域得到广泛应用，是现代科技和生活不可缺少、不可替代的重要材料，其生产和消费一直保持很旺的势头。

人们最初在享受高分子材料给生活带来的便利时，并没有考虑到废弃的高分子材料最终将去往何处。由于废弃高分子材料回归自然，最终融入微生物循环的过程（即生物降解）十分漫长，需要数百年甚至上千年。因此，开发可降解高分子材料、寻找新的环境友好高分子材料来代替传统的难降解塑料已是科研人员的首要任务，研究和开发可降解高分子材料是非常有意义的。

生物可降解高分子材料是指在一定时间和一定条件下，能被微生物或其分泌物在酶或化学分解作用下发生降解的高分子材料。一般认为，高分子材料的生物可降解是经过两个过程进行的。首先，微生物向体外分泌水解酶和材料表面结合，通过水解切断高分子链，生成分子量小于 500 的小分子量化合物；然后，降解的生成物被微生物摄入体内，经过种种代谢路线，合成为微生物或转化为微生物活动的能量，最终都转化为水和二氧化碳。

8.1.1 降解高分子材料的分类

降解高分子材料的分类繁多，依据不同则分类也不同。以降解机理为依据，高分子材料的降解可分为生物降解和非生物降解两大类。生物降解材料即符合上面定义的材料；非生物降解材料则包括光降解材料、热降解材料、氧化降解材料、水降解材料等。

依据降解程度的不同，生物可降解高分子材料可分为完全生物降解高分子材料和崩解性降解塑料两类。前者指在微生物的作用下，材料在一定时间内最终可完全被分解为二氧化碳和水；后者指在微生物作用下，高分子材料仅能被分解为一些分子碎片。

根据生产方法不同，可降解材料又可分为微生物生产高分子、合成高分子材料、天然高分子材料三类。

(1) 微生物生产高分子指那些通过发酵，由微生物在自己体内合成的高分子材料，比如目前研究较热门的聚羟基脂肪酸酯类材料（PHAs）。此类产品目前价格较为昂贵，限制了它的普遍使用，科学家们正在力图降低其生产成本。

(2) 合成高分子材料是指通过化学合成方法制备的可降解高分子材料，如聚乙烯醇（PVA）、聚乳酸（PLA）、聚己内酯（PCL）、聚乙交酯（PGA）等。

（3）天然高分子材料指大自然中原本就存在的高分子材料，它们大多具有良好的生物可降解性，如淀粉、纤维素、壳聚糖、透明质酸、甲壳素、单宁等。

按照高分子材料的化学式结构和组成，可降解高分子材料可分为掺混型和结构型。掺混型可降解高分子材料是能促进降解或可降解的物质，如天然高分子材料掺混到常用高分子材料中，使其具有一定的降解性，但难完全降解；结构型可降解高分子材料是指本身就具有可降解化学结构的材料。表 8-1 为生物降解塑料的主要品种简介。

表 8-1　生物降解塑料的主要品种简介

降解塑料	生产方式	主要种类	性能	降解途径	主要用途
PHA	是由微生物通过各种碳源发酵而合成的不同结构的脂肪族共聚聚酯	聚 3-羟基丁酸酯（PHB）、聚羟基戊酸酯（PHV）及 PHB 和 PHV 的共聚物（PHBV）	物理性能和力学性能与聚丙烯塑料接近，高强度、高模量、耐热性能好	在生物体内可完全降解成 β-羟基丁酸、二氧化碳和水	在生物体内可完全降解成 β-羟基丁酸、二氧化碳和水
PLA	是以微生物发酵产物——乳酸为单体化学合成的聚酯	不同立构规整性产品，如 L-PLA、D-PLA 和 DL-PLA	良好的防潮、耐油脂和密闭性，在常温下性能稳定，模量、光泽性较好	在温度高于 55℃或富氧及微生物的作用下会自动降解生成二氧化碳和水	一般塑料领域如薄膜、饭盒、杯子等
PCL	ε-己内酯经开环聚合得到的低熔点聚合物	PCL 与合成塑料、橡胶、纤维素及淀粉有很好的相容性，通过共混及共聚可得到性能优良的材料	与 PLA 相比，PCL 具有更好的疏水性	在厌氧和需氧的环境中，PCL 都可以被微生物完全分解，但降解速率较慢	加工性能优良，制成薄膜及其他制品
PBS	以脂肪族丁二酸、丁二醇为原料，有石化路线，也可生物发酵途径生产	PBS、PBSA、PBAT	力学性能优异，耐热性能好，加工性能最好，可共混大量碳酸钙、淀粉等填充物，成本低；模量、光泽性一般	在堆肥等接触特定微生物条件下才发生降解，降解速率尤其是崩解速率稍差	用于包装、餐具、化妆品瓶及药品瓶、一次性医疗用品、农用薄膜、农药及化肥缓释材料、生物医用高分子材料等领域

8.1.2　可降解高分子材料的发展状况

8.1.2.1　生物可降解塑料配套助剂

生物可降解高分子配套助剂是生物可降解塑料重要的组成部分，是生物可降解塑料重要的伴生产业，主要包括成核剂、反应型官能化聚合物扩链剂、抗水解稳定剂、丙烯酸酯类（ACR）熔体增强剂、反应性官能化多功能助剂与偶联助剂、增塑剂。

（1）聚乳酸等结晶性聚酯配套成核剂　结晶型聚合物的结晶行为包括结晶形态、结晶度、结晶速率等直接决定制品的性能。添加成核剂作为一种简单、高效提高聚合物结晶性能的方式，目前对生物可降解塑料成核剂的研究主要集中在无机材料类、有机化合物类、盐类与高分子材料类等方面。

① 无机材料类　无机材料作为最常用的一类应用于聚乳酸等生物可降解塑料的成核剂，主要包括层状硅酸盐化合物、无机盐化合物、无机非金属类氧化物以及碳材料等。滑石粉用于 PLA 成核剂常被作为比较成核剂效力高低的标准。蒙脱土对 PLA 的晶体结构和结晶速率产生很大影响；同时，加入低摩尔质量脂肪酸会更进一步增加聚乳酸的结晶速率。无机材料类成核剂的最大特点是来源广泛，价廉易得，可以促进生物可降解塑料的成核与结晶。但是，由于其在基体聚合物中的相容性较差，容易导致塑料制品性能下降或者不稳定等缺点而

限制了其应用范围。

② 有机化合物类 有机类成核剂具有用量小、起效快、相容性好等优点，是近年来的研究热点。国内外相对成熟的类别主要集中在酰肼与酰胺两大类，主要生产厂商有日产化学、山西省化工研究所等。

酰肼是羧酸及其衍生物与肼或者烃基取代肼反应生成的含有 R^1—CONHNH—R^2 基团的化合物。目前聚乳酸专用酰肼类成核剂品种主要为芳酰肼化合物。山西省化工研究所王克智团队推出牌号为 TMC-300 与 TMC-306 的 PLA 成核剂，研究发现：在 110℃，添加量为 0.8% 的情况下，TMC-300 使 PLA 半晶时间降低至 40s，同时大大提高 PLA 的非等温结晶温度和结晶度。研究同时还发现 TMC-300 配合滑石粉使用，并将 PLA 回火处理后，热变形温度（HDT）高达 129℃。

酰胺类方面，日产化学推出牌号为 Ecopromote 的系列成核剂。据报道，该成核剂不仅可以提高 PLA 的结晶速率，还可以提高 PLA 的热变形温度和透明性。国内山西省化工研究所还开发出 TMC-328 多酰胺 PLA 成核剂。

(2) 反应型官能化聚合物扩链剂 由于 PLA、聚羟基脂肪酸酯（PHA）、聚（己二酸丁二醇酯/对苯二甲酸丁二醇酯）（PBAT）、聚对苯二甲酸乙二醇酯（PET）、聚对苯二甲酸丁二醇酯（PBT）等可生物降解聚合物含有丰富的羧基、羟基等反应性官能团，所以在加工和应用中不可避免地会发生受热降解现象，进而导致熔体强度和制品力学性能降低。因此，开发和应用反应型官能化聚合物扩链剂是改善缩聚类生物可降解聚合物加工应用性能的重要途径。

① 环氧官能化扩链剂 环氧官能化扩链剂含有一定量环氧官能团，具有很高的活性，在加工中可以和缩聚类聚合物中的端羟基、端羧基、端氨基等进行反应，不仅可以提高树脂摩尔质量，还可以使断链重接，提高熔体黏度，改善制品性能。德国 BASF 公司推出牌号为 Joncryl 系列扩链剂。Clariant 公司与 Johnson Polymer 公司合作开发 CESA-extend 系列扩链母料，用于解决因此类扩链剂玻璃化转变温度低而导致的加料口积料问题。山西省化工研究所还于 2012 年完成对 KL-E 系列环氧官能化聚合物扩链剂的中试项目。

② 噁唑啉型扩链剂 单体型噁唑啉是指分子中含有两个噁唑啉基团。代表品种是 1,3-PBO 二噁唑啉化合物。国内生产企业主要为武汉合中生化制造有限公司和中昊（大连）化工研究设计院有限公司，国外主要生产企业有 Evonik AG，Adeka Palmarole 及 Takemoto Oil&Fat 有限公司等。

日本触媒则推出牌号为 EPOCROS RPS 1005 聚合型噁唑啉型扩链剂。

③ 异氰酸酯类扩链剂 MDI 主要的生产厂家有 BASF、Bayer、Huntsmann-ICI、DOW、三井武田和烟台万华。

(3) 抗水解稳定剂 缩聚类生物可降解塑料（如 PLA、PHA、PBAT、PET、PBT 等）多具有易水解性，添加抗水解稳定剂是常用方法。抗水解稳定剂可以与聚合物水解时产生的端羧基、端氨基及端羟基进行反应，生成稳定的无害化产物，有效阻止进一步降解断链。目前市场上的主要品种为莱茵公司的 Staboxol-1 和 Staboxol-P。山西省化工研究所开发出水解稳定剂 BIO SW-100。

(4) 丙烯酸酯类（ACR）熔体增强剂 生物基和生物可降解塑料普遍存在脆性大、熔体强度差，在吹膜和发泡加工中存在诸多缺点。目前，应用丙烯酸酯类熔体增强剂是提高和改善生物基和生物可降解塑料熔体强度的有效措施。

Dow Chem 公司与 Arkema 公司相继开发 Paraloid BPMS-250、BPMS-260、BPMS-265 和 Biostrength 700 等产品。

(5) 反应性官能化多功能助剂与偶联助剂 生物可降解塑料涉及范围广，包含淀粉、木粉、竹粉等有机生物质原料填充配合物，有机填料的表面改性对制品的加工应用性能至为关键，偶联剂或反应性官能化聚合物助剂是这些制品必不可少的助剂类型。通常引入的反应性官能团有异氰酸酯基、环氧官能团、唑啉、酸酐等。马来酸酐接枝聚合物是目前极具代表性的高分子分散促进剂、界面偶联剂和相容剂，可以极大提高复合材料中的各相相容性以及填料在聚合物中的分散性；主要品种有马来酸酐接枝聚苯乙烯-聚乙烯-聚丁烯-聚苯乙烯（SEBS-*g*-MAH），马来酸酐接枝聚烯烃弹性体（POE-*g*-MAH）和马来酸酐接枝三元乙丙橡胶（EPDM-*g*-MAH）。国内外主要生产厂家有上海日之升、华邦工程塑料有限公司、苏州亚赛塑化有限公司、美国科腾、Shared Plastics 公司、美国陶氏等。

（6）增塑剂　增塑剂包括柠檬酸酯类增塑剂、聚乙二醇（PEG）等醚酯类、可降解的聚酯类增塑剂、磷酸酯类、异山梨酸二酯类等。

柠檬酸三乙酯、柠檬酸三丁酯和柠檬酸乙酰化产品已经被美国批准用于无毒增塑剂。丹麦 Daniseo 公司利用蓖麻油开发出酯类增塑剂 Grindsted Soft-N-Safe。这种乙酰化蓖麻油酸甘油二甲酯型增塑剂已获许在欧盟各国出售并使用，可用于对卫生性要求较高以及食品接触类高分子材料。磷酸酯是广泛使用的阻燃型增塑剂品种，此类增塑剂具有优良的阻燃性、耐久性、耐菌性和耐候性等优点，属于多功能助剂。工业化品种主要有磷酸三甲苯酯（TCP）、磷酸甲苯二苯酯（CDP）、磷酸二苯-辛酯（ODP）、磷酸三（2-乙基己）酯（TOP）等。法国 Roquette 公司推出牌号为 Polysorb ID 的全植物基增塑剂。该产品可以等量替代来自石化类的含苯类增塑剂以达到同等塑化效果。

8.1.2.2　淀粉基生物可降解材料

淀粉具有的来源广泛、易于再生等特点可使其发展为以淀粉基为主导的降解材料，随着国家、社会及家庭对生物降解材料理解的愈加充分，淀粉基可生物降解材料的研究应用领域越来越广泛。淀粉基可生物降解材料指的是能被微生物或酶降解的淀粉基材料。

目前的淀粉基可生物降解材料的研究大致可以分为两代。第一代淀粉基产品中一般通过向淀粉中加入 10%～95%（质量分数）的聚烯烃对淀粉改性，由此衍生出新型的用于土壤环境的可生物降解薄膜；第二代淀粉基生物可降解材料是通过淀粉的接枝共聚或是与其他具有优良性能的材料进行共混制成的。淀粉基生物可降解材料可应用于医疗领域、高吸水性树脂、可食用膜等领域。例如，人用缓释材料——载体微球可用于药物载体；淀粉基可食用膜主要用于糖果、葡萄干等保藏。

8.1.2.3　CO_2 基生物可降解塑料

CO_2 基生物可降解塑料是以 CO_2 和烯烃为原料聚合而成的新型生物可降解塑料。其中 CO_2 组分可占据 31%～50% 的比例，因此可以降低不可再生化石燃料——石油的消耗。CO_2 基生物可降解塑料使用后产生的塑料废弃物，一方面可以回收再利用；另一方面即使使用后未被再利用也可以通过焚烧和填埋等多种方式处理，其焚烧后只生成 CO_2 和 H_2O，不产生有毒有害物质，因此不会对大气造成污染；如果对其进行填埋处理，则由于其良好的生物可降解性，可在短时间内被微生物降解，因此不会产生所谓"白色污染"的问题。

国内企业也生产出一些产品，主要如下。

① 中科院长春应用化学研究所开发的多元共聚新型稀土复合催化体系，通过产学研相结合，与蒙西集团建立了具有年产 30000t 能力的生产线；与中海油总公司建立了具有年产 6000t 能力的生产线；与南通华盛新材料公司建立了具有年产 10000t 能力的生产线；与台州邦丰塑料公司建立了具有年产 30000t 能力的生产线。

② 中山大学开发的羧酸锌催化剂催化体系，反应器设计利用浙江大学技术，通过产学研相结合，与河南天冠集团建立了具有年产 5000t 能力的生产线；与广州合诚化学及天赐三和环保公司建立了具有年产 10000t 能力的生产线；与天成生物降解材料公司建立了具有年

产 10000t 能力的生产线。

③ 浙江大学开发了纳米片状、介孔结构（负载型）的新型金属氰化物催化剂的催化体系。

④ 中科院广州化学研究所开发出聚合物负载的铁-锌双金属催化剂。

8.1.3 可降解高分子材料的市场及应用

全球研发的生物降解高分子材料品种已达几十种，但进入批量生产和工业化生产的品种比较少，只有微生物发酵合成的聚羟基脂肪酸酯类产品（PHB、PHBV 等）；化学合成类可降解高分子，如聚乳酸（PLA）、聚己内酯（PCL）、二元醇二羧酸脂肪族聚酯（PBS）、脂肪族/芳香族共聚酯、CO_2/环氧化合物共聚物（APC）、聚乙烯醇（PVA）等；天然高分子掺混型可降解高分子，大多为淀粉基塑料及其生物降解塑料共混物、塑料合金，如淀粉/PVA、淀粉/PCL、淀粉/PLA 等。

目前全球宣布投资建设的完全生物降解塑料的企业很多，但是真正能够大批量供货的企业很少。主要厂商有 BASF，已有 14 万吨产能，应用于膜级产品；北美的 Nature Works，具备 14 万吨 PLA 产能。根据欧洲生物塑料协会资料，表 8-2 列出了全球生物降解塑料主要生产商及其产品应用方向。表 8-3 列出国外已工业化生产的生物降解塑料概况。

表 8-2　全球生物降解塑料主要生产商及其产品应用方向

区域	公司	产品	应用	年产能/t
欧洲	BASF（德国）	PBAT	膜级	140000
北美	Nature Works	PLA	片材、吸塑类	140000
亚太	KF 公司	PBSA	膜级、注塑级	30000
亚太	日本三菱	PBS	膜级、注塑级	10000
亚太	鑫富药业	PBAT	膜级	10000
亚太	安庆和兴	PBS	膜级、注塑级	10000
亚太	日本昭和	PBS	膜级、注塑级	3000

表 8-3　国外已工业化生产的生物降解塑料

国家	公司	主要成分	商品名
美国	Novon 国际	淀粉	Novon
美国	UCC	聚己内酯（PCL）	Tone
美国	空气产品与化学品	聚乙烯醇（PVA）	Vinex
英国	Zeneca	聚 3-羟基丁酸/戊酸酯共聚物（PHBV）	Biopol
意大利	Novomont	聚乙烯醇/淀粉合金	Metarbi
日本	昭和高分子	二羧酸二元醇	Bionolle
日本	三井东压化学	聚乳酸（PLA）	Lacel
德国	Biotic	淀粉	Biopur
法国	Futerro	聚乳酸（PLA）	Futerro
美国	嘉吉-陶氏	聚乳酸（PLA）	NatureWorks
日本	帝人公司	聚乳酸（PLA）	Biofront
日本	三菱化学、昭和电工	聚丁烯琥珀酸酯（PBS）	GS pla
德国	巴斯夫	脂肪烃-芳烃共聚酯	Ecoflex

根据欧洲生物塑料市场的数据显示，目前生物塑料占大约 1%，每年产生约 3 亿吨塑料产量。但随着需求上升和更复杂的材料、应用程序和产品的出现，生物塑料市场已经以每年约 20%～100% 的速度增长。全球生产的生物塑料中期内预计将增长 50%，从 2016 年约 420 万吨，增长到 2021 年约 610 万吨，PET 在与可降解材料共混物中所占比率最大。完全

可生物降解的塑料生产量最大的产品为 PBAT。生物塑料的使用正在占据越来越多的市场，如包装、餐饮产品、消费电子产品、汽车、农业、园艺和玩具纺织品等。包装仍然是生物塑料的最大应用领域，几乎占 2016 年生物塑料市场的 40%（160 万吨）。数据也证实了生物塑料材料正在显著增长：在许多其他应用领域，包括消费品（22%，90 万吨）、汽车和交通部门（14%，60 万吨）、建筑和建筑领域（13%，50 万吨）。亚洲是生物塑料最大产区。在 2021 年，超过 45% 的生物塑料生产是在亚洲。大约四分之一的全球生物塑料产能将位于欧洲。

2014 年国内市场生物降解塑料消费量约 23.7 万吨，主要用于餐饮、包装、洗漱用具等一次性制品，其中填充物和生物基制品如全淀粉、植物纤维素制品所占比例较高，实际全生物降解塑料消费量极少。而国内仅塑料包装材料的年消费量已达 800 万吨，市场潜能非常大。例如，金发科技自主研发的完全生物降解共聚塑料——聚丁二酸丁二醇酯（PBS）可广泛应用于包装膜（购物袋）、卫生用品、泡沫材料等。金发科技珠海分公司已实现了年产 3 万吨 PBS 完全生物降解塑料的生产能力。根据中国塑料加工协会的数据，生物降解塑料应用领域需求量预测见表 8-4。

表 8-4　生物降解塑料应用领域需求量预测

应　用	重点产品	需求量预测（仅以中国为例，中国塑料需求量约为世界的 25%）
农膜	主要是棚膜和地膜，另外还包括遮阳网、防虫网、饲草用膜以及农用无纺布等	棚膜年耗用量已达 70 万吨，覆盖面积达 5000 万亩（1 亩＝1/15 公顷）；地膜年消耗量约 45 万吨，覆盖面积在 2.2 亿亩以上
包装膜	一次性生活用膜，一次性医用薄膜	包装膜需求量达到 550 万吨
生活塑料	方便面以及快餐碗、降解快餐盒等一次性泡沫塑料餐具	我国每年快餐盒用量在 120 亿只左右，方便面以及快餐碗 30 亿只左右，一次性杯子 80 亿只左右，各种一次性托盘用量在 50 亿只左右；总量约为 650 万吨
医用塑料	一次性医用塑料	对制药包装的需求量将以每年 4.3% 的速度递增，将近 80% 的包装需求量来自中国等八大药物生产国；其中药用包装增长速度位居榜首，就品种而言，塑料泡罩式包装和塑料瓶包装需求量大幅增长
塑料泡沫	塑料泡沫包装	国内年需求量约 90 万吨

目前国内生产的大量生物可降解塑料产品都用于出口，真正应用在国内市场的产品较少。以 2014 年为例，2014 年全国生物可降解塑料的出口量约为 3.4 万吨，几乎占国内生产量的一半。2014 年的进口量约为 7000t，其中包括 4500t 进口 PLA。国产 PLA 性能和成本都不及国外产品，仍然存在市场需求缺口。

我国生物可降解塑料主要以两种形式出口：一种是直接出口；另一种是间接出口，即国内生产的生物可降解性塑料，在国内加工成产品，然后出口到国外并在国外使用。例如，台州邦丰生产的二氧化碳可降解塑料，供应给富士康以生产苹果手机的包装并出口到国外。虽然间接出口的生物可降解塑料在国内加工，但最终产品仍然出口到国外市场，并没有最终应用于国内市场。我国虽然是全球唯一可以生产所有品种生物可降解塑料的国家，各个品种的相关研究也处于世界前列，而且近年来产能扩张迅速，但是市场仍没有真正形成，产量和国内消费量都较少。可降解塑料在国内的应用整体上呈现"叫好不叫座"的状况。与传统石油基塑料相比，生物可降解塑料的劣势主要在于。

（1）成本高，虽然可降解塑料的价格近年已经有所下降，但除了淀粉基塑料以外，其他可降解塑料平均价格大约是传统塑料的 2～3 倍。

（2）性能较差，除了 PBS 和 PBAT 等聚酯类可降解塑料外，大部分可降解塑料性能上都不如传统石油基塑料，而且需要特殊的加工设备，进一步增加了使用成本。

　　以上两个因素极大限制了可降解塑料的推广和应用，阻碍了可降解塑料对石油基塑料的替代。所以，目前国内生物可降解塑料仍处于开发推广阶段。

　　另外，生物可降解塑料的发展强烈依赖于政策的支持。从全国范围看，国家没有严格的法律、法规以限制传统塑料的使用，限塑令等措施执行不严格，配套措施不完善。同时，国家政策也会出现反复的情况。例如，在 2013 年修订的《产业结构调整目录》中，删去了"淘汰一次性发泡塑料餐具"的条目，传统发泡餐具可以再次使用，进一步增加生物可降解塑料推广的难度。目前生物可降解塑料尚处于产业发展的初期，由于技术等原因，价格仍然较高，在缺少政策补贴扶持的情况下，容易挫伤消费者使用的积极性。此外，生物可降解塑料的最终降解需要特定的环境条件，在城市中需要在堆肥设施中才能完成降解，而目前我国城市堆肥设施建设和居民垃圾分类的习惯跟发达国家相比差距较大，生物可降解塑料难以发挥作用，也限制了生物可降解塑料的应用和推广。

8.2　可再生塑料的配方、工艺与性能

8.2.1　生物可降解无卤阻燃聚乳酸

　　PLA 是一种生物基可降解聚合物，可以作为电子材料、包装材料和汽车配件。在 LOI 测试中，纯 PLA 在氧气浓度超过 20％的气流中不能自熄；在 UL 94 测试中，第一次被点燃后，火焰不熄灭造成样条燃尽，没有取得任何等级。因此，很有必要提升 PLA 材料的阻燃性能。通过综合分析近十年来对 PLA 的阻燃研究发现，应用于 PLA 的无卤阻燃剂呈现一个显著的趋势，即阻燃配方中更多地引入了可从天然物质中提取的物质和生物可降解物质，如淀粉、纤维素、环糊精等。这一趋势与 PLA 自身的环境友好性密不可分。Alongilim 指出生物大分子如蛋白质、DNA 已经在织物阻燃中取得良好的效果。Lauferw 将壳聚糖应用于聚氨酯泡沫的阻燃改性。由此可见，采用生物材料作为阻燃剂，不仅是阻燃 PLA，并且已经延伸至阻燃的方方面面，是阻燃的发展趋势所在。

　　本例采用新型阻燃剂复配体系，制得具有一定阻燃性能的 PLA 生物可降解复合材料。选用的阻燃试剂为生物可降解材料，无毒环保，使阻燃处理后的 PLA 依然具有环境友好性，扩大了天然生物高分子和聚乳酸的应用范畴，可解决聚乳酸的易燃问题。

　　(1) 配方（质量分数/％）

　　① 壳聚糖（CS）/聚磷酸铵（APP）组合

PLA	93	APP	2
CS	5		

　　② 干酪素

PLA	80	干酪素	20

　　(2) 制备工艺　将阻燃剂和 PLA 放置到真空烘箱中在 80℃下烘干 12h。采用双螺杆挤出机进行共混挤出造粒，挤出机温度设置为 185℃、190℃，频率设置为 45r/min。

　　(3) 阻燃性能　在配方 1 中，APP 和 CS 存在协同效应。APP 降解产生的磷酸和 CS 上的羟基发生酯化反应，通过进一步脱除磷酸，发生交联成炭过程。体系中 APP 和 CS 总质量分数为 7％，其中 APP/CS＝5/2，此时样品的 LOI 为 33.1，并且 UL 94 测试结果符合 V-0 标准。

　　在配方 2 中，干酪素能很好地提升复合材料的阻燃性能，仅添加 5％的干酪素，样品的垂直燃烧即可达到 V-0 等级。当添加 20％干酪素后，复合材料的 LOI 从纯 PLA 的 20 提升至 32.2，并且 UL94 测试也由纯 PLA 的没有等级升高至 V-0 等级。

8.2.2 PHB-diol 接枝的纳米二氧化硅/ PHB 复合材料

PHA 家族的聚 β-羟基丁酸酯 （poly-β-hydroxybutyrate，PHB）、聚-3-羟基丁酸-4-羟基丁酸酯［poly-(3-hydroxybutyrate-co-4-hydroxybutyrate),P3/4HB］都是具有良好生物兼容性、生物可降解性及力学性能的生物材料。但三者在具有如此多优点的同时，也具有各自缺点，如 PHB 的脆硬、高成本，这些缺点大大限制它们的应用。为了弥补以上材料的缺点，通过添加填料，既能改善聚合物的性能，又能降低其生产成本，促进 PHA 材料的大规模工业化应用。

（1）制备方法

① PHB-diol 的制备　制备方法是一个经典的酯交换反应。目的是为了制备一种低分子量的双羟基封端的 PHB。称取适量、经纯化后的 PHB 置于两口烧瓶内，在 40℃真空条件下干燥 4h 以上，然后在 75℃、磁子搅拌的条件下，以质量和体积比为 1:10 的比例将 PHB 溶解在三氯甲烷（chloroform）中，待充分溶解成透明状后，依次加入 10 倍摩尔数的乙二醇（酯交换试剂）和 0.5%（质量分数）的对甲苯磺酸（催化剂）进行酯交换反应（图 8-1）。其中，催化剂预先溶解在乙二醇溶剂里，用恒压滴液漏斗以 1 滴/s 的速度向烧瓶里加入混合液，按照既定时间停止加热和搅拌终止反应。把两口烧瓶中液体转移到分液漏斗中，加入 100mL 的蒸馏水充分振荡，静置待溶液分层，取下层液体，再次加入 100mL 蒸馏水，重复上述步骤。加入蒸馏水水洗的目的在于萃取出过量的乙二醇和对甲苯磺酸。将得到的下层液体，减压抽滤，后转至旋转蒸发仪以除去部分溶剂，再将剩下的溶液移入 10 倍过量的甲醇和蒸馏水的混合液（$V_{甲醇}/V_{蒸馏水} = 1/9$）中沉淀，减压抽滤，收集沉淀物于 40℃真空干燥至恒重，产率达到 80%。

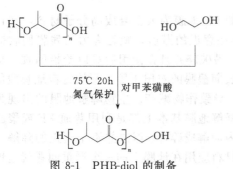

图 8-1 PHB-diol 的制备

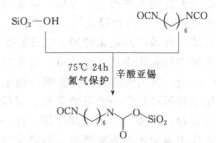

图 8-2 HDI 接枝二氧化硅纳米粒子的反应

② HDI 表面接枝 SiO₂　在一个充分干燥的三口瓶中，加入 2g 纳米二氧化硅粉末，再加入 30mL 氯仿并用磁子搅拌，使纳米二氧化硅粒子均匀悬浮于氯仿中；接着，在充氮气保护的情况下加入 0.5g HDI 和 0.002～0.02g 的辛酸亚锡，再将三口瓶置于 50℃的油浴中反应 15～35h，整个过程充氮气保护。反应过后，使其冷却至室温，将反应后混合液以 35000r/min 的速度离心 10min，并用过量氯仿清洗 3～5 次，以充分除去未反应的 HDI 以及催化剂。整个过程要尽可能快，HDI 接枝后的粒子缩写为 HDI-g-SiO₂。接枝反应的示意图如图 8-2 所示。

③ PHB-dio 表面接枝 SiO₂　制备的 HDI-g-SiO₂ 迅速转入干燥的三口瓶中，并充氮气保护，制备过程描述如下：将 2g 干燥过的 PHB-diol 置于干燥的单口瓶中，加入适量的氯仿并以磁子搅拌，使其充分溶解，接着滴入 0.002～0.02g 催化剂辛酸亚锡；将单口瓶中的混合物倒入装有 HDI-g-SiO₂ 悬浮液的三口瓶中并用磁子搅拌，再将三口瓶置于 55℃的油浴中反应 15～35h，这个过程充氮气保护。反应过后，使其冷却至室温，将反应后混合液以 3000～5000r/min 的速度离心 60min，并用过量氯仿重复清洗 5 次，以充分除去未反应的

HDI 以及催化剂。最后，将离心管置于真空干燥箱内，在 60℃下干燥 24h，即可获得 PHB 接枝的纳米二氧化硅（PHB-g-SiO$_2$），该接枝反应示意如图 8-3 所示。

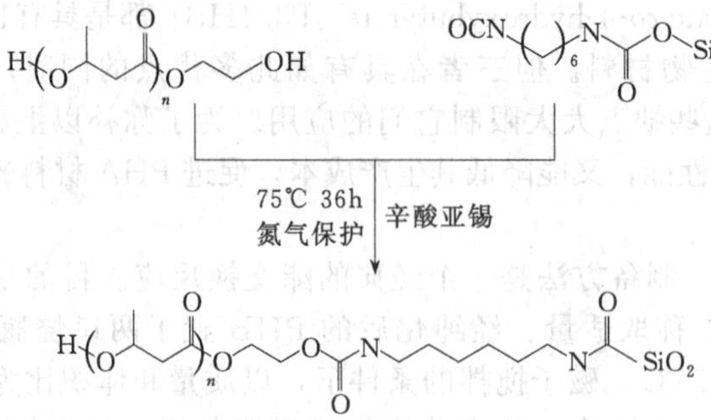

图 8-3　PHB-diol 接枝二氧化硅

④ PHB/纳米二氧化硅功能膜的制备　将待成膜的材料（纯化过的 PHB 和纳米二氧化硅粒子）采用合适、易挥发的溶剂溶解形成质量分数为 10％的溶液，所选溶剂为三氯甲烷，完全溶解后 75℃回流 1h，冷却至室温；然后再用超声波处理 30min，挥发溶剂成膜。

(2) 复活材料性能　力学性能测试结果显示，当纳米二氧化硅的含量低于 5％时，对 PHB 的机械性能有很大提高。尤其是当加入表面接枝后的颗粒后，断裂伸长率提高了接近一倍，杨氏模量与屈服强度最多分别提高 26％和 36％。

8.2.3　可控降解的全生物降解农用地膜

农用地膜覆盖的增温、保墒、防霜冻等功能的 PE 地膜为人工合成高分子材料，在自然条件下很难降解。自地膜应用 30 多年来，由于环保意识的滞后，缺乏有力的残膜回收措施并且目前的地膜产品越来越薄，造成地膜强度低、易破碎并且在使用后难以捡拾回收，从而导致土壤中残膜污染越来越严重。对于目前我国长期覆膜的农田土壤，平均每亩地膜残留量在 5～15kg。农用地膜残留会影响作物生长发育，导致作物减产。生物降解地膜的出现为解决农用地膜污染提供一个有效途径。以往报道的降解地膜基本上都是利用普通 PE 或聚乙烯醇，加淀粉、碳酸钙、光敏剂等使其在一定时间内崩解成碎片。但这并不是真正的降解，相反使农田土壤的污染更加严重。目前全生物降解材料应用在地膜上的一个严重问题就是地膜降解时间的不可控性问题，难以适应不同地区、不同作物的需求。所以，解决全生物降解农用地膜的降解周期可控性是一个迫在眉睫的难点。

本例提供一种可控降解的全生物降解农用地膜的生产方法，通过柔韧性全生物降解树脂与刚性全生物降解树脂进行复配，保持地膜的挺度；通过各种助剂与全生物降解聚酯合理配合，保证地膜良好的物理性能。另外，其不含任何不生物降解的树脂，地膜综合性能良好，能够满足作物对降解时间的要求，地膜降解后不影响后面的农事操作。该农用地膜具有全生物降解及降解可控性双重性质，并且该地膜性能良好，适合于工业化生产。

(1) 配方（质量分数/％）

PBAT	80	山梨糖醇	1
PGA	10	水滑石	1
硬脂酸钙	0.6	UV-531	0.15
滑石粉	0.7	光稳定剂 622	0.15
复合抗氧剂	0.4	硬脂酸	2
蒙脱土	1	油酸	3

（2）加工工艺　将 80％PBAT（熔体流动速率 3.5g/10min）、10％PGA（熔体流动速率 5.1g/10min）、0.6％硬脂酸钙、0.7％滑石粉、0.4％复合抗氧剂 ［1010、168 和磷酸三苯酯（1∶2∶3）］、1％ 蒙脱土、1％ 山梨糖醇、1％ 水滑石、0.15％UV-531、0.15％光稳定剂 622、2％硬脂酸和 3％油酸依次加入高速混合机中，混合均匀后通过长径比为 42 的平行双螺杆挤出机挤出造粒，得到全生物降解农用地膜改性料；再进一步吹膜，厚度为 0.012mm，幅宽 900mm。

（3）全生物降解农用地膜性能　农历 3 月份开始在玉米地上铺膜，80d 后膜开始有破洞，110d 后进入大裂期；170d 后基本没看到明显的地膜碎片。

8.2.4　改性可生物降解聚酯农膜

生物降解聚酯具有质地柔软、无毒，加工方便，化学稳定性好，有一定的强度，具有很好的耐化学溶剂和耐寒性特点，广泛应用于农用地膜领域。出于对农用地膜特殊的作用，对其透明性一般有较高要求，同时对其抗紫外线功能也有特殊需要。目前，常用的提升可生物降解聚酯薄膜抗紫外线功能的方法为在可生物降解聚酯薄膜中添加一定含量的抗紫外线添加剂或 UV 吸收剂、UV 稳定剂等。但是，抗紫外线添加剂或 UV 吸收剂、UV 稳定剂的加入会在一定程度上减慢可生物降解聚酯薄膜的降解速率，导致可生物降解聚酯薄膜无法在期望的时间内完成降解，从而影响土地的翻新和农作物的耕种，并会在一定程度上降低土壤的肥力。苯乙烯是一种易挥发的有机小分子溶剂，添加有适量苯乙烯的可生物降解聚酯组合物吹塑成膜后，在光照等条件的作用下，苯乙烯会在膜材表面形成小分子层。小分子层的形成在一定程度上可提升薄膜的透光率和雾度，但能在一定程度上提升薄膜的抗紫外线功能。由于适量苯乙烯的加入并未在本质上改变可生物降解聚酯组合物的结构和属性，所以苯乙烯的加入基本上不会影响可生物降解聚酯组合物的降解速率。

本例提供一种可生物降解聚酯组合物，通过在该组合物中添加微量苯乙烯，可以使制备得到的可生物降解聚酯组合物具有优异的透光率、雾度效果和抗紫外线性能，且不会降低可生物降解聚酯组合物的降解速率。

（1）配方（质量份）

PBAT	84.4	硬脂酸钙	0.1
PLA	10	芥酸酰胺	0.5
滑石粉	1.5	苯乙烯/（mg/kg）	5
碳酸钙	3.5		

（2）加工工艺　将 PBAT、PLA、有机填料、无机填料、增塑剂、抗 UV 助剂、蜡、其他塑料添加剂等助剂以及苯乙烯混匀后投入单螺杆挤出机中，于 140～240℃挤出、造粒，可得到可生物降解聚酯组合物。

（3）改性可生物降解聚酯农膜性能　改性可生物降解聚酯农膜性能见表 8-5。从表中可以看出，可生物降解聚酯组合物中苯乙烯质量分数为 5mg/kg 时，可以保证可生物降解聚酯组合物具有优异的透光率和雾度效果，同时又可以保证可生物降解聚酯组合物具有适宜的抗紫外线性能，且不会降低可生物降解聚酯组合物的降解速率。而对比例 1 中没有添加苯乙烯，即苯乙烯的质量分数为 0 时，虽然可生物降解聚酯组合物具有较高的透光率和雾度，但热氧老化时间过短，说明聚合物组合物降解速率快。对比例 2 中的苯乙烯的质量分数超出 30mg/kg 时，该可生物降解聚酯组合物的热氧老化时间过长，表明该组合物的降解速率过慢，且该聚合物组合物的透光率和雾度效果较差。对比例 3 中没有添加苯乙烯，仅添加抗 UV 助剂时，虽然具有合适的透光率和雾度，但热氧老化时间过长，该聚合物组合物的降解速率过慢。

表 8-5 改性可生物降解聚酯农膜性能

性能指标	聚酯	对比例 1	对比例 2	对比例 3
雾度/%	31.54	31.28	27.82	30.21
透光率/%	91.9	94.2	80.1	91.5
热氧老化时间/d	41	20	52	66

8.2.5 可降解生物膜

高分子可降解材料因具有可在人体内自行降解为二氧化碳和水等小分子，并随机体的正常代谢排出体外的特点，受到广泛关注，并逐渐应用于血管支架材料中。聚氨酯作为一类由软硬段交替排列的多嵌段聚合物，分子结构设计的自由度大，通过选择特定的单体，调节软硬段的比例，可以设计合成出具有独特化学结构、具备适当力学性能、满足特定使用需要的材料。另外，聚氨酯独特的微相分离结构，使其表面形态与生物膜极为相似，具有合成高分子中罕见的生物相容特性。生物医用聚氨酯是功能高分子材料的一个重要组成部分，在医学上的应用主要集中在人工脏器、手术缝合线、人造皮肤及组织工程材料等方面。

覆膜支架是指金属裸支架内面或外面部分或完全覆盖膜性材料的人工体内移植物。覆膜支架既保留普通支架的支撑功能，又能有效改善病变血管的异常血流动力学，从而可在外周血管畸形性病变和急慢性血管损伤等血管病变的治疗中发挥重要作用。在介入治疗的过程中，血管支架在膨胀时容易造成内皮受损，从而使得血管平滑肌细胞反应性增殖和内膜增生，一旦内膜增生超过支架扩张给予血管腔的补偿，再度狭窄将不可避免。因此，可以通过血管支架上覆膜的方法来减少金属支架在膨胀过程中造成的内皮损伤，从而降低血管再狭窄发生的概率。此外，通过在血管支架上引入膜材料，可以防止血管堵塞物在新的支架上形成新的堵塞。

本例制得的生物膜是一种带有微孔结构并可调节生物降解速率等性质的薄膜，具有良好的生物相容性、可生物降解、机械强度好、易成形加工、价位较低等优点，且制备的薄膜具有一定的黏合性，可直接粘接于金属支架表面。

(1) 制备方法 在烧瓶中将聚 L-乳酸与丙酮，混合比例为 2g 的聚 L-乳酸加入 20mL 丙酮，水浴加热，回流 20min，配制成均一的溶液。在另一烧瓶中将聚氨酯溶于 N,N-二甲基酰胺溶剂中，混合比例为 2g 的聚氨酯加入 20mL N,N-二甲基酰胺，在水浴加热下，回流 20min，配制成均一溶液。用移液管按照比例移取聚 L-乳酸溶液，缓慢滴加到聚氨酯溶液中，聚氨酯和聚 L-乳酸的质量比为 80:20，且边滴加边搅拌直至完全混合，制备成固体质量分数为 20% 的溶液。将所制得的溶液置于真空度为 0.1MPa 的环境中 5h，得到脱泡溶液。取制备好的聚合物共混溶液浇铸于不锈钢模具上，常温下干燥 24h，初步成膜。为了使制备的薄膜具有一定的微孔结构，将制备的薄膜浸于蒸馏水中 12h，以置换出内部含有的丙酮、N,N-二甲基酰胺等有机溶剂，然后在常温下干燥 24h，再置于 30℃真空干燥箱中干燥 24h。将制备的薄膜裁剪成特定形状，贴附于特定的玻璃片上，以保鲜膜封盖，置于干燥器内待用。

(2) 膜性能 可降解生物膜性能见表 8-6。

表 8-6 可降解生物膜性能

性能指标	数值	性能指标	数值
膜厚度/mm	0.26	拉伸强度/MPa	8.56
$Mn \times 10^5$	1.37	断裂伸长率/%	734
分子量分布系数	1.25	降解时间/d	7

8.2.6　可降解的婴儿水杯用 PBS 复合材料

聚丁二酸丁二醇酯：英文简称为 PBS，易被自然界多种微生物或动植物体内的酶分解、代谢，最终分解为二氧化碳和水，是典型的可完全生物降解聚合物材料，具有良好的生物相容性和生物可吸收性。PBS 属于热塑性树脂，不过其力学性能不是很理想，需要增强增韧后才能用于制造婴儿水杯。本例提供一种可降解的婴儿水杯用 PBS 复合材料，其力学性能较好，而且非常环保，可用于制造婴儿水杯。

(1) 配方 (质量份)

PBS	60	硬脂酸锌	3
剑麻纤维	10	PBS 的马来酸酐接枝共聚物	2
十六烷基三甲基溴化铵改性纳米蒙脱土	18	硅烷偶联剂	2
碳酸钙	5		

注意：剑麻纤维应经蒸汽爆破预处理。

(2) 制备方法　将剑麻纤维加入 NaOH 溶液，1h 后进行蒸汽爆破，得到剑麻浆，将其采用烧碱法蒸煮后烘干，得到改性剑麻纤维备用；将纳米蒙脱土加入十六烷基三甲基溴化铵中，混合均匀，洗涤溶剂，烘干后粉碎，得到改性纳米蒙脱土备用；将 PBS 加入到预先加热至 180℃的开炼机中。当 PBS 完全熔融后，将其他组分加入开炼机，混炼均匀后得到混合料，将混合料送入双螺杆挤出机挤出，挤出温度为 100℃，挤出速度为 90r/min，再经牵条、造粒后制得可降解的婴儿水杯用 PBS 复合材料。

8.2.7　可降解 PHA/PBS 共混物片材

PHA 是聚羟基脂肪酸酯 (poly hydroxyalk anoates) 的简称，既是一种性能优良的环保生物塑料，又具有许多可调节的材料性能，随着国家对生物降解材料的推广以及高附加值应用的开发，已经逐渐应用在多种应用领域；而且由于 PHA 具有较好的水解稳定性，因此 PHA 加工时的条件要求不高，成品使用寿命也可以满足一般产品的使用要求。

PBS 是聚丁二酸丁二醇酯 (poly butylene succinate) 的简称，属热塑性树脂，具有良好可生物降解性能、较高润湿张力、优异的印刷性能。与聚乳酸、聚羟基烷酸酯、聚己内酯等可生物降解塑料相比，PBS 性能稳定性高，力学性能优异，耐热性能好，热变形温度接近 100℃。PBS 容易加工，可以在普通加工成型设备上进行加工成型。

目前市场已经应用的生物降解材料有 PLA (聚乳酸)，但是 PLA 的冲击性很差，维卡软化温度低，以及对成型加工过程的严格要求 (加工过程对水分极度敏感)。PHA 在卡基材料已经得到一定应用，但是 PHA 润湿张力并不突出，每次印刷前需要做电晕处理。由于单一材料在性能方面不足以满足在印刷等行业方面的应用，PHA 可根据不同单体种类及单体支链长短来调控其拉伸强度、韧性、硬度等；PBS 有着较高的热变形温度及优异的印刷性。PHA 与 PBS 都属于脂肪族聚酯，两者有着很好的相容性。因此，使用 PHA/PBS 共混物生产出的片材，综合了两种树脂的优点，通过选择调整树脂的牌号及配比，可以得到不同物理性能的片材，以适用不同行业的需求。因此，使用 PHA/PBS 共混物，以 PBAT 树脂为增韧剂，通过调节树脂配比，可改善共混材料的力学性能、印刷性能等。

(1) 配方 (质量份)

PHA	80	二氧化钛	0.2
PBS	20	抗氧剂 1010	0.3
PBAT	50	抗氧剂 168	0.2
碳酸钙	0.3	季戊四醇硬脂酸酯	0.3

上述 PHA 树脂购自深圳意可曼生物科技有限公司。该 PHA 产品的数均分子量是 84573，熔体流动速率 0.5g/10min，熔点 128℃，结晶度 19.8%。PBS 树脂购自安庆和兴化工有限责任公司。该 PBS 树脂熔体流动速率是 5.0g/10min（测试条件为 190℃，2.16kg），熔点是 108℃。PBAT 树脂为德国巴斯夫 ecovio。

（2）加工工艺 将 PHA、PBS、PBAT 干燥待用。原料配方：取 PHA 80 份、PBS 20 份、PBAT 树脂 5 份、碳酸钙 0.3 份、二氧化钛 0.2 份、抗氧剂 1010 0.3 份、抗氧剂 168 0.2 份、季戊四醇硬脂酸酯 0.3 份放入高混机中，转速为 800r/min，时间为 2.5min。将高混机混好的原料送入双螺杆挤出机进行熔融塑化，螺杆转速 160r/min，喂料速度 20r/min，挤出温度为 120℃、145℃、160℃、175℃；对塑化后物料进行五辊压延出片：4 号与 5 号辊均做喷砂处理，压延辊温（1~5 号辊）分别为 140℃、154℃、158℃、165℃、135℃，辊速分别为 8.0m/min、8.8m/min、10.0m/min、12.2m/min、14.0m/min，速比（相邻的后一个辊速比上前一个辊速）分别是 1.10、1.15、1.22、1.15；引离辊温度为 90℃，18.2m/min，速比为 1.30；两组冷却辊温度是 70℃、50℃；冷却后，经过电晕处理（工作电压 AC 380V，频率为 25kHz）；经过分切得到所需片材尺寸，所制备片材的物理性能如表 8-7 所示。

（3）参考性能 表 8-7 中对照例为江苏华信塑业发展有限公司所销售的一种经过五辊压延制得的 PLA 片材。PHA/PBS 共混物片材的维卡温度、润湿张力都明显优于 PLA 片材，力学性能较 PLA 材料有所提高。

表 8-7 片材的物理性能

样品	拉伸强度/MPa		断裂伸长率/MPa		维卡/℃	润湿张力/(dyn/cm)[①]
	纵向	横向	纵向	横向		
共混片材	42.8	33.8	350.3	240.0	106.5	39
对照例	35.8	27.5	57.4	29.5	90.2	38

① 1dyn/cm = 1×10^{-3} N/m。

8.2.8 可降解、速成型 PET/PBS 合金

聚对苯二甲酸乙二醇酯（PET）是一种半结晶型的热塑性工程塑料，具有优良的力学性能、电性能、耐热性等。PET 是热塑性聚酯中产量最大、价格最低的品种，具有广阔的应用前景，但由于主链刚性较大，链段运动迟缓，其结晶温度高、结晶速度慢，从而导致成型周期长、模温高，热变形温度受结晶影响大，极大限制了其在工程塑料领域的应用。另外，用于工程塑料的 PET 由于成分复杂，且加工过程中 PET 分子结构有所改变，回收再利用十分困难，因此针对 PET 工程废料的处理是一个难题。目前，针对 PET 复合材料结晶性能的改善，现有技术通常采用添加成核剂及结晶促进剂的方法，然而结晶促进剂实际上是小分子增塑剂或是低分子量的醇类、醚类聚合物，某些结晶促进剂会与 PET 作用导致其断链来提高 PET 的结晶速率，改善成型性或通过添加大量结晶促进剂来降低体系的玻璃化温度，这些都会导致 PET 性能的大量损失。通过引入柔性聚合物制成 PET 合金，柔性聚合物充当 PET 的结晶促进剂，提高 PET 结晶速率，可在减小成型周期的同时维持 PET 优良的力学性能，合金的综合性能也得到强化。本例提供一种新的 PET 复合材料结晶性能的改善方法，以确保 PET 能够快速结晶，同时保证复合材料仍然具备良好的综合性能，还可保证该复合材料的废料处理较为方便。

（1）配方（质量份）

PET	100	乙烯-丙烯酸钠盐 Aclyn285	3
PBS	20	EPDM-*g*-GMA	2

| 无碱长纤 | 15 | 环形对苯二甲酸环丁二醇酯 | 0.5 |

注：PET 的特性黏度为 0.70dL/g，PBS 的特性黏度为 1.0dL/g。

（2）加工工艺　将 PET 在 110℃ 下干燥 6h，将 PET、PBS、乙烯-丙烯酸钠盐 Aclyn285、EPDM-*g*-GMA、环形对苯二甲酸环丁二醇酯放入高速混合机中混合 4min；将混合后的物料加入到双螺杆挤出机的料斗中，将无碱长纤从玻璃纤维口加入，经熔融共混挤出、拉条，然后水冷、干燥、切粒；双螺杆挤出机的转速为 400r/min，双螺杆挤出机的各区温度控制在 250℃。

（3）参考性能　合金性能见表 8-8。

表 8-8　合金性能

测试性能	样品	测试性能	样品
拉伸强度/MPa	95	热变形温度/℃	205
弯曲强度/MPa	142	最短冷却时间/s	10
弯曲模量/MPa	5750	土壤培养液中恒温 25℃ 放置 30 周后的塑料残留率	65%（质量分数）
缺口冲击强度/(J/m)	78		

8.2.9　用于 3D 打印的 PBS/PHB 材料

熔融挤压堆积成型技术（FDM）一般是在桌面上打印，又因其操作简单，所用材料普遍易得，成为 3D 打印技术中常用的一种技术工艺。其原理是利用热塑性聚合物材料在熔融状态下，从喷头处挤压出来，凝固形成轮廓形状的薄层，再逐层叠加堆积最终形成产品。所用的材料主要是环保高分子材料，如 PLA、PCL、PHA、PBS、PA、ABS、PC、PS、POM、PVC 等，以避免熔融的高分子材料所产生的气味或因分解产生有害物质与人接触造成安全问题。在这些材料中，聚乳酸（PLA）因其原料来源充分而且可以再生、具有生物降解性和生物相容性成为 FDM 技术中目前应用最广泛的高分子材料。但 PLA 用于 3D 打印时打印温度超过 200℃，加工能耗较高，并且 PLA 由于软化点的限制，应用领域受到一定制约；同时，PLA 的加工条件苛刻，适应性差，需要较为苛刻的加工环境。聚丁二酸丁二醇酯（PBS）是一种典型的半晶质热塑性树脂，加工性能良好，在普通加工成型设备上即可进行成型加工，可以用注塑、吹塑、吹膜、吸塑、层压、发泡、纺丝等成型方法进行加工。但是，目前国内外市场上暂未出现以 PBS 作为 3D 打印材料的产品。聚羟基丁酸酯（PHB）性能与 PP 差不多，是一种成型加工容易，可完全生物降解的热塑性树脂，其强度和硬度都较高。因此，可以通过两者共混改性，进一步提高 PBS 的韧性和拉伸强度，增加其模量，拓宽其应用范围，使其性能可更好地适应 3D 打印成型材料的要求。本例提供一种性能更优、可生物降解用于 3D 打印的 PBS/PHB 材料及其制备方法。

（1）配方（质量分数/%）

PBS	78.4	碳酸钙	0.3
PHB	19.6	抗氧剂 1010	0.5
甲苯二异氰酸酯	0.2	硬脂酸	0.5
过氧化二异丙苯	0.5		

（2）加工工艺　将 PBS、PHB 分别在 80℃、90℃ 真空干燥箱中干燥 8h；按配方，称取干燥后的 PBS、PHB、甲苯二异氰酸酯、过氧化二异丙苯、碳酸钙、抗氧剂 1010、硬脂酸；将称取后的各组分置于高速捏合机中，保持转速 1000r/min，高速搅拌 8min；将混合均匀的 PBS、PHB、甲苯二异氰酸酯、过氧化二异丙苯、碳酸钙、抗氧剂 1010、硬脂酸加入到

单螺杆挤出机加料口，单螺杆挤出机参数为：一区100℃，二区145℃，三区160℃，四区165℃，五区160℃，转速为30r/min；将挤出机模口挤出的PBS/PHB线材分别经过冷却水槽和风冷传送带进行冷却烘干，得到（1.75±0.05）mm或（3±0.05）mm的挤出线材；使用卷线机将得到的（1.75±0.05）mm或（3±0.05）mm的挤出线材卷成捆，得到PBS/PHB的3D打印线材，卷线机所连接的牵引机频率为8Hz。

（3）参考性能　将得到的（1.75±0.05）mm的挤出线材进行3D打印测试，打印温度160℃，打印过程流畅，打印制品表面光滑匀称，外观美观，尺寸稳定。将得到的（1.75±0.05）mm挤出线材进行切粒注塑成型，注塑样条分别进行拉伸性能测试（GB/T 1040.2—2006）、弯曲强度（GB/T 9341—2008）和冲击性能测试（GB/T 1843—2008），测试结果见表8-9。

表8-9　3D打印材料性能

测试性能	样品	测试性能	样品
拉伸强度/MPa	40.1	弯曲模量/MPa	822
弯曲强度/MPa	35.5	冲击强度/(kJ/m^2)	18.5

8.2.10　替代电器外壳用PP的PBS复合材料

在现有技术中，电器外壳采用PP即聚丙烯，主要指的是阻燃未增强PP，通过添加阻燃剂，使阻燃性能达到V0级别，而不加玻璃纤维和填料，保证PP外壳有很高的光泽度，但其一般存在收缩率大的问题，制件容易产生缩水和凹痕，但瑕不掩瑜，由于其价格低廉，用量很大。PP作为一种通用塑料，在大自然的普通环境下，其降解周期长达几百年，形成白色污染，焚烧也可产生温室气体，都对人们赖以生存的地球环境带来极大破坏。将PBS替代电器外壳用PP，使得电器外壳材料实现可完全生物降解，这是一个全新领域。为了避免上述现有技术中PP降解周期长的不足之处，本例提出一种替代电器外壳用PP的可完全生物降解PBS复合材料及其制备方法。

（1）配方（质量份）

PBS	120	增塑剂	12
环保阻燃剂	30	光亮润滑剂	3
协效阻燃剂	10	PLA	20
扩链剂	2		

可完全生物降解塑料PBS是指市面通用的PBS生物塑料，PBS牌号为沙伯基础P87HG；环保阻燃剂为中分子量的韩国宇进CXB-2000H溴化环氧树脂；协效阻燃剂为三氧化二锑为木利牌，目数大于1000目；扩链剂为广泛用于塑料加工的环氧基型扩链剂，即德国巴斯夫扩链剂ADR-4370；增塑剂为柠檬酸三丁酯即TBC；光亮润滑剂为石蜡、硬脂酸钙，且石蜡与硬脂酸钙质量比为1∶1；可完全生物降解塑料PLA是指市面通用的PLA生物塑料，平均分子量为5万～50万，牌号为Ingeo 3052D。

（2）加工工艺　第一步：将PBS投入常温高混机中，加入增塑剂后混合5～15min；第二步：投入阻燃剂、扩链剂、光亮润滑剂和增光组分PLA混合5～15min；第三步：将混好的原料投入双螺杆造粒机造粒，加工工艺为第一区80℃，第二区95℃，第三区105℃，第四区115℃，第五区125℃，第六区135℃，第七区140℃，第八区145℃，第九区模头温度为140℃；主机转速设定300r/min，喂料转速设定50r/min。

（3）参考性能　PBS复合材料性能见表8-10。

表 8-10　PBS 复合材料性能

测试性能	样品	测试性能	样品
拉伸强度/MPa	29.1	阻燃性能	UL94 V-0
弯曲强度/MPa	43.6	光泽度	81.2
缺口冲击强度/(kJ/m²)	4.1		

8.2.11　可降解高阻隔材料

　　PBS 是一种全降解塑料，在脂肪族聚酯中，以 PBS 的综合性能为最佳，性价比合理，是生物降解材料中的佼佼者；其基础物性和力学性能与 PE 和 PP 相近，PBS 由于具有良好的力学性能和加工性能而成为最具产业化前景的可完全生物降解包装材料。但全生物降解塑料包装袋等制品的研究还存在一定问题：一方面是目前 PBS 的后期改性没有过关，熔体强度太低，不足以吹膜；另一方面是作为包装材料来说，其阻隔性能不能满足高阻隔材料的要求。为了改善 PBS 熔体强度差、阻隔性不高的缺点，将其与 EVOH 进行共混，可得到综合性能优异的高阻隔材料。乙烯-乙烯醇共聚物作为三大阻隔材料之一，是一种结晶型的高分子材料，兼有聚乙烯的加工流动性和聚乙烯醇的高阻隔性。EVOH 除了其优异的阻油性和阻气性外，还可再生利用，同时也是一种新型绿色环保的高分子材料。本例通过加入相容剂 PBS-g-MAN 来改善二者的相容性，从而制得具有高阻隔性的 PBS 基体材料，以扩大 PBS 的应用范围。

　　（1）配方（质量份）

PBS	90	PBS-g-MAN	1
EVOH	10	其他助剂	适量

　　（2）加工工艺　首先，将 PBS，EVOH 和 PBS-g-MAN 在真空烘箱内 90℃下干燥 5h，然后加入其他助剂，在高速混合机下进行预混合；然后在 130～190℃下，采用双螺杆挤出机进行熔融挤出、冷却、造粒以备用。

　　（3）参考性能　性能测试结果见表 8-11。

表 8-11　可降解高阻隔材料性能

测试性能	样品	测试性能	样品
拉伸强度/MPa	25.3	冲击强度/(kJ/m²)	4.8
渗透率/%	1.59	熔体流动速率/(g/10min)	24

8.2.12　可完全生物降解发泡材料

　　对可降解发泡材料的研究主要集中在淀粉、淀粉与聚乳酸（PLA）、聚羟基烷酸酯等可降解聚合物的共混发泡方面。由于 PLA 的脆性导致发泡制品强度、弹性和断裂性能不高，另外，由于 PLA 树脂的耐热温度低于 55℃，不适合在高温条件下使用，而在较低温度（如小于-20℃时）则会变脆，如果使用时接触到较高温或较低温就会导致这种发泡材料变软或变脆而导致损坏；同时，PLA 树脂的降解要在堆肥条件下进行，降解条件较苛刻，对于人们随意丢弃的 PLA 树脂材料降解比较缓慢甚至难以降解，因而仍不能解决目前严重存在的白色污染问题。特别是上述发泡材料中又添加较大量淀粉，导致该材料在潮湿条件下易水解，质量非常不稳定。因此，上述发泡材料只能用于制造对韧性和弹性要求不高、温度要求不高、对水解性也要求不高的包装材料等应用领域，而不能用于制造如鞋垫、沙发、床垫、地毯等对材料性能要求非常高的产品领域。本例提供一种可完全生物降解的、韧性高、弹性高、耐磨和透气性好的发泡材料。

　　（1）配方（质量份）

P3HB4HB	100	偶氮二甲酰胺	6
乙二醇	35		

（2）加工工艺　将聚 3-羟基丁酸酯-4-羟基丁酸酯（P3HB4HB，4-羟基丁酸质量分数为 10%）100 份、增塑剂乙二醇 35 份、发泡剂偶氮二甲酰胺 6 份加入高速混合机中高速搅拌 5min，将混合好的物料加入双螺杆挤出机中熔融发泡，共混温度为 120℃。

（3）参考性能　可完全生物降解发泡材料性能见表 8-12。

表 8-12　可完全生物降解发泡材料性能

测试性能	样品	测试性能	样品
拉伸强度/MPa	15	表观密度/(g/cm^3)	0.08
断裂伸长率/%	35	维卡软化温度/℃	102
发泡倍率	30		

8.2.13　可生物降解人造鱼饵

由于石油资源的日益匮乏以及对环境产生的压力，以及出于安全性方面的考虑，人们越来越开始关注可降解材料（degradable material）的应用。尤其是在某些特殊领域，由不可降解的材料制成的物品会导致明显的有害或者有毒的效应，对于海洋环境尤其如此。越来越多的报道显示，即使是十分微小的不可降解物品，例如人造聚合物假鱼饵，由于其在海洋中不能降解，会对海洋环境产生不利影响，甚至经常会在某些海洋生物的体内发现其踪迹。以人造假鱼饵钓鱼是沿海地区十分流行的垂钓方式，传统的通过天然木材制造假鱼饵由于其环保以及制成品的使用性能、仿真性等方面的缺陷，使用石油基塑料制造人造鱼饵变得流行，一些常见的聚合物材料开始被广泛应用于该领域，其中聚氯乙烯（PVC）是应用较广的一种，但是 PVC 并不能降解，并且是来源于石油基材料，对于鱼儿没有吸引力，需要加入大量引诱剂，而且鱼儿食入这种假鱼饵之后由于不能降解，将堵塞其消化系统，可能导致其死亡。更为致命的是，PVC 必须加入大量（可能高达 80%）的增塑剂才能实现合适的软硬程度（塑化以提高柔韧性），以达到在水中游动的仿真效果，其中最为常见的是加入邻苯二甲酸二辛酯（DIOP）。这种增塑剂都是液态状，不溶于水，使用后将在江河/海洋中长期存在；而且大量实验表明，这种增塑剂对于生物体有严重危害。这种增塑剂已经在国内外严禁使用在食品相关领域。

共聚物如 P3HB4HB，由于引入直链脂族柔性单体 4HB，韧性及延展性大幅度提高，可接近橡胶的性质。随着柔性单元的增加，共聚物由结晶性硬塑料向富有弹性的橡胶态过渡，且兼具良好的热稳定性，变成一种弹性体。PHAs 共聚物中通过改变聚合物中柔性分子的含量来改变聚合物的力学性能，以获得具有不同刚性、结晶性、熔点和玻璃化转变温度，适用于不同用途的材料。PHAs 是目前唯一的可以用于弹性体的可完全生物降解材料，在某些特殊的应用范围前景广阔。

本例提供一种新型的，其持久性、拉伸强度、柔韧性、弹性、黏合强度、美学仿真都具有很好效果而且低成本的鱼饵。更重要的是，这种新型鱼饵可以降解，不会给环境、生物带来危害。这种鱼饵可以通过注塑或者模压的方法制成任何鱼喜欢的形状，例如蠕虫、蛆、鲱鱼、小龙虾、鲑鱼蛋等类似形状。这种鱼饵具备良好的生物相容性。

（1）配方（质量份）

P3HB4HB(40% 4HB)	100	天然香精	0.3
鱼肝油	0.5	食用色素	0.2

（2）加工工艺　称取 100kg P3HB4HB（40% 4HB）以及鱼肝油 0.5kg、天然香精 0.3kg、食用色素 0.2kg，在搅拌机中常温搅拌 5min 得到可完全生物降解塑料的原材料混合料。将搅拌好的混合料放置在电热鼓风干燥箱中 60℃干燥 10h，然后将上述干燥好的混合料用长径比为 28∶1 的直径 45mm 的双螺杆挤出机挤出，口模温度为 115℃，挤出之后直接造粒得到可完全生物降解的塑料母粒。塑料母粒通过注塑或者模压的方法可得到可生物降解人造鱼饵。

8.2.14　可生物降解石头纸

目前市面上的纸张主要分为两种：一种是传统的铜版纸；另一种是合成纸或者称为石头纸。其中，铜版纸的主要原料是木浆。每年全球纸张产、用量已达 3.2 亿吨，如果以每吨纸需砍伐 4 棵平均 20 年树龄的树木作原料的话，那么 1 年就有近 13 亿棵这样的大树从地球上消失，同时因造纸而产生的水污染、空气污染等更是全球各国头痛的问题。因而目前各国都争先研究合成纸，也称为石头纸，主要是通过大量无机填料与有机物 PE、PP 等塑料混合，通过压延或吹膜等工艺制成的纸。这种以 PE、PP 为基体树脂的石头纸由于树脂不能降解，又难以回收，丢弃又会造成白色污染。

本方法采用的是可完全生物降解的 PPC 作为树脂主要组分。PPC 是由二氧化碳与环氧丙烷共聚而成，已经在国内实现产业化，成本低于其他生物降解塑料且具有较好的力学性能和加工性能。通过 PPC 与其他降解塑料共混，可以相互取长补短，进一步调节全降解共混材料的力学性能、热性能和降解性能。因此，采取以 PPC 为主要组成的全降解树脂为基体制备石头纸不仅可获得具有高耐折度、高强度、高白度、高防水、高稳定等一系列优异性能的纸材料，而且可以解决目前市面上石头纸中有机物无法回收并产生污染的问题，同时又拓展了以上各种降解材料的应用领域。

（1）配方（质量份）

PPC	20	分散剂	3.5
无机填料	75	增白剂	0.5
偶联剂硼酸酯	1		

无机填料为蒙脱土、SiO_2 和碳酸钙的混合物，其质量分数比为 2:1:1。分散剂是硬脂酸钠和硬脂酸镁，其质量分数比为 1:1。增白剂是二苯乙烯衍生物、苯基吡唑啉衍生物、苯并咪唑衍生物和萘二甲酰亚胺衍生物的混合物，其质量分数比为 1:2:1:3。

（2）加工工艺　将完全生物降解树脂和无机填料放入烘箱中，在 20℃下烘干，然后混合搅拌均匀后加入偶联剂、分散剂和增白剂搅拌 30s；将上述混合均匀后的组分加入到长径比≥40 的同向平行双螺杆挤出机中，进一步塑化挤出造粒得到石头纸母料，挤出温度为150℃；将石头纸母料经过压延工艺和流延工艺结合的工艺成型，得到石头纸。

（3）参考性能　可生物降解石头纸性能见表 8-13。

表 8-13　可生物降解石头纸性能

指标		单位	规格	样品
纸张定量		g/m²	70	80
纸张厚度		μm	80±8	78
白度		%	85	87
亮度≥		%	85	87
不透明度		%	85	87
定量允许偏差≤		%	±5	合格
横幅变异系数≤		%	3.0	2.6
横向撕裂指数≥		mN·m²/g	4.5	5.3
抗张指数		N·m/g	42	45
平滑度	平滑度正反面≥	S	40	44
	本特生粗糙度≤	mL/min	220	200
尘埃度	0.2~0.5mm²	个/m²	60	56
	0.5~1.5mm²	个/m²	1	—
	≥4.0mm²	个/m²	—	—
耐折度（横向）≥		次	100	106

第9章

汽车塑料制品的配方与应用

9.1 概述

据国家统计局统计，汽车已成为拉动我国工业经济发展的主导行业，汽车行业现价增加值占工业比重达到 6.9%。从国际市场看，我国汽车产量已连续多年蝉联全球第一，再次刷新汽车大国的历史纪录，对拉动消费、确保宏观经济平稳运行起到重要作用。汽车与其他多数工业品产销滑坡相比，形成鲜明反差。

从总体来讲，中国汽车产业具有极大潜力，消费还有很大空间，不少家庭的刚性需求仍然强盛。随着汽车产销量的增加，对汽车材料的需求量也日益增大。世界汽车材料技术发展的主要方向为轻量化、环保化。轻量化的目的为节能、减排、降耗、环保。

轻量化可带来如下好处：①减轻汽车自重是提高燃油燃烧效率的最有效措施之一，汽车的自重每减少 10%，燃油的消耗可降低 6%～8%；②降低汽车尾气排放，保护环境。为此，增加塑料类材料在汽车中的使用量便成为降低整车重量及其成本、增加汽车有效载荷的关键。而环保化要求则为：①汽车塑料零部件的可回收利用；②汽车塑料更换为"生物"塑料，首先是汽车"内饰件"。

随着材料科技的发展，汽车用材料也由金属逐渐向高分子材料方向发展，见图 9-1。

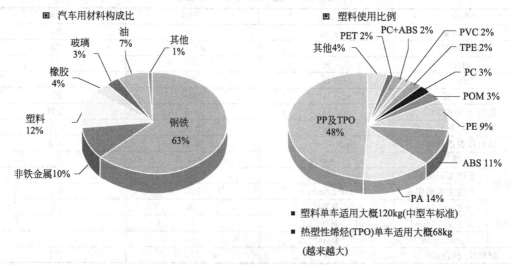

图 9-1　汽车用材料的组成

其中，塑料是汽车材料的生力军。发达国家将汽车用塑料量作为衡量汽车设计和制造水平高低的一个重要标志，目前以德国汽车用量最多，占整车用料的15%以上。除路虎外，兰博基尼、奔驰、宝马等众多车型大范围地采用更为先进的车用工程塑料。从现代汽车使用的材料来看，无论是外装饰件、内装饰件，还是功能与结构件，到处都可以看到塑料制作的影子。聚酰胺（PA）材料主要应用于动力、底盘零部件及结构件，约占整车塑料的20%；聚碳酸酯、聚甲醛、改性聚苯醚和热塑性聚酯等材料主要应用于电子电器零部件及结构件，占整车塑料的15%左右。改性聚苯醚（PP）和ABS工程塑料及其合金材料主要应用于内外饰零部件，随着车型档次提高，工程塑料应用增加，ABS及其合金应用比例增加。

塑料在汽车中广泛应用的原因主要如下。

① 减重　受雾霾、节能减排及更加严格的油耗法规的制约，国内车企们都不遗余力地开发汽车轻量化技术。众所周知，汽车轻量化主要体现在汽车优化设计、合金材料及非金属材料应用上，依次为汽车的轻量化减重10%~15%、30%~40%、45%~55%。工程塑料等非金属材料的"减重"效果愈加明显，其用在汽车上的主要作用是使汽车轻量化。目前，越来越多的汽车部件开始采用工程塑料替代金属制件。

因为塑料的密度普遍在2.0g/cm³以下（大部分在1.5g/cm³左右），一般塑料的密度在0.9~1.6g/cm³，玻璃纤维增强复合材料的密度也不会超过2.0g/cm³，而Q235钢为7.6g/cm³，黄铜为8.4g/cm³，铝为2.7g/cm³。这就使得塑料成为汽车轻量化的首选材料，相比金属材料要轻得多，因此减重效果明显。轻量化的效果见表9-1。使用塑料可以减轻零部件约40%的重量，同时其成本也可以大幅度降低。路虎揽胜极光在制造中采用一系列高级轻质材料，比如PA/PPO合金应用于前翼子板，PC/PBT合金应用于行人保护吸能块，并将长玻璃纤维增强聚丙烯应用于仪表板及内门模块，使其自重小于1.6t，比揽胜运动版轻了35%，二氧化碳排放量低于130g/km。

表9-1　汽车配件塑料化后的轻量化情况

配件名称	原质量/kg	塑料质量/kg	减轻质量/kg	轻量化率/%
空调器支架	3.18	0.91	2.27	71
盘式制动器活塞	0.82	0.41	0.41	50
发动机盖	16.34	12.26	4.1	25
后门	20.88	12.71	8.17	39
座椅架(2座)	22.7	11.35	11.35	50
燃料箱	22.7	18.16	4.54	20
轮胎(4只)	54.48	40.86	13.62	25
驱动轴	10.22	4.31	5.9	58
叶片弹簧	12.71	2.04	10.67	84
门梁	7.72	3.18	4.54	59
车身	209.29	94.43	114.86	55
身架	128.48	93.98	34.5	27
车门(4扇)	70.82	27.69	43.13	61
前后保险杠	55.84	19.98	35.87	64
车头	43.58	13.17	30.42	70
车轮(4只)	41.77	22.25	19.52	47
合计	721.53	377.69	343.87	47.7

② 塑料成型容易，使得形状复杂的部件加工十分便利　使用塑料可以一次成型，加工时间短，精度有保证。

③ 塑料制品的弹性变形特性能提高安全系数　塑料制品的弹性变形特性能吸收大量碰撞能量，对强烈撞击有较大缓冲作用，对车辆和乘客起到保护作用。因此，现代汽车上都采

用塑化仪表板和方向盘,以增强缓冲作用。前后保险杠、车身装饰条都采用塑料材料,以减轻车外物体对车身的冲击力。另外,塑料还具有吸收和衰减振动及噪声的作用,可以提高乘坐的舒适性,见图9-2。

④ 塑料耐腐蚀性强,局部受损不会腐蚀　钢材制作一旦漆面受损或者先期防腐做得不好就容易生锈腐蚀。塑料对酸、碱、盐等抗腐蚀能力大于钢板,如果用塑料做车身覆盖件,十分适宜在污染较大的区域使用。

图 9-2　汽车塑料件的作用

⑤ 塑料品种多,性能优异,适应性强　根据塑料的组织成分,通过添加不同填料、增塑剂和硬化剂制出所需性能的塑料,可改变材料的机械强度及加工成型性能,以适应车上不同部件的用途要求。例如,保险杠要有相当的机械强度,坐垫和靠背要采用柔软的聚氨酯泡沫塑料。

⑥ 塑料配色容易,可制备出外观漂亮的多彩部件,增加汽车的美观性　塑料颜色可以通过添加剂调出不同颜色,省去喷漆的麻烦。有些塑料件还可以电镀,如 ABS 塑料具有很好的电镀性能,可用于制作装饰条、标牌、开关旋钮、车轮装饰罩等。

因此,塑料在汽车上的应用越来越多,每部汽车的塑料使用量也日益增加。目前工业发达国家汽车塑料的用量占汽车总重量的 10% 以上,约 150kg/车,预计在 2020 年可达 20% 以上(约 300kg/车)。因此,汽车塑料市场将稳步增长。

9.2　汽车保险杠用改性塑料

9.2.1　汽车保险杠设计及材料的发展

汽车保险杠是汽车重要的外饰件之一,无论汽车大小、造型如何,保险杠总是首先成为造型师手中重点塑造的对象,造型美观是整车的亮点及卖点。在安全方面,汽车保险杠发挥重要作用。在汽车发生碰撞时它吸收能量、减轻碰撞,起到安全防护作用,是现代汽车安全结构的重要组成部分,能有效地减轻人员伤亡以及汽车损坏程度。同时,它又是塑料在汽车上的应用部件中,用量最大、体积最大、最具有代表性的零部件。

(1) 汽车保险杠的设计及对材料的要求　在保险杠的开发过程中,应遵循以下几个原则:①主动安全性,即必须最大限度地满足使用功能,保险杠的安装高度应符合法规(安全可靠、设计合理);②被动安全性,即发生碰撞时,保险杠要有良好的吸能特性;③在外部造型、色彩和质感上要与整车造型协调一致,浑然一体。

正确地选择材料,必须满足 3 个方面的要求:①良好的使用性能;②优良的工艺性能;③合理的成本。目前,保险杠的材料通常选用改性聚丙烯,它应满足如下基本特征:①耐热性,80~100℃;②冲击强度,30~80kJ/m^2;③拉伸强度,29~39MPa;④成型性好,耐候性也好。

我国汽车行业规定时速为 40km 撞击时,保险杠不应被损坏。这就要求改性聚丙烯材料应具有耐冲击、韧性好的特点。由于我国各地气候温差变化很大,就要求汽车保险杠材料要有良好的耐候性。普通的注射级聚丙烯简支梁冲击强度一般为 2.2~2.5kJ/m^2(23℃)。为了提高它的冲击强度,通常用 EPR、EPDM、SBS 或其他热塑性弹性体与 PP 共混,特别是 EPDM 与 PP 结构相似,相容性较好,改性后的 PP 冲击强度提高幅度最大。中石化北京化工研究院用 EPDM 与 PP 共混改性成功地研制出保险杠专用料，其简支梁冲击强度达到 $72kJ/m^2$，其他性能指标均达到国外同类产品的水平。该种专用料已大量地应用于桑塔纳轿车等保险杠的生产。金陵石化公司研制的 PP/EPR/FE 共混增韧的改性聚丙烯保险杠专用料，常温下悬臂梁缺口冲击强度已达到 $500J/m$，经昆山、丹阳等有关厂家注塑保险杠实验证明，该种材料生产工艺平稳，保险杠脱模后，外形尺寸稳定。国内一些科研及生产单位已研制出高流动性、高耐冲击聚丙烯专用料，非常适合生产高档轿车保险杠，性能已达到国外同类产品的水平。例如，上海交通大学应用动态硫化技术研制出橡塑共混的聚丙烯新型材料，江苏油田某工程塑料厂应用聚烯烃弹性体（POE）对 PP 进行增韧改性，成功地生产出保险杠合金材料，对于国产（包括引进合资车型）各类中、高档轿车及经济轿车、轻卡、微型轿车保险杠专用料的 80% 已经实现国产化。

在整车外表面定型后，要进行保险杠的结构设计。首先考虑保险杠与其他车身部件的搭接关系，进行安装结构设计；其次进行保险杠的本体设计。为了保证前保险杠与散热器罩、前大灯的间隙以及安装效果，上部与机舱总成共设计至少 5 处装配关系。为了保证前保险杠与前翼子板之间的间隙及安装效果，侧上部与前翼子板共设计至少 4 处装配关系。为了保证前保险杠与车身的整体性和牢固性，下部与车身其他部件共设计 3 处装配关系。同时要考虑前拖钩、前雾灯、前牌照、散热器罩的位置及安装方式。为了保证后保险杠与后组合灯、行李箱盖、侧围及后围之间的间隙以及安装效果，上部与后围总成设计 4 处装配关系、与侧围总成设计 4 处装配关系，下部与后围总成、密封挡泥板等设计 4 处装配关系，同时应考虑后拖钩、后牌照、后牌照灯及排气管的位置以及安装方式。

保险杠不论内、外表面的转折处均应设计成圆角，这样不但机械强度高，外观漂亮，塑料在型腔里流动也比较容易。否则，保险杠在使用时夹角处易受压而破坏，成型冷却时易产生内应力和裂纹。保险杠应壁厚均匀、厚薄适当且不应有突变，厚薄不同的部位应逐渐过渡。在成型过程中，收缩和硬化同时发生，薄的部分比厚的部分冷却快，厚的部分比薄的部分收缩量大，这样容易产生翘曲。保险杠的基础厚度一般为 3～3.5mm。为了使保险杠从模具内取出或取出型芯时，不产生表面划伤和擦毛等情况，制品内外表面沿脱模方向都应有倾斜角度，即脱模斜度。脱模斜度的大小与塑料的性质、收缩率大小、壁厚和形状有关，也和制品高度、型芯长度有关。最小脱模斜度为 15′，通常取 0.5° 即可。在不影响制件装配要求的情况下，脱模斜度应尽量取大一些，一般为 0°～3°。在不增大制品厚度的情况下，采用加强筋能够增强制品的机械强度，同时还可以防止制品的翘曲。加强筋和制品壁的连接处及端部，都应用圆弧相连，以防止应力集中而影响制品质量。设计加强筋应注意掌握以下几点：①厚度应小于制品厚度，以免产生瘦陷（塑痕）；②高度不宜过大，否则会使筋部受力破坏；③设置方向应与槽内料流方向一致，以免由于料流的干扰而损害制品的质量；④多条加强筋要分布得当，排列应互相错开，以减少收缩不匀而引起破坏；⑤不应设置在大面积制品的中央部位，如非设置在中央不可时，则应在其相对应的外表面上加设槽沟，以免消除可能产生的流纹。保险杠上各种形状的孔应尽可能开设在不减弱制品机械强度的部位，其形状也应力求不使模具制造工艺复杂化。相邻两孔之间和孔与边缘之间的距离，通常都与孔径相等。

（2）汽车保险杠材料的发展　有资料显示，目前汽车工业发达的德国、美国、日本等国的汽车塑料用量占整个汽车质量已达到 10%～15%，有的甚至达到 20% 以上。美国通用电器公司塑料部认为，今后塑料在汽车工业中应用的年增长率将达 10%～12%。在车用塑料品种的构成中，欧洲和日本较为相近，主要以 PP 为主，约占总量的 28%，其中 80% 以上用于保险杠生产。这不仅因为 PP 成本低，更因为其具有轻量、可循环再用等独特优势。国外对塑料汽车保险杠的研究起步较早，20 世纪 60 年代就已形成商品化生产规模，当时主要选材为 PU 和 PC/ABS 合金。进入 20 世纪 80 年代后，PP 改性材料成为制作保险杠的首选材料。近年来，随着高分子合金、复合、动态硫化、相容剂及共混理论与技术的发展，PP改性材料不断适应各种汽车保险杠用材料的要求，正在逐步代替其他保险杠材料，使用 PP改性材料生产的保险杠已占 70%，已成为汽车保险杠材料的主流。

目前聚丙烯汽车保险杠专用材料主要以 PP 为主材，加入一定比例的橡胶或弹性体材料、无机填料、色母粒、助剂等经过混炼加工而成。以 PP、EPDM、$CaCO_3$ 等为原料研制的保险杠专用材料的拉伸强度、弯曲模量值均较高，材料成型流动性能良好，成型收缩率稳定，符合汽车保险杠材料及总成性能指标规定和要求。以 PP 为基体树脂、以 EPR 为增韧剂，辅以少量 PE，通过交联改性，并添加一定量的刚性无机填料，可制成超高冲击强度保险杠专用材料，技术工艺较容易掌握，生产工艺稳定，成型性能良好，产品外形尺寸稳定。以 PP 为基体树脂，以一种新型聚烯烃热塑性弹性体乙烯-辛烯共聚物（POE）为增韧剂，乙烯-丁烯共聚物为助增韧剂，用处理过的 $CaCO_3$ 为无机增刚、增韧填充剂，通过动态微交联技术，制成聚丙烯汽车保险杠用材料，性能达到相关指标的要求。采用国产设备、国产聚丙烯，选择合适的工艺和先进的配方，完全可以生产出合格的轿车用保险杠料，达到进口料的标准。表 9-2 列出了国内主要生产或研制单位提供的、可供制作汽车保险杠聚丙烯材料的技术指标。

表 9-2 国内汽车保险杠用改性聚丙烯材料的技术指标

技术指标	对引进车型的要求	中石化扬子公司 YAZ-1	中科院化学所	长春应化所	清华大学	中石化北京化工研究院	中石油辽阳化纤公司
密度/(g/cm³)	0.87~0.92	0.91~0.97	—	—	—	—	—
熔体流动速率/(g/10min)	4~7	2~6	5~7	4~6	5	3.95	5
拉伸强度/MPa	≥16	16~20	16.5~19	18~28	15~33	19	—
伸长率/%	400	200~500	>500	500~800	200~760	>360	—
弯曲强度/MPa	—	—	—22	17~21	19~24	—	23.0
弹性模量/MPa	800	600~900	—	—	—	935.2	—
缺口冲击强度/(kJ/m²)(23℃)	≥600	400~650	600~750	490~784	—	720	500
（-30℃)	—	—	90~120	≥98	—	—	—
热变形温度/℃	85	85~90	—	—	—	94.5	90
洛氏硬度(R)	40~65	40~55	—	—	—	—	—
收缩率/%	—	1.2~1.4	—	—	—	0.95~1.05	—

根据国内厂家的技术指标和汽车厂家的要求，国家制定并发布了《塑料汽车用聚丙烯（PP）专用料 第 1 部分：保险杠》（GB/T 24149.1—2009），其中对汽车保险杠用聚丙烯专用料的性能要求见表 9-3。

表 9-3 汽车保险杠用聚丙烯专用料的性能要求

序号	项目	单位	PPB,M00—10	PPB,M00—18	PPB,M10—10	PPB,M10—18	PPB,M10—30	PPB,M15—10	PPB,M15—18	PPB,M15—30	PPB,M20—10	PPB,M20—18	PPB,M20—30
1	密度	g/cm³	0.89<ρ≤0.93		0.93<ρ≤0.99			0.99<ρ≤1.03			1.03<ρ≤1.10		
2	灰分(质量分数)	%	0~5		5~13			12~18			17~27		
3	熔体流动速率	g/10min	10±3	18±5	10±3	18±5	30±7	10±3	18±5	30±7	10±3	18±5	30±7
4	拉伸屈服应力	MPa	≥17	≥16	≥17	≥17	≥16	≥17	≥16	≥16	≥17	≥16	≥16

续表

序号	项目	单位	PPB,M 00—10	PPB,M 00—18	PPB,M 10—10	PPB,M 10—18	PPB,M 10—30	PPB,M 15—10	PPB,M 15—18	PPB,M 15—30	PPB,M 20—10	PPB,M 20—18	PPB,M 20—30
5	弯曲模量	MPa	≥800	≥700	≥950	≥900	≥1100	≥1100	≥1100	≥1100	≥1250	≥1250	≥1250
6	负荷变形温度	℃	≥70	≥70	≥75	≥75	≥70	≥80	≥80	≥80	≥85	≥85	≥85
7.1	简支梁冲击强度	kJ/m²	≥35	≥35	≥35	≥30	≥30	≥35	≥30	≥25	≥35	≥30	≥25
7.2	简支梁缺口冲击强度	kJ/m²	≥3.5	≥3.5	≥3.5	≥3.0	≥3.0	≥3.5	≥3.0	≥2.5	≥3.5	≥3.0	≥2.5
8.1	色差	—	$\Delta E \leqslant 3.0$										
8.2	外观	—	表面无粉化、破裂或龟裂、变形等异常										
9	耐化学性	—	无溶解、膨胀、波纹、褶皱、裂纹、剥落、起泡等										
10	模塑收缩率	%	供方提供										

注：仅用于暴露光线下的制件，在340nm累计辐照能量为2500kJ/m²。

20世纪90年代初，欧洲约有85%的保险杠用EPDM改性PP制作，后来提高到95%。日本在塑料保险杠的开发方面始终处于世界前列，20世纪90年代日本大约80%的保险杠用改性PP制成。日本窒素公司开发了一系列用于汽车保险杠的高结晶PP，日本本田CR-X型汽车是世界上较早采用注射模塑法生产改性汽车保险杠的汽车。日产汽车公司和三菱油化公司也研制出由PP嵌段共聚物、苯乙烯弹性体和聚烯烃系乙丙橡胶3种组分配成的新材料制作的保险杠。该保险杠具有高刚性、耐冲击性、抗损伤，并具有良好的光泽、弹性和可涂装性，具有装饰美观、可注射成型等特点，性能与聚氨酯差不多，成本则降低10%~20%。日本三井化学也研制出由PP嵌段共聚物、弹性体和滑石粉配成的材料（TPO）制成的保险杠，综合性能良好。1991年，丰田汽车公司将纳米PP复合材料用于汽车前、后保险杠，使原来保险杠的厚度由4mm减至3mm，质量减轻约1/3。据报道，北美汽车工业TPO使用量的年增长率超过10%。2005年，TPO在北美塑料保险杠市场所占份额达75%，而RIM聚氨酯和PC/PBT则将下降到20%和1%。美国GM公司正在广泛采用TPO取代RIM聚氨酯作为保险杠，福特公司正逐步停用PC/PBT保险杠。克莱斯勒公司长期以来一直使用TPO保险杠，并计划用TPO取代其他材料。TPO在市场上所占份额持续上升的一个重要原因就是材料性能的改善和价格的降低。

国外一些公司开发了许多回收PP/EPDM汽车保险杠的方法，如德国大众汽车公司采用先粉碎、清洗，然后再造粒及模塑的方法，这种方法简单可行、效率高。也有一些公司将回收的PP/EPDM汽车保险杠先粉碎，然后用二甲苯作溶剂分离聚合物。日本汽车公司则先除去保险杠的涂料，然后再加工成新的汽车保险杠。再生的PP/EPDM汽车保险杠与新生产的PP/EPDM汽车保险杠一样，可装在汽车上使用。欧洲汽车保险杠材料大多采用德国BASF的产品。表9-4列出了国外主要生产或研制单位提供的制作汽车保险杠的聚丙烯材料的技术指标。

表9-4 国外汽车保险杠用聚丙烯材料的技术指标

技术指标	Amoco公司		NS Himont SP1041	蒙特爱迪生公司						三菱油化	三井 Noblen		
	3143	3243		SP32 G81-1080	SP25 G81-1066	SP25/ G81-1066	SP150 G81-0099	SP25 GN	SP200 G31-1081		BP-B6	BP-BM	BP-A9
熔体流动速率/(g/10min)	2.5	5.0	4	3.6	3.1	2.2	3.8	3.3	4.4	1.7~2.2	10.0	10.1	7.0

续表

技术指标	Amoco 公司		NS Himont SP1041	蒙特爱迪生公司						三菱油化	三井 Noblen		
	3143	3243		SP32 G81-1080	SP25 G81-1066	SP25/ G81-1066	SP150 G81-0099	SP25 GN	SP200 G31-1081		BP-B6	BP-BM	BP-A9
拉伸强度/MPa	26.09	25.40	17	23	26	25	16	23	17	15～33	15	18	14
伸长率/%	>200	>200	>400	500	142	174	500	500	500	200～760	>500	>500	>500
弯曲强度/MPa			20.5	30	31	31	22	28	30	19～24	19	23	16
简支梁冲击强度/(kJ/m²)	694.2	587.4		500						490	19	23	16
简支梁缺口冲击强度/(kJ/m²)				100	69	53	62	95	76	82	44～98	不破坏	不破坏	不破坏
热变形温度/℃	82.2	98.8		108	108	99	85	98	97	—	86	102	98
洛氏硬度(R)	82	84		75	79	78	60	70	63	—	46	38	50
收缩率/%	—	—									1.0～1.1	1.1～1.2	1.0～1.1

9.2.2 汽车保险杠的涂装工艺

保险杠是汽车上较大的覆盖件之一,它对车辆的安全保护、造型效果等有着较大影响。汽车保险杠分为前杠和后杠,其主体一般由骨架、面罩和横梁三层结构组成。随着人们审美意识的变化,对汽车外观的要求越来越苛刻。保险杠喷漆后可与车身同色,且有光泽,使汽车在外观上更加具有整体感,还可掩盖塑料表面的花纹或划伤等缺陷,并提高表面硬度,而且在耐候性、耐化学品性、防尘性等方面也得到提高。因此,如何对 PP 塑料保险杠进行涂装成为人们关注的课题。

9.2.2.1 涂装前处理

聚丙烯本身是一种低极性的高聚物,表面张力低,对改性 PP 汽车保险杠的涂装有不良影响。因此在喷涂前必须对基材进行适当的前处理。前处理方法可分为化学方法(包括化学浸蚀、化学氧化、表面反应、辐射反应及等离子体聚合反应)和物理方法(火焰法、电晕法、等离子体、离子束、紫外线、激光及 X 射线法等)两种方法。PP 涂装前处理用得比较多的方法有火焰、等离子、电晕法或二苯甲酮/紫外线法。经过不同的前处理(酸洗除外)后,PP 材料表面的 C—C 或 C—H 键发生氧化,产生 C—O、C═O 和—COO—官能团。火焰法是应用较为普通的一种方法,它用火焰的气化焰部分与 PP 材料表面接触直至表面光滑为止,以使其表面氧化,增加极性,但耐老化性差,大约 1 年后黏合强度下降,并且往往有火焰处理不到的部位。因此寻找一种无需火焰处理的底漆,就成为保险杠涂装的发展方向。在改性 PP 底材涂装以前,先用低固体分氯化聚烯烃(CPO)的溶液喷涂 1 层 2～3μm 的薄过渡层也是改进其表面极性行之有效的办法,工艺流程见图 9-3。

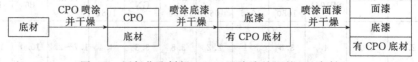

图 9-3 用氯化聚烯烃(CPO)溶液处理的 PP 底材

但这种方法用于处理改性 PP 保险杠时，要增加额外施工步骤，增加成本，同时由于 CPO 为透明液体，在整体上容易有厚薄不均匀现象，难以遮盖毛坯带来的缺陷。

9.2.2.2 涂装用涂料

对涂料的性能要求有：①附着力极佳，施工工艺简化；②涂料可覆盖整个底材，无薄弱部位，遮盖磨痕及毛坯带来的缺陷；③固体分高，施工黏度下固体达到 20％；④无需火焰处理的底漆涂膜厚度应要求在 $5 \sim 10 \mu m$。

在汽车保险杠涂料材料体系中，PP 用底漆、金属闪光漆及罩光清漆（或实色漆）都有一个共同点，即环境保护，其重点是降低在施工和漆膜形成过程中溶剂的挥发量。表 9-5 列举改性 PP 保险杠常用涂料体系，表 9-6 为 PP 塑料用配套涂料体系及参考配方。

表 9-5　改性 PP 保险杠常用涂料体系

涂料体系	颜色要求	光泽	烘烤	涂料类型
PP 用底漆	浅灰色	低	自干/低温	单组分改性丙烯酸树脂漆
二涂层（实色漆/金属闪光漆）	与车身同色	金属闪光漆:低 实色漆:高	低温	实色漆:双组分丙烯酸漆;金属闪光漆:改性聚酯漆;改性丙烯酸漆
三涂层（实色漆/罩色清漆）	与车身同色	实色漆:高 罩色漆:高	低温	实色漆:双组分丙烯酸漆;罩色:双组分丙烯酸漆

表 9-6　PP 塑料用底漆、金属闪光漆、罩光漆及固化剂配方

原材料	质量分数/％	备注
44％ 603(PP 改性丙烯酸漆)白色浆		
603	40	专用改性丙烯酸树脂
BAC	5	
XY	5.5	
10％ Benton38	3	膨润土
141	0.3	BYK 助剂
50％Reybo57	1.2	美国宝瑞分散剂/香港劲辉化工公司
R930	45	石原金红石钛白粉
PP 底漆(灰色)		
40％603 白色浆	55	专用改性丙烯酸树脂白色浆
603	20	专用改性丙烯酸树脂
XY	4	
BAC	7.4	
CAC	3.4	
5％603 黑色浆	5	
300	0.2	Tego
VE-507	5	美国助剂
金属闪光漆		
5060	7	Toyo(日本)
XY	7	
PX-01	40	丙烯酸树脂
20％CAB/480 分散蜡混合物	30	Eastman/香港劲辉化工公司
P201 防尘蜡	2	Dechem
MS1	13	混合溶剂
1％催干剂		催化剂
罩光清漆		
5070	65	上海高点化工丙烯酸树脂
MS1	20	混合溶剂
1％催干剂	1	催化剂
PX-02	14	专用高固含量丙烯酸树脂

续表

原材料	质量分数/%	备注
HNA 固化剂		
3390	60	Bayer
BAC	25	
XY	15	

9.2.2.3 涂装材料体系化学组成的选择

改性 PP 塑料是一种高分子材料，相对于金属车身底材，其表面极性和表面张力都非常低。为了保证与底材良好的附着性，底漆用树脂应选择具有一定量的极性基团，有利于附着力的提高（如上述将氯化聚烯烃引入底漆中，设计成无须火焰处理的底漆）。另外，汽车是户外用品，在时间和地域上跨度较大，还要经受酸雨、雪、公路上盐水等的浸蚀，在注重面漆装饰性的同时，还必须考虑其防护效果。长期的户外使用要求保光保色性好，还必须具备与车身高温漆同等的耐湿热、耐盐雾、耐紫外线、耐化学溶剂性和耐划伤等性能，同时还应具备优良的柔韧性。故可选择耐候性及综合性能较好的双组分丙烯酸聚酯漆。

在具体合适的改性 PP 保险杠涂装材料体系中，还必须考虑汽车厂所采用的技术标准和工艺流程及技术要求，涂膜性能技术标准见表 9-7。

表 9-7　PP 保险杠涂膜性能

检测项目	技术指标	检测方法
漆膜外观及颜色	平整光滑、符合标板	目测
光泽度(20°)	≥90	GB/T 9754—2007
附着力(划格法)/级	0	GB/T 9286—1998
耐水(二次循环,40℃温水,240h)	外观无异常	—
耐水(二次循环,50℃,相对湿度95%,240h)	外观无异常	—
鲜映性	≥0.6～0.8	KD-123-23
耐酸性 0.05mol/L H_2SO_4(25℃)	24h 不起泡、不发糊、无斑点,允许轻微色相变化	GB 1763
耐碱性 0.1mol/L NaOH(25℃)	24h 不起泡、不发糊、无斑点,允许轻微色相变化	GB 1763
耐水性(25℃温水)	10 个循环不起泡,允许轻微变化	GB 1733
耐汽油性	24h 不起泡、不发糊、无斑点,允许轻微色相变化	GB/T 173—1993(甲法)
耐溶剂性(二甲苯擦拭,反复8次)	擦痕轻微	—
耐老化(600h)	颜色轻微变化,色差 $\Delta E \leqslant 3$,失光率≤15%	GB 1865

注：上述性能指复合涂层，即底漆＋着色漆＋清漆；上述漆膜性能的检测必须在烘烤出炉48h后进行；50℃温水浸泡8h，晾干 8h 为 1 个循环。

9.2.2.4 涂装工艺

（1）塑料保险杠涂装工艺流程　塑料保险杠涂装工艺（"三涂一烘""湿碰湿"施工工艺）流程如图 9-4 所示。

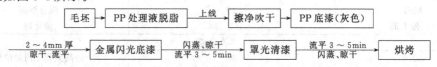

图 9-4　塑料保险杠涂装工艺流程

（2）施工工艺参数　塑料保险杠涂装工艺参数见表 9-8。

表 9-8　塑料保险杠涂装工艺参数

施工工艺	喷涂参数
喷枪	喷嘴：1.4mm
施工黏度(涂-4 杯)/s	实色漆：18～21[(23±2)℃]；闪光
	漆：13～14[(23±2)℃]
	底漆：13～14[(23±2)℃]；罩光
	漆：18～19[(23±2)℃]
喷涂压力/MPa	0.3～0.4
喷漆道数	湿碰湿(实色漆)2 道,(闪光漆)3 道; (每道喷涂工序前闪蒸 3～5min)
喷漆室温度	冬天：(18±2)℃ 夏天：(25±2)℃
推荐干膜厚度	10～15μm,个别颜色(如红色)允许达到 25μm
干燥条件：自然干燥	144h
强制性干燥	(75±5)℃(25～30min)

（3）施工步骤

①PP 底漆用专用稀释剂稀释；②金属闪光漆用专用稀释剂稀释，漆料与 HNA 固化剂以 10∶1 的比例配制；③单元清漆或实色漆均用专用稀释剂稀释，如涂罩光清漆，其与 HNA 固化剂之比为 3∶1；如涂实色漆，其与 HNA 固化剂之比为 4∶1。

9.2.2.5　保险杠涂装漆膜弊病及解决方法

漆膜弊病的产生与生产设备、施工环境、人员及涂料等几大因素有关，但经常出现的弊病无疑有其内在规律。改性 PP 汽车保险杠漆膜弊病有其本身特殊性，也有很多地方可以借鉴高温烤漆的经验，常见漆膜弊病见表 9-9。

表 9-9　涂装中可能出现的漆膜弊病及解决方法

漆膜弊病		影响因素	解决方法
底漆	咬底	着色漆溶解性强	调整溶剂组成
		底漆未干透	调整底漆溶剂组成,适当增加闪蒸时间
		底面漆之间配套性差	用同一供应商底面漆
	附着力差	PP 底漆配方不合理,底漆膜厚度不够	改进底漆的配方,底漆膜厚保证在 5～8μm
		压缩空气含油、水等物	定期排放分离器中的油和水
		操作者手上有油污	使用专用手套
	硬度低	烘烤温度低	温度控制在(75±5)℃,选择硬度较高的清漆
		漆膜过厚	降低施工黏度或出漆量
		双组分漆固化剂加量少	正确调配漆
着色漆	斑点	喷漆室温过高	降温
		喷漆压力过高造成铝粉突变	降低喷涂压力、增大枪距、减少扇弧
		喷得过薄造成铝粉定位不好	均匀喷漆,遮盖好
	透印	漆膜太薄	均匀遮盖
		打磨手法不对,特别是浅色漆	改正打磨手法,湿磨,圆磨
		溶剂挥发太快	添加慢挥发溶剂
	雾状物	溶解力差,放置时间太长	交换溶剂,配好清漆最好在 2h 内用完
		罩光时着色漆未干透	增加着色漆闪蒸时间

续表

漆膜弊病		影响因素	解决方法
清漆	流挂	溶剂挥发慢	改变溶剂配方或添加防流挂树脂
		湿膜喷涂太厚	正确喷涂,增大喷枪扇弧及减少输漆量
	缩孔	清漆喷涂太厚,有油污	清理空气干燥器
		设备中有润滑油或机油	擦拭干净
		金属闪光漆与清漆表面张力不配套	调整清漆流平性能

9.2.2.6 汽车保险杠用改性聚丙烯的发展趋势

韩国 PR-Tech 公司正在开发空心玻璃微珠强化低密度 PP 复合材料作为汽车保险杠材料,用低密度的玻璃微珠代替滑石粉或部分代替滑石粉,通过改变玻璃微珠大小和含量的最佳化,保持 PP 复合材料的性能,同时轻量化 10%,成型稳定性和内划伤性提高(从 3.0 级提高至 3.0~3.5 级)。空心玻璃微珠有如下特点。

形状:有薄壁的中空球体。

组成:钠钙硅玻璃、硼硅酸盐玻璃。

密度:$0.6g/cm^3$(滑石:$2.7g/cm^3$)。

颗粒大小:$30\mu m$。

壁厚:$1.3\mu m$。

空心玻璃微珠在 PP 中的分散如图 9-5 所示。

图 9-5　空心玻璃微珠在汽车保险杠改性 PP 中的应用

9.3　汽车仪表板用改性塑料

汽车仪表板是汽车上的重要功能件与装饰件,是一种薄壁、大体积、上面开有许多安装仪表用孔和洞的形状复杂的零部件,是安装汽车各类仪表的支架,位于驾驶室的前部。根据车的种类不同,可分为主仪表板和副仪表板。目前,国外汽车仪表板主要是用 ABS 塑料和改性聚丙烯制造的。在我国,轿车、微型轿车、面包车和农用车的仪表板是用改性聚丙烯生产的。中石化北京化工研究院应用 EPDM、滑石粉等材料与 PP 共混,生产的 APD-121 仪表板专用料经天津某塑料制品有限公司生产成仪表板,大量地应用于中国一汽集团天津夏利系列轿车。该种材料流动性好,冲击性能高,制品收缩率低。中国石化洛阳石化总厂在 PP 共混改性研究中,应用三元共混增韧体系,在 PP F401 粒料和粉料的基础树脂中,加入增韧剂 EPDM、相容剂 LLDPE 和成核剂等材料进行共混改性,生产出汽车仪表板专用料。这种料具有表观性能好、力学性能高、流动性能优良、收缩率小等特点。

9.3.1　汽车仪表板种类

汽车仪表板的结构和用材多种多样,但基本上可以分为硬质和软质仪表板两大类,如图

9-6 所示。

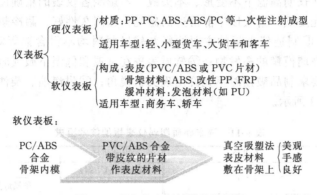

图 9-6　汽车仪表板的结构和用材

硬质仪表板结构简单，主体部分为同一种材料构成，多用于载重汽车、客车及中低档轿车上，一般不需要表皮材料，采用直接注射成型；软质仪表板由表层、缓冲层和骨架三部分构成，使用多种材料。常用表皮材料有 PU、PP、ABS/PVC 合金、天然皮革等，多用于轿车，其优缺点、制造方法和用材见表 9-10。

表 9-10　硬质和软质仪表板的对比

项目	硬质仪表板	软质仪表板	
制造方法	注射成型 手糊成型 冲压成型	表皮：真空成型 骨架：塑料注射成型、模压成型、吸塑型或金属冲压成型 缓冲材料：PU 浇注成型	表皮：搪塑成型 骨架及缓冲材料：成型方法同真空成型
使用材料	改性 PP、ABS、改性 PPO 等	表皮：PVC/ABS 缓冲：半硬质 PU 骨架：ABS、钢板、PP/木粉、硬质板	表皮：天然皮革 其他材料：同真空成型
外观手感	差	较好	很好
花纹	差	较好	很好
生产周期	短	较长	较长
制造成本	低	中等	高
使用车型	大客车、载货车、低档轿车	中级轿车	高级轿车

除了上面介绍的两种仪表板外，还有钢板冲压成型再焊接、涂装制造的钢质仪表板，钢质仪表板外层包覆人造革后制成的半软化仪表板、木质仪表板等。今后，汽车制造业中最普遍使用的仍是注塑成型法和真空吸塑成型法生产的塑料仪表板，部分高档轿车可能使用搪塑成型法和使用天然皮革包覆仪表板。

9.3.2　汽车仪表板的技术要求

仪表板是汽车上主要的内饰件之一，在强度上要求能承受各种仪表和音响设备以及管线接头的负荷，并能耐前挡风玻璃透过来的太阳光辐射热和发动机散热引起的高温。从安全角度出发，要求仪表板具有吸收冲击能、防眩和难燃性能。在发生汽车冲撞时，保护乘员的吸收冲击能标准参见 FMVSS No.201、ADR No.21 条款，防眩标准参见 ADR No.18、FM-VSS No.17 条款，难燃性标准参见 FMVSS No.302 条款。在设计和选择仪表板材料时，必须考虑满足上述规定标准的技术要求。

总之，汽车仪表板应该具有以下性能特点：①有足够的强度、刚度，能承受仪表、管路和杂物等的负荷，能抵抗一定的冲击；②有良好的尺寸稳定性，在太阳光辐射和发动机余热的高温下不变形；在长期高温下不变形、不失效、不影响各仪表的精确度；③有适当的装饰性，格调优雅，反光度低，给人以宁静舒适的感觉；④耐久性好、耐冷热冲击、耐光照，使用寿命 10 年以上；⑤制造仪表板的主要原料及辅助材料均不得含镉等对人体有害的物质；⑥不允许产生使窗玻璃模糊的挥发物；⑦软质表皮在常温和低温下破损时，应韧性断裂，而不应脆性断裂，即要求制品破损时不允许出现尖状锐角；⑧耐汽油、柴油和汗液的腐蚀。具体技术要求如表 9-11 所示。

表 9-11　汽车硬质塑料仪表板的技术要求

技术项目	要求值	技术项目	要求值
熔体流动速率 /(g/10min)	5～7	阻燃性(UL94)	V-2
拉伸强度/MPa	20～30	耐光性	在氙灯照射箱内，黑板温度 (63±3)℃，相对湿度 50%±1%， 照射时间 400h，表面不变色、不褪色
缺口冲击强度/(J/m)		表面消光性/%	
20℃	>100	20℃	<0.35
−30℃	>40	60℃	<3.5
断裂伸长率/%	>100	产品冷热变形	(110℃×4h)→(室温×0.5h)→ (−30℃×1.5h)→(室温×0.5h) 为一个循环，共进行 2 个循环， 产品不发生异常
弯曲强度/MPa	>40		
弯曲弹性模量/MPa	>1200		
洛氏硬度	>70		
热变形温度/℃	>120		

改性聚丙烯的主要成分是聚丙烯、橡胶增韧剂和矿物填充剂。这种材料价格低，综合性能好，能满足汽车仪表板的性能要求，在汽车上的用量很大。

9.3.3　汽车仪表板的成型

(1) 真空吸塑成型　真空吸塑成型仪表板是当前国内外轿车生产中普遍采用的一种技术。国内两种产量较大的桑塔纳轿车和捷达轿车仪表板就是采用这种结构，CA141 载货车仪表板也是采用这种结构。虽然这种生产方法相对复杂一些，但由此生产出的仪表板缓冲作用好、安全性高、美观性强。主要生产设备有真空吸塑机、浇注成型机、浇注模具等。工艺过程为：塑料片材→真空成型→修剪→放入骨架→浇注发泡材料→取出修整→包装。

真空吸塑工艺和浇注发泡材料是两道关键工序。如果工艺条件控制不准，则易出现表皮破裂、厚薄不均、充不满和产生气泡等，表皮真空吸塑工艺参数为：预热温度 130℃，真空度<40kPa，冷却时间>10s。

(2) 浇注发泡　发泡缓冲层是 PU 半硬质泡沫塑料，将异氰酸酯和活性聚醚在高速混合浇注机内混合，混合后立即浇注。浇注模具装配在一圆形转台上，转台每 8min 转一圈，模具温度控制在 40℃左右；浇注 8min 后，将工件从模具内取出，再停放 4h 后熟化方可按动，经过 24h 后可以完全熟化。

半硬质泡沫塑料是 PU 塑料的一大品种。该类制品的特点是具有较高的压缩负荷值和较高的密度。它的交联密度远高于软质泡沫塑料而仅次于硬质制品，因而不适用于制造柔软的座椅材料，而大量应用于工业防振缓冲材料。它可以在物体受撞击时吸收冲击能量而避免损伤。半硬质泡沫塑料的加工工艺通常是采取模塑成型。其中，大多数是在乙烯基或其他塑料表面皮层内进行直接模塑发泡的。汽车仪表板的防振垫就是一例，它可以将 PVC 表皮层和内部金属部件同时很好地结合在一起，而这种截面较薄、结构较为复杂的构件，用其他泡沫防震材料是无法制得的。半硬质聚醚型 PU 泡沫塑料的主要技术要求见表 9-12。

表 9-12 半硬质聚醚型 PU 泡沫塑料的主要技术要求

项目	技术要求	项目	技术要求
拉伸强度/MPa	＞0.14	压缩强度/MPa	＞0.115
伸长率/%	＞50	压缩变形率/%	＜25
密度/(g/cm³)	＞0.14		

（3）表皮材料　真空吸塑成型仪表板的表皮为 ABS/PVC 合金片材，由压延工艺生产，成卷供应，厚度一般为 0.8～1.2mm，主要性能见表 9-13。

表 9-13 真空吸塑成型仪表板表皮材料 ABS/PVC 合金片材的技术要求

项目	技术要求	项目	技术要求
拉伸强度/MPa	＞16	热老化(110℃×48h) 拉伸强度变化率/% 伸长率变化率/%	10～20 ＜50
纵向伸长率/%	＞140	耐寒性(−30℃落球)	不裂
直角撕裂强度/(N/cm)	＞400	耐光性(氙灯照射 400h)	不变色
尺寸变化(170℃×5min)/% 纵向 横向	 ＜10 ＜4		

（4）注射成型　注塑成型汽车仪表板生产工序简单，生产周期短，成本低，是一种常见的汽车仪表板生产方法。用这种方法生产仪表板所需的主要设备有塑料注射机（注塑量 10000g 以上）和大型仪表板模具。用改性 PP 制造注塑成型仪表板的工艺过程为：原料干燥→注塑成型→修整→包装，相关注塑工艺条件见表 9-14。

表 9-14 汽车仪表板注塑成型加工条件

阶段	原料 干燥	第一段 加热	第二段 加热	第三段 加热	第四段 加热	注塑 过程	保压 过程	冷却 过程	模具 温度
时间/s	2400	—	—	—	—	10	20	50	—
温度/℃	80±5	230	230	220	210	—	—	—	40～60
压力/MPa						120	70		

9.4　汽车油箱用改性塑料

汽车塑料化是大势所趋，它主要基于三个理由：一是节能，二是提高功能，三是简化制造工序与工艺。汽车燃油箱是汽车部件中重要的机能件和安全件之一。传统的燃油箱是用金属制作的，由于金属加工的特殊性，成型较困难，且焊接缝处的强度也低，生产合格率较低，在使用中经常出问题。近年来，为了减轻汽车的重量以及降低成本，从金属材料到塑料材料的转化已是必然。

9.4.1　塑料燃油箱的特点

塑料燃油箱可以较好地解决金属燃油箱出现的问题，原因如下。

① 塑料的成型加工性好，易规模生产，简化生产制造工艺，改进安全工作状况。

② 塑料有极好的耐化学腐蚀性，塑料燃油箱有抵御水、污物及其他介质侵蚀的作用并免去维修的麻烦。

③ 塑料燃油箱的重量较金属轻，塑料相对密度仅为金属的 1/8～1/7，所以与同体积的

金属燃油箱相比较，其重量可大大降低，从而有利于减轻车重，提高车速，节省燃料；据资料统计，车重每减轻 1kg，则 1L 汽油可使汽车多行驶 0.1km。

④ 塑料燃油箱形状设计自由度大，空间利用率高，可以加工成各种复杂形状，有利于充分利用车体的空间，从而可以增加燃油的载重量，提高汽车的续航力。

例如，Passat 轿车塑料燃油箱重 3.5kg，容量 51L 加安全系数 7L，与金属燃油箱相比容量大 6L，质量轻 1.5kg。

⑤ 塑料燃油箱有较好的热绝缘性，在车辆着火时汽油柴油不会很快升温，可延迟爆炸而使乘员在意外事故中增加生存的希望。

⑥ 塑料燃油箱耐久性能优异，例如采用高分子量聚乙烯材料长期稳定性能好，从而可使燃油箱的使用寿命达 10 年之久。

⑦ 耐冲击强度好，当遇到碰撞时，塑料燃油箱在 −40～60℃ 的情况下，仍具有优良的抗冲击性能及其他力学性能。在常温下，无论是单层还是多层结构的塑料燃油箱，即使从 8m 甚至 10m 高处坠落到水泥地面上，也不易损坏，而金属燃油箱仅在 4m 高处落下，就会破损。可见塑料燃油箱抗冲击性能是金属燃油箱的 2～4 倍。

⑧ 燃油渗漏量小，按 ECE Regl No. 34 标准要求，在 (40±2)℃ 的环境中放置 56 天，最大平均燃油渗漏损失量为 20g/24h。由于燃油渗漏量小，排放到大气中的燃油蒸发污染物少，有利于减小环境污染。多层复合结构的塑料燃油箱的燃油渗漏量更小，最大平均燃油渗漏损失量小于 2g/24h，完全能满足美国 Shed 标准的要求。

9.4.2　汽车塑料燃油箱成型工艺

目前，汽车塑料燃油箱的使用受到广泛关注，进而其加工成型工艺得到广泛研究和开发，概括起来塑料燃油箱的成型工艺有以下几种。

(1) 回转成型　轻的金属模可安装在回转成型机的机架上进行三维方向旋转，塑料粉加入热模具内，当旋转时，塑料粉不断熔融粘贴在热模具内壁，待完全塑化达到要求厚度后，往模具夹套内注入冷水进行冷却，然后脱模得制品。该法的不足之处是很难保证转角处和狭窄断面处壁厚的均匀性。

(2) 阳离子聚合（单体浇铸）　阳离子聚合法是用己内酰胺单体注入受热回转模内，阳离子聚合，冷却脱模。其优点是模具造价低，易于喷漆。由于此法只限于浇铸尼龙，不能完全满足汽车燃油箱要求的条件，故通常不采用此法。

(3) 注塑　由于脱模受到限制，采用注塑生产燃油箱需分成两半件，然后再用黏合剂或热熔焊接将两半件黏合成整体。黏合强度往往随材料品种不同而有强弱，注塑模具又要承受高压（60～130MPa）注射，模具结构复杂，制造费用昂贵。注塑的优点在于获得的成品壁厚易于控制，非常均匀，而且在注塑模具内可以装配所需要的嵌件，可将燃油箱箱体与附属零部件注射组熔成一体。

(4) 真空吸塑成型　将塑料板材加热用真空吸塑成型制成燃油箱两半件，然后再用黏合剂或热熔焊接将两半件黏合成一整体。它与注塑的不同之处：前者不能制成形状结构复杂的箱体，而且无法在成型时装配各种嵌件，模具又多为铝合金材料，强度要求相对低，结构简单，因而造价也低；缺点是存在黏合问题。

(5) 中空吹塑　中空吹塑成型是制造燃油箱的最佳成型方法。目前塑料燃油箱主要采用此法。燃油箱中空吹塑成型时，物料连续加热熔融挤出，通过模芯模套由上往下挤出形成型坯，用两半（哈夫）模具将型坯夹紧，然后往型坯内鼓气吹胀贴牢，模腔内成型，经冷却脱模得成品燃油箱。该方法是最佳成型方法，既可以大规模生产，又简化生产工序，也不存在粘接问题。

9.4.3 汽车塑料燃油箱的材质及类型

由于燃油箱属于汽车的结构件、功能件，又是汽车中的重要安全部件之一，因此燃油箱的材质应具有耐寒、耐热、耐蠕变、耐应力开裂、耐大气老化、耐溶剂及化学药品等性能，而耐冲击、抗渗漏、阻燃、防爆等特性又尤为重要。鉴于此，塑料燃油箱的材料通常采用高分子量聚乙烯作为基材，辅以粘接和阻隔材料（尼龙或乙烯-乙烯醇共聚物，即 EVOH）。塑料燃油箱材料大体有两种类型：一种是分子量为 50 万～80 万的 HMWHDPE，经吹塑成型的单层结构的塑料燃油箱，其箱体内壁进行不同方法的表面处理，以提高其抗燃油的渗漏性，另一种是以 HMWHDPE 为基材辅以阻隔材料或粘接材料，吹塑成型制备的单层及多层复合结构的塑料燃油箱。

（1）单层 HMWHDPE 中空吹塑燃油箱　内壁进行表面处理的单层塑料燃油箱采用分子量为 50 万～80 万的 HMWHDPE 中空吹塑成型。为提高其抗燃油渗透性能，可在单层油箱吹塑成型后，对其内壁进行表面处理。其方法有 3 种。第一种是环氧喷涂法。此种方法较为落后，效果也差，现已基本被淘汰。第二种是磺化（SO_3 气体）处理法。到目前为止，该法属比较成熟的工艺，美国、日本等国家迄今还在使用。第三种是氟气（F_2）处理法。该方法是在吹塑成型过程中，同时向油箱内部吹入含有 1% 氟的氮气，使其油箱内层形成防燃油渗透的含氟层。经氟化处理后，油箱的渗透汽油量降低效果比较显著，可由 16g/24h 降至 0.5g/24h。但是，上述三种方法中的后两种方法均会造成公害，不宜采用。日本禁止采用氟化法，究其原因，不仅易造成二次污染，危害人体健康，而且设备投资大、气源困难、工艺复杂、难度大、成本较高。燃油箱用 HMWHDPE 牌号及性能见表 9-15。

表 9-15　燃油箱用 HMWHDPE 牌号及性能

厂家	BASF	Phillips	Hoechst	东燃石油化学	Solvay
国家	德国	美国	德国	日本	法国
牌号	Lupolen4261A	HXM50100	GMVP7746	B5742	ELTEXR SB71
材料形状	粒状	粉状	粒状	粒状	粒状
MFR(190℃,21.6kg)/(g/10min)	6	12	9	4	6
密度/(g/cm^3)	0.945	0.945	0.945	0.945	0.945
拉伸强度/MPa	35.7	33.0	31.1	34.0	35.0
断裂伸长率/%	760	800	740	750	>700
Izod 缺口冲击强度/(J/m)	340	330	340	330	330
弯曲模量/MPa	840	940	880	900	1100
分子量/万	50	—	60	—	>35

（2）阻隔性塑料合金材料的单层塑料燃油箱　制作单层塑料燃油箱的第一种阻隔功能聚合物合金材料是（HDPE/PA/相容剂）体系。在此体系中，PA 层状分散于 HDPE 中，随 PA 含量的增加和 PA 分散相的层化，HDPE/PA 共混物的阻隔性明显提高。其阻隔烃化合物气体性能比一般 HDPE 高 20 倍，且拉伸强度和抗冲击强度等性能也明显增高。改性 PA 添加量为 5%～18%。改性 PA 与 HDPE 粒状掺混后，直接吹塑，这种成型工艺使油箱壁形成不连续的防渗透层以达到阻隔燃油渗漏的目的。为获得理想阻隔形态的 HDPE/PA，必须保证在加工温度下 PA 熔体黏度大于 HDPE。为此，要选择恰当的加工温度。为了使 PA 分相延展成为层片状，挤出成型时，其螺杆的剪切速率应控制在 20～50s^{-1} 的范围内。制备层状分散形态的塑料合金技术是制造塑料燃油箱的关键技术之一。制作单层塑料燃油箱的第二种阻隔功能聚合物合金材料是杜邦公司研制成功的新型阻隔功能聚合物合金材料，商品名称为 SELAR RB-M。它以 5%～7% 的 EVOH 代替尼龙与 HDPE 混合，制成母料。EVOH 呈

盘状分散于 HDPE 中，使燃油箱形成不连续的防渗透层而起到阻尼渗漏作用。其阻隔性能比 PA 更好，且无污染、安全、成本低，并可使燃油箱的热变形温度和尺寸稳定性得到提高，是一种理想的阻隔材料，也是甲醇被推荐替代汽油用新燃料的理想阻隔材料。阻隔功能 HDPE/PA/相容剂合金性能见表 9-16。

表 9-16   阻隔功能 HDPE/PA/相容剂合金性能

项目	单位	HDPE	HDPE/PA(不均匀分散)	HDPE/PA/相容剂(粒状分散)	HDPE/PA/相容剂(层状分散)
组成(质量分数)	%	100	80/20	70/20/10	70/20/10
屈服强度	MPa	26.8	—	34.4	34.0
断裂强度	MPa	27.2	23.7	34.4	42.9
断裂伸长率	%	>300	—	300	>300
碳氢化合物气体阻隔性	—	1	1.3	1.3	20

(3) 汽车塑料燃油箱的检测   把原料吹塑成型制成塑料燃油箱成品，根据实物对燃油箱进行检测，美国和欧洲对汽车塑料油箱制定了严格的技术标准，目前常用的检测项目见表 9-17。

表 9-17   常用的汽车塑料燃油箱检测项目

检测项目	要求指标
坠落试验	箱体内注满冷冻液，在 -40℃ 环境中和常温放置 12h，由 10m 高度自由落下，箱体不破裂，不泄漏
摆锤冲击	箱体内注满冷冻液，在 -35℃ 环境中放置 12h，用 1t 重的摆锤，冲击能量为 4kJ，冲击后箱体不出现裂纹，不泄漏
尖锤冲击	箱体内注满冷冻液，在 -40℃ 环境中和常温放置 12h，用 14.7N 尖锤，冲击能量为 30J，冲击后箱体不出现裂纹，不泄漏
燃烧试验	箱体内注满 50% 燃油，置于直接、间接火焰上 120s，箱体不破裂和爆炸
耐热性试验	在 95℃ 的环境中加热 1h，无泄漏变形
耐冷热交变循环试验	按 80℃(16h)→室温(1h)→-40℃(6h)→室温(1h) 为一个循环，共 14 个循环后无泄漏变形
耐老化性试验	大气中暴露一年半后，性能无明显下降
耐压试验	箱体内注满液体，在 0.03MPa 的压力、53℃ 下，加压 5h，箱体不破裂，不泄漏
耐振动性试验	常温，振动加速度 28.4m/s^2，振动频率 33.3Hz，振动方向和时间：上下(4h)，左右(2h)，前后(2h)，不破裂、不泄漏
气密性试验	常温，充以 0.03MPa(表压)的气压，持续 30s 不得有任何渗透现象产生
渗透试验	箱体内注入 50% 含芳香烃的燃油，在 40℃ 温度环境中 8 周，按西欧、日本标准平均泄漏 <20g/d；北美、美国标准泄漏 <2g/d

展望未来，塑料燃油箱在汽车上的应用有着广阔的前景，广泛使用多层复合塑料燃油箱以替代金属燃油箱和单层塑料燃油箱将成为 21 世纪世界汽车工业发展的趋势。

9.5   汽车内饰件用改性塑料

汽车内饰件较早实现"塑料化"且用量大。目前汽车内饰件的塑料材料逐渐向高强、复合、美观、环保无气味等方向发展。汽车主要内饰件见图 9-7。

汽车内饰件材料要求如下：

① 耐热性：因夏季长时间光照，车厢内温度比较高，要求内饰件材料具有高耐热性；

② 耐老化性：包括热氧老化和光老化，防止部件老化变色、劣化；

③ 低气味性：为了驾乘人员的身体健康，材料应确保低挥发性、低气味；

④ 亚光性：为确保驾驶安全，选用哑光材料或哑光皮纹；

⑤ 耐刮伤性：要求材料具有一定的表面硬度和较低的摩擦系数，以防止刮伤起毛。

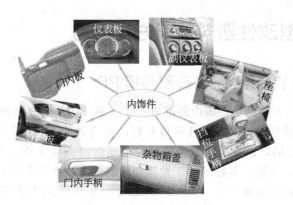

图 9-7　主要的汽车内饰件

汽车常用的内饰件及所选材料见表 9-18。

表 9-18　汽车常用的内饰件及所选材料

内饰件	主要原料	要求性能	可代替材料
方向盘	PP、PU、HDPE 等	耐热、手感好	热塑性弹性体
仪表盘	金属骨架＋半硬发泡 PU＋ABS 或 PVC 皮、ABS、ABS/PVC、PPO/ABS、增强 PP 等	耐光、抗冲击	冷硫化 PU、SMA、PC/ABS 等
仪表板芯	ABS	强度、涂漆性	增强 PP
仪表盖板	ABS	尺寸稳定、耐热	增强 PP
杂物箱	PP	铰链特性	—
仪表板底托架	PP	价格低	—
车门内手柄	ABS、PVC 皮＋PU＋PE	韧性好	热塑性 PU
坐垫、靠垫	软发泡 PU	回弹性高、柔软	—
头枕芯	半硬发泡 PU	柔软	—
暖风机壳	ABS 增强 PP	耐热强度	—
烟灰缸	PF	耐热	GFPBT
暖风机叶轮	POM	强度	—

车门内板的构造基本上类似于仪表板，由骨架、发泡材料和表皮革构成。红旗轿车和奥迪轿车的车门内板见图 9-8。

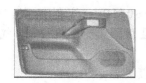
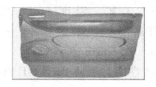

车门内板部分：

注塑成型
ABS骨架

衬有PU发泡材料的
涤纶表皮真空成型

复合在
ABS骨架上 { 有高强度　隔热性好　美观
形成一体

图 9-8　红旗轿车和奥迪轿车的车门内板结构及成型工艺

最近开发成功的低压注射-压缩成型方法是把表皮材料放在还未凝固的聚丙烯毛坯上，经过压缩成为门内板。表皮材料为衬有 PP 软泡层的 TPO，这类门板易回收再生。中低档轿车的门内板可采用木粉填充改性 PP 板材或废纤维层压板表面复合针织物的简单结构，即没有发泡缓冲结构，有些货车上甚至使用直接贴一层 PVC 人造革的门内板。

9.6 汽车新型改性塑料的配方与应用

9.6.1 汽车保险杠专用料——高刚超韧 PP

为了改善 PP 性能上的不足，国内外都进行了大量 PP 增韧改性研究，在多相共聚和共混改性方面取得突破性进展，共混改性简单易行，备受青睐。其中三元乙丙橡胶（EPDM）对 PP 有良好的增韧效果，该专用料无论在常温还是低温条件下均具有优异的抗冲击性能，而且具有优异的耐老化性能、良好的加工性能和涂装性能，在汽车保险杠材料方面获得广泛应用。但随着茂金属聚烯烃弹性体（POE）的出现，由于 POE 具有独特、优异的性能，迅速替代 EPDM 成为生产 PP 保险杠材料的主要增韧剂。因此，采用 POE 增韧 PP 可以制备出高刚超韧聚丙烯保险杠材料。

（1）配方 配方特点：采用共聚 PP 和均聚 PP 混合使用，可以保证材料的刚性和韧性平衡，采用高流动性 PP 和低流动性 PP 混合使用，可以保证材料的流动性处于适宜注射加工的范围内，同时具有高的韧性。采用 POE 进行增韧，增韧效果显著，材料的常温韧性、低温韧性都非常高，可保证汽车在严寒地区使用，具体配方如表 9-19 所示。

表 9-19 超韧 PP/POE 汽车保险杠新材料配方

序号	原材料名称	用量/kg	序号	原材料名称	用量/kg
1	PP K7726(燕山石化)	329.34	6	DLTP	2.4
2	PP 8303(燕山石化)	119.76	7	ZnSt	2.4
3	PP 2401(燕山石化)	89.82	8	炭黑	0.5
4	POE 8150(DuPont-Dow)	255.69			
5	1010	1.2			

（2）加工工艺 首先将各组分称量，放入高速混合机中低速搅拌 1min，然后高速搅拌 1min，出料，放入 TE-60（南京科亚公司产）双螺杆挤出机中，混合造粒即得成品。双螺杆造粒工艺条件：采用中等偏强剪切的螺杆组合；各段温度为：第一段 180℃，第二段 195℃，第三段 210℃，第四段 220℃，第五段 235℃，第六段 235℃，机头 230℃；螺杆转速 350r/min。

注射加工工艺：温度 190~210℃；压力 30~60MPa；注射速度：中-快；背压：0.6MPa；螺杆转速：20~70r/min；模具温度 40~60℃；排气口深度：0.0038~0.0076mm。

（3）参考性能 超韧 PP/POE 汽车保险杠新材料性能见表 9-20。

表 9-20 超韧 PP/POE 汽车保险杠新材料性能

性能	测试方法	数值
拉伸强度/MPa	GB/T 1040—2006	17
断裂伸长率/%	GB/T 1040—2006	500
弯曲强度/MPa	GB/T 9341—2008	18
弯曲模量/MPa	GB/T 9341—2008	700
悬臂梁缺口冲击强度(常温)/(J/m)	GB/T 1043—2008	750
悬臂梁缺口冲击强度(-40℃)/(J/m)	GB/T 1843—2008	320
热变形温度(1.82MPa)/℃	GB/T 1634.2—2004	102
成型收缩率/%		1.5
MFR(2.16kg,230℃)/(g/10min)	GB/T 3682—2000	2

9.6.2　超耐候性 PP/POE 汽车保险杠新材料

汽车保险杠长期在户外使用，对材料的老化性能要求很高。过去由于使用黑色或灰色保险杠，添加的炭黑在一定程度上减缓材料的老化，但不能完全达到防老化的目的，因此对 PP 保险杠材料还应该进行进一步防老化处理。虽然纯 PP 仅含单键，本身不吸收紫外线，但由于 PP 含有不饱和结构缺陷，合成和加工过程中残留的微量氢过氧化物、稠环化合物等光敏杂质会吸收紫外线而导致光降解，这对材料的老化性能不利。通过添加光稳定剂和抗氧剂，以其协同效应来提高 PP 耐候性，这种方法较为简单可行，是目前最实际、应用最广的方法，国内外已开发大量光稳定剂和抗氧剂。但要想使各种添加剂发挥较好的抗老化效果，它们的配比就有一个最佳配比。

（1）配方　超耐候 PP/POE 汽车保险杠新材料配方见表 9-21。

配方特点：采用受阻胺类光稳定剂和紫外线吸收剂并用，具有优异的协同效应，再加上酚类抗氧剂的作用，大大提高材料的耐老化性能，而且价格昂贵的 944、770、UV327 等添加量极少，材料的价格不至于增加太多，从而保持高的性能/价格比以提高市场竞争力。

表 9-21　超耐候 PP/POE 汽车保险杠新材料配方

序号	原材料名称	用量/kg	序号	原材料名称	用量/kg
1	聚丙烯 K7726,燕山石化	329.34	8	1010	1.2
2	PP 8303,燕山石化	119.76	9	DLTP	2.4
3	PP 2401,燕山石化	89.82	10	ZnSt	2.4
4	POE 8150,DuPont-Dow	255.69	11	炭黑	0.8
5	超细滑石粉,2500 目,云南超微新材料公司	110.26	12	受阻胺稳定剂 944,瑞士汽巴公司	0.2
6	铝酸酯偶联剂,河北辛集化工公司	1.0	13	紫外线吸收剂 UV327,瑞士汽巴公司	0.1
7	POE-g-MAH,海尔科化公司	30	14	光稳定剂 770,瑞士汽巴公司	0.1

（2）加工工艺　首先将各组分称量，放入高速混合机中低速搅拌 1min，然后高速搅拌 1min，出料，放入 TE-60（南京科亚公司产）双螺杆挤出机中，混合造粒即得成品。双螺杆造粒时采用强剪切螺杆组合；各段温度为：第一段 180℃，第二段 195℃，第三段 210℃，第四段 220℃，第五段 235℃，第六段 235℃，机头 230℃；螺杆转速 350r/min。

注射加工：温度 190～210℃；压力 30～60MPa；注射速度：中-快；背压：0.6MPa；螺杆转速：20～70r/min；模具温度 40～60℃；排气口深度：0.0038～0.0076mm。

（3）参考性能　超耐候性 PP/POE 汽车保险杠新材料性能见表 9-22。

表 9-22　超耐候性 PP/POE 汽车保险杠新材料性能

性能	测试方法	数值	性能	测试方法	数值
拉伸强度/MPa	GB/T 1040—2006	18	热变形温度(1.82MPa)/℃	GB/T 1634.2—2004	118
断裂伸长率/%	GB/T 1040—2006	420	MFR(2.16kg,230℃)/(g/10min)	GB/T 3682—200	1.5
弯曲强度/MPa	GB/T 9341—2008	22	老化后性能(紫外线加速老化,温度70℃,紫外线波长300nm,不淋水,实验时间168h):悬臂梁缺口冲击强度/(J/m)	GB/T 15596—2009	515
弯曲模量/MPa	GB/T 9341—2008	960			
悬臂梁缺口冲击强度(常温)/(J/m)	GB/T 1043—2008	550			
悬臂梁缺口冲击强度(-40℃)/(J/m)	GB/T 1843—2008	160			
成型收缩率/%	GB/T 15585—1995	1.3	拉伸强度/MPa		17.2

9.6.3　可漆性 PP/POE 汽车保险杠新材料

随着人们生活水平的提高，对汽车外观的要求也越来越高，不仅高档汽车保险杠采用整体喷漆装饰，而且中低档汽车保险杠采用整体喷漆装饰也越来越普及。因此，要求保险杠材料具有可漆性。由于保险杠的主体材料为PP和POE，均是非极性材料，表面能低，不易喷漆。所以研制可漆性PP保险杠材料是目前热点。提高PP/POE材料的可漆性，可在PP/POE中加入极性材料，但添加的极性材料要和PP具有一定的相容性。

（1）配方　配方特点：采用共聚PP和均聚PP混合使用，可以保证材料的刚性和韧性的平衡；采用高流动性PP和低流动性PP混合使用，可以保证材料的流动性在适宜注射加工的范围内，同时具有高的韧性。采用POE进行增韧，增韧效果显著，材料的常温韧性、低温韧性都非常高。采用超细滑石粉进行增刚，并对滑石粉进行铝酸酯偶联剂和POE-g-MAH双重处理，增加滑石粉和PP以及POE的界面黏结性，材料的刚性和耐热性大大提高，达到很好的韧性和刚性的平衡；同时，滑石粉具有极性，可增加材料的可漆性；加入PP-g-MAH，可进一步提高填料滑石粉与PP的界面结合力，由于酸酐基团含量增多，也提高可漆性。另外，加入EVA可进一步提高材料的极性，从而提高可漆性，也提高材料的抗应力开裂性能。通过上述多组分的共同作用，PP/POE保险杠材料的可漆性大大提高，见表9-23。

表9-23　可漆性PP/POE汽车保险杠新材料配方

序号	原材料名称	用量/kg	序号	原材料名称	用量/kg
1	聚丙烯 K7726,燕山石化	329.34	8	PP-g-MAH,海尔科化公司	20
2	PP 8303,燕山石化	119.76	9	EVA,VA含量25%	50
3	PP 2401,燕山石化	89.82	10	1010	1.2
4	POE 8150,DuPont-Dow	255.69	11	DLTP	2.4
5	超细滑石粉,2500目,云南超微新材料公司	110.26	12	ZnSt	2.4
6	铝酸酯偶联剂,河北辛集化工公司	1.0	13	炭黑	0.8
7	POE-g-MAH,海尔科化公司	30			

（2）加工工艺　首先将各组分称量，放入高速混合机中低速搅拌1min，然后高速搅拌1min，出料，放入TE-60（南京科亚公司产）双螺杆挤出机中，混合造粒即得成品。双螺杆造粒时采用强剪切螺杆组合；各段温度为：第一段180℃，第二段195℃，第三段210℃，第四段220℃，第五段235℃，第六段235℃，机头230℃；螺杆转速350r/min。

注射加工：温度190～210℃；压力30～60MPa；注射速度：中-快；背压：0.6MPa；螺杆转速：20～70r/min；模具温度40～60℃；排气口深度：0.0038～0.0076mm。

（3）参考性能　可漆性PP/POE汽车保险杠材料性能见表9-24。

表9-24　可漆性PP/POE汽车保险杠材料性能

性能	测试方法	数值	性能	测试方法	数值
拉伸强度/MPa	GB/T1040—2006	17	悬臂梁缺口冲击强度（-40℃）/(J/m)	GB/T 1843—2008	226
断裂伸长率/%	GB/T1040—2006	495			
弯曲强度/MPa	GB/T 9341—2008	21	成型收缩率/%	GB/T 15585—1995	1.3
弯曲模量/MPa	GB/T 9341—2008	920	热变形温度(1.82MPa)/℃	GB/T 1634.2—2004	115
悬臂梁缺口冲击强度（常温）/(J/m)	GB/T 1043—2008	610	MFR(2.16kg,230℃)/(g/10min)	GB/T 3682—2000	1.8

9.6.4　添加成核剂的PP/POE汽车保险杠新材料

近年来国内外出现采用β晶型成核剂增韧改性PP的新方法。它通过使PP中抗冲击性能较差的α晶型向抗冲击性能极好的β晶型转变达到增韧的目的，在不明显降低其他性能的情况下，可大幅度提高PP的抗冲击性能，是今后聚丙烯增韧改性的发展方向之一。

（1）配方　配方特点：添加β成核剂，使α-PP生成β晶型PP，减少POE用量，在保证韧性的同时使刚性有所提高，制备出性价比高、综合性能优异的汽车保险杠用 PP 刚性新材料，见表 9-25。

表 9-25　添加成核剂的 PP/POE 汽车保险杠新材料配方

序号	原材料名称	用量/kg	序号	原材料名称	用量/kg
1	PP K7726(燕山石化)	379.34	7	POE-g-MAH(海尔科化公司)	30
2	PP 8303(燕山石化)	119.76	8	1010(北京加成助剂研究所)	1.2
3	PP 2401(燕山石化)	89.82	9	DLTP(北京加成助剂研究所)	2.4
4	POE 8150(DuPont-Dow)	205.69	10	ZnSt	2.4
5	超细滑石粉,2500 目(云南超微新材料公司)	110.26	11	β 成核剂	1
6	铝酸酯偶联剂(河北辛集化工公司)	1.0	12	炭黑	0.8

（2）加工工艺　首先将各组分称量，放入高速混合机中低速搅拌 1min，然后高速搅拌 1min，出料，放入 TE-60（南京科亚公司产）双螺杆挤出机中，混合造粒即得成品。双螺杆造粒时采用强剪切螺杆组合；各段温度为：第一段 180℃，第二段 195℃，第三段 210℃，第四段 220℃，第五段 235℃，第六段 235℃，机头 230℃；螺杆转速 350r/min。

注射加工：温度 190～210℃；压力 30～60MPa；注射速度：中-快；背压：0.6MPa；螺杆转速：20～70r/min；模具温度 40～60℃；排气口深度：0.0038～0.0076mm。

（3）参考性能　添加成核剂的 PP/POE 汽车保险杠新材料性能见表 9-26。

表 9-26　添加成核剂的 PP/POE 汽车保险杠新材料性能

性能	测试方法	数值	性能	测试方法	数值
拉伸强度/MPa	GB/T 1040—2006	19	悬臂梁缺口冲击强度(−40℃)/(J/m)	GB/T 1843—2008	186
断裂伸长率/%	GB/T 1040—2006	450	成型收缩率/%	GB/T 15585—1995	1.4
弯曲强度/MPa	GB/T 9341—2008	24	热变形温度(1.82MPa)/℃	GB/T 1634.2—2004	118
弯曲模量/MPa	GB/T 9341—2008	1060	MFR(2.16kg,230℃)/(g/10min)	GB/T 3682—2000	2.5
悬臂梁缺口冲击强度(常温)/(J/m)	GB/T 1043—2008	575			

9.6.5　增强耐热改性聚丙烯仪表板新材料

PP 仪表板是近几年开发的新型汽车仪表板。在设计 PP 仪表板时，为提高材料的弯曲强度和弯曲模量，一般采用添加无机填料的办法，这是因为无机填料可提高材料的弯曲模量和热变形温度，减小成型收缩率。此外，作为无机填料的滑石粉增强效果好，且对拉伸强度的影响小。研究还表明，高目数的滑石粉比低目数的滑石粉增强效果好。这是因为滑石粉的目数越高，平均颗粒度越小，在 PP 中分散效果越好。

此外，由于 PP 是非极性有机物，具有疏水性，与无机物滑石粉的分子结构及物理形态极不相同，二者相容性差，黏合能力差，影响材料的性能。因此，在设计产品配方时还应加入偶联剂。采用橡胶增韧和矿物填充方法研制的改性 PP 专用料，较好地实现高韧性和高模量的统一，以 PP、橡胶、填料以及加工助剂通过双螺杆挤出机加工而成，关键技术是保证材料的刚性与韧性的平衡和高冲击性、耐热性，以及优良的成型加工性和尺寸稳定性。

（1）配方　配方特点：采用共聚 PP 和均聚 PP 混合使用，可以保证材料的刚性与韧性的平衡；采用高流动性 PP 和低流动性 PP 混合使用，可以保证材料的流动性在适宜注射加工的范围内，同时具有高的韧性。采用 POE 进行增韧，增韧效果显著，材料的常温韧性、低温韧性都非常高，保证汽车在严寒地区使用。采用微细的滑石粉对 PP 进行改性，可大大提高材料的刚性和耐热性，使韧性与刚性达到平衡，并使材料的价格不至于增加太多，从而保持高的性价比，提高市场竞争力。采用 PP-g-MAH 增加滑石粉与 PP 的界面黏结强度，从而提高材料的综合性能。见表9-27。

表 9-27　增强耐热改性聚丙烯仪表板专用料配方

序号	原材料名称	用量/kg	序号	原材料名称	用量/kg
1	PP K7726(燕山石化)	329.34	6	1010(北京加成助剂研究所)	1.2
2	PP 8303(燕山石化)	119.76	7	DLTP(北京加成助剂研究所)	2.4
3	PP 2401(燕山石化)	89.82	8	ZnSt	2.4
4	PP-g-MAH(海尔科化公司)	59.88	9	超细滑石粉,2500目(云南超微新材料公司)	239.52
5	POE 8150(DuPont-Dow Elastomer)	155.69			

（2）加工工艺　注射成型：温度210～240℃；压力：50～80MPa；注射速度：中-快；背压：0.7MPa；螺杆转速：20～70r/min；模具温度40～60℃；排气口深度：0.0038～0.0076mm。

（3）参考性能　可以用来生产汽车仪表板、汽车散热器隔栅、空调器外壳、空气滤清器壳体、风扇、汽车座椅靠背以及家电、仪表外壳等。表9-28为增强耐热改性聚丙烯仪表板专用料性能。

表 9-28　增强耐热改性聚丙烯仪表板专用料性能

性能	测试方法	数值	性能	测试方法	数值
拉伸强度/MPa	GB/T 1040—2006	25	悬臂梁缺口冲击强度/(J/m)	GB/T 1843—2008	150
断裂伸长率/%	GB/T 1040—2006	120	热变形温度(1.82MPa)/℃	GB/T 1634.2—2004	128
弯曲强度/MPa	GB/T 9341—2008	27	MFR(2.16kg,230℃)/(g/10min)	GB/T 3682—2000	2
弯曲模量/MPa	GB/T9341—2008	1400			

9.6.6　聚丙烯改性汽车方向盘新型专用料

汽车方向盘是汽车的重要的部件，它不仅要起到一个操作手柄的作用，而且要在汽车行驶过程中发生碰撞时能起到吸收大部分冲击能量的作用，从而保障驾驶人员的安全。美国汽车安全标准FMVSS203规定，汽车在以24km/h速度行驶时，当用35kg的胸部模型冲击方向盘时产生的最大负荷应小于11kN。因此，要求生产方向盘的材料应具有较高的冲击强度及刚性，耐汽油、柴油、汗液的腐蚀，手感性要好，表面光泽均匀，不刺眼，具有较好的染色性和染色牢度。由于方向盘中有一个金属骨架，还要求材料有较好的与金属的黏结性和耐应力开裂性，流动性和成型加工性要好。早期，汽车方向盘是用酚醛模塑料生产的，现在大多数产品用热塑性高分子材料生产。美国多用聚氨酯生产汽车方向盘，而日本多用改性聚丙烯生产。我国原用进口塑料材料生产方向盘，随着引进车型国产化率的不断提高，国产改性聚丙烯在重型、中型、轻型卡车、面包车、轿车、微型车等车型中得到广泛应用。

早期的汽车方向盘专用料是由滑石粉填充高密度聚乙烯而制备的。随着PP改性技术的发展，目前汽车方向盘专用料多以PP为基体树脂，与热塑料弹性体（SBS、EPDM等）共混制成，共混设备选用混炼效果好的双螺杆挤出机，工艺技术简便易行。

（1）配方　配方特点如下。①K7726流动性较好，K8303冲击韧性较好，通过两者搭配，既保证流动性，又保证韧性；②SBS和EPDM对PP起增韧作用，同时赋予材料较好的手感；③为了改善专用料在注塑时和金属的亲和性，增加填充剂和基料聚丙烯的相容性，使体系中形成更为紧密的网络，加入接枝聚丙烯和接枝EPDM，改善专用料的极性，提高耐应力开裂性能；④LDPE的加入，将材料中的柔性链和刚性链连接起来，起到"连接桥"的作用，使各组分结合更紧密，降低界面能，使体系中的各种分子链扩散得更均匀，减小相区尺寸，提高耐应力开裂性能，改善综合力学性能；⑤高目数的无机增强剂（滑石粉）可提高产品的强度、刚度和耐热性等性能；⑥抗氧剂1010和168复配，大大提高复合材料的抗热氧化能力；⑦氧化聚乙烯蜡的加入，一方面提高材料的极性和与金属嵌件的黏结性；另一方面进一步提高材料的流动性；⑧钛酸酯偶联剂的加入，可提高滑石粉与 PP 的界面结合强度，从而提高材料的力学性能。汽车方向盘专用料配方如表 9-29 所示。

表 9-29　汽车方向盘专用料配方

序号	材料名称	规格型号	质量份	
			配方 1	配方 2
1	聚丙烯	K7726(燕山石化)	60	60
2	聚丙烯	K8303(燕山石化)	40	40
3	SBS	1401(燕山石化)	10	
4	EPDM	3745(美国杜邦)		10
5	低密度聚乙烯(LDPE)	1F7B(燕山石化)	10	10
6	EPDM-g-MAH	接枝率 2%		5
7	滑石粉	1250 目(云南超微材料公司)	12	12
8	抗氧剂	1010(北京加成助剂)	0.2	0.2
9	抗氧剂	168(北京加成助剂)	0.4	0.4
10	氧化聚乙烯蜡	OPE-4(北京化工大学精细化工厂)	0.5	0.5
11	PP-g-MAH	接枝率 2.5%	3	2
12	钛酸酯偶联剂	OL-951	0.1	0.1

（2）加工工艺　PP 树脂→填充剂→色料→其他辅料→高速捏合→双螺杆挤出造粒→加骨架注射成型→修边整装→成品。

高速捏合：按配方准确称料和投料，40℃捏合 1min。

挤出造粒：将捏合好的粉料投入挤出机中加热挤出，冷却切粒。双螺杆挤出机分 6 段加热：①150～160℃；②170～180℃；③190～200℃；④210～220℃，⑤220～230℃；⑥机头 220℃，螺杆转速 200～400r/min。

注射：将金属骨架放入模具中，注射包封，即成产品。注射温度：230℃、235℃、240℃、245℃；注射压力：50MPa；保压压力：45MPa；注射时间：5s；保压时间：6s；冷却时间：26s；模温：40～60℃。

（3）参考性能　上述配方的性能见表 9-30。

表 9-30　汽车方向盘专用料的性能

序号	性能项目	测试方法	测试值	
			配方 1	配方 2
1	熔体流动速率/(g/10min)	GB/T 3682—2000	3.2	3.4
2	拉伸强度/MPa	GB/T 1040—2006	16	17
3	断裂强度/MPa	GB/T 1040—2006	26	28
4	断裂伸长率/%	GB/T 1040—2006	360	378
5	弯曲强度/MPa	GB/T 9341—2008	31	30
6	弯曲模量/MPa	GB/T 9341—2008	1060	1022
7	低温脆点/℃		−52℃	−55℃
8	简支梁缺口冲击强度/(kJ/m²)	GB/T 1043.1—2008	49	53
9	热变形温度/℃	GB/T 1634.2—2004	116	114
10	应力开裂/h		360	385

续表

序号	性能项目	测试方法	测试值	
			配方 1	配方 2
11	冷热冲击循环	五次冷热冲击循环(80℃×7.5h→室温×0.5h→−40℃×1h 为一循环)后,立即置于 1～1.4m 高的空间,样品的正面和反面各做一次向下垂直方向的自由落体于水泥地上的试验	塑料层部位无开裂现象	塑料层部位无开裂现象
12	高低温循环试验	80℃×168h→室温×2h→−40℃×168h→室温×2h→80℃×168h→室温×2h	塑料层部位无开裂现象	塑料层部位无开裂现象

　　产品表面光泽均匀,颜色均一,手感舒适,有较好的耐应力开裂性能,综合力学性能良好,满足使用要求。

9.6.7　高密度聚乙烯改性汽车方向盘新型专用料

　　采用滑石粉填充改性低压(高密度)聚乙烯(HDPE)也可以制备汽车方向盘专用料。
　　(1) 配方　方向盘专用料配方(质量份)见表 9-31。

表 9-31　方向盘专用料配方

配方	1	2	配方	1	2
HDPE	60	55	EVA	3	
LDPE	20	20	IIR		3
滑石粉	15	15	抗氧剂	0.2	0.2
铝酸酯偶联剂	0.8	0.8	炭黑	1	1
碳酸钙	—	5	工艺性	严重起毛	不起毛

　　(2) 加工工艺
　　① 工艺流程　HDPE 树脂→填充剂→色料→其他辅料→高速捏合→双螺杆挤出粒料→加骨架注射成型→修边整装→成品。
　　② 捏合　按配方准确称料和投料,40℃捏合 5min。
　　挤出造粒:将捏合好的粉料投入挤出机加热挤出,冷却切粒。双螺杆挤出机分 6 段加热:a. 120～130℃;b. 140～160℃;c. 170～180℃;d. 180～190℃;e. 190～200℃;f. 机头 200℃。螺杆转速:300～400r/min。
　　③ 注射成型　将金属骨架放入模槽中,注射熔料包封,即成产品。料筒温度:a. 160～170℃;b. 180～190℃;c. 190～200℃;模温:60～80℃;注射压力:30～50MPa。
　　④ 主要设备
　　高速捏合机:容量 200L,转速为 500r/min。
　　双螺杆挤出机:型号 TE-60,长径比 32:1,产量为 200～300kg/h。
　　注射机:型号 XS-ZY-1000,注射量 1000cm³。
　　(3) 参考性能
　　① 力学及物理性能　上述配方的汽车方向盘专用料力学等性能如表 9-32 所示。

表 9-32 方向盘专用料性能

性能	1	2	性能	1	2
拉伸强度/MPa	19.6	18.2	弯曲模量/MPa	986	829
断裂伸长率/%	56	68	冲击强度(缺口)/(kJ/m²)	13.9	15.2
弯曲强度/MPa	28.7	26.4	模塑收缩率/%	1.54	1.51

② 基材 HDPE 的技术要求 塑料如何很好地和金属骨架结合而且在长期使用过程中不开裂，是方向盘专用料最重要的性能，以基材 HDPE 和配方最为关键。根据多年实际生产体会，对汽车方向盘用 HDPE 专用料的基材 HDPE 技术指标要求如表 9-33 所示。

表 9-33 汽车方向盘专用料对 HDPE 基体树脂的性能要求

名称	数值	名称	数值
分子量/万	16.0～22.0	冲击强度(缺口)/(kJ/m²)	>15.0
分子量分布	≤6～12	收缩率/%	2.0～2.5
耐环境应力破裂/h	≥350(20℃汽油)	布氏硬度/(kg/mm²)	2.5～4.0
密度/(g/cm³)	0.94～0.95	拉伸强度/MPa	>25
熔体指数/(g/10min)	0.20～0.60	断裂伸长率/%	>30
灰分/(mg/kg)	<60		

采用上述 HDPE 基材可在很大程度上保证汽车方向盘专用料的性能，从而满足汽车方向盘的技术要求。

③ 冷热冲击循环性能 性能将样品进行 5 次冷热冲击循环（80℃/7.5h→室温 0.5h→-40℃为一循环）后，立即置于 1～1.4m 高的空间，样品的正面和反面各做一次向下垂直方向的自由落体于水泥地上的试验。试验结果表明样品的塑料层部位无开裂现象。

④ 高低温循环性能性能 80℃/168h→室温 2h→-40℃/168h→室温 2h→80℃/168h→室温 2h，5 次循环。结果表明，塑料层部位无开裂现象。

实验结果表明，上述配方的产品均能通过汽车方向盘的如下性能考核：①耐油试验；②耐温（70℃，5h）试验；③耐低温（-40℃，5h）试验；④耐高低温循环试验（80～-40℃，5 次循环）。

9.6.8 多层复合的塑料燃油箱

利用分层进行的共挤出吹塑成型，由 3 种材质形成 3 层或 5 层或 6 层复合的中空吹塑成型产品。3 层复合塑料燃油箱的组成为：PA（内层）/黏结层/HDPE（外层）。5 层复合塑料燃油箱的组成为：HDPE（内层）/黏结层/PA/黏结层/HDPE（外层）。6 层复合塑料燃油箱的组成为：HDPE（内层）/黏结层/阻隔层（PA 或 EVOH）/黏结层/回收料层/着色 HDPE（外层）。各层的厚度比（占总壁厚）为：46%（内层）：2.5%（黏结层）：3%（阻隔层）：2.5%（黏结层）：40%（回收料层）：6%（着色 HDPE 外层）。在多层复合结构的塑料燃油箱中，尼龙（PA）和 EVOH 作为中间层，起阻隔燃油渗透的作用。黏结层用的黏结剂（如日本三井化学公司的 Admer GT-4、L-2100 等）对阻隔材料和 HDPE 有强的黏结力、良好的黏结耐久性能和加工性能。HDPE 作为内层和外层，起成型、强度等作用。多层复合塑料燃油箱成型工艺较复杂，要求使用专用的多层中空吹塑成型机。但成品质量优良，特别是抗燃油渗透性能优异，其燃油渗漏量可降至≤0.2g/24h（对汽油）和≤(0.7～1.2)g/24h（对汽油-甲醇、乙醇燃料）。

多层复合塑料燃油箱用材料实例见表 9-34，汽车燃油箱用 HDPE 材料的技术要求见表 9-35。

表 9-34 多层复合塑料燃油箱用材料实例

原料名称	生产厂家	规格品级	原料名称	生产厂家	规格品级
阻隔尼龙(PA)	日本 TORAY	TORAY CM 6241	黏结材料	日本三井化学	mitsuiAdmerL2100
聚乙烯(PE)	德国 BASF	BASF Lupolen 5021D	阻隔 EVOH	日本 KURARAY	Kuraray
聚乙烯(PE)	德国 BASF	BASF Lupolen4261			EVAL(即 EVOH)F101A
共挤原料		AGQ 404	黏合材料	日本三井化学	MitsuiAdmerGT4

表 9-35 汽车燃油箱用 HDPE 材料性能要求

项目	单位	技术要求	项目	单位	技术要求
熔体流动速率	g/10min	4.5	硬度	邵尔	63
拉伸强度	MPa	23.4	维卡软化温度	℃	128
伸长率	%	880	脆化温度	℃	<−75
弯曲弹性模量	MPa	827	热变形温度(0.46MPa)	℃	67
冲击强度(带缺口)	J/m	700			

国产塑料燃油箱材料与国外同类产品性能比较见表 9-36。

表 9-36 国产塑料燃油箱材料与国外同类产品性能比较

项目	单位	齐鲁石化 DMDY 1158	德国 GM 7746	中科院化学所 OXU-1	中科院化学所 OXU-2	中科院化学所 OXU-3
MFR(190℃,2.16kg)	g/10min	0.017	0.021	0.05	0.06	0.06
熔融温度	℃	138.7	136.2	137	138	138
冲击强度(带缺口)	J/m	533	276	396	394	291
拉伸强度	MPa	47.5	28.8	28.8	27.6	28.3
断裂伸长率	%	28	50	80	94	93
弯曲强度	MPa	24.1	22.6	23.0	24.7	25.0
弯曲模量	MPa	689.5	603	715	724	862.0
燃油渗透性能	g/24h		2.65	2.30	2.06	1.75

9.6.9 轿车聚丙烯门内板

目前在中低档轿车及轻卡车上均采用改性聚丙烯材料注射成型,然后在其表面直接热轧花装饰。也有直接注射成型为表面带花纹的改性聚丙烯门内板,具体配方及工艺如下。

(1) 原材料 PP、EPF30R；LLDPE；POE 8150,杜邦-陶氏化学公司；滑石粉,平均粒径 12μm,工业级；钛酸酯偶联剂,NDZ-311；抗氧剂,市售；光稳定剂,市售。

(2) 配方(质量份) 配方特点：采用 PP 与 LLDPE 共混,可提高 PP 的韧性和耐环境应力开裂性,同时添加 POE 进行增韧,使专用料的韧性大幅度提高；用滑石粉进行增刚,保证车门内板有足够的刚性。

PP	60~70	滑石粉	10~15
LLDPE	15~20	抗氧剂	适量
POE	5~10	光稳定剂	适量

(3) 加工工艺 将高速混合机预热至 110℃,加入一定量无机填料,低速搅拌 15min后,分三次加入填料质量分数为 2%的偶联剂；每次加入偶联剂后,高速搅拌 5min,然后放出填料。按配方准确称取 PP、PE、POE、填料和助剂,混合后加入双螺杆挤出机料斗中,挤出造粒,挤出温度 190~220℃,主螺杆转速 200r/min,喂料螺杆转速 20r/min。粒料干燥后注塑成标准试样,注塑温度 190~210℃,注塑和保压压力 50MPa,预塑压力 6MPa；注塑和保压时间 20s,总成型周期 55s。

(4) 参考性能 本产品用于五十铃系列轻型汽车车门内衬板,性能见表 9-37。

表 9-37　PP 轻型汽车车门内衬板专用料的性能指标

项目	五十铃系列轻型车门内板专用料性能要求	本产品专用料性能	项目	五十铃系列轻型车门内板专用料性能要求	本产品专用料性能
密度/(g/cm³)	0.95~1.0	0.96	悬臂梁缺口冲击强度	≥2.0	≥2.5
MFR/(g/10min)	≥5.0	≥8.0	(-20℃)/(J/m²)		
拉伸强度/MPa	≥24.5	≥26	热变形温度/℃	≥95	≥110
断裂伸长率/%	≥80	≥400	模塑收缩率/%	1.1~1.2	1.15
弯曲弹性模量/MPa	≥1.0	≥1.6			
悬臂梁缺口冲击强度					
(23℃)/(J/m²)	≥7.0	≥8.0			

　　从表 9-37 可看出，生产的车门内衬板专用料性能完全满足五十铃系列轻型车的要求，并可应用在多种型号的轻型汽车上。

9.6.10　汽车暖风机壳专用料——增强聚丙烯

　　汽车暖风机需要长时间在高温下工作，因此对壳体材料的耐热性、强度、老化性能均有较高要求。过去多采用玻璃纤维增强 PP 作为壳体材料，但由于玻璃纤维成本高，加工性不好，对设备、模具磨损大；同时也会随热风吹出其表面的玻璃纤维，对人体造成一定损害和过敏反应，所以采用矿物增强 PP 更为合适。

　　(1) 配方　配方见表 9-38。配方特点：采用共聚 PP 和均聚 PP 混合使用，可以保证材料的刚性和韧性的平衡；采用高流动性 PP 和低流动性 PP 混合使用，可以保证材料的流动性在适宜注射加工的范围内，同时具有高的韧性。采用 POE 进行增韧，增韧效果显著，材料的常温韧性、低温韧性都非常高。采用超细滑石粉进行增刚并对滑石粉进行铝酸酯偶联剂处理，增加滑石粉和 PP 以及 POE 的界面黏结性，使材料的刚性和耐热性大大提高，达到很好的韧性和刚性平衡。

表 9-38　汽车暖风机壳——矿物增强 PP 配方

序号	原材料名称	用量/kg	序号	原材料名称	用量/kg
1	PP K8303(燕山石化)	8	6	铝酸酯偶联剂(河北辛集化工公司)	0.2
2	PP 2401(燕山石化)	16	7	1010(北京加成助剂研究所)	0.1
3	PP 1947(燕山石化)	28	8	DLTP(北京加成助剂研究所)	0.2
4	POE 8150(DuPont-Dow)	10	9	CaSt(淄博塑料助剂厂)	0.08
5	滑石粉(1250 目,云南超微新材料公司)	26			

　　(2) 加工工艺

　　① 原料干燥　滑石粉在 110℃下干燥 4h。

　　② 混合工艺　先将滑石粉高速混合 1min，然后加入铝酸酯，低速混合 3min，再将剩余组分加入高速混合机中高速混合 1min，出料。

　　③ 挤出工艺　主机转速：340r/min；喂料：16Hz；双螺杆挤出机各区温度：210℃、215℃、215℃、220℃、215℃。

　　(3) 参考性能　汽车暖风机壳——矿物增强 PP 性能见表 9-39。

表 9-39　汽车暖风机壳——矿物增强 PP 性能

测试性能	数值	测试性能	数值
断裂伸长率/%	300	简支梁缺口冲击强度/(kJ/m²)	12.5
弯曲强度/MPa	27.0	维卡软化点/℃	140
弯曲模量/MPa	2262	成型收缩率/%	0.35
熔体流动速率/(g/10min)	7.1		

9.6.11　汽车蓄电池壳新型专用料

　　蓄电池是汽车的重要能源部件，其外壳原用热固性塑料或硬橡胶生产。从环保角度和降低生产成本观点出发，现在多用热塑性塑料材料制造，其特点是质量好、成本低、成型加工容易、环境污染小、外形美观。目前，主要应用的材料有 PP、PVC、ABS、PE 等材料。由于 PP 来源广泛，价格相对低廉，因此国外 85％ 蓄电池外壳是用改性 PP 生产的。随着我国汽车制造业的迅速发展，蓄电池专用料的需求越来越大，每年有几万吨市场。但是在这个市场上是"群雄并起，逐鹿中原"。目前国内有兰州化工研究院、燕山石化公司树脂研究所、洛阳石化公司研究所、重庆化工研究所等单位从事这方面的研究工作。国内蓄电池外壳专用料一般是用 PP 与乙丙橡胶或 EPDM 和 SBS、HDPE 共混改性而成。金陵石化公司一厂以聚丙烯粉料为原料，以 EPR 为主增韧剂，HDPE 为辅增韧剂研制的蓄电池外壳专用料已达到上海大众桑塔纳轿车的指标要求。石家庄塑料制品厂采用均聚 PP 100 质量份、共聚 PP 10~15 质量份、HDPE 5~10 质量份、SBS 5~10 质量份、抗氧剂和紫外线吸收 0.4~0.6 质量份进行共混改性，开发的蓄电池外壳专用料的冲击强度提高了 7~9 倍。金陵石化公司也以小本体 PP 与乙丙橡胶和 HDPE 共混开发出符合桑塔纳轿车要求的蓄电池专用料。燕山石化公司采用橡胶、PE 改性剂等与 PP 共混改性技术制得蓄电池壳外壳专用料，指标超过美国同类产品 Pro-fax7523 的指标，达到国家专业技术标准的要求。洛阳石化总厂研究所用 EPDM、LLDPE、成核剂等与 PP 共混改性开发的蓄电池 PP 专用料，熔融流动性好，密度适中，力学性能良好，成型收缩率低。广东中山市永宁工业塑料厂采用增韧剂改性 PP 开发出汽车、摩托车、船用等 16 种规格的蓄电池系列外壳，行销全国。

　　PP 蓄电池外壳专用料是近年来我国着重研究的品种之一。目前国内科研单位用 EPDM、LLDPE、成核剂和 PP 共混改性，制成蓄电池 PP 专用料，其熔融流动性好、密度适中、力学性能良好、成型收缩率低。汽车工业对该类材料的性能有如下要求：①有良好的低温冲击性能，确保冬季不出现断裂等现象；②有一定的强度和刚性，以保证制品在装配和使用过程中不变形；③具有良好的流动性以便注射成型；④成本适中，便于市场竞争。

　　尽管如此，我国改性聚丙烯蓄电池外壳专用料只占蓄电池壳体总产量的 50％，尤其是大型密封蓄电池外壳仍然是以 ABS 工程塑料为主。另外，PVC 蓄电池外壳的阻燃性能优秀，刚性也比 PP 好，所以也占据了一定的市场份额。但 ABS 的渗透性太强，电解液容易渗漏，影响使用年限。PVC 流动性太差，不易注塑成型并且密度比 PP 高，性价比不高。因此，如果能较好地解决 PP 的强度、刚性及阻燃问题，改性 PP 在蓄电池外壳市场的份额将进一步扩大。

　　(1) 配方　蓄电池壳体专用料的配方见表 9-40。

表 9-40　蓄电池壳体专用料的配方

配方 1		配方 2	
原料	配比/质量份	原料	配比/质量份
聚丙烯 F401	80~100	均聚聚丙烯	100
LLDPE	10~20	共聚聚丙烯	10~15
二元乙丙橡胶	20~30	HDPE	5~10
抗氧剂 1010	0.3	SBS	5
成核剂	0.4	成核剂	0.4
		抗氧剂	0.3
		紫外线吸收剂	0.3

　　(2) 加工工艺　增韧剂与部分聚丙烯混合后，进入双辊开炼机或双螺杆挤出机进行塑

化、共混、造粒制得母粒，将该母粒再与剩余的聚丙烯及其他助剂混匀后，进入双螺杆挤出机共混、造粒，得到蓄电池专用料，工艺流程见图 9-9。

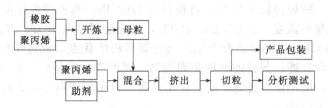

图 9-9　蓄电池壳体专用料的制备工艺流程

工艺条件：双辊开炼机温度为 130℃；炼胶时间为 10min；双螺杆挤出机挤出温度为 180～235℃；螺杆转速为 110r/min。

（3）参考性能　蓄电池壳体专用料的性能见表 9-41。

表 9-41　蓄电池壳体专用料的性能及国内同类产品性能比较

测试项目	壳体专用料	风帆蓄电池厂	美国 HIMONT 公司 Pro-fax7523 料	石家庄塑料制品厂
熔体流动速率/(g/10min)	2.74	1.2～3.0	3～5	0.15～3.0
悬臂梁冲击强度(20℃)/(J/m)	73	100	≥70	150
悬臂梁冲击强度(-20℃)/(J/m)	30.4	—	≥40	30
拉伸强度/MPa	31.2	≥20	≥25	≥28
弯曲强度/MPa	27.9	≥30	≥26	≥38
弯曲模量/GPa	—	—	≥0.9	—
热变形温度/℃	101.2	85	≥65	≥100
密度/(g/cm³)	0.93	0.91	—	≤0.92

由表 9-41 可以看出，所研制的蓄电池外壳专用料性能优良，综合力学性能达到或超过国内同类产品。经厂家试用后表明，专用料的熔融流动性、各种力学性能和表面光泽度均达到要求。

9.6.12　汽车塑料件用防水耐温多玻璃纤维增强改性 PA12

（1）配方（质量份）

PA12	100	氰尿酸三聚氰胺	45
聚苯乙烯	25	三甲硅基甲基膦酸二甲酯	18
短切玻璃纤维	14	蓖麻油酸	6
硬脂酸酰胺	6	蒙脱土	10
聚磷酸铵	6	膨润土	14
三氧化二锑	12	助剂	15

上述助剂由下列质量份的原料制成 300 份黏土、9 份碳化硅、6 份玉石粉、0.2 份抗氧剂 565、8 份三羟甲基乙烷、4 份聚异丁烯、3 份 N-(β-氨乙基)-γ-氨丙基三甲（乙）氧基硅烷、2 份壬基苯酚、2 份异佛尔酮二异氰酸酯、8 份甲基丙烯酸羟乙酯、8 份氢氧化铝、1 份丁香油、2 份硬脂酸钙。制备方法是将黏土放入煅烧炉中在 740℃下煅烧 4h、冷却，放入 12％盐酸溶液中浸泡 2h，过滤取出，用清水洗涤烘干，粉碎成 400 目粉末与其他剩余组分混合，研磨分散均匀。

（2）加工工艺　按配方比例将聚苯乙烯、三甲硅基甲基膦酸二甲酯、蒙脱土、助剂混合熔融搅拌 10～15min 后，送入双螺杆挤出机挤出造粒，得到 A 料。

按配方比例将干燥处理过的 PA12、短切玻璃纤维及其他剩余组分混合熔融搅拌 5～8min，送入双螺杆挤出机挤出造粒，得到 B 料。

将 A 料和 B 料混合均匀后，在双螺杆挤出机中熔融挤出造粒，即得汽车塑料件用防水耐温多玻璃纤维增强改性 PA12。

（3）参考性能 断裂伸长率 35％，弯曲强度 120MPa，弯曲弹性模量 17.5GPa，冲击强度 57.3kJ/m²，热变形温度（1.82MPa）220℃，最低使用温度 40℃，经水浸泡 48h 后，材料的吸水率为 0.013％。该配方结合 PA12、PS 等原料的优点，改进传统尼龙材料的性能，使其具有良好的力学性能，制备的材料坚固柔韧，硬度高，质量轻，吸水率低，阻水防潮，耐高低温，耐老化，电绝缘性良好，可用于制作各类汽车用塑料件，尤其适用于环境温度较高或湿度较大的汽车部件。

9.6.13　汽车塑料件用 PA66 抗静电材料新配方

（1）配方（质量份）

PA66	100	二碱式亚磷酸铅	3
石油树脂	12	钨酸钠	2
导电炭黑	15	间苯二甲酸酯	8
萜烯树脂	7	2,6-二叔丁基-4-甲基苯酚	5
水滑石粉	9	明矾	8
硬脂酸锌	5	助剂	15
磷酸二氢铵	5		

上述助剂由下列质量份的原料制成：300 份黏土、3 份丙烯酸二甲基氨基乙酯、4 份纳米二氧化钛、1 份纳米二氧化硅、1 份 SnO₂、5 份 B₂O₃、5 份亚硒酸钠、1 份抗氧剂 1035、1 份二甲基硅油、1 份丁香油、2 份促进剂 TMTD、8 份氢氧化铝、1 份交联剂 TAC。制备方法是将黏土放入煅烧炉中在 710～740℃下煅烧 3～4h，冷却放入 10％～12％盐酸溶液中浸泡 1～2h，过滤取出，用清水洗涤烘干，粉碎成 200～400 目粉末，与其他剩余组分混合，研磨分散均匀即可。

（2）加工工艺 按配方比例将石油树脂、萜烯树脂、间苯二甲酸酯、助剂混合熔融搅拌 10～15min，送入双螺杆挤出机挤出造粒，得到 A 料。

按配方比例将干燥处理过的 PA66、导电炭黑和其他剩余组分混合熔融搅拌 5～8min，送入双螺杆挤出机挤出造粒，得到 B 料。

将 A 料和 B 料混合均匀后，在双螺杆挤出机中熔融挤出造粒，即得汽车塑料件用抗静电 PA66 材料。

（3）参考性能 拉伸强度 112MPa，断裂伸长率 40.1％，弯曲强度 120MPa，弯曲弹性模量 7.2GPa，冲击强度 61.9kJ/m²，热变形温度（1.82MPa）220℃，冲击脆化温度 -50℃，经 136h、168h 热空气老化后拉伸强度保持率 93.2％，断裂伸长率保持率 94.3％，经水浸泡 4h 后，材料的吸水率为 0.012％，20℃体积电阻率 0.98×10⁹Ω·m。

该材料结合 PA66、石油树脂、导电炭黑等原料的优点，改进传统 PA66 材料的性能，使其具有良好的加工性能和力学性能，制备的材料硬度高，抗氧化老化、耐热老化、耐水耐油、抗静电，使用安全，可广泛用于制作汽车用塑料件，尤其适用于需要防静电的塑料部件。

9.6.14　耐低温汽车分电器盖用 PET/LLDPE 共混合金

（1）配方（质量份）

树脂 PET	105	双(二辛氧基焦磷酸酯基)亚乙基钛酸酯	2
二甲基丙烯酸乙二醇酯	2	低温改良剂①	4
LLDPE	19	乙二醇	4

玻璃微珠	3	氧化锌	0.5
二苯胺	2	改性助剂[②]	3
大理石粉	4	马来酸酐-丙烯酸共聚物	3
氨丙基三乙氧基硅烷	2		

①低温改良剂是由质量比为 4:3 的聚烯烃弹性体 8200 与环氧硬脂酸锌混合而成的。

②改性助剂由下述质量份的原料组成：80 份氯化聚乙烯、5 份 EVA 树脂、6 份氮化铝粉、2 份脂肪酸聚乙二醇酯、0.4 份硼化铬、2 份液体石蜡。制备方法：按配方比例将脂肪酸聚乙二醇酯与氮化铝粉混合搅拌，加入 EVA 树脂，升高温度至 80~90℃，保温 1~2h，加入剩余各原料，在 1000~1200r/min 的转速下分散 10~15min，然后经球磨、烘干、过筛，得 2~3μm 的颗粒。

(2) 加工工艺　首先将 PET 进行干燥处理，除去水分，然后按配方比例将二甲基丙烯酸乙二醇酯、氨丙基三乙氧基硅烷与大理石粉混合，预热到 70~80℃，送入高速混合机中，在 500~600r/min 转速下混合分散 3~5min，得 A 料；按配方比例将 LLDPE、低温改良剂、氧化锌、改性助剂混合，加热到 90~100℃，保温 1~2h，滴加乙二醇，滴加完毕后，冷却至常温，在 500~700r/min 转速下混合分散 6~8min，得 B 料；将处理后的 A 料和 B 料与剩余原料混合，搅拌均匀，送入双螺杆挤出机中熔融挤出造粒，即得耐低温汽车分电器盖用 PET/LLDPE 共混合金材料。

(3) 参考性能　拉伸强度 145.2MPa，弯曲强度 203MPa，热变形温度 211℃，阻燃性为 UL94V-0 级。该材料耐寒性好，适合高寒地区使用。

9.6.15　汽车仪表板用抗静电 PBT/PC 复合材料新配方

(1) 配方 (质量份)

树脂 PBT(GX-121)	100	无碱短玻璃纤维	15
十二烷基二甲基甜菜碱	0.15	色必明 CH	0.05
PC(2805)	40	抗静电剂 TM	0.15
甘油单棕榈酸酯(P-100)	0.15		

(2) 加工工艺　首先将 PBT 和 PC 进行干燥处理，以除去水分，然后按配方比例将干燥后的 PBT 和 PC、玻璃纤维、抗静电剂加入高速混合机中混合搅拌均匀，混合温度 70~90℃，混合时间 5~10min，控制转速为 500~800r/min；混合好的物料经双螺杆挤出机熔融挤出、拉条、冷却、切粒，即得抗静电 PBT/PC 复合材料。挤出机料筒温度 190~240℃。

(3) 参考性能　拉伸强度 51MPa，弯曲弹性模量 4.01GPa，悬臂梁缺口冲击强度 21.6kJ/m^2，表面电阻率 5×10^4Ω。该材料具有较好的抗静电性能，同时保持良好的拉伸强度、弯曲强度、弯曲弹性模量和抗冲击强度。尤其是抗静电剂 TM〔甲基三（羟乙基）季铵甲基硫酸盐〕、十二烷基二甲基甜菜碱、甘油单棕榈酸酯和色必明 CH（N-油酰基-N′，N′-二乙二胺盐酸盐）复配使用，抗静电效果十分明显。

9.6.16　汽车翼子板（挡泥板）用改性塑料新配方

翼子板（也叫挡泥板）的作用是：在汽车行驶过程中，防止被车轮卷起的砂石、泥浆溅到车厢的底部。因此，要求所使用材料具有耐气候老化和良好的成型加工性。

塑料越来越多地被应用在汽车相关零件上，并有由内、外饰件向车身覆盖件和结构件发展的趋势。例如，现在已经由普遍使用的塑料保险杠、塑料车门内外护板发展到塑料翼子板、塑料发动机罩、塑料行李箱盖、尾门、顶盖和某些车身骨架构件等，而塑料翼子板将是今后一个新的发展创新领域。

从零件重量、投资以及成本三方面考虑，将钢、铝和塑料材质的翼子板进行对比（以钢制翼子板为基准），结果见图9-10（以年产量为10万辆份、生产生命周期为5年来计算）。显然，塑料翼子板的综合优势是比较明显的。

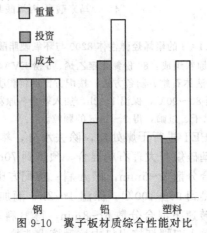

图 9-10 翼子板材质综合性能对比

现有的塑料翼子板原材料有 PA+PPO、PA+ABS+GF9、TPO+M30。不同工艺的各种塑料翼子板的材料性能对比见表 9-42 和图 9-11。

表 9-42 不同工艺的各种塑料翼子板的材料性能对比

工艺	塑料原材料	缺口冲击强度 /(kJ/m²)	弯曲模量 /MPa	弯曲强度 /MPa	线膨胀系数 /[μm/(m·K)]	收缩率 /%
Offline	TPO+M30	9	3300	37	54	0.75~0.85
Online	PA+PPO	17	2150	5	95	1.5~1.9
	PA+ABS+GF9	11	2000	57		1.2~1.5
Inline	PA+PPO	17	1900	50	90	1.4~1.8

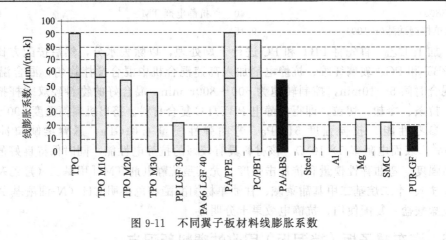

图 9-11 不同翼子板材料线膨胀系数

从表 9-42 和图 9-11 可以看出，Online 工艺以及 Inline 工艺所用的塑料原材料刚性比 Offline 工艺的材料要好，但在强度以及工艺性方面，Offline 的材料比其他两种工艺的材料要好。这主要是由于 Online 工艺以及 Inline 工艺所用的材料中存在 PA 成分，而 PA 材料的工艺控制性以及尺寸稳定性是比较差的。

桑塔纳轿车左右前轮的上方有 2 个翼子板，重约 1.8kg，它是用增韧改性 PP 经注射成型而成；重卡斯太尔的翼子板采用 FRP 制作；斯太尔 1491 的翼子板则采用 PU 弹性体制作。现在翼子板用塑料多为 PU 类，也有采用树脂制作的。今后，采用 PA/PP 合金注射成型是一种发展方向。改性 EVA（乙烯-醋酸乙烯酯共聚物）汽车挡泥板配方见表 9-43，

TPVC 改性 PVC 汽车挡泥板塑料配方见表 9-44。

表 9-43　改性 EVA 汽车挡泥板配方

原料	加入量/质量份	原料	加入量/质量份
EVA(VA15%)	60	稳定剂(944)	0.2
LLDPE	40	炭黑母料	2
抗氧剂(B900)	0.06		

表 9-44　TPVC 改性 PVC 汽车挡泥板塑料配方

原料	加入量	原料	加入量
PVC	100	重质碳酸钙	10~60
DOP	40~80	内外润滑剂	2
PVC 热塑性弹性体(TPVC)	20~40	加工助剂 ACR	3~5
三碱式硫酸铅/二碱式亚磷酸铅	6~10	炭黑	2

9.6.17　碳纤维改性增强 PPS 汽车机油底壳新配方

（1）配方（质量份）

PPS	45	偶联剂	2
碳纤维	30	滑石粉、碳酸钙和云母粉的混合物	1.0

（2）加工工艺　取 PPS 材料，使用热风干燥；将干燥后的 PPS 材料放入搅拌机，同时加入碳纤维、偶联剂、填充助剂进行混合搅拌；混合搅拌后的混合物经过螺杆挤出机，进行挤出造粒；从螺杆挤出机出料后经过水槽冷却成型，并经过切粒机切粒，得到塑料粒子。

（3）参考性能　碳纤维改性增强 PPS 汽车机油底壳见表 9-45。

表 9-45　碳纤维改性增强 PPS 汽车机油底壳

性能	耐冲击性能	耐疲劳振动性能	密封性(10s 内泄漏量)/(mL/min)	承受最大压力值/MPa	耐油性
样品	无裂纹	无异常现象	5	0.1	无变化

9.6.18　汽车内饰件用抗静电 PP/HDPE 塑料新配方

（1）配方（质量份）

树脂共聚 PP	100	抗静电剂 SN	0.1
HDPE	20	抗静电剂聚氧乙烯硬脂酸酯	0.3
增韧剂 EPDM	10	抗静电剂 609	0.2
硅烷偶联剂 KH-570	1	抗静电剂 LS	0.05

（2）加工工艺　按配方比例称取各原料后，加入高速混合机中混合搅拌，控制转速在 300~400r/min，搅拌温度 70~90℃，搅拌时间 2~4min，再经螺杆挤出机挤出造粒，粒料在 10~40℃的冷水中冷却，然后经干燥即得汽车内饰件用抗静电 PP/HDPE 塑料粒料。挤出温度 170~210℃。

（3）参考性能　材料拉伸强度 23.5MPa，弯曲弹性模量 1.7GPa，悬臂梁缺口冲击强度 7.4kJ/m²，表面电阻率 $3×10^7 Ω$。

9.6.19　车用内饰件耐高温抗老化 ABS/PVC 共混改性材料新配方

（1）配方（质量份）

树脂 ABS	100	增韧剂 CPE	2

| PVC | 50 | 增塑剂 DOP | 20 |
| 复合热稳定剂① | 1.5 | 复合抗老化剂② | 1.1 |

①复合热稳定剂由 0.3 份硬脂酸钙、0.3 份巯基乙酸异辛酯锑盐、0.6 份硬脂酸酰苯甲酰甲烷、0.3 份 1,4-丁叔二醇（β-氨基丁烯酸）酯混合而成。

②复合抗老化剂由 0.2 份抗氧剂 1010、0.5 份紫外线吸收剂 UV-9、0.2 份紫外线吸收剂 UV-329 混合而成。

（2）加工工艺　按配方设计比例称取干燥后的 ABS 树脂、PVC 树脂和其他各组分，在高速混合机中高速混合搅拌 5～10min，混合均匀后置于双螺杆挤出机中挤出造粒。控制挤出机的转速 300r/min，挤出机温度 190～220℃。

（3）参考性能　热变形温度 129.3℃；经 90℃、500h 人工加速老化后拉伸强度保持率 84.6%，冲击强度保持率 85.9%，质量变化率 1.39%。该材料可以显著提高抗老化性和耐高温性，且生产成本低、加工性能好，产品的综合性能优异，特别适合于注塑成各种汽车内饰件。

9.6.20　汽车低 VOC 内饰件用复合材料新配方

汽车内饰件一般为改性 PP 复合材料，其产生 VOC 的原因主要如下。①PP 树脂。常规高流动 PP 树脂一般通过有机过氧化物降解法生产，树脂内残留的过氧化物会反应生成醇、醛等有机挥发物。②加工助剂与基体 PP 树脂的相容性。耐热性差、与基体树脂相容差的加工助剂会通过析出、挥发产生 VOC。③改性 PP 复合材料的热稳定性。PP 树脂分子链会在持续的热氧化过程中部分断链降解成小分子或低分子，由此产生 VOC。

（1）配方（质量份）

醇酸树脂	31	磷酸铝	15
聚甲基丙烯酸甲酯	37	柠檬酸	18
三元乙丙橡胶	5	黄芪提取物	3

（2）加工工艺　将磷酸铝与其质量 3.5 倍的去离子水混合，加热至 58℃制得磷酸铝溶液备用；将柠檬酸与其质量 4.8 倍的 45% 乙醇混合，制得柠檬酸溶液。将醇酸树脂与黄芪提取物研磨 35min，置入磷酸铝溶液中，然后在 58℃的温度下搅拌处理 58min，制得混合物 A。将聚甲基丙烯酸甲酯、三元乙丙橡胶混合研磨、过 150 目筛，置入柠檬酸溶液中，在 62℃的温度下超声处理 33min，制得混合物 B，其中超声功率为 700W，将混合物 A 与混合物 B 混合，在 77℃的温度下超声处理 38min，超声功率为 800W，再在 238℃的温度下搅拌处理 1.2h，挤出、造粒即得复合材料。

（3）参考性能　汽车低 VOC 内饰件用复合材料的材料性能见表 9-46。

表 9-46　汽车低 VOC 内饰件用复合材料的材料性能

项目	测试值	项目	测试值
拉伸强度/MPa	42	弯曲模量/MPa	2120
伸长率/%	89	悬臂梁缺口冲击强度/(kJ/m²)	53
TVOC/(μgC/g)	8.6	MFR/(g/10min)	19.5

9.6.21　高性能汽车车灯专用料新配方

汽车的前后车灯部位是影响汽车质量的重要因素之一。汽车车灯在使用时，车灯产生的温度可高至 200℃，而且汽车几乎都是放置于户外，容易受阳光及紫外线的照射，导致材料逐渐降解，影响车灯的使用及外观。单纯的 PC 或 PC 与 ASA、PMMA 等复合材料存在耐热性、耐寒性、抗冲击性及抗紫外线稳定性不足等缺陷，且材料复合后透明性会显著下降，难以满足制备高透明汽车车灯的要求。本例提供一种高性能汽车车灯专用的聚碳酸酯（PC）/聚芳酯（PAR）复合材料，所述复合材料透明性高、耐热性好、抗紫外线能力强、抗冲击性好,综合力学性能优异。

(1) 配方(质量/kg)

聚芳酯 U-8500	48	抗氧剂 168	0.15
共聚聚碳酸酯 PC4141	48	抗氧剂 1010	0.15
苯乙烯-马来酸酐共聚物(SMA100-P)	3	润滑剂	0.7

(2) 加工工艺 将 48kg 聚芳酯 U-8500、48kg 共聚聚碳酸酯 PC4141、3kg 相容剂、0.15kg 抗氧剂 168、0.15kg 抗氧剂 1010、0.7kg 润滑剂加入高速混料机中混合 3～5min 得到混合料;将混合料在长径比为 72∶1 的双螺杆挤出机中挤出即得。其中,加工温度设定为十个温区,每个温区的温度依次为 280℃、300℃、320℃、330℃、350℃、350℃、350℃、350℃、345℃、340℃,真空度控制在-0.06MPa。

(3) 参考性能 高性能汽车车灯专用料性能见表 9-47。

表 9-47 高性能汽车车灯专用料性能

项目	检测标准	样品	项目	检测标准	样品
拉伸强度/MPa	GB/T 1040—2006	64	收缩率%	GB/T 17037.4—2003	0.5～0.7
伸长率/%	GB/T 1040—2006	36	密度/(g/cm³)	GB/T 1033—1986	1.22
弯曲强度/MPa	GB/T 9341—2008	85	热变形温度	GB/T 1633—2000	214
弯曲模量/MPa	GB/T 9341—2008	2500	抗 UV	UL746	92% 1000h 氙弧灯照射
缺口冲击强度/(kJ/m²)	GB/T 1843—2008	65	透光率	GB/T 2410—2008	92%
MFR/(g/10min)	GB/T 3682—2000	4.5	雾度	GB/T 2410—2008	3.3%

9.6.22 高填充增强汽车发动机盖板专用料

发动机盖板是汽车的主要零部件之一。传统的发动机盖板的原材料都靠进口,成本高,而且存在弯曲模量小、机械强度差、可塑性差的问题。为解决上述技术问题,本例提供了一种高填充增强汽车发动机盖板专用料,针对现有技术中的不足,采用以 PA6 为基础材料,配合高模量填充剂以及增韧剂,解决了传统发动机盖板成本高、弯曲模量小、机械强度差、可塑性差的问题。

(1) 配方(质量份)

PA6	65	高模量填充剂	40
增韧剂(马来酸酐接枝 POE)	7	助剂	1

其中的高模量填充剂为碳纤维、氧化铝粉末、纳米碳粉和滑石粉的混合物。高模量填充剂中碳纤维、氧化铝粉末、纳米碳粉和滑石粉的质量比为 2∶1∶1∶4。氧化铝粉末为球形氧化铝粉末,粒径在 400 目以上。助剂为润滑剂、消泡剂和阻燃剂。

(2) 加工工艺 按配方加入高速混料机中混合 3～5min 得到混合料;将混合料在双螺杆挤出机挤出即得。

(3) 参考性能 高填充增强汽车发动机盖板专用料性能见表 9-48。

表 9-48 高填充增强汽车发动机盖板专用料性能

性能	测试方法	单位	数值
密度	ISO 1183	g/cm³	1.46
熔体指数	ISO 1133	g/10min	71
拉伸强度	ISO 527	MPa	82
断裂伸长率	ISO 527	%	2.10
弯曲强度	ISO 178	MPa	103

性能	测试方法	单位	数值
弯曲模量	ISO 178	MPa	6530
缺口冲击强度	ISO 179	kJ/m^2	6.92
热变形温度	ISO 75-1	℃	180

9.6.23 新能源汽车发动机散热片专用料

(1) 配方（质量份）

PPS	4	进口陶瓷粉	40
离子增韧剂	3	滑石粉、碳酸钙和云母粉的混合物	1.0

(2) 加工工艺　取 PPS 材料，使用热风干燥；将干燥后的 PPS 材料放入搅拌机，同时加入导热剂、粒子增韧剂和填充助剂进行混合搅拌；混合搅拌后的混合物经过螺杆挤出机，进行挤出造粒；从螺杆挤出机出料后经过水槽冷却成型，并经过切粒机切粒，得到塑料粒子；将塑料粒子通过振动筛进行筛选。

(3) 参考性能　新能源汽车发动机散热片专用料见表 9-49。

表 9-49　新能源汽车发动机散热片专用料

性能	单位	数值	性能	单位	数值
密度	g/cm^3	1.85	弯曲模量	GPa	18
熔体黏度	Pa·s	190	热导率	W/(m·K)	7.8
拉伸强度	MPa	132	体积电阻率	Ω·m	6.0×10^{14}
断裂伸长率	%	0.7	热变形温度	℃	250
弯曲强度	MPa	155			

9.6.24 汽车波纹管专用料

传统的汽车波纹管以橡胶材料或 PVC 材料制成，制造成本高，耐温性能差。由于汽车波纹管对材料的耐热性能、耐寒性能和阻燃性能均有较高要求，本例提供一种可克服现有塑料波纹管缺点，具有很好性价比的汽车波纹管专用料。

(1) 配方（质量份）

PA6	50	阻燃剂	10
回弹剂	5	填充助剂	1
马来酸酐接枝 POE	3	亚磷酸酯	0.5
三元乙丙橡胶接枝马来酸酐	3	硬脂酸钙	0.5

注：填充助剂为滑石粉和碳酸钙。

(2) 加工工艺　先将 PA6 原料进行热风干燥，然后添加剩余原料，通过搅拌机搅拌均匀，接着通过螺杆挤出机挤出造粒，之后通过水槽冷却，切粒，过振动筛进行筛选，最后进行包装。

(3) 参考性能　制得的汽车波纹管专用料生产成本低，耐温性能好，耐高温，在高温 165℃可以连续使用，耐低温，在低温-40℃条件下产品不破裂；同时，具有良好的阻燃性能，达到 V-0 级。汽车波纹管性能见表 9-50。

表 9-50　汽车波纹管性能

性能	单位	数值	性能	单位	数值
密度	g/cm^3	1.18	弯曲模量	GPa	2800
拉伸强度	MPa	46	缺口冲击强度	kJ/m^2	240
断裂伸长率	%	0.7	阻燃性能	—	V-0
弯曲强度	MPa	61	热变形温度	℃	150

第 10 章

电线、电缆的配方与应用

10.1 概述

塑料改性技术已成为塑料工业特别是电线电缆行业中应用技术的重要部分，其在电线电缆行业中的地位及实际意义日益显著。改性塑料具有密度小、耐腐蚀、抗老化、高强度韧度、抗冲击、耐磨等特性，其应用提高了电线、电缆的综合性能。使用塑料改性技术可降低电线电缆所使用的塑料原料的成本，进而降低生产总成本，给电线电缆等塑料生产企业带来了巨大的经济效益。以下介绍塑料改性技术在电线电缆生产中的应用。

（1）聚氯乙烯（PVC）电线电缆　PVC 材料因其价格低廉，机械性能优良，加工方便，成为电线电缆生产的主要原料，其作为电缆料的包裹材料及树脂的主要组成部分有着很大的应用空间，然而目前 PVC 材料也存在抗老化性能差、不耐磨、耐温性差等问题。为适应当前的环保要求，一些发达国家已限制或全面禁止了 PVC 电缆的使用，为此就需要对 PVC 电线电缆进行改性设计。聚氯乙烯本身具有自熄性，但在加工和使用时往往加入大量增塑剂，从而大大提高 PVC 制品的可燃性，制品燃烧时还会产生大量烟雾，使人难以辨别方向和路径而造成救援和逃离火场的困难。据统计，火灾中死亡人数的 80% 是因燃烧时产生的有毒气体窒息而死的。因此，对 PVC 的阻燃与抑烟研究引起人们的极大关注。由此可见，对 PVC 的阻燃化设计，除了赋予其优良的阻燃性能，基本不影响原材料的物理性能与加工性能外，还应考虑低烟、低毒问题。目前，低烟阻燃化无卤材料正成为国际上关注的重要课题之一，开发低烟低卤阻燃 PVC 材料也是研究开发的方向之一。

① 无毒 PVC 热稳定剂的应用　无毒聚氯乙烯稳定剂的应用主要是为改善材料的耐热性与环保性，其中稀土热稳定剂渐渐成为 PVC 热稳定剂应用的主要品种，有取代钙锌复合稳定剂和镉铅稳定剂的趋势，这也进一步增强电线电缆的稳定性与环保功能。

② PVC 辐照交联技术的应用　主要是用 γ 射线、高能电子射线、紫外线辐射和化学交联等方法改善 PVC 材料的结构与性能。

③ PVC 阻燃抑烟技术的应用　PVC 本身就具有燃点较高、较好的阻燃性，但由于生产过程中增塑剂的大量添加，极大地影响其阻燃性能。所以，可以应用阻燃抑烟技术对其阻燃性能进行改进。通过选择无机阻燃抑烟剂、有机阻燃抑烟剂或者纳米阻燃抑烟剂来进行改性，其工艺流程相对简单。对 PVC 消烟途径主要有两种：一是使烟尘微粒氧化成为气体 CO 和 CO_2，例如二茂铁及其衍生物就属于这类消烟剂；二是抑制 PVC 热分解产生苯及其衍生物，从而促进残余碳的形成，如过渡金属氧化物类。许多金属氧化物、金属氢化物、硼酸盐等无机阻燃剂都显示出良好的抑烟效果。

对于 PVC 体系，同时具有阻燃抑烟双重效果的助剂主要有：金属氧化物、锌系化合物、铁系化合物、铜系化合物、钼系化合物和复合物等。所有这些阻燃抑烟剂均以掺混的形式加入 PVC 体系中，即均为外添型阻燃抑烟剂。外添型阻燃抑烟剂使用方便、工艺简单，但往往存在添加量大、稳定性差（如铁系阻燃抑烟剂易迁移和挥发）等缺点。另一类是将阻燃抑烟剂键合于 PVC 大分子上，使体系具有良好的加工性能、使用性能和较高的稳定性。

除上述几类典型的阻燃抑烟剂外，还有许多其他试剂可用于 PVC 的阻燃抑烟，如碳酸盐、沸石、磷酸盐和草酸盐等。钙系化合物具有优异的消烟及吸收 HCl 的性能，特别适合于 PVC 的阻燃与消烟，如铝酸钙（$3CaO \cdot Al_2O_3 \cdot 6H_2O$）、硬硅钙石（$6CaO \cdot 6SiC_2 \cdot H_2O$）等，其成本约为 ATH 的一半；而阻燃性与 ATH 相当，消烟性能则优于 ATH。阻燃消烟技术已越来越受到人们的普遍重视。实践表明，采用单一组分消烟效果不佳，而选用高功能复合阻燃抑烟剂是消烟阻燃技术的方向。

（2）聚烯烃低烟无卤电线电缆　选择聚乙烯、聚丙烯、交联聚乙烯等聚烯烃无卤材料作为低烟无卤电缆料的制作原料，但由于这些材料不阻燃，还需添加无卤阻燃剂，其中氢氧化铝和氢氧化镁阻燃剂的使用最为普遍，两种阻燃剂在燃烧过程中不会产生毒气，具有一定优势，但两者使用时需大量添加才能起到明显效果，而这也带来塑料韧性降低、黏度增大等问题，所以还要对阻燃剂进行适当处理。阻燃剂的处理过程可分为三步：一是表面化处理，用硅烷偶联剂或硬脂酸钠等表面活性剂处理阻燃剂与材料的相容性，主要方法有干法改性和湿法改性，干法改性是将少量惰性溶剂与阻燃剂混合后再进行加温偶联，湿法改性是将阻燃剂和偶联剂溶于溶剂，偶联后再将溶剂分离；二是微细化处理，这一步通过对阻燃剂的细化处理来提高阻燃剂与树脂的相容性，降低阻燃剂添加量；三是协同效应，将不同种类的阻燃剂混合使用以起到协效阻燃的作用。除了对阻燃剂进行处理外，还可以使用相容剂来提高树脂基体与无机成分的相容性，同时也可提高色粉的分散性。

（3）高压绝缘电线电缆　交联聚乙烯（PE）绝缘材料是电线电缆生产中使用的主要绝缘材料，虽具有较好的抗压效果，但还远远无法满足当下对高压的抗压需求，高压绝缘电缆料的改性技术也需更深一步的探讨与研究。纳米改性交联聚乙烯（XLPE）在高压直流电缆的生产中得到很好的应用，通过辐照交联、紫外线交联、过氧化物交联等交联工艺以提高聚乙烯的性能，并弥补一些结构上的缺陷。但在 XLPE 电缆运行中也存在空间电荷的产生及温度梯度效应的问题，为此需要对聚乙烯进行进一步改性，改性方法可分为以下几种。

① 使用添加剂　应用钛酸钡、氯化聚乙烯、乙烯-丙烯酸共聚物、偶氮化合物等有机添加剂和无机添加剂或者新型纳米添加剂来进行改性以抑制空间电荷的产生与温度梯度效应。

② 共混的应用　将同种或不同种的聚合物加热变成熔体后进行共混，这种方法可有效改善电缆的耐冲击性等方面性能。

③ 接枝技术　将一种单体作为主链，另一种单体作为支链，通过聚合反应进行改性，其中常用的单体有丙烯酸单体和马来酸酐。

④ 二元共聚的应用　它是把两种或多于两种的单体进行排列，通过聚合反应达到改性目的。常见的二元共聚有 PE-EVA 共聚和乙烯-苯乙烯共聚等。

10.2　电线、电缆的配方、工艺与性能

10.2.1　阻燃交联低密度聚乙烯电线电缆材料

LDPE 是一种日常生活中应用非常广泛的高分子材料，但 LDPE 的功能性较差，氧指数不高，但目前实际应用中对材料综合性能的要求越来越高，LDPE 的交联改性成为一种提

高材料性能的很好办法。

坡缕石黏土（palygorskite）又称为凹凸棒土（attapulgite），是一种以镁铝硅酸盐为主要成分的天然非金属的黏土矿物。我国坡缕石的储量占世界总储量的 95 %以上。坡缕石黏土具有独特的链层状结构，不同于蒙脱土等层状硅酸盐，这种特殊结构使它具有一些特殊、优秀的性能；包括吸附特性、流变学特性、可塑性、离子交换能力、化学特性等，使其应用前景非常广泛。在建筑领域可以作为粘接剂、填充剂、增稠剂、稳定剂等，其功能有吸声、保温、防火、净化空气等；在医药领域可作为药物的载体及反应的催化剂；在食品行业里可以作为脱色剂或者在污水处理过程中作为吸附剂；同时，也可作为高分子复合材料中的填充剂和阻燃剂等。

本例选用成本低廉且环境友好的坡缕石黏土制备了黏土基交联剂，将其应用于交联 LDPE 的制备；将大量废弃的马铃薯废渣活性炭污泥作为成炭剂与甲基磷酸二甲酯复配阻燃，最终制备一种性能优良的无卤阻燃交联聚乙烯复合材料。

（1）配方（质量份）

HDPE	100	YDH-171	2.5
坡缕石黏土交联剂（OPGS）	5.5	抗氧化剂	0.5
马铃薯废渣活性炭污泥（MLS）	23	润滑剂	0.25
甲基磷酸二甲酯（DMMP）	12		

上述坡缕石黏土交联剂（OPGS）为 160 目，接枝量为 0.2747 mmol/g；乙烯基三甲氧基硅烷为工业级，牌号 YDH-171，江苏晨光有机硅烷偶联剂厂生产；低密度聚乙烯为兰州石化股份有限公司生产。

（2）加工工艺

① 黏土基交联剂的制备　首先进行坡缕石的提纯，称取 10g 的坡缕石原矿 RPGS，加入到 200mL 去离子水中，超声分散 15min，升温至 60℃，加热搅拌 2h 后，自然沉降冷却至室温，取上层悬浊液离心，用去离子水洗涤数次，90℃真空干燥 24h，研磨后过 160 目筛。

称取适量提纯的坡缕石黏土加入到氢氧化钠溶液（质量分数 10%）中进行活化，在 65℃下搅拌 1h，然后用大量去离子水洗涤，直至 pH＝7；活化后的坡缕石黏土标记为 PGS。

将 10g 的 PGS 分散于 100mL 乙醇/水混合溶剂中（配比为 9∶1），磁力搅拌 1h，使其分散均匀；将 20mL 的乙烯基三甲氧基硅烷加入，用乙酸调节 pH＝4，常温搅拌 1h，78℃加热回流 24h，反应完成后冷却，过滤，干燥，研磨，过 160 目筛，反应过程如图 10-1 所示。由于溶剂中含有水，而硅烷交联剂遇水极易发生反应，因此其交联反应过程也会伴有如图 10-2 所示的反应。上述中出现的硅烷改性坡缕石黏土的黏土基交联剂均标记为 OPGS。将制备的坡缕石黏土交联剂用滤纸包裹放在索氏提取器中，用二甲苯溶液在 140℃回流 24h，除去附着在坡缕石黏土基交联剂表面上的乙烯基三甲氧基硅烷。

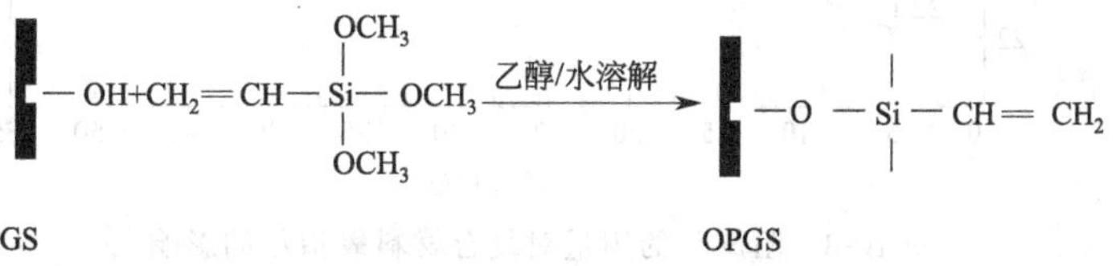

图 10-1　YDH-171 与 PGS 表面硅羟基反应

② 交联低密度聚乙烯复合材料的制备　将 100g LDPE 在 140℃用开放式炼塑机预热融化，加入 0.5g 抗氧化剂和 0.25g 润滑剂，待其熔融包辊后，再加入 5.5g OPGS、2.5g YDH-171，最后加入一定量的马铃薯废渣活性炭污泥（MLS）和甲基磷酸二甲酯（DMMP），混炼 15min，用平硫机在 160℃压制成型。

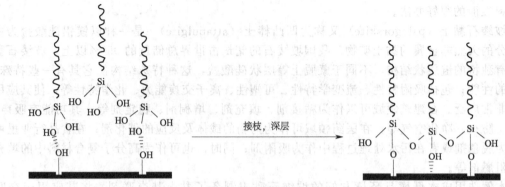

图 10-2　交联反应过程

（3）参考性能　LDPE 加入量为 100g 时，限定阻燃剂总添加量为 30g 时，通过不同比例的添加，如表 10-1 所示，发现马铃薯废渣活性炭污泥与甲基磷酸二甲酯的配比为 2：1 时，其氧指数最高，为 28.9%，达到国家规定高分子材料难燃级别。

表 10-1　阻燃剂配比对复合材料氧指数的影响

项目	XLPE(100g)				
MLS：DMMP(30g)	1：1	1：2	1：3	2：1	3：1
LOI/%	20.8	21.4	21.5	28.9	27.3

图 10-3 是马铃薯废渣活性炭污泥与甲基磷酸二甲酯配比均为 2：1 时，氧指数随着阻燃剂总添加量增加的变化曲线，从图中可以看出，当总添加量在 5～30g 时，复合材料的氧指数明显增大；当总添加量在 30～45g 时，氧指数增势趋于平缓；当总添加量大于 45g 时，复合材料的氧指数开始下降，复合材料最高氧指数为 30.2%。

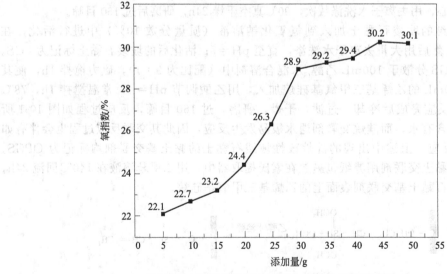

图 10-3　阻燃剂的用量对复合材料氧指数的影响

当马铃薯废渣活性炭污泥与甲基磷酸二甲酯配比均为 2：1 时，从表 10-2 可以看出，随着总添加量增加，抗拉强度一直在减小；而弹性模量先增大后趋于稳定，当添加总量达到 35g 时，MLS：DMMP 为 2：1，抗拉强度达到 9.4MPa，弹性模量达到 65.1MPa，断裂伸长率达到 495.42%，力学性能最好。即当阻燃剂的总添加量为 35g，MLS 与 DMMP 的配比为 2：1 时，制备的复合材料各项性能满足国家标准。

表 10-2　阻燃剂的用量对复合材料力学性能的影响

总添加量/g	抗拉强度/MPa	弹性模量/MPa	断裂伸长率/%
5	10.8	48.7	456.71
10	10.3	55.2	447.23
15	9.7	59.2	442.42
20	9.8	61.2	445.92
25	9.6	63.3	474.17
30	9.4	65.1	495.42
40	9.3	64.4	468.92
45	8.4	64.8	426.27
50	7.3	65.2	376.11

10.2.2　无卤阻燃改性高密度聚乙烯电缆料

研究发现，PA11 能够明显提高系统凝聚相炭层，增强材料的阻燃性能。相比蒙脱土来说，蛭石具有更高的净负电荷，其耐低温性能、隔热性能、阻燃性能等各方面都更加优良。本例以 PE/IFR/PA11/OVMT 无卤阻燃复合材料为电线料，制作出的绝缘导线满足工程使用技术要求及有关标准的规定，能够应用于 MNS、GGD、GCS 等系列开关柜的电气元件连接布线。

（1）配方（质量份）

HDPE	70	抗氧剂 1010	0.5
OVMT	3	润滑剂 MBS	0.5
IFR	30		

甲基硅酸季戊四醇酯（MSPE）与三聚氰胺包覆的高聚合度聚磷酸铵（MAPP）具有良好的协同阻燃性，二者组合复配成的膨胀阻燃剂（IFR），在配比为 2.5/1 时，阻燃效果最好。膨胀阻燃体系中用尼龙 11（PA11）部分替代 MSPE，可提高氧指数及成炭性；PA11 与 MSPE 的适宜配比为 1/1。膨胀阻燃剂（IFR）配比＝MAPP：PA11：MSPE＝1.25：1.25：1。

HDPE 牌号为 5306J，中石化济南分公司生产；蜜胺包覆聚磷酸铵（MAPP）聚合度≥2500，青岛联美化工有限公司生产。

（2）加工工艺

① 甲基硅酸季戊四醇酯的制备　首先将季戊四醇与适量二甘醇二甲醚混合，把与季戊四醇等物质的量的三甲氧基甲基硅烷加入混合液中，缓慢加热至 100℃时回流，使用分馏装置来蒸出反应不断产生的甲醇。在反应进行时，逐渐提高回流温度至 165℃，控制回流时间大约 6h，直到所蒸出的甲醇量接近理论值，然后经过冷却、结晶、过滤及干燥，得到甲基硅酸季戊四醇酯，最后将其与所需原材料复配制成阻燃剂。此合成反应的工艺原理可用下式表示：

$$H_3C-\underset{\underset{OCH_3}{|}}{\overset{\overset{OCH_3}{|}}{Si}}-OCH_3 \ + \ \underset{HO}{\overset{HO}{}} \diagdown \diagup \underset{OH}{\overset{OH}{}} \longrightarrow H_3C-Si \diagdown \diagup O \diagdown O \diagup OH \ +3\ CH_3OH$$

② 有机改性蛭石制备　首先采用沉降法提纯蛭石。取适量蛭石原矿放在水桶中，注满蒸馏水，配制成比例约为 10g/L 的悬浮液，用电动搅拌器快速搅动半个小时，再静置 4h 左右以除去较大的颗粒杂质，之后取出上层 100mm 高度的清液。将取出的清液真空抽滤，可得到蛭石滤饼，把滤饼放入电热恒温鼓风干燥箱内烘干，即得到提纯的蛭石样品。

其次测定蛭石的阳离子交换容量。配制 0.1mol/L 的 NH_4Cl 和无水乙醇混合液 1000mL：用 270mL 蒸馏水溶解 5.35g 的 NH_4Cl，再注入 730mL 的无水乙醇，摇匀后用氨水将混合液 pH 值调至 7。配制 0.1mol/L 的 NaOH 溶液 1000mL：用 1000mL 蒸馏水溶解 4.0g 的 NaOH，摇匀。称取 3.0g 提纯后的蛭石样品放入试管中，加入适量无水乙醇清洗，用电动搅拌器搅拌 5min 后分离去清液，如此重复清洗 3 次。再加入 0.1mol/L 的 NH$_4$Cl 和无水乙醇混合液 25mL，用搅拌器搅拌 30min 后密封，静置 24h 左右，使其能够充分交换，然后分离出清液移至 100mL 的容量瓶内。重复 3 次，将每次分离出的清液合并加入容量瓶中，摇匀。取 25mL 容量瓶中交换清液注入 250mL 的三角瓶内，加热至沸腾，加入 8mL 甲醛，滴入 0.1% 的酚酞指示剂 5 滴后摇匀，立刻用 0.1mol/L 的 NaOH 溶液进行滴定，待溶液由无色转变成浅粉色，稳定 30s 不变色即为终点，记下溶液体积 V_1。再取 0.1mol/L 的 NH$_4$Cl 和无水乙醇混合液 25mL，注入 250mL 的三角瓶内进行上述操作，滴定完成后记下体积 V_2。阳离子交换容量的计算公式如下：

$$CEC = C_{NaOH}(V_2 - V_1)V_{总}/(M_s V_{滴})$$

式中   CEC——蛭石阳离子交换容量，mmol/g；

C_{NaOH}——NaOH 溶液浓度，mol/L；

$V_{总}$——溶液总体积，mL；

$V_{滴}$——滴定体积，mL；

M_s——样品质量，g。

经过计算得出，提纯后蛭石样品的阳离子交换容量为 100.6mmol/100g。

③ 蛭石的有机化处理   选取适量提纯后的蛭石样品放入行星式球磨机的球磨罐内。称取插层剂十六烷基三甲基溴化铵（其用量约为一倍蛭石阳离子交换容量）充分溶解在蒸馏水中，配制好插层剂溶液也加入至球磨罐中，通过行星式球磨机来进行插层有机改性，经过 1h 左右取出样品，用蒸馏水洗涤至中性，在电热恒温鼓风干燥箱内（50℃）烘干，过筛后即可待用。

④ 电缆料制备   为提高基质与 PA11 的相容性，先把 PA11 制作成母料。将 HDPE-g-MAH 和 PA11 按 1∶1 的比例置入双螺杆混炼挤出机的料斗里，设定好进料转速，使熔体平稳地挤出，然后冷却造粒，于 80℃ 的温度中烘焙干燥 6h 以待备用。表 10-3 所示为混炼挤出机各段的温度。

表 10-3   双螺杆各段温度

温度段	1 区	2 区	3 区	4 区	5 区	6 区	7 区	8 区	9 区	机头	物料
设定温度/℃	170	185	200	210	220	230	220	210	205	195	235

注：主机转速：240r/min；喂料：7Hz。

将 PE 加入到开放式炼塑机中，控制双辊温度为 160～170℃ 使之待熔融包辊，然后依次添加抗氧化剂和辅助剂炼制均匀，再添加 OVMT、PA11 母粒继续混炼 5min，之后添加复合阻燃剂，混合炼制 10min 后出片。

（3）参考性能   有机蛭石（OVMT）和 PA11 在分别添加到 PE/IFR 系统中时都具有良好的协同阻燃性能。三种体系的力学性能和氧指数见表 10-4，其中 OVMT 添加量为 3%，阻燃剂的总添加量为 30%。通过比较可知，有机蛭石和 PA11 显现出正协同效应，PE/IFR/PA11/OVMT 系统的 LOI 值可达 31.2%，明显比前两者阻燃性能优异。

表 10-4   PA11 与 OVMT 对复合材料性能的影响

编号	复配体系	断裂伸长率/%	拉伸强度/MPa	缺口冲击强度/(kJ/m²)	LOI 值/%
1	PE/IFR/PA11	293.6	9.8	19.2	27.8
2	PE/IFR/OVMT	526.4	9.9	26.7	28.6
3	PE/IFR/PA11/OVMT	335.2	9.9	23.3	31.2

选择采用综合性能较为优良的 PE/IFR/PA11/OVMT 无卤阻燃复合体系，以此体系作为电缆电线料，由电缆电线厂加工出不同线径的绝缘软导线（电压等级 450/750V），在开关厂再将这些导线用于 MNS 抽屉型开关柜中一个馈电功能单元的一次及二次布线，然后对制作好的抽屉单元进行如下检验。

① 介电性能的验证　测试条件：地点环境温度 26℃，相对湿度 49%，大气压 101kPa，工频耐受试验电压 2000V，施压时间 5s，施压部分为主电路与不由主电路直接供电的辅助电路之间以及辅助电路与框架之间。

测试结果：在试验过程中，导线无闪络、放电现象。

② 温升极限的验证　测试电流 44.1A，连接导线截面积 $10mm^2$，长度 2.5m，温升通电时间 4h。

测试结果：A 相温升 48K，B 相温升 50K，C 相温升 49K，均小于 70K 的允许温升，符合试验要求。

③ 短路耐受强度的验证　主开关 CXUM1-63M/3300 型 50A，试验电压 $1.05 \times 400_0^{+5}$%V，试验电流（有效值）10_0^{+5}kA，$\cos\psi$ 为 $0.25_{-0.05}^0$，I^2t 为 $1 \times 10^6 A^2 s$，故障电流检测熔丝是 $\phi = 0.8mm$、$L = 50mm$ 的铜丝，试验次数为 1 次。测试结果：连接导线的连续性没有受到破坏，绝缘层无烧损现象。

综合上述检验结果，可以得出如下结论：以 PE/IFR/PA11/OVMT 无卤阻燃复合材料为电线料，制作出的绝缘导线满足工程使用技术要求及有关标准规定，能够应用于 MNS、GGD、GCS 等系列开关柜的电气元件连接布线。

10.2.3　类绢云母填充氯化聚乙烯阻燃线缆

在实际使用中，氯化聚乙烯（CM）电线电缆常用填充剂滑石粉和少量补强剂炭黑来进行补强填充，但是炭黑具有污染性、不环保且滑石粉仅仅具有填充作用，高填充量会降低力学性能，因此替代炭黑应成为改进之处。同时，工厂基于阻燃性能的提高会添加部分一定量的 Sb_2O_3 和氯化石蜡，但是这些阻燃剂具有一定的污染性；同时价格贵，减少这些阻燃剂的用量，或者替换更环保、更有效的阻燃剂也是改进配方的关键。

（1）配方（质量份）

氯化聚乙烯（CM）	84	双叔丁基过氧化二异丙基苯（BIBP）	4
乙烯-辛烯共聚物（POE）	16	三烯丙基异三聚氰酸酯（液态 TAIC）	2
己二酸二辛酯（DOA）	17	类绢云母	100
氧化镁（MgO）	5	KH570	2
硬脂酸钙（CaSt）	1	Sb_2O_3	3
石蜡	1.3		

（2）加工工艺　加工制备工艺如图 10-4 所示。

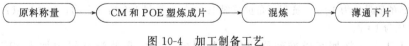

原料称量 → CM 和 POE 塑炼成片 → 混炼 → 薄通下片

图 10-4　加工制备工艺

（3）参考性能　表 10-5 为材料力学性能，阻燃性能为：氧指数可达到 33.5%，UL94 达到 V-0 级。

表 10-5　材料力学性能

项目	邵氏 A 硬度	拉伸强度 /MPa	100% 定伸 应力/MPa	300% 定伸 应力/MPa	断裂伸 长率/%	撕裂强度 /(kN/m)
1	78	11.71	4.64	8.28	389.97	38.53

项目	邵氏 A 硬度	拉伸强度 /MPa	100%定伸 应力/MPa	300%定伸 应力/MPa	断裂伸 长率/%	撕裂强度 /(kN/m)
2	78	15.46	6.21	10.53	446.93	45.22
3	77	15.02	5.97	9.85	438.45	42.28

10.2.4　电动汽车充电桩用电缆材料

电动汽车充电用电缆作为近期低压电气装备线中出现的新型电线电缆，其技术要求与传统的电线电缆有较大不同，随着电动汽车充电技术的发展，其使用要求也逐渐明确。电动汽车充电用电缆存在以下三种连接方式：充电电缆与电动汽车端永久连接，与电网连接端可插拔；充电电缆与电网连接端可永久连接，与电动汽车端连接可插拔；充电电缆与电动汽车端和电网连接端均可插拔。但无论是哪种使用模式，都会遇到以下使用环境：①自然环境中的电动汽车充电用电缆因长期暴露在室外，在使用过程中，会遇到各种恶劣的自然环境，包括较大昼夜温差变化、日光照射、风化、潮湿、酸雨、冰冻和海水等，这些自然环境会严重影响充电电缆的寿命和使用性能，甚至降低充电电缆的可靠性和安全性，造成财产损失和人身伤害；②人为环境充电电缆在使用过程中，因使用灵活，难免会存在人为弯曲、扭曲、拖拽甚至拉伸等现象，极易对充电电缆造成机械损伤；同时，充电电缆可能会受到人为造成的酸碱溶液的浸泡，影响电缆材料的性能，对充电电缆造成损伤。电动汽车充电电缆使用环境相对恶劣，因此，对充电电缆的柔软性、挠曲性、力学性能以及耐腐蚀性等都有更高要求。

由于充电桩电缆负载电流较大，导体容易发热，同时充电桩电缆长期暴露于外界环境，存在遇明火而燃烧的风险。所以，需要充电桩电缆的绝缘材料应具有一定的阻燃性。复杂的外界环境需要电缆需要更好的耐候性，以及在应用时难免存在电缆曲绕的情况，所以相应的电缆应有较好的耐曲绕性能；而且，导体通过高电流产生的热量容易引起电缆绝缘材料发热和老化，因此，充电桩用电缆对耐热氧老化性、耐候性、耐曲绕和阻燃等方面有较高要求。本例制备的电动汽车充电桩专用电缆材料，具有阻燃性能好、阻燃剂添加量低、耐热、低毒环保且廉价易得、低烟性、力学性能好等优点。

（1）配方（质量份）

SEBS	20	$2ZnO \cdot 3B_2O_3 \cdot 5H_2O$(粒径 75nm)	10
丁腈橡胶	10	相容剂	4
聚酯型 PU	15	DMDPB	2
高密度聚乙烯	15	抗氧剂	0.2
均苯聚酰亚胺	15		

注：相容剂为马来酸酐接枝 SEBS 和马来酸酐接枝 PE 的混合物，其中所述马来酸酐接枝 SEBS 与马来酸酐接枝 PE 的质量比为 1∶2。抗氧剂是抗氧剂 1010 与抗氧剂 168 的混合物，其中抗氧剂 1010 与抗氧剂 168 的质量比为 1∶2。

（2）加工工艺　按照组成准确称取各种物料备用；向高速混合机中加入 SEBS、丁腈橡胶、聚酯型 PU、高密度聚乙烯、均苯聚酰亚胺，在 80℃下以 900r/min 的转速搅拌 5min，再加入低水合硼酸锌、相容剂、DMDPB，在 100℃下以 1000r/min 混合的条件下得到混合物料；将得到的混合物料放入到双螺杆挤出机中进行熔融捏合并挤出，挤出温度为 220℃，螺杆转速为 550r/min；再对挤出机模头挤出的熔融输出物进行水冷却，制成粒料后包装即可完成。

（3）参考性能　电动汽车充电桩用电缆材料性能见表 10-6。

表 10-6　电动汽车充电桩用电缆材料性能

项目	单位	性能
VW-1 硬度	A	88
拉伸强度	MPa	13
伸长率	%	347
撕裂强度	N/mm	31
低温性能(−60℃)	—	通过
烟密度	有焰模式	181
	无焰模式	132

10.2.5　电动汽车快速充电机专用 TPE 弹性体电缆料

对于充电桩载体，其基本作用是传输电能。然而，随着充电技术的发展，为了更好完成充电过程，电动汽车和充电桩之间需要进行通信，并且在必要时进行自动控制。因此，充电过程对充电电缆提出更高要求，充电电缆不仅需要具有电量传输的作用，同时需要将车辆以及动力电池的状态和信息传递至充电桩进行实时交互。在必要条件下，对充电动作进行控制，以便安全可靠地完成充电过程。目前，电动汽车的安全性已经成为业界重点关注的内容。对于电动汽车的充放电过程，因时间较长、电流强度较大，电缆使用频率高，其安全性应受到高度重视。电动汽车充电电缆在保证良好的绝缘性能基础上，应具有较高的耐热性和耐老化性；同时，在燃烧时应具有良好的低烟阻燃特性，以保证将损失和伤害降到最低。本例综合考虑充电电缆的力学性能要求、电气性能要求以及安全性、环保性和使用寿命等要求，制备新型低烟无卤阻燃材料、热塑性弹性体 TPE，更适合用于充电电缆的绝缘材料。

（1）配方（质量份）

SEBS	65	软化油	10
PPO	15	硅烷偶联剂	2
界面相容剂	20	润滑剂	3.5
阻燃剂	80	抗氧剂	2

上述相容剂是马来酸酐接枝乙烯-辛烯共聚物，为环保型工业白油或环烷油。所述软化油黏度为 $10\sim35m^2/s$。润滑剂为内外润滑剂，为高分子聚硅氧烷和 EBS，二者质量之比为 1:1；抗氧剂 2 份（其中 1010 和 DLTP 质量之比为 1:2）。

（2）加工工艺　将基体树脂 100 份（其中 SEBS 65%、PPO 15%、界面相容剂 20%）、阻燃剂 80 份（其中氮系阻燃剂 60%、磷系阻燃剂 40%）、软化油 10 份、硅烷偶联剂 2 份、润滑剂 3.5 份、抗氧剂 2 份按配比在高速混合机中均匀混合，在 115~130℃ 的温度区间下经密炼机密炼，双锥喂料机喂料，双螺杆挤出，单螺杆成型，水冷拉条造粒，经振动筛筛分然后包装，即成为电动汽车快速充电机专用 TPE 弹性体电缆料成品。

10.2.6　高耐磨、耐油型汽车电缆专用软聚氯乙烯电缆料

本例配方在基体树脂中，添加丙烯酸酯三聚物改性剂来凸显耐油性能。添加偏苯三酸酐增塑剂，解决线缆的使用温度；添加碳酸钙填充剂来降低成本。为了满足汽车线缆的耐磨要求，添加有机聚硅氧烷复合物来解决这一关键技术难题，最终提供高耐磨、耐油型汽车电缆专用软聚氯乙烯电缆料，具有高性能、低成本、对环境无污染等优点，同时在一定情况下可以替代汽车用弹性线缆。

（1）配方（质量份）

PVC 树脂 SG-2 型	50	偏苯三酸酐	26

熊牌 8890 稳定剂	4	高岭土	3.5
丙烯酸酯三聚物改性剂	4	润滑剂	0.6
碳酸钙	10	有机聚硅氧烷	0.8

（2）加工工艺　混炼时间为 5～8min，之后再经双螺杆挤出、单螺杆剪切造粒，加料段 145～155℃，压缩段 155～165℃，均化段 165～170℃。机头 170～175℃，样品采用平板硫化机硫化，平板硫化机温度为 175℃，压力为 15MPa，时间为 8min。

（3）参考性能　对于高耐磨、耐油型汽车电缆专用软聚氯乙烯电缆料，拉伸强度 18.1MPa，断裂伸长率 342%，－20℃ 低温脆化 10/30。电阻率为：$1.1×10^{12}\Omega\cdot cm$；耐油老化（70℃，168h）：拉伸强度保留率 97.2%，断裂伸长保留率 75.6%。热老化（135℃，240h）：拉伸强度保留率 97.2%，断裂伸长保留率 93.6%。耐磨等级 [Fv(mm^3)/100r]：T 级，$F_v<2.0$。

10.2.7　LLDPE/HDPE 共混改性电线电缆用护套材料配方

选用合适的 PE 树脂是设计电线电缆用 PE 塑料护套配方至关重要的一步，PE 树脂的性能直接关系到 PE 塑料护套的力学性能、电气性能及其成型加工性能。PE 护套电缆铺设时，受应力作用或接触液体时容易出现应力开裂现象，导致电缆损坏。避免出现应力开裂现象是 PE 护套研制的关键，因此电缆用 PE 护套要采用耐环境应力开裂（ESCR）性能好的 PE 树脂。炭黑是 LLDPE/HDPE 共混塑料优良的光屏蔽剂，随着炭黑含量的增加，PE 的耐候、耐老化性能越来越好。另外，影响 PE 耐候性的因素还有炭黑粒径和分散度。炭黑粒径较小（15～30nm）且分散得越好，对光的屏蔽效果越好，材料的耐候老化性能越好。

（1）配方（质量份）

LLDPE(7042)	60	抗氧剂 300	0.8
光屏蔽剂高耐磨炭黑	11	HDPE(2200J)	20
HDPE(TRI44)	20	润滑剂 PE 蜡	0.8

（2）加工工艺　将不同组分的原材料在高速混合机上混合 5min 左右，然后在双螺杆挤出机上进行塑化造粒。挤出温度为 130～190℃。

（3）参考性能　材料熔体流动速率（MFR）0.258g/10min，拉伸强度 22.2MPa，断裂伸长率 750%，耐候老化时间＞4000h，介电强度 32.4MV/m，介电常数 2.35，耐环境应力开裂时间＞500h，体积电阻率 $2.36×10^{14}\Omega\cdot cm$。

10.2.8　无卤阻燃 LDPE 电缆料

（1）配方（质量份）

树脂 LDPE(粉料)	85	润滑剂 HSt	0.5
偶联剂硅烷 KH560	2.5	硼酸锌	3.5
EVA(VA 含量 14%)	15	分散剂	0.5
热稳定剂硬脂酸钡	2	聚磷酸胺	15
阻燃剂氢氧化铝	80		

（2）加工工艺　先将阻燃剂、协同阻燃助剂研细，过筛（500 目），然后按配方比例称量后混合搅拌，混合温度 80～100℃，时间 10min，混合均匀后再用挤出机挤出造粒。

（3）参考性能　密度为 0.940g/cm^3，氧指数 28.5%，拉伸强度 8.2MPa，伸长率 55%，邵氏硬度为 57。具有优良的阻燃特性。

10.2.9　低烟无卤阻燃 LDPE 电缆材料

（1）配方（质量份）

LDPE(DFDA-7042)	100	硬脂酸	适量

阻燃剂纳米 Mg(OH)$_2$	40	抗氧剂 1010	适量
去离子水	适量	协效阻燃剂热塑性酚醛树脂(PF-T)	25
微胶囊化红磷(MRP)	8		

(2) 加工工艺

① 将纳米 Mg(OH)$_2$ 与一定量硬脂酸和去离子水加到反应器中，将装有反应物的反应器放入一定温度的电热恒温水浴锅，开动增力搅拌器（转速在 700r/min）并开始计时，等反应到一定时间后取出样品，并经抽滤、真空风干后待用。

② 按照配方比例称取原料，加入一定量抗氧剂，在 130℃ 的双辊开炼机上熔融混合 10min，取出冷却。然后用挤出机挤出造粒或直接成型。

(3) 参考性能　该阻燃 LDPE 电缆料的氧指数达到 36%，水平燃烧通过 FH-1，拉伸强度为 13MPa，断裂伸长率为 370%，热变形温度 69.5℃。

10.2.10　低卤抑烟 HDPE 护套材料配方

(1) 配方（质量份）

树脂 HDPE(F600)	100	抑烟剂水合硼酸锌	6
阻燃剂十溴联苯醚	20	抗氧剂 1010	0.75
三氧化二锑	10	润滑剂	1
超细氢氧化镁(1200 目)	24	硅烷偶联剂 1016	适量

(2) 加工工艺　先将氢氧化镁用硅烷偶联剂 1016 偶联处理，然后按照配方比例准确称量，加入高速混合机中进行混合搅拌，混合时间为 1min；将混合好的料通过双螺杆挤出机进行造粒，各段温度分别为：一段 170℃、二段 170℃、三段 200℃、四段 210℃、五段 200℃。螺杆转速为 100r/min。

(3) 参考性能　该材料的氧指数为 26.5%，拉伸强度 30.8MPa，弹性模量 1.33GPa，伸长率 5.53%，冲击强度为 9.22kJ/m^2。氢氧化镁的加入，有利于提高体系的拉伸强度和弹性模量，但同时降低材料的韧性。

10.2.11　无卤抑烟阻燃 HDPE 护套材料

(1) 配方（质量份）

树脂 HDPE(2480)	100	抑烟剂水合硼酸锌	10
抗氧剂 1010	0.75	柔软剂氨基硅油	2.0
阻燃剂超细氢氧化镁(1200 目)	100	硅烷偶联剂 A-151	适量
润滑剂	1		

(2) 加工工艺　先将氢氧化镁和硼酸锌用硅烷偶联剂 A-151 进行处理 10min，然后用氨基硅油再处理 1min。按照配方比例准确称量各组分，倒入高速混合机中进行混合搅拌，混合时间为 1min，将混合好的料通过双螺杆造粒机进行造粒。各段温度分别为：一段 140℃、二段 170℃、三段 200℃、四段 210℃、五段 200℃。螺杆转速为 100r/min。

(3) 参考性能　无卤阻燃 HDPE 护套料当氢氧化镁用量为 100 份时，材料的氧指数达到 28%。随着氢氧化镁/水合硼酸锌用量的增加，阻燃体系的韧性急剧降低，拉伸强度变化不大，弹性模量有很大增加；氨基硅油可以在一定程度上改善材料的韧性，并能提高体系的氧指数，所以添加氨基硅油是提高氢氧化镁/水合硼酸锌高填充 HDPE 阻燃材料韧性的廉价、方便和实用的一种途径。

10.2.12　硅烷交联聚乙烯电力电缆料

电力电缆正向交联 PE 方向不断发展。目前，国际上从 1kV 低压电缆，6～35kV 中低压电缆至 110kV 高压电缆都倾向采用交联 PE。国际上交联 PE 生产技术主要分三大类：辐射交联主要生产电器装备用电缆；硅烷交联用硅烷作为交联剂，在催化剂作用下使 PE 交联；化学交联以低密度聚乙烯（LDPE）为基料，有机过氧化物为交联剂，适合于高温、高压、高频等条件下使用的线缆，可制造 6～35kV、35～110kV 中高压电缆、航空电缆、控制电缆等，其生产技术主要由美国 GE 公司发明并推广应用。

交联 PE 在我国电力电缆生产中是主要的绝缘材料，低压电缆主要采用硅烷交联 PE 料。比较大的生产企业具有年生产 7kt 的能力。中压电缆（10kV 级）采用的可交联 PE 料国内目前还不能自给，年用量大致为 20～30kt。高压电缆用可交联料全部进口，用量大致为每年 30kt，目前我国 110kV 电缆需求超净绝缘料约 10kt。此外，目前我国内半导电屏蔽料的需求约为 5kt，外半导电屏蔽料的需求为 10kt，这些都需要进口。

我国电力电缆按耐压等级可分为五类：1kV 以下为低压电缆；1～6kV 为中压电缆；6～35kV 为高压电缆；66～220kV 为超高压电缆；220～1100kV 为特高压电缆。目前，用量最大的是 1～35kV 级的电缆。1kV 级的电力电缆 90% 以上是聚氯乙烯绝缘。电力行业的目标是发展低压交联电力电缆，以硅烷交联聚乙烯绝缘取代聚氯乙烯。硅烷交联绝缘料目前国内的主要生产厂家有：上海化工厂（两步法）、哈尔滨精细化工有限公司（两步法）、大庆恒致公司（两步法）、扬州有机化工厂（两步法）、厦门爱尔舒公司（一步法）。一步法因存在交联度不足的问题及对设备要求严格，许多厂家已停用。国外主要供应商有：韩国乐喜LG1230（1kV 硅烷交联绝缘）、日本凌克龙 [XF-800(1kV 硅烷交联绝缘)]、美国联碳公司（10kV 以下电力电缆专用料）。

据有关部门不完全统计，目前我国各类交联聚乙烯绝缘料用量在 150kt/A 左右。其中三分之二依赖进口，其中包括附加值极高的全部高压、超高压的交联聚乙烯绝缘料产品。

(1) 配方（质量份）

LDPE	100	环氧大豆油用量	5
接枝剂(乙烯基三乙氧基硅烷)	3	二月桂酸二丁基锡 DBTL	0.05
引发剂 DCP	0.2	抗氧剂 264	0.5
DOP	40		

载体树脂：低密度聚乙烯（LDPE）、Q200(2F2B)，上海金山石化公司塑料厂生产。

接枝剂：乙烯基三乙氧基硅烷（A151），含 Si 量 14.5%～15.5%，哈尔滨化工研究所生产。

引发剂 DCP 和抗氧剂 264 用量：DCP 作为接枝引发剂，用量过大，则会引起 PE 在接枝反应中先期交联，同时在双螺杆挤出成型时产生强烈臭味，因此 DCP 的用量应严加控制，一般为 0.1%～0.2%。抗氧剂 264 的加入是为了防止熔体中的过氧化物交联，其用量一般为 0.5%～0.7%。

交联剂 A151 用量：在 DCP 含量一定的情况下，加入不同量 A151 对 PE 的力学性能、热性能、耐环境应力开裂性能均有影响。随着 A151 加入量的增加，PE 交联体系的拉伸强度有所提高，而断裂伸长率则会有所下降，这是因为 PE 在交联剂 A151 的作用下发生交联，形成凝胶结构，使得分子链之间的相对运动困难，这等于提高分子链的刚性，使拉伸强度提高，断裂伸长率降低。A151 的加入，使 PE 交联后可以有效地提高分子量和刚性度，从而提高 PE 的耐热性能。同时，A151 的加入，还可使 PE 交联体系分子间的键合力增大，阻碍结晶。因此，提高 PE 耐环境应力开裂性能。综上所述，随着 A151 用量的增加，PE 交联体系的拉伸强度、热性能、耐环境应力开裂性能均有所提高，而断裂伸长率则有所下降。因此，A151 应考虑适量使用，一般用量为 2.5%～3%。

催化剂 DBTL 用量：催化剂 DBTL 的适当加入，可使硅烷交联 PE 加速其水解缩聚交联反应。其用量一般为 0.05%。

（2）加工工艺 采用二步法交联工艺制备 1kV 交联 PE 电力电缆绝缘料，其工艺路线如下：

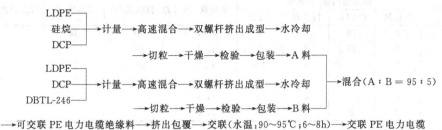

→可交联 PE 电力电缆绝缘料→挤出包覆→交联（水温：90~95℃；6~8h）→交联 PE 电力电缆

（3）参考性能 性能见表 10-7。

表 10-7 1kV 硅烷交联 PE 绝缘料性能测试结果

序号	检测项目	单位	标准要求	检测数据	检测方法
1	体积电阻率（20℃）	$\Omega \cdot m$	$\geq 1 \times 10^{14}$	3.1×10^{15}	GB/T 1410—2006
2	介电强度	MV/m	≥ 30	36	GB/T 1409—2006
3	拉伸强度	MPa	≥ 13.5	15.4	GB/T 1440—2006
4	断裂伸长率	%	≥ 300	420	GB/T 1440—2006
5	热老化（135℃，168h）		±20	5	GB/T 8815—2008
5.1	热老化后拉伸强度变化率		±20	5	
5.2	热老化后断裂强度变化率		±20	−5	
6	热延伸试验	℃			
6.1	试验温度		200±3	200	
6.2	载荷时间	min	15	15	Q/GHPA6—1997
6.3	压强	MPa	0.2	0.2	
6.4	载荷下最大伸长率	%	≤ 80	52	
6.5	冷却后最大永久伸长率	%	≤ 5	0	
7	低温脆化温度	−76℃	通过	通过	GB/T 5470—2008

从表 10-7 中看出，1kV 硅烷交联 PE 电力电缆绝缘料性能完全符合 GB/T 12706—2008 标准。

10.2.13 低烟低卤阻燃聚氯乙烯电缆料制备

（1）配方（质量份）

PVC	100	无机阻燃剂 ATH	20
DOP	40	氧化锑	3
铅盐复合稳定剂	8		

上述 PVC，SG7 型，上海氯碱化工股份有限公司生产；增塑剂邻苯二甲酸二辛酯（DOP），齐鲁石化公司增塑剂厂生产；无机阻燃剂 ATH，山东铝厂生产。

（2）加工工艺 按照配方要求，将 PVC 混料放到双辊筒开放式塑炼机上 165℃混炼15min，然后将混炼好的 PVC 复合物在平板硫化机上 165℃下压至 5~10min。试片厚度依性能要求而选定不同模板进行压制。

（3）参考性能 试样的氧指数根据 GB/T 2406.1—2008 进行测试；烟密度用 NBS 烟密度箱依据 ASTME662 进行测试；HCl 释放量用管式炉依据 GB/T 17650.1—1998 进行测试。熔融特性在 Brabende 转矩流变仪上进行试验。拉伸强度、断裂伸长率的测试按 GB/T1040—2006 标准，以 250mm/min 在橡塑拉力试验机上进行测试。

① 固溶体/ATH 对 PVC 的阻燃消烟作用 表 10-8 中列出 PVC 组成中固溶体和 ATH

含量对氧指数和烟密度的影响。

表 10-8　传统 PVC 阻燃料与低烟低卤 PVC 阻燃料阻燃消烟降卤性比较

试样编号	添加剂用量/质量份				氧指数/%	烟密度(无焰)	消烟率/%	HCl 释放量/(mg/g)
	氧化锑	CaCO₃	混合料	ATH				
a	5	18	0	0	30.7	338	44	—
b	5	18	3	0	31.1	—	—	—
c	5	0	3	20	36.0	306	19	—
d	3	0	2	20	34.2	233	61	8.21
e	5	0	0	35	34.6	—	—	—
f	3	0	2	35	34.0	—	—	220.00

注：PVC100 份，DOP10 份，铅盐复合稳定剂 8 份。

由表 10-8 可以观察到试样 b 氧指数为 31.1%，没加混合料的试样 a 氧指数为 30.7%。因此，可以认为混合料与 CaCO₃ 之间无阻燃协同效应。试样 c 氧指数为 36.0%，烟密度为 306，表明固溶体与 ATH 有好的阻燃和消烟作用。其复合作用决定于几个因素：首先是 ATH 分解吸热降温和水蒸气隔绝作用；其次是 ATH 与固溶体结合提高成炭率。表 10-8 试样 d 可视为试样 e 中 5 份氧化锑有 2 份被固溶体代替，ATH 少加 15 份，氧指数的数据表明二者具有相同的阻燃效果，这说明固溶体不仅有消烟降卤作用，而且有阻燃作用。推测是由于 PVC 热分解的同时伴随生成 MCl（M 代表金属元素），MCl 为强路易斯酸，对聚合物的离子化脱 HCl 起催化剂作用。在生成的 MCl 影响下，发生脱 HCl，导致反式多烯烃的生成。通过分向的环化作用，结果产生残余碳化物，因此减少烟的释放。与此同时，部分放出的 HCl 以及形成的 MCl 进入气相，通过捕获自由基起到了终止链式燃烧反应的作用。表 10-8 中试样 d 与试样 f 对比说明，过量的 ATH 分解成 Al₂O₃，加速聚合物的离子化脱 HCl，并且加速炭化，致使 HCl 含量急剧上升，烟密度增大。

② 固溶体/ATH 对 PVC 性能的影响　各试样的性能列于表 10-9 中。

表 10-9　固溶体/ATH 共混物对 PVC 阻燃性能的影响

固溶体用量/质量份	ATH用量/质量份	氧指数/%	烟密度(无焰)	HCl释放量/(mg/g)	拉伸强度/MPa	断裂伸长率/%	20℃体积电阻率/(Ω·m)	介电强度/(MV/m)	冲击脆化性能(−20℃)	热稳定时间(200℃)/min
0	35	34.6	—	—	17.5	275.0	7.8×10¹⁰	30.6	通过	>148
1	20	32.9	—	—	18.3	295.0	5.8×10¹⁰	28.6	通过	65
2	20	34.2	233	8.25	18.9	292.5	8.8×10¹⁰	28.1	通过	63
3	20	36.0	306	—	19.2	265.0	6.7×10¹⁰	29.6	不通过	30
3	37	37.7	—	—	17.5	287.5	3.4×10¹⁰	31.0	不通过	30
3	40	38.6	—	—	17.2	264.2	3.2×10¹¹	30.3	不通过	30

注：PVC100 份，DOP40 份，铅盐复合稳定剂 8 份。

表 10-9 结果表明，在 ATH 用量保持 20 份不变时，固溶体添加量由 1 份增至 3 份时，试样的氧指数从 32.9% 增至 36.0%；200℃ 的热稳定时间从 65min 降至 30min，说明组成中引入固溶体作为消烟剂，使 PVC 复合物的热稳定性明显下降（已不能满足常规加工对热稳定性要求）。若固溶体用量保持 3 份不变时，试样的 ATH 由 20 份增至 40 份，氧指数由 36.0% 升至 38.6%。ATH 用量的增加对热稳定性无明显影响，但 ATH 用量的增加，损害了材料力学性能和电性能（见表 10-9）。

③ 流变特性　表 10-10 是 ATH 用量对 PVC（PVC100 份、DOP40 份、铅盐复合稳定剂 8 份）复合物熔融特性参数的影响。

表 10-10　试样的流变性能

固溶体用量/质量份	ATH 用量/质量份	最大转矩/N·m	最小转矩/N·m	平衡转矩/N·m	熔融时间/min	熔融温度/℃
2	20	9.6	1.0	6.9	1.02	151
3	20	9.2	2.4	7.1	1.45	153
3	37	9.4	1.3	7.0	0.57	151
3	40	9.7	1.2	7.3	1.09	148

由表 10-10 可知，一方面，在 ATH 加入量相同时，PVC 复合物随固溶体量增高，熔融时间增长，平衡转矩增高。另一方面，在固溶体加入量相同时，PVC 复合物最大转矩随 ATH 量的增加而连续增加，表明在 ATH 加入量较高时，PVC 复合物的加工性变差。

④ 增塑剂用量及类型对其他性能的影响　表 10-11 为增塑剂用量及类型对 PVC 中 HCl 释放量、热稳定的影响。

表 10-11　增塑剂用量及类型对 PVC 中 HCl 释放量和热稳定性的影响

试样编号	DOP 用量/质量份	环氧大豆油用量/质量份	HCl 释放量/(mg/g)	200℃热稳定时间/min
h	40		8.40	60
i	35	5	21.60	55
j	40	5	3.65	80

注：ATH 用量 28 份，铅盐复合稳定剂 8 份，PVC 用量 100 份。

表 10-11 中，i 用 5 份环氧大豆油代替 h 中的 5 份 DOP，HCl 释放量及热稳定时间变化不大；在 j 中加入 5 份环氧大豆油，从 HCl 释放量、热稳定时间上看，效果较明显。因为环氧大豆油结构中的环氧基可以提高环氧大豆油与 PVC 分子间的相容性，使高分子链段间距离增大，相互作用力减弱；同时它的环氧基又以化学键的形式来稳定活泼的氯原子，吸收热分解出的 HCl，阻止链式反应脱 HCl。在配方中加入环氧大豆油或部分代替 DOP 增塑剂，电缆料在满足其他力学性能的前提下，相应地提高热稳定性，降低 HCl 释放量，从而降低毒性、腐蚀性。

由上得出：固溶体是增塑 PVC 的有效阻燃消烟添加剂，在有氧化锑存在下，固溶体与 ATH 有明显的协同效应，而固溶体与 CaCO₃ 无协同效应；固溶体的用量明显影响 PVC 的热分解温度，而 ATH 添加量增加将使加工困难，且损害 PVC 复合物力学性能、电性能。考虑到材料的综合性能，在低烟低卤配方中推荐采用固溶体 2 份、ATH 20 份为宜。此外，环氧大豆油与 DOP 匹配，提高了 PVC 电缆料的稳定性，抑制 HCl 释放。

10.2.14　耐腐蚀高分子电缆材料的制备

目前，在电力耐腐蚀高分子材料领域，主要是用塑料做成板材，塑料为高分子化合物，可以自由改变形体样式。其主要是利用单体原料以缩合反应聚合而成的材料，由合成树脂及填料、增塑剂、稳定剂、润滑剂、色料等添加剂合成。此类防腐蚀材料的耐腐蚀性一般，力学性能、热稳定性、阻燃性、耐候性也欠佳。因此，需要一种以耐腐蚀为主、综合性能优良的高分子材料来满足电力行业的需求。本例提供一种耐腐蚀高分子材料及其制备方法，该高分子材料耐腐蚀性能优良，同时具备良好的力学性能、耐候性、导电性，制备方法能耗较低，适合作为电力行业的设备涂层或电缆材料。

（1）配方（质量份）

苯酚型酚醛环氧树脂 NPPN-631	42	聚苯胺	12
385 饱和聚酯树脂	35	碳酸钙	5

| PETG | 6 | 石墨粉 | 6 |
| 分散剂三硬脂酸甘油酯 | 1 | 硅藻土 | 3 |

（2）加工工艺　使用8％的盐酸溶液浸泡硅藻土10～20min后，盐酸溶液用量以没过硅藻土为宜，然后以1000～1200r/min离心3～5min，过滤取滤饼，烘干后送入研磨机研磨，过200～300目筛得到粉末a。将粉末a与石墨粉混合，搅拌均匀，投入到球磨罐中，加入适量乙醇和氧化铝陶瓷球，球料质量比为（20～30）∶1，40～50℃球磨6～8h，取出反应物料过滤，物料过滤后需用适量乙醇冲洗球磨罐2～3次并过滤，收集滤饼烘干后，研磨过200～300目筛得到混合粉末b。将苯酚型酚醛环氧树脂、聚酯树脂、碳酸钙、聚苯胺、PETG混合搅拌均匀，送入密炼机，在100～110℃混炼8～10min，得到混合物料c。将混合粉末b、混合物料c、分散剂混合搅拌均匀，送入离心机以1000～1200r/min离心分离5～8min，倒入双螺杆挤出机中挤压成熔融状态，待混料完全熔融后挤出到注塑机中，在280℃、2MPa条件下注塑成型得到该高分子材料。

（3）参考性能　对制备的高分子材料进行耐酸、耐碱、抗冲击强度、抗弯曲强度的性能测试，具体结果见表10-12。

表10-12　耐腐蚀高分子电缆材料性能测试

项目	配方	项目	配方
抗冲击强度/(J/m)	325	耐酸(30％盐酸溶液,≥h)	260
弯曲强度/MPa	125	耐碱(60％盐酸溶液,≥h)	520

第11章

塑料在矿山中的应用

对于矿井使用的塑料材料的主要要求就是阻燃抗静电，称为双抗材料。近年来，由于瓦斯爆炸、火灾的频繁发生，对聚合物材料的阻燃性和抗静电性的研究得到人们的密切关注。高分子材料较易燃烧，而且在燃烧过程中放出有毒气体，极大地危害社会财产和人民生命的安全。此外，由于摩擦等原因形成的静电电压所产生的火花放电会引起火灾和爆炸事故，因此阻燃和抗静电的研究必将带来巨大的社会效益和经济效益，是高分子材料研究领域中的重要课题。

11.1　矿井通风管道——阻燃抗静电聚乙烯材料

本例在不降低钙塑材料力学性能的前提下，提高钙塑材料的阻燃性和抗静电性，使用的 OL-T761 钛酸酯类偶联剂对 PE/CaCO$_3$ 复合物有明显的偶联效应；复配阻燃剂 Al（OH）$_3$、氯化石蜡、Sb$_2$O$_3$ 具有较好的阻燃协同效应，而 HZ-1 型抗静电剂的加入能使管材达到抗静电效果。本配方可以制备阻燃抗静电聚乙烯材料，得到阻燃抗静电性能好、力学性能优异的钙塑材料，可用于矿井下的塑料管道等产品。

（1）配方（质量份）

PE/CaCO$_3$（1：0.65）	100	抗静电剂 HZ-1	2.0
Al(OH)$_3$/氯化石蜡/Sb$_2$O$_3$（4：3：1）	50～80	助剂	4.5
钛酸酯偶联剂 OL-T761	2.0		

（2）加工工艺　按配比称量各组分，在高速混合机内混合 30min（转速 1200r/min），然后在开炼机上开炼 20～30min［前辊温度（150±5）℃，后辊温度（145±5）℃］，拉片后经平板压片［压力 4.5MPa，温度（140±5）℃，时间 2h］。

（3）参考性能

① 偶联剂对 PE 和 CaCO$_3$ 的偶联效应　PE 和 CaCO$_3$ 为不相容体系，若在 PE 中加入大量 CaCO$_3$，就必须加入偶联剂。加入不同量 OL-T761 钛酸酯偶联剂，结果见表 11-1。

表 11-1　钛酸酯偶联剂的偶联效应

PE/质量份	CaCO$_3$/质量份	OL-T761/质量份	拉伸强度/MPa	冲击强度/(kJ/m^2)	断裂伸长率/%
100	67.5	1.0	18.0	2.5	92
100	67.5	1.5	17.5	3.1	120
100	67.5	2.0	17.0	3.3	130
100	67.5	2.5	16.2	3.4	132
100	67.5	3.0	13.5	3.3	136

从表 11-1 可以看出，随着 OL-T761 用量的增加，拉伸强度减小，冲击强度和断裂伸长

率增加，即韧性增加，但其用量增加到 2.0 份以后，冲击强度和断裂伸长率的增加趋于平缓；而拉伸强度的下降却很快，因此偶联剂的加入量有一最佳值，可以理解为正好使绝大部分 $CaCO_3$ 的外表面均被偶联剂包覆时的用量。OL-T761 的结构如下：

$$CH_3-O \quad O-C-C-(CH_2)_7CH=CH(CH_2)_7CH_3$$
$$Ti$$
$$CH_3-O \quad O-C-C-(CH_2)_7CH=CH(CH_2)_7CH_3$$

所起的偶联反应为：

$$CH_3-O \quad O-C-C-(CH_2)_7CH=CH(CH_2)_7CH_3$$
$$Ti \xrightarrow{\quad CuCO_3 \quad}$$
$$CH_3-O \quad O-C-C-(CH_2)_7CH=CH(CH_2)_7CH_3$$

$$O-C-C-(CH_2)_7CH=CH(CH_2)_7CH_3$$
$$CuCO_3-O-Ti \qquad\qquad\qquad +HOCH_2CH_2OH$$
$$O-C-C-(CH_2)_7CH=CH(CH_2)_7CH_3$$

通过上述反应，OL-T761 与 $CaCO_3$ 形成化学键，使 $CaCO_3$ 表面覆盖一层偶联剂，而偶联剂的另一端是长链烷烃，它与 PE 大分子链相互缠绕，起到分子桥的作用，因此可以使无机填料与树脂很好地结合起来。长链缠绕转移应力应变，提高冲击强度和断裂伸长率。

② 不同阻燃剂的阻燃效应　氯化石蜡、Sb_2O_3、TCEP、$Al(OH)_3$ 四种阻燃剂使用的效果，见表 11-2。

表 11-2　不同阻燃剂的阻燃效果

PE/$CaCO_3$ 复合物	阻燃剂	加入量/份	氧指数(OI)/%	燃烧状态
100	氯化石蜡	15	22	黑烟
100	Sb_2O_3	15	21.5	黑烟
100	TCEP	15	22.5	黑烟
100	$Al(OH)_3$	15	23	少烟
100	空白		20.5	黑烟

从表 11-2 可以看出，它们的阻燃效果皆不能令人满意，但都比不加阻燃剂的钙塑材料阻燃性好。其机理可解释如下。

氯化石蜡的分子式为 $C_{20}H_{24}Cl_{18} \sim C_{24}H_{20}Cl_{21}$，在较低温度下分解，产生不可燃气体 HCl，覆盖材料表面，使热氧化反应难以进行。另外，它们又极易与 HO·、H·、O· 结合，从而抑制燃烧：

$$氯化石蜡 \xrightarrow[分解]{受热} HCl$$
$$HCl \xrightarrow{Sb_2O_3(1)} SbCl \longrightarrow 阻燃物$$

Sb_2O_3 在燃烧时熔融（熔点 656℃），在材料表面形成被膜，隔绝氧气。燃烧后由于内部的吸热反应使着火点提高，而具有自熄性。

TCEP 为磷酸三氯乙基酯受热后分解出磷化物，继而生成磷酸和偏磷酸，再聚合成聚偏磷酸，形成不挥发的保护膜，从而隔绝氧气。同时，聚偏磷酸脱水反应产生的碳膜也具有阻燃效应。

$Al(OH)_3$ 的含水量高达 34%，在 200℃ 以上时吸收大量热而放出水蒸气，这样既可以使正在燃烧的塑料温度降低，放出的可燃性气体减少，又可以稀释可燃性气体，起到灭火作用。$Al(OH)_3$ 分解时放出的水蒸气在高温时氧化碳粒，从而减少烟雾。同时，也使聚合物发生碳化，使气相中的烟灰量减少而消烟。

③ 氯化石蜡与 Sb_2O_3 的协同效应　按不同比例加入氯化石蜡和 Sb_2O_3，其阻燃效果见表 11-3。

表 11-3　氯化石蜡与 Sb_2O_3 的协同效应

PE/CaCO₃ 复合物	氯化石蜡	Sb₂O₃	氧指数/%	燃烧状态
100	15	5	24.5	黑烟
100	10	5	23	黑烟
100	5	5	23	黑烟

从表 11-3 可以看出，氯化石蜡与 Sb_2O_3 同时加入，阻燃效果有所改进，其最佳比例为氯化石蜡：Sb_2O_3=3：1。其协同机理可解释如下：在 Sb_2O_3 熔融时，加速氯化石蜡脱去 HCl，产生大量 HCl 气体，阻止燃烧；同时，还能形成 $SbCl_3$ 等高沸点物质（沸点 820℃），在燃烧区间停留时间长而增加其阻燃效果，可表示为：

$$Sb_2O_3(s) \xrightarrow{\text{受热}} Sb_2O_3(l)$$

$$Sb_2O_3 + 2HCl \longrightarrow 2SbOCl + H_2O$$

$$5SbOCl(s) \xrightarrow{245\sim280℃} Sb_4O_5Cl_2(s) + SbCl_3(g)$$

$$4Sb_4O_5Cl_2(s) \xrightarrow{410\sim475℃} 5Sb_3O_4Cl(s) + SbCl_3$$

$$3Sb_3O_4Cl(s) \xrightarrow{475\sim565℃} 4Sb_2O_3(s) + SbCl_3(g)$$

以上反应产生的固体物质在塑料表面形成保护层，阻止塑料继续燃烧。与此同时，生成的大量气态 $SbCl_3$ 进入燃烧层和火焰层，又参与吸收 H· 和 HO· 活性自由基的过程。

④ TCEP 与氯化石蜡的协同效应　磷类阻燃剂与氯化石蜡同时加入的效果见表 11-4。

表 11-4　TCEP 与氯化石蜡的协同效应

PE/CaCO₃ 复合物	TCEP	氯化石蜡	氧指数(OI)/%	燃烧状态
100	15	15	24.5	黑烟
100	15	10	25.5	黑烟
100	15	5	24	黑烟

从表 11-4 可以看出，TCEP 与氯化石蜡的协同效应要比它们各自单独使用的效果好，而且当 TCEP：氯化石蜡=3：2 时效果最佳。磷类阻燃剂的作用主要是生成固相覆盖层。磷与卤素类阻燃剂的协同作用首先是由于它们的热解产物相互作用生成同时含磷和卤素两种阻燃要素的物质。此外，还可以生成 PCl_3、PCl_5 和 $POCl_3$，它们在高温下都是不燃气体且密度大，覆盖在塑料表面，切断氧的供应；同时，这些化合物比卤化氢更易与活性自由基结合。

⑤ Al($OH)_3$、氯化石蜡、Sb_2O_3 的协同效应　同时加入 Al($OH)_3$、氯化石蜡、Sb_2O_3 后阻燃效果大增，而且无烟或只有少量烟，其结果如表 11-5 所示。

表 11-5　Al(OH)₃、氯化石蜡、Sb₂O₃ 的协同效应

PE/CaCO₃ 复合物	Al(OH)₃	氯化石蜡	Sb₂O₃	氧指数(OI)/%	燃烧状态
100	30	15	15	26	黑烟
100	30	30	15	27.5	黑烟
100	40	30	10	28	黑烟

从表 11-5 可以看出，$Al(OH)_3$：氯化石蜡：$Sb_2O_3 = 4：3：1$ 时效果最佳，这是因为许多阻燃途径同时发挥作用，使得阻燃效果大大提高，并抑制和消除烟雾的产生。

⑥ 抗静电剂的抗静电效应　实验了 HZ-1 和 KTM 两种抗静电剂，效果见表 11-6。

表 11-6　抗静电剂的抗静电效应

PE/CaCO$_3$ 复合物	HZ-1	KTM	表面电阻/Ω	静电电位/V
100	1.5	—	3.2×10^8	10
100	—	1.5	3.0×10^7	90
100	2.0	—	2.1×10^8	测不出

从表 11-6 可以看出，HZ-1 比 KTM 效果好，其用量 2.0 份时效果最好。HZ-1 抗静电剂与树脂的相容性相对来说比 KTM 好。HZ-1 在树脂中分布是不均匀的，表面浓度高，内层浓度低。由于 HZ-1 与树脂的相容性不是很好，这样抗静电剂加入以后，就可能渗透到塑料表面，形成"起霜现象"。当塑料表面到塑料里层的抗静电剂的浓度梯度达到一定时，这一渗透停止，形成一种动态平衡。如果因为某种原因而使表面抗静电剂的量减少，那么以前建立的平衡就遭到破坏，使抗静电剂向外逸出的趋势大于其向内扩散的趋势，抗静电剂将从里层移到表面，形成和以前一样的导电膜。因此，塑料内部的抗静电剂是一种被贮备的抗静电剂源，一旦需要就可以起作用。

⑦ 阻燃剂、抗静电剂的加入对材料力学性能的影响　由于抗静电剂的加入量少，对材料的力学性能影响不大。但阻燃剂的加入量较多，对材料的力学性能有一定影响，结果见表 11-7。

表 11-7　阻燃剂、抗静电剂的加入对材料力学性能的影响

PE/CaCO$_3$ 复合物	阻燃剂/phr	拉伸强度/MPa	冲击强度/(kJ/m^2)
100	40	17.2	3.0
100	50	17.5	3.2
100	60	17.0	3.0
100	80	17.1	3.1
100	100	18.0	2.8

从表 11-7 可以看出，阻燃剂加入量的多少对冲击强度影响不大，但对拉伸强度有一定影响，超过 100 份后拉伸强度急剧下降，冲击强度也呈下降趋势。因此，阻燃剂的加入量要适当，以 PE/CaCO$_3$ 为例，以复合物：阻燃剂 = 100：50 范围内为宜，既能达到阻燃要求，力学强度又降低不多。

⑧ 矿井通风管道——阻燃抗静电聚乙烯材料性能　钙塑材料的性能为：LOI≥27%，表面电阻≤10^7Ω，静电压≤50V，冲击强度≥3.0kJ/m^2，拉伸强度≥17MPa。

11.2　矿井用排水管——LDPE/LLDPE 共混材料

LDPE 管材具有耐腐蚀、质量轻、使用方便等优点，被广泛用于煤矿井下替代钢管制排水管、瓦斯抽放管、风管等，但因煤矿井下环境具有极特殊性，为了安全起见，对 LDPE 管材的要求是：既要具有使用性能，还要求具有阻燃性和抗静电性等安全性能。故在 LDPE 管生产中需要添加一定量粉状阻燃剂和抗静电剂等助剂。由于 LDPE 与粉状助剂相容性较差，使得 LDPE 管材的力学性能降低。为了解决 LDPE 和粉状助剂相容性差的问题，将 LDPE 和 LLDPE 以一定比例共混进行改性。

(1) 配方（质量份）　配方见表 11-8。

表 11-8　矿井用排水管——LDPE/LLDPE 共混材料配方

原材料	配比	原材料	配比
LDPE	40	F900	5
LLDPE	60	分散剂	适量
DBDPO	6	抗氧剂 1010	适量
Sb_2O_3	2	其他助剂	适量
ZB	1		

① LDPE 和 LLDPE 牌号及配比选择　LDPE 选 24B(F2024)，LLDPE 选 DFDA(7042)，这两种树脂均选用自大庆石化公司生产的产品。由于 LDPE 分子链中含有较多非等长不等距的长支链，结晶度较低；LLDPE 具有线型结构，在主链上带有较多几乎等长等距的短支链。LDPE 和 LLDPE 分子量分布也不相同，LDPE 分子量分布较宽，LLDPE 分子量分布较窄。由于分子结构和分子量存在差异，LDPE 与 LLDPE 相比，LLDPE 具有优良性：断裂强度高于 LDPE 3~4 倍，抗穿刺强度为 LDPE 的 9 倍，极限拉伸强度和延伸率比 LDPE 约高 20%~25%。采用 LLDPE 生产的管材具有良好的力学性能。但是，LLDPE 溶体黏度大，熔体强度低，成型不稳定。对螺杆扭矩较大，会增加电机负荷；若将 LLDPE 中加入 LDPE 共混，则熔体强度提高，稳定性也提高，挤出机背压和螺杆扭矩也相应下降。但随着 LDPE 含量增加，管材机械强度下降。经试验表明：LDPE 与 LLDPE 共混比例为 2:3 时，二者能互相弥补达到预期效果。

② 阻燃剂选择　对于 PE 塑料来说，阻燃剂一般采用低毒高效的卤系阻燃剂。其中溴系阻燃剂是卤系阻燃剂中最重要和最有效的一种，溴系阻燃剂阻燃效果好、添加量少、相容性好、热稳定性能优异，对阻燃制品性能影响小，价格低，故选择溴系阻燃剂。在溴系阻燃剂中 DBDPO 更适用于 PE 树脂中，若它与 Sb_2O_3 和 ZB 并用阻燃效果更好，经试验在配方中添加 6 份 DBDPO 和 2 份 Sb_2O_3，添加 1 份 ZB 阻燃剂，可大大提高制品的阻燃效果。

③ 抗静电剂选择　天津亿博瑞化工有限公司生产的 N293 系列超导电炭黑 F900 与助剂相容性好，是一种动能性高导填料，它粒度细，比表面积大，高结构，能在材料表面均匀分布形成致密的碳导电网络，导电性能优异且用量小、导电性能高，并对基础材料无影响，导电性和材料性平衡。经试验，在所使用的 LDPE 和 LLDPE 塑料中添加 10% 制品表面电阻为 10^4~$10^5\Omega$，添加 5% 时达到产品执行标准。

④ 其他助剂选择　分散剂选大庆石化生产的产品，稳定剂选择山东华恩生产的抗氧剂 1010。

(2) 加工工艺

① 无机阻燃剂的预处理　由于 Sb_2O_3、ZB 与 LLDPE 和 LDPE 相容性不好，影响混合均匀和阻燃性能，需用分散剂等进行预处理，使用量为无机阻燃剂用量的 1%~2% 之间，在高速混合机中于一定温度下进行预处理。

② 混合配料　将 LDPE、LLDPE、阻燃剂、抗静电剂及其他各种助剂按配方中的比例加入到高速混合机中，在 40~50℃ 下进行充分混合 3~5min，待均匀后出料备用。

③ 挤出造粒　为了挤出造料效果更好，采用 TE-65 双螺杆造粒挤出机组造粒。加料段为 80~120℃；压缩段为 140~160℃；计量段为 160~185℃，机头为 170~180℃。挤出造粒的粒子表面光亮，无气孔，断裂伸长率高。

④ 挤出管材　使用 SJ65B 挤出机组进行生产。由于 LLDPE 树脂的独特分子结构和分子量分布较窄，其熔体流动速率小，熔体黏度大，流动性差，熔体易发生破裂，它在树脂中所占比例大，故在生产时必须控制好成型温度。加料段为 80~120℃。压缩段为 160~170℃；计量段为 180~190℃；机头为 185~190℃。另外，管材质量好坏，在一定条件下还取决于所有添加剂的粒度；添加剂颗粒的粒径越小，所制成管材的各项性能（包括阻燃、抗

静电和物理力学性能）都会有不同程度提高。所以，使用添加剂的粒度应尽量超细化，以便于提高管材质量。

（3）参考性能 该管材内外壁均光滑且平整、色泽均匀，没有气泡和裂口、沟纹、凸陷，且外观色泽均匀。该产品执行煤炭行业标准 MT 558.1—2005，测试结果见表 11-9。

表 11-9 LDPE/LLDPE 共混矿井排水管性能

项目		技术指标	测试结果
拉伸强度/MPa		≥9.0	11.8
断裂伸长率/%		≥300	403
扁平实验(管材被压至内壁重合)		无裂纹，无破坏	无裂纹，无破坏
落锤冲击试验(落锤高度 2m，锤重 2kg)		10 根试样中 9 根无裂纹，无破坏	无裂纹，无破坏
液压实验(在试验压力下保压 100h)		无渗漏，无破坏	无渗漏，无破坏
外壁表面电阻算术平均值/Ω		≥1.0×10^9	4.3×10^6
酒精喷灯燃烧时间/s	有焰燃烧	6 根算术平均值≤3	1.03
		单根最大值≤10	2.21
	无焰燃烧	6 根算术平均值≤20	10.51
		单根最大值≤60	20.08

从上述试验结果可以看出，产品的各项性能均达到或超过产品所执行的标准，且该产品性能稳定。因此，从上述结果还可以看出，将 LDPE 和 LLDPE 共混改性生产矿井下用排水管，经试验表明，该管材具有优良阻燃性能、抗静电性能和力学性能，而且该管材重量轻，仅为钢管重量的六分之一，韧性好，可随巷道走向施工，可盘绕，耐腐蚀，安装方便，其内壁光滑，阻力小，使用中不易结垢，耐磨性也比橡胶及纯聚乙烯好，使用寿命长。该产品成本低，特别适用于煤矿井下；还可以用于煤矿井下供水、压风、喷浆和瓦斯抽放等。该管材能保证煤矿井下安全生产，并且有较好的经济效益。

11.3 LDPE/LLDPE 共混改性矿用排水管

传统煤矿生产中进行井下通风、排水、排尘的管材主要分为钢管、铸铁管、玻璃钢管三大类，但是此三类管材在工作环境较差的煤矿井下使用时极易因碰撞产生火花，而导致瓦斯爆炸；或因管材部分锈蚀破裂产生透水等严重危及人身安全的重大生产事故，并且此类管材的运输、安装也极为不便。由于塑料管材具有较好的耐腐蚀性、重量轻、使用寿命长和安装方便的特点，用其取代金属管材已逐渐得到人们的关注和重视。

聚乙烯是众多塑料管材中性价比较高、成型工艺和性能较稳定的一种产品，也是金属矿用管材比较好的替代品，但是其也存在易燃、易产生静电等缺点，因此需对其进行改性处理，经过大量试验证实，聚乙烯与相关助剂共混后重新造粒，所制成的专用料可使煤矿井下用管材获得持久且良好的助燃导电性能。利用导电炭黑或抗静电剂可增加管材内、外壁的导电性能，添加含有溴和锑元素的化合物可赋予材料阻燃性能，但是为保证煤矿用管材的阻燃导电性其相关助剂的添加量比较大，从而导致了材料力学性能的下降，故在确保管材具有合格阻燃导电性能的同时，还要使其具有优异的力学性能，成为煤矿井下用塑料管材的研究热点。本例提供了一种 LDPE/LLDPE 共混改性矿用排水管制备配方。

（1）配方（质量份）

LDPE(F2024)	40	阻燃剂 DBDPO	6
抗静电剂超导电炭黑 F900	5	抗氧剂 1010	适量
LLDPE(7042)	60	Sb_2O_3	2
分散剂	适量	ZB	1

其他助剂　　　　　　　　　　　　　适量

（2）加工工艺

① 无机阻燃剂的预处理　由于 Sb_2O_3、ZB 与 LLDPE 和 LDPE 相容性不好，影响混合均匀和阻燃性能，需用分散剂等进行预处理，即将无机阻燃剂与分散剂在高速混合机中于一定温度下进行混合，搅拌均匀即可。分散剂的用量一般为无机阻燃剂用量的 1%～2%。

② 混合配料　将 LDPE、LLDPE、阻燃剂、抗静电剂及其他各种助剂按配方比例加入到高速混合机中，在 40～50℃下进行充分混合 3～5min，待均匀后出料备用。

③ 挤出造粒　为了使挤出造粒效果更好，采用 TE-65 双螺杆造粒挤出机组造粒。螺杆为 28∶1，机筒体温度为加料段 80～120℃，压缩段为 140～160℃，计量段为 160～185℃；机头温度为 170～180℃。挤出造粒的粒子表面光亮，无气孔，断裂伸长率高。

④ 挤出管材　使用 SJ65B 挤出机组进行生产。由于 LLDPE 树脂的独特分子结构和分子量分布较窄，其熔体流动速率小，熔体黏度大，流动性差，熔体易发生破裂，它在树脂中所占的比例大，故在生产时必须控制好成型温度。一般加料段为 80～120℃，压缩段为 160～170℃，计量段为 180～190℃，机头温度为 185～190℃。

（3）参考性能　材料拉伸强度 11.8MPa，断裂伸长率 403%，落锤冲击试验（落锤高度 2m，锤重 2kg）：无裂缝、不破坏；表面电阻率 $4.3×10^6Ω$；酒精喷灯有焰燃烧时间为 1.03s。HDPE 和 LLDPE 共混改性生产的矿井下用排水管具有优良的阻燃性能、抗静电性能和力学性能，而且该管材质量轻，韧性好，可随巷道走向施工，可盘绕，耐腐蚀，安装方便，其内壁光滑，阻力小，使用中不易结垢，耐磨性也比橡胶及纯聚乙烯好，使用寿命长。特别适用于煤矿井下供水、压风、喷浆和瓦斯抽放等。

11.4　晶须增强型煤矿井下用聚乙烯管材

提高管材强度的方法很多，如采用超高分子量聚乙烯（UHMWPE）为基体树脂；添加玻璃纤维或碳纤维或与液晶高分子聚合物（LCP）共混增加强度等。

晶须是指在人为控制条件下以单晶形式生长而成的、具有较高长径比的单晶短纤维材料，具有直径小、模量高等特点，由于其原子排列高度有序，因而强度已接近于完美晶体的理论值，机械强度等于邻接原子间力，因此当作为增强改性材料时可显示出极佳的力学性能。随着合成工业的快速发展，目前所制成的晶须包括金属、碳化物、卤化物、氮化物等，但是由于其成本较高，制作工艺相对复杂，很难在普通工业中推广，然而镁盐晶须则是一种生产成本低、制备工艺简单、性能优异的增强材料，它不仅具有与碳纤维等相近似的强度和性能，而且原料易得、具有环境友好性，是一种适宜工业化生产的增强材料。本例采用镁盐晶须作为增强助剂，用于提高煤矿井下聚乙烯管材的力学强度；提供了一种既具有持久、优异的阻燃抗静电性能，同时又具高强度的煤矿井下用聚乙烯管材的组成及其制备方法。

（1）配方（质量份）

高密度聚乙烯	49	三氧化二锑	6
镁盐晶须	20	POE	4
超导电炭黑	8	加工助剂	1
十溴二苯醚	12		

（2）加工工艺　镁盐晶须需经过如下表面处理：镁盐晶须在常温、转速为 100r/min、表面处理剂用量 3% 的条件下，在高速搅拌机中搅拌 5min；将混合料在高速搅拌机均匀混合后，放入双螺杆挤出造粒机，其挤出造粒温度控制在 170～210℃；将粒料放入挤出成型机，设定机筒区域温度 180～190℃，模具区域温度 180～195℃，真空度为 -0.03～

—0.05MPa；经过冷却定型后截取为规定长度，即得成品。

（3）参考性能　晶须增强型煤矿井下用聚乙烯管材其阻燃抗静电性和力学性能经试验检测符合 AQ 1071—2009、MT 558.1—2005 和 MT 181—1988 相关标准规定的性能指标要求。其拉伸强度较未添加镁盐晶须的聚乙烯管材明显提高，且燃烧时烟雾明显降低，减少对环境的污染和人体的危害，增加了煤矿井下用聚乙烯管材的实用性和安全性。

11.5　阻燃改性聚苯醚制备矿山给排水管道

对于矿山用管道，尤其煤矿井下使用的公称压力为 3.0MPa 的给排水管主要有三种类型的管道，即钢丝网骨架聚乙烯管、涂塑钢管和钢管。钢丝网骨架聚乙烯管材只能应用于3.0MPa 以下。主要问题是钢丝与塑料结合不紧密，容易腐蚀；当中高压给排水时存在容易蹿水等缺陷，降低使用的安全可靠性。

涂塑钢管内外表面的涂层材料主要是聚乙烯或环氧树脂材料，涂层粘接的可靠性不高，对水的阻透性很差，长期使用之后会出现涂塑层大面积脱落，堵塞管路或者阀门。涂塑钢管的本质特征仍然是钢管，所以钢管在煤矿井下使用的固有缺陷仍然存在。

普通钢管在井下使用容易被腐蚀导致使用寿命短，一般是 3 年左右，而且维护费用高；在使用过程中内壁结垢导致管道通径逐渐变小，输送效率下降；管道较重，安装效率较低。

聚苯醚组合物属无卤阻燃，发烟量低，特别适合矿山，尤其是煤矿井下等相对封闭环境下的应用；该聚苯醚组合物可以适应挤出和注塑的加工要求；使用纳米材料可以促进聚苯醚组合物具有良好的综合力学性能，同时也是良好的阻燃协效剂，有效促进聚苯醚组合物燃烧过程的成碳作用，提高阻燃性；材料以管材形式的长期静液压强度，可承受的环应力高，试验持续时间长，保证其作为管道使用的可靠性高；材料以管材形式的爆破压力高，保证其作为管道使用时，承受瞬时水压冲击能力。

（1）配方（质量分数/%）

PPO/PPE（数均分子量约22000）	71	抗氧剂 168	0.2
苯乙烯-乙烯/丁烯-苯乙烯共聚物(SEBS)	10	硫化锌(ZnS)	2
四苯基(双酚 A)二磷酸酯(BDP)	10	纳米蒙脱土	3.6
抗氧剂 1010	0.2	偶联剂	0.3

（2）加工工艺　纳米蒙脱土中加偶联剂处理，使用具有强剪切功能的高速搅拌设备进行表面处理，温度 60～90℃。

依次将聚苯醚树脂（PPO/PPE）、苯乙烯-乙烯/丁烯-苯乙烯共聚物（SEBS）、四 [O-(3,5-二叔丁基-4-羟基苯基）丙酸] 戊季四醇酯（抗氧剂 1010）、BDP、三 (2,4-二叔丁基苯基）亚磷酸酯（抗氧剂 168）、硫化锌（ZnS）、纳米蒙脱土经过偶联剂处理，加入高混机中，设定高混机温度为 75℃，搅拌均匀，将搅拌均匀的混合物通过双螺杆挤出机造粒，温度设定在 260～290℃，制得产品。

（3）参考性能　矿山给排水管道综合性能见表 11-10。

表 11-10　矿山给排水管道综合性能

项目	配方
拉伸强度/MPa	68
断裂伸长率/%	21
MFR(280℃,3kg)/(g/10min)	1.4
弹性模量/MPa	2640
冲击强度(Izod)/(J/m)	610
材料以管材形式的长期静压强度（环应力 35MPa，常温)/h	3760

续表

项目		配方
材料以管材形式表示的爆破压力(SDR=11)/MPa		12
阻燃性能测试/s	有焰燃烧	0.7
	无焰燃烧	0

11.6　煤矿用塑料面输送带胶料

　　根据覆盖胶种类的不同，目前煤矿用输送带分为两类：橡胶输送带和塑料输送带。以塑料如聚氯乙烯为覆盖胶的输送带有较好的阻燃性能，但其表面胶弹性差，摩擦系数低，尤其在运载带水湿煤时，在输送带表面上易打滑，运载效率低。同时，现有的塑料面输送带存在强度不够、伸长率较低和磨损较大的缺点，严重制约塑料面输送带的应用。CPE 在塑料、建材、电气、医学、农业、橡胶、颜料、轮船、造纸、纺织、包装、涂料、钢材等各个行业具有广泛应用；拥有良好的耐候性、耐臭氧性、阻燃性、抗冲击性和耐化学药品性。CPE如果能制成热塑性弹性体，将具有可重复加工性，拥有广阔的市场前景。由于 CPE 和 PVC 的相容性比较好，将其应用到煤矿用的输送带上，将会提高输送带的强度、伸长率。氯化聚乙烯（CPE）与 PVC 共混是目前最耐磨的弹性体，其耐磨性是天然橡胶的 5～10 倍，用其作为涂覆打底贴合料，输送带的使用寿命可达到目前现有输送带的 2 倍以上。另外，其输送效率高，表面弹性及摩擦系数均与橡胶相当，表面弹性好，在潮湿状态下不打滑，输送效率高。本例提供一种煤矿用塑料面整体输送带的配方和其制备方法，并在煤矿应用中达到高强度、高伸长率和较小的磨损率，提高输送带的使用寿命，降低生产成本。

　　(1) 配方（质量份）

聚氯乙烯	120	炭黑	3
氯化聚乙烯	20	阻燃剂硼酸锌	15
工业邻苯二甲酸二辛酯	30	抑烟剂三氧化二钼	6
氯化石蜡	12	复合稳定剂	1
氧化镁	1.5	碳酸钙	15
硬脂酸铅	5	胶黏剂	3

　　(2) 加工工艺　先将聚氯乙烯和氯化聚乙烯混合 10min 以上后，加入配比的其他组分搅拌均匀升温至 95～105℃即得输送带的打底贴合料。将制备好的输送带打底贴合料涂覆在已加热烘干好的布基上，加热压辊剪切成型即可制得高质量的输送带。

　　(3) 参考性能　输送带的检测结果（检测方法均按照现有的国家行业标准）见表 11-11。

表 11-11　煤矿用塑料面输送带胶料

产品性能	单位	配方样	国外公司样品
黏结强度	MPa	15.3	9.8
拉伸强度	MPa	16.6	10.1
断裂伸长率	%	395	260
磨耗	mm^3	153	224

11.7　阻燃防水煤矿用电缆料

　　随着中国经济的高速发展，能源供应紧张的矛盾越来越突出。为满足这一需求，各大煤矿采用大功率采煤设备提高产能，而与之配套的传输电力的电缆要求不断提高，乙丙橡胶绝缘具有很高的运行可靠性及其他优点。乙丙橡胶在电缆生产中的用量也不断增加，现有乙丙橡胶材料越来越无法满足高速发展的社会需求，如何制备一种阻燃、防水极为优异，力学性能好、经济效益好的矿用橡胶料成为目前需要解决的技术问题。本例提出一种阻燃防水且具有优异力学性能的煤矿用电缆料，阻燃、防水、力学性能好、经济效益好。

（1）配方（质量份）

聚丙烯	15	三氧化二锑	2
三元乙丙橡胶	50	聚乙烯蜡	0.5
氯丁橡胶	20	硬脂酸钡	2
马来酸酐接枝聚乙烯	2	改性大豆胶黏剂	10
马来酸酐	1	硼酸锌	40
钛酸丁酯	0.8	氢氧化镁	20
过氧化二异丙苯	0.5	纳米滑石粉	15
三唑二巯基胺盐	0.8	微晶纤维素	10
硬脂酸镁	0.5		

（2）加工工艺　改性大豆胶黏剂采用如下工艺制备：按质量份将 22 份油菜粕脱脂，酶解，加入 12 份尿素、60 份水、16 份无水乙醇室温混合均匀，升温至 64℃继续搅拌 80min，加入顺丁烯二酸酐继续搅拌 32min，得到第一预制料；将 1.3 份阴离子乳化剂、1.2 份引发剂过硫酸钾、40 份去离子水混合均匀，加入 23 份大豆蛋白、0.6 份还原改性剂亚硫酸钠，得到第二预制料。在氮气保护下，向第二预制料中加入第一预制料、0.35 份过硫酸铵、0.25 份亚硫酸氢钠、32 份水、8 份醋酸乙烯酯、4 份壳聚糖混合搅拌 12min，加入氨水调节体系 pH 值至 9.4，继续搅拌 32min，加入 1.2 份苯乙烯、2 份丙烯酸丁酯室温搅拌均匀，升高温度至 62℃继续搅拌 45min，降温至室温，得到改性大豆胶黏剂。

11.8　矿用高分子加固材料

矿用高分子加固材料在解决工作面塌冒治理及顶板维护、巷道加固和不良地质条件下的围岩固化等安全问题中，以其安全、高效和快捷等特点得到广泛推广和应用。目前煤矿生产对安全管理提出更新、更高的目标，煤体加固、瓦斯治理、水害防范、顶板管理、防灭火等等安全工程的解决方案对新型安全材料的需求越来越大、应用范围越来越广，但目前广泛使用的矿用高分子加固材料均为采购，品种繁多，产品技术和产品质量良莠不齐，不便于矿井安全的综合管理，具体来讲当前的矿用高分子加固材料在使用中主要存在以下缺点。

① 加固后的破碎煤岩体要经受多次剧烈矿山压力影响，对材料固结后的体积收缩、黏结强度及抗压强度要求很高，但是现有的矿用高分子加固材料无法满足这种强度要求。

② 现有的矿用高分子加固材料的闪点特性、阻燃特性无法满足矿用安全要求。

③ 现有的矿用高分子加固材料的速凝特性无法满足化学加固与采掘施工快速推进相结合的使用要求。

④ 由于目前井下通风空间有限，对加固材料的有害成分要求严格，当前的矿用高分子加固材料无法满足矿井环保要求。

针对上述不足，本例提供一种矿用高分子加固材料的制备方法。

（1）配方（质量分数/%）　高分子加固材料属于液态高分子树脂材料，包括 A、B 两种组分，其中 A 组分按质量分数含量包括如下原料成分：

聚醚多元醇	75~85	催化剂	2~3.5
阻燃剂	12~20	有机锡	0.1~0.8

| 异辛酸钾 | 0.2～1 | 硅油 | 0.5～1 |

其中 B 组分按质量分数包括如下原料成分：

| 异氰酸酯 | 85～92 | 阻燃剂 | 8～15 |

（2）加工工艺　矿用高分子加固材料在使用时，将所述 A 组分和 B 组分按照体积比 1∶1 进行混合，混合后 A 组分和 B 组分在极短的时间内反应生成聚氨酯胶黏剂加固浆液。具体所述 A 组分、B 组分及其反应后得到的聚氨酯胶黏剂加固浆液的特性如表 11-12、表 11-13 所示。

（3）参考性能

表 11-12　A 组分、B 组分的材料性能及其反应时间

序号	项目	材料性能	
		A 组分	B 组分
1	外观	无色透明液体	深棕色油状液体
2	浆液密度/(g/cm³)	1.010～1.040	1.220～1.240
3	初始黏度/mPa·s	130～260	240～359
4	混合体积比	1	1
5	反应开始时间(20℃)/s	65～90	
6	反应结束时间(20℃)/s	110～150	

表 11-13　A 组分和 B 组分反应后得到的加固浆液特性检测结果

序号	检验项目			基本要求	检验结果	结论
1	闪点/℃		A 组分	≥100 且高于最高反应温度	171	合格
			B 组分		213	
2	最高反应温度/℃			≤140	125	合格
3	抗老化性能			表面无变化,质量无损失	表面无变化,质量无损失	合格
4	抗压强度/MPa			≥40(C 类)	73	合格
5	抗拉强度/MPa			≥15(C 类)	21	合格
6	抗剪强度/MPa			≥15(C 类)	19	合格
7	黏结强度/MPa			≥3.0	7.0	合格
8	阻燃性能	酒精喷灯燃烧试验	有焰燃烧时间平均值/s	≤3.0	1.08	合格
			无焰燃烧时间平均值/s	≤10.0	5.20	
			火焰扩展长度平均值/m	≤280	72	
		酒精灯燃烧验	有焰燃烧时间平均值/s	≤6.0	0.85	
			无焰燃烧时间平均值/s	≤20.0	4.26	
			火焰扩展长度平均值/m	≤250	42	

参 考 文 献

[1] 蔡靖 . DH 基阻燃抑烟剂的制备及在阻燃聚丙烯中的应用 [D] . 绵阳：西南科技大学，2016.

[2] 杜明朋 . N-P-Si 协同阻燃聚丙烯研究 [D] . 杭州：杭州师范大学，2016.

[3] 邵佳丽 . PC/ABS 合金无卤阻燃研究 [D] . 杭州：浙江大学，2016.

[4] 千燕敏 . PPTA/EG/APP 对 ABS 机械性能与阻燃性能影响的研究 [D] . 秦皇岛：燕山大学，2015.

[5] 李东起 . 苯氧基磷腈的合成及其对 PC/ABS 合金的阻燃作用研究 [D] . 青岛：青岛科技大学，2015.

[6] 宋晓卉 . 分子筛的改性对无卤阻燃聚丙烯复合材料燃烧性能的影响 [D] . 北京：北京化工大学，2016.

[7] 刘燕琴 . 高效无卤阻燃 PC/ABS 合金的制备 [D] . 北京：北京化工大学，2015.

[8] 何园 . 基于聚磷酸铵的膨胀型阻燃聚丙烯的制备与性能 [D] . 开封：河南大学，2016.

[9] 胡亚鹏 . 基于三嗪结构的膨胀性阻燃聚丙烯的结构与性能 [D] . 太原：中北大学，2016.

[10] 何彬 . 聚丙烯无卤阻燃复合材料的制备及性能研究 [D] . 北京：北京化工大学，2016.

[11] 秦丽丽 . 聚甲基丙烯酸甲酯基导热复合材料制备及性能研究 [D] . 天津：河北工业大学，2014.

[12] 蒋文斌 . 聚磷酸铵的双层微胶囊化及阻燃聚丙烯 [D] . 上海：华东理工大学，2016.

[13] 闫双双 . 聚磷酸铵的二次改性 (Si@MAPP) 及其对聚丙烯阻燃性能和力学性能的影响 [D] . 上海：华东理工大学，2016.

[14] 方芳 . 聚碳酸酯/聚乳酸合金的增容改性及聚乳酸阻燃性能研究 [D] . 杭州：浙江工业大学，2016.

[15] 陈根根 . 抗静电 PA6 制备及静电安全性能研究 [D] . 广州：华南理工大学，2015.

[16] 张春辉 . 抗静电聚甲醛复合材料的制备及其性能研究 [D] . 开封：河南大学，2013.

[17] 林兴 . 类绢云母在氯化聚乙烯中的阻燃及电性能研究 [D] . 广州：华南理工大学，2014.

[18] 王鹏吉 . 两种环保型纳米阻燃剂的制备及在聚丙烯和环氧树脂中的应用 [D] . 绵阳：西南科技大学，2017.

[19] 于富磊 . 木粉/聚丙烯复合材料的阻燃与抗静电性能研究 [D] . 哈尔滨：东北林业大学，2015.

[20] 郑晓晨 . 耐老化阻燃 PVC/ABS 合金的研究 [D] . 北京：北京化工大学，2016.

[21] 陈金梅 . 尼龙 6 导热复合材料制备与性能研究 [D] . 北京：北京化工大学，2014.

[22] 刘云 . 膨胀阻燃聚乙烯泡沫材料结构与性能的研究 [D] . 大连：大连工业大学，2016.

[23] 周世一 . 软质抗静电 PVC 材料的研究 [D] . 成都：四川大学，2006.

[24] 果威 . 三聚氰胺聚磷酸盐复合阻燃聚乙烯/木粉复合材料的性能研究 [D] . 哈尔滨：东北林业大学，2016.

[25] 马东 . 生物基阻燃剂的制备及其阻燃聚丙烯的研究 [D] . 太原：中北大学，2017.

[26] 柳逸凡 . 炭黑本征性能与其填充聚乙烯复合材料导电性能的研究 [D] . 北京：北京化工大学，2016.

[27] 刘冬雷 . 无卤阻燃改性高密度聚乙烯的研究 [D] . 天津：天津大学，2015.

[28] 滕参 . 新型低炭含量注塑式 PP/PA/GF/CB 抗静电材料的制备与研究 [D] . 苏州：苏州大学，2006.

[29] 虞华东 . 蛭石/PVC/BaSO₄ 隔声复合材料的阻燃性能研究 [D] . 杭州：浙江理工大学，2015.

[30] 王春锋 . 阻燃改性水滑石/聚乙烯纳米复合材料热降解与燃烧性能 [D] . 哈尔滨：哈尔滨理工大学，2015.

[31] 刘秋菊 . 阻燃抗静电性聚乙烯的研究 [D] . 洛阳：河南科技大学，2014.

[32] 黄辉 . 电线电缆阻燃化研究现状 [J] . 上海塑料，2012，3：28-31.

[33] 刘慧珍 . 国内外高分子型抗静电剂的研究进展 [J] . 杭州化工，2017，47 (1)：5-8.

[34] 董海东 . 抗菌材料配方选择及其在塑料中的应用 [J] . 塑料科技，2014，42 (2)：69-72.

[35] 杨帆 . 可发性改性三聚氰胺/甲醛树脂的制备工艺及配方优化 [J] . 工程塑料应用，2013，43 (5)：13-17.

[36] 齐贵亮 . 塑料改性配方工艺速查 360 例 [M] . 北京：文化发展出版社，2015.

[37] 王珏 . 塑料改性实用技术与应用 [M] . 北京：文化发展出版社，2015.

[38] 赵明 . 废旧塑料回收利用技术与配方实例 [M] . 北京：化学工业出版社，2014.